普通高等教育焊接技术与工程系列教材

压焊方法及设备

第 2 版

吉林大学　　赵熹华

哈尔滨工业大学　冯吉才　编著

太原科技大学　赵　贺

U0241100

机械工业出版社

本书首次将压焊分为电阻焊与固相焊两篇，并以电阻焊中点焊、闪光对焊，固相焊中摩擦焊、扩散连接等为关键内容予以详细阐述。同时，本书也较系统、简明地阐述了凸焊、缝焊、高频焊、超声波焊、爆炸焊、变形焊等其他主要压焊方法的基本原理、工艺及设备。本书总结了各压焊方法的适用范围及其设备选择、常用材料及典型零件的焊接技术要点。同时，为满足培养高质量焊接人才的需要，本书加强了压焊接头形成理论、焊接过程控制基础、焊接机器人及自动化、压焊质量控制及自动无损检测等新技术的内容。全书理论联系实际，注重思路和能力培养，并适当反映了压焊领域国内外新成就和发展趋势，许多图表为当前国内外标准和典型企业成熟经验，可供实际生产中选用。

本书可作为高等工科院校焊接技术与工程、材料成形及控制工程、材料加工工程等专业的主干课教材，也可供在焊接工艺及设备技术领域工作的工程技术人员参考。

图书在版编目（CIP）数据

压焊方法及设备/赵熹华，冯吉才，赵贺编著. —2 版. —北京：机械工业出版社，2019.12（2023.8 重印）
普通高等教育焊接技术与工程系列教材
ISBN 978-7-111-65643-2

Ⅰ.①压⋯ Ⅱ.①赵⋯ ②冯⋯ ③赵⋯ Ⅲ.①加压焊-高等学校-教材 Ⅳ.①TG453

中国版本图书馆 CIP 数据核字（2020）第 084612 号

机械工业出版社（北京市百万庄大街 22 号　邮政编码 100037）
策划编辑：丁昕祯　责任编辑：丁昕祯　杨　璇　任正一
责任校对：刘雅娜　封面设计：陈　沛
责任印制：郜　敏
中煤（北京）印务有限公司印刷
2023 年 8 月第 2 版第 4 次印刷
184mm×260mm・20.25 印张・501 千字
标准书号：ISBN 978-7-111-65643-2
定价：53.00 元

电话服务

网络服务

客服电话：010-88361066

机 工 官 网：www.cmpbook.com

010-88379833

机 工 官 博：weibo.com/cmp1952

010-68326294

金 书 网：www.golden-book.com

封底无防伪标均为盗版

机工教育服务网：www.cmpedu.com

第2版前言

压焊方法及设备为高等院校焊接技术与工程、材料成形及控制工程、材料加工工程等专业的主干课之一。本书以编著者1989年出版的高校统编教材《压力焊》、2005年出版的普通高等教育"十一五"重点规划教材《压焊方法及设备》为基础，经广大师生和工程技术人员长期使用，深受欢迎。

随着焊接技术的发展，为适应高层次焊接人才培养的迫切需要，决定对《压焊方法及设备》进行适当修订（调整、更新、补充、完善、提高等），使之更好地满足普通高等教育教学的要求。

本书首次将压焊分为电阻焊与固相焊两篇，并以电阻焊中点焊、闪光对焊，固相焊中摩擦焊、扩散连接等为关键内容予以详细阐述。同时，本书也较系统、简明地阐述了凸焊、缝焊、高频焊、超声波焊、爆炸焊、变形焊等其他主要压焊方法的基本原理、工艺及设备。本书总结了各压焊方法的适用范围及其设备选择、常用材料及典型零件的焊接技术要点。同时，为满足培养高质量焊接人才的需要，本书加强了压焊接头形成理论、焊接过程控制基础、焊接机器人及自动化、压焊质量控制及自动无损检测等新技术的内容。

本书结合编著者长期在压焊领域中的教学经验和科研生产实践及成果，强调理论联系实际，注重思路和能力培养，并适当反映国内外的焊接新成就和发展趋势，许多图表为当前国内外标准和典型企业成熟经验，可供实际生产中选用。

本书由赵熹华教授（吉林大学）、冯吉才教授（哈尔滨工业大学）、赵贺副教授（太原科技大学）合作编著，并向援引参考文献的作者深表谢意。

吉林大学曹先渝高级工程师、哈尔滨工业大学刘玉莉副教授代为制备了全书大部分图表，谨此致谢。

由于编著者水平所限，不足之处肯定存在，恳切希望广大读者批评指正。

编著者

第1版前言

压焊是焊接科学技术的重要组成之一，广泛应用于汽车制造、航空、航天、原子能、信息工程等工业部门。统计资料表明，用压焊完成的焊接量约占世界总焊接量的1/3，并有继续增加的趋势。随着先进制造技术的发展，为适应高层次焊接人才培养的迫切需要，高校材料加工工程教学指导委员会和中国焊接学会压力焊专业委员会、钎焊及特种连接专业委员会共同规划了本书。

本书具有体系新、综合性及工程应用性强、紧密适应专业调整和教改需要并符合社会主义市场经济发展要求等鲜明特点，是一本面向21世纪的新型教材。全书系统地阐述了电阻焊、高频焊、扩散连接、摩擦焊、超声波焊、爆炸焊、变形焊等主要压焊方法的基本原理、工艺和设备，总结了其适用范围和常用（金属）材料、典型零件的焊接技术要点。同时，为培养高层次复合型人才，加强了压焊接头形成理论、焊接过程自动化及质量控制、焊接机器人及自动无损检测等新技术的相关内容。本书理论联系实际，注重思路和能力培养，并适当反映国内外的焊接新成就和发展趋势，许多图表为当前国内外标准和典型企业成熟经验，可供实际生产中选用。

本书由赵熹华教授（吉林大学）和冯吉才教授（哈尔滨工业大学）合作编著，前者编写绪论、第1章~第8章，后者编写第9章~第13章。

向给予本书编写大力支持的高校材料加工工程教学指导委员会和中国焊接学会压力焊专业委员会、钎焊及特种连接专业委员会，向引用的参考文献的作者一并致以深切的谢意。

吉林大学曹先渝高级工程师、哈尔滨工业大学刘玉莉副教授代为制备了全书大部分图表，谨此致谢。

由于编著者水平所限，疏漏和错误肯定存在，恳切希望使用本书的教师和其他读者批评指正。

编著者

目　录

V

绪　论

压焊是焊接科学技术的重要组成之一，广泛应用于航空航天、原子能、信息工程、船舶及海洋工程、轨道交通制造、汽车制造、电力电子、轻工等部门，其中电阻焊和摩擦焊应用最广。仅 1994—2016 年，汽车产量翻了 20 倍左右，发射成功"神舟一号"无人飞船、"神舟五号"载人飞船、"神舟十一号"飞船等。汽车工业快速发展直接推动了电阻焊机理、工艺研究及逆变电阻焊技术、电阻焊自适应控制技术等发展，其中仅获批的国家自然科学基金资助项目约有 20 多项，出版和发表了 5 本以上的专著和教材；而航空航天及高速列车等先进制造业的发展也极大地推动了搅拌摩擦焊新技术在我国的崛起以及搅拌摩擦焊温度场分布特征、材料流动行为和微观组织演变规律等研究，获批的国家自然科学基金资助项目多达53 项，约占摩擦焊方向获批项目的 80%。统计资料表明，用压焊完成的焊接量，每年约占世界总焊接量的 1/3，并有继续增加的趋势。

压焊（Pressure Welding，PW）：在焊接过程中，必须对焊件施加压力（加热或不加热），以完成焊接的方法。

一、压焊的物理本质

众所周知，焊接过程的本质就是通过适当的物理化学过程，使两个分离表面的金属原子接近到晶格距离（0.3~0.5nm），形成金属键，从而使两金属连为一体，达到焊接的目的。这一适当的物理化学过程，在压焊中是通过对焊接区施加一定的压力而实现的。压力的大小同材料的种类、所处温度、焊接环境和介质等有关，而压力的性质可以是静压力、冲击压力或爆炸力。

在少数压焊过程中（点焊、缝焊、旋弧焊、螺柱焊等），焊接区金属熔化并同时被施加压力：加热→熔化→冶金反应→凝固→固态相变→形成接头，类似于熔焊的一般过程。但是，由于有压力的作用，提高了焊接接头的质量。在多数压焊过程中，焊接区金属仍处于固相状态，依赖于在压力（加热或不加热）作用下产生的塑性变形、再结晶和扩散等作用形成接头，这里强调了压力对形成接头的主导作用。但是，对加热可促进焊接过程的进行和更易于实现焊接，也应予以充分注意。加热可提高金属的塑性，降低金属变形阻力，显著减小所需压力。同时，加热又能增加金属原子的活动能力和扩散速度，促进原子间的相互作用。例如：铝在室温下其对接端面的变形度要达到 60% 以上才可以实现焊接（冷压焊），而当对接端面被加热至 400℃ 时，则只需 8% 的变形度就能实现焊接（电阻对焊），当然，此时所施加的压力也将大为降低。压力和加热温度相互间存在着一定关系，如图 0-1 所示，焊接区金属加热的温度越低，实现焊接所需的压力就越大。显然，冷压焊时所需压力为最大，扩散焊时为最小，而熔焊时则不需要压力。一般来说，这种固相焊接接头的质量，主要取决于对口表面氧化膜（室温下其厚度为 1~5nm）和其他不洁物在焊接过程中被清除的程度，并总是与接头部位的温度、压力、变形和若干场合下的其他因素（如超声波焊接时的摩擦、扩散焊时的真空度等）有关。

二、压焊的分类及发展

压焊由电阻焊和固相焊两大类组成。根据主要工艺特征并结合其他特点（如接头形式、电源种类、加压方式、气体氛围等）又可将每一大类细分为若干小类，如图 0-2 所示。例如：电阻焊（大类）的工艺方法为点焊、凸焊、缝焊、对焊、对接缝焊（小类）等，固相焊（大类）的工艺方法有摩擦焊、扩散焊、高频焊、超声波焊、爆炸焊、变形焊、气压焊、磁脉冲焊、螺柱焊、旋弧焊（小类）等。

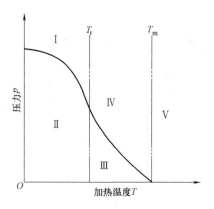

图 0-1 压力和加热温度的关系
Ⅰ—冷压焊区 Ⅱ—非焊接区 Ⅲ—扩散焊区 Ⅳ—热压焊区 Ⅴ—熔焊区
T_m—熔点 T_r—再结晶温度

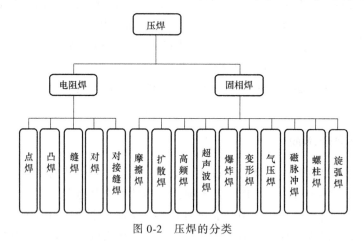

图 0-2 压焊的分类

压焊具有悠久的历史，早在春秋战国时期，我们的先人已经取得以黄泥作为助熔剂，用加热锻打的方法把两块金属连接在一起，这就是锻焊——最古老的压焊方法。有明确记载的是 1885 年美国 E. 汤姆逊（Elihu Thomson）教授取得的电阻对焊专利及 1886 年生产出第一台电阻对焊机，这是压焊历史的开始。1903 年德国人首先使用了闪光对焊，以后相继诞生了高频感应焊（1928 年，美国）、螺柱焊（1930 年，美国）、冷压焊（1948 年，英国）、高频电阻焊（1951 年，美国）、摩擦焊（1956 年，苏联）、超声波焊（1956 年，美国）、爆炸焊（1959 年，美国）、旋弧焊（1959 年）、搅拌摩擦焊（1991 年，英国），以及扩散焊、磁（力）脉冲焊、冰压焊和水击焊等，他们都为焊接科学技术及世界经济的发展做出了贡献。

应该指出，随着经济进步和社会发展，以及新材料、新产品的不断涌现，一些压焊方法逐渐退出了焊接领域，如锻焊、冰压焊、水击焊等，而一些新方法又萌生并迅速发展起来。

搅拌摩擦焊（Friction Stir Welding, FSW）是英国焊接研究所（TWI, UK）Wayne Thomas 1991 年发明的具有革命性的新型焊接方法，其原理是利用一种（近乎）非耗损的特殊搅拌头（针）在待焊界面处搅拌摩擦形成可靠连接，如图 0-3 所示。它现已在飞机、航天器、机车车辆和船舶制造中获得广泛应用，主要用于铝合金、镁合金、铜合金和铝基复合材料等的焊接，钛合金和钢的焊接也有研究和应用。据报道（2017—2045 年航天运输系统发展路线图），大约 10 年后，"长征九号"重型运载火箭（起飞质量达 3000t，最大直径约10m，近地轨道运载能力大于 100t）将飞天，搅拌摩擦焊是其大型框架结构及大型筒（箱、罩）体制造关键技术之一。

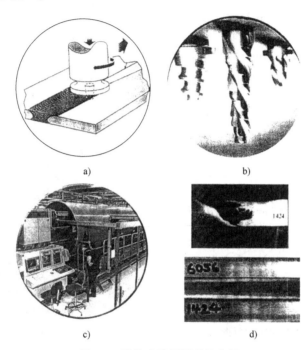

图 0-3 搅拌摩擦焊原理及应用
a）原理 b）搅拌头 c）生产现场 d）FSW 接头（AA6056/AA1424）

众所周知，焊接科学技术几乎利用了世界上已知的所有热源，同时也在努力寻找提供焊接热源的新方法及更有效、更充分利用热源的方法。20 世纪中期，焊接工作者尝试将各种热源混合应用于同一焊接过程，并在熔焊领域首先获得成功，其中主要是激光-电弧复合，产生了 LB-TIG、LB-MIG、LB-PAW 等复合焊接工艺。在压焊领域里也有由吉林大学提出的"激光束-电阻缝焊"、华南理工大学提出的"超声-电阻"复合焊接技术，哈工大、上海交大及天津大学先后开展了在电阻点焊过程中，外加永磁体磁场，以改善低合金高强钢、双相钢及铝合金点焊熔核尺寸、微观组织及接头性能研究等，而激光辅助搅拌摩擦焊（LB-FSW）和激光束-高频焊（LB-HFRW）等复合焊接工艺，已获得工程实际应用。

LB-FSW（2002 年发明）是为了克服 FSW 时对工件夹紧压力和搅拌头旋转轴能量需求都比较大和严格的缺点，其原理是预先在旋转轴工作前方用能量为 700W 的多模 Nd：YAG激光束对待焊工件进行预热（图 0-4），通过激光在旋转轴之前对材料的加热、软化，焊接时焊件摩擦生热所需的压紧力即可大大减小，移动旋转轴的动力也可以大大减小，并且这种工艺的组合可以大大降低焊接工具（搅拌头）自身的损耗。

LB-HFRW 是在高频焊管的同时，采用激光束对尖劈（会合点）进行加热（图 0-5），从而使尖劈在整个厚度方向上加热更均匀，这有利于进一步提高焊管的生产率和质量。

目前，压焊设备发展很快，计算机控制的机电一体化高精产品在市场上很容易购置，这就为压焊技术在工业中的应用创造了良好条件，图 0-6 所示为用于扩散焊的美国真空工业公司生产的 Centorr6-1650-15T 真空热压炉，图 0-7a 所示为德国莱斯（REIS）机床制造公司生产的 SRV-130 电阻点焊机器人（X 形焊钳），图 0-7b 所示为我国首钢莫托曼（MOTOMAN）机器人有限公司生产的 DX-100 电阻点焊机器人（C 形焊钳）。

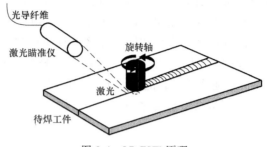

图 0-4   LB-FSW 原理

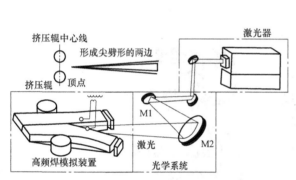

图 0-5   LB-HFRW 示意图

图 0-6   Centorr6-1650-15T 真空热压炉

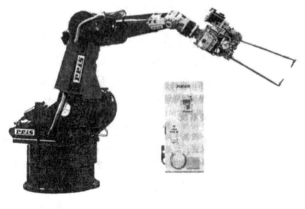

图 0-7   电阻点焊机器人

a）SRV-130 电阻点焊机器人   b）DX-100 电阻点焊机器人（未照控制器）

同时，由大量焊接机器人（以点焊机器人为主）和计算机控制的自动化焊装设备构成的焊装生产线（图 0-8）代表了汽车车身制造技术的最高水平，可实现生产方式的多品种、大批量混流生产，人们所期望的无人化车间，无人化工厂时代即将到来。

图 0-8　特斯拉（Tesla Motors）公司全自动化生产线（拥有 150 台机器人）

三、课程目的及要求

（1）目的　通过本课程的学习，使同学能较好地掌握压焊的基础理论，并结合常用材料（含新材料）及典型零件焊接特点分析，学会正确选择压焊方法及压焊设备，培养具有制订压焊工艺及处理有关实际生产问题的能力。

（2）要求

1）掌握压焊接头形成过程基础理论及压焊工艺（焊接参数选用等）对焊接质量影响的一般规律。

2）了解常用材料（含新材料）及典型零件压焊特点，并能结合产品技术要求较正确地选择压焊设备及焊接参数。

3）熟悉压焊设备的工作原理，能正确选择和合理使用。

4）了解压焊技术的国内外发展现状及趋势，提高多学科融合的思维能力，成为社会主义市场经济需要的高层次复合型人才。

第一篇

电阻焊方法及设备

电阻焊 (Resistance Welding, RW)：工件组合后通过电极施加压力，利用电流通过接头的接触面及邻近区域产生的电阻热进行焊接的方法，属压焊。

电阻焊过程的物理本质，是利用焊接区本身的电阻热（当电流通过焊接区时，由接触电阻和焊件内阻吸收电能而转换成的热能）和大量塑性变形能量（是电阻热和通过电极对焊件施加压力的共同作用获得），使两个分离表面的金属原子之间接近到晶格距离形成金属键，在结合面上产生足够量的共同晶粒而得到焊点、焊缝或对接接头。电阻焊是一种焊接质量稳定，生产率高，易于实现机械化、自动化的连接方法，广泛应用在汽车、航空航天、电子、家用电器等领域。据统计，整个焊接工作量的1/4左右是用电阻焊方法完成的。电阻焊方法主要有点焊、凸焊、缝焊、对焊、对接缝焊（又称为高频焊，详见第十章）。

第一章

点焊

电阻点焊（Resistance Spot Welding，RSW）是焊件装配成搭接接头，并压紧在两电极之间，利用电阻热熔化母材金属，形成焊点的电阻焊方法，简称为点焊，如图 1-1 所示。

点焊是一种高速、经济的重要连接方法，适用于制造可以采用搭接、接头不要求气密、（薄件）厚度小于 3mm 的冲压、轧制的薄板构件。当然，它也可焊接厚度达 6mm 的或更厚的金属构件，但这时其综合技术经济指标将不如某些熔焊方法。

第一节 点焊基本原理

点焊接头是在热-机械（力）联合作用下形成的。点焊时的加热是建立焊接温度场，促进焊接区塑性变形和获得优质连接的基本条件。

一、点焊接头形成过程

点焊原理与接头形成简图如图 1-1 所示。可简述为：将焊件 3 压紧在两电极 2 之间，施加电极压力后，阻焊变压器 1 向焊接区输入强大的焊接电流，在焊件接触面（贴合面）上形成真实的物理接触点，并随着通电加热的进行而不断扩大。热能与塑变能使接触点的原子不断激活，消失了接触面，继续加热形成熔化核心，简称为熔核。加热停止后，核心液态金属以亥姆霍兹自由能最低的熔核边界半熔化晶粒表面为晶核开始冷却结晶，沿与散热相反方向不断以柱状枝晶形式向中间延伸、生长，直至生长的枝晶相互抵住，获得牢固的金属键合，贴合面消失了，得到了柱状晶生长较充分的焊点，如图 1-2 所示。同时，点焊过程中液态熔核周围的高温固态金属，在电极压力作用下产生塑性变形和强烈再结晶而形成塑性环。该环先于熔核形成且始终伴随着熔核一起长大，如图 1-3 所示。塑性环的存在有助于接头承受载荷和防止周围气体侵入并保证熔核液态金属不至于沿板缝向外喷溅。

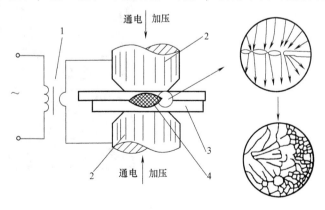

图 1-1 点焊原理与接头形成简图

1—阻焊变压器 2—电极 3—焊件 4—熔核

图 1-2　1/2 熔核（未回火）横截面
SEM 像（65Mn）

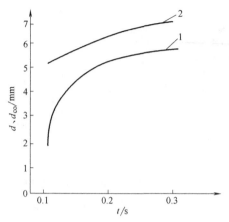

图 1-3　熔核直径（d）、塑性环直径（d_{co}）测量曲线
1—熔核直径的动态曲线　2—塑性环直径的动态曲线
（低碳钢 $\delta = 1$mm、$I = 8800$A、$F_w = 2250$N）

一般情况下，点焊熔核凝固组织为全部柱状晶（图 1-2），取熔核横截面某部位 SEM 像可进一步清晰看出凝固组织结构（图 1-4），其形成过程模型（图 1-5）可描述如下。

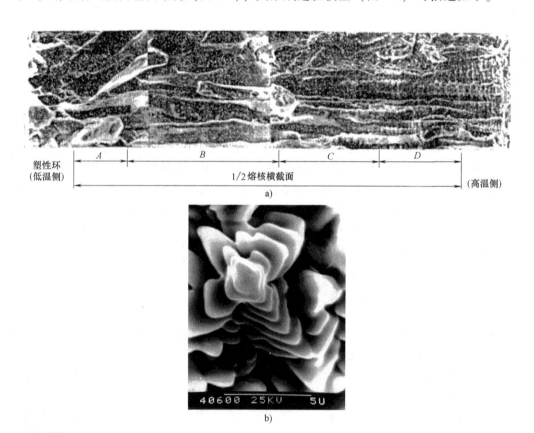

图 1-4　熔核横截面某部位 SEM 像（65Mn）
a) 1/2 熔核横截面局部　b) 柱状晶形貌俯视图

如图 1-5a 所示，凝固前在熔合线上（固-液相界面）有许多晶粒处于半熔化状态，显然熔核的液态金属能很好地润湿取向不同的半熔化晶粒表面，为异质成核进行结晶提供了有利条件。

如图 1-5b 所示，液态熔核的温度降低时，由于成分过冷较大，以半熔化晶粒作为底面沿<100>向长出枝晶束。

在电极与母材的急冷作用下，凝固界面前形成较大的温度梯度，因而使枝晶主干伸入液体中较远，枝晶生长很快，枝晶臂间距 H 与冷却速度 V 间存在以下关系。

一次枝晶臂间距　$H_1 \propto V^{-\frac{1}{2}}$

二次枝晶臂间距　$H_2 \propto V^{-(\frac{1}{3} \sim \frac{1}{2})}$

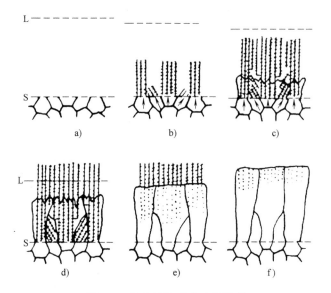

图 1-5　柱状组织形成过程模型

L—液态金属表面（1/2 熔核高处）　S—母材固相表面（熔合线处）

↑—晶体生长方向<100>

由于薄件脉冲点焊熔核尺寸小，电极与母材的急冷作用强，液体金属的冷却速度极快，因此枝晶臂的间距甚小。

如图 1-5c 所示，枝晶继续生长、凝固层向前推进，液体向枝晶间充填。

枝晶间的液体逐渐向枝晶上凝固，使枝晶变长变粗，靠近母材处由于温度低，液体向枝晶上凝固快，以致形成连续的凝固层，由于 65Mn（以该合金未回火点焊时为例）合金具有一定的凝固温度范围，故凝固层呈锯齿形起状，由于晶界在凝固层内形成，这就造成柱状晶 A、B 段（图 1-4a）表面平坦的形貌。

越向熔核内部，温度梯度越小，液体向枝晶上凝固越少，使向前推进的凝固层界面起伏更大。倾斜生长的枝晶束被与最大温度梯度一致的枝晶束（这类枝晶束生长较快）所阻碍而半途停止。当一次枝晶臂间距过大时，则从二次枝晶臂上可以长出三次枝晶臂来，这个三次枝晶臂可赶上一次枝晶臂而成为其中的一个。液体金属凝固时产生的体积收缩和毛吸现象，均引起熔核内液态金属向正在凝固的枝晶间充填。

如图 1-5d 所示，凝固即将结束、剩余液体金属不足以完全充填枝晶间隙，未被液体充满的枝晶将暴露在前沿，而枝晶间将留下空隙，这些空隙即将成为缩松。这就造成柱状晶 C、D 段（图 1-4a）表面凸凹不平的形貌。

图 1-5e 所示为具有缩松缺陷的熔核柱状组织示意图，断口形貌如图 1-4a D 段和图 1-4b 所示。

图 1-5f 所示，优质接头的熔核柱状组织示意图，断口形貌如图 1-2 所示。

由于材质和焊接规范特征不同，熔核的凝固组织可有三种：柱状组织、等轴组织、"柱状+等轴"组织。纯金属（如镍、钼等）和结晶温度区间窄的合金（碳钢、低碳钢、钛合金等），其熔核为柱状组织；铝合金和镁合金等其熔核为"柱状+等轴"组织（阅读材料 1-1-1），熔核凝固组织完全是等轴组织的情况（图6-1b）较为罕见。

【阅读材料1-1-1】 熔核凝固组织为"柱状+等轴"组织

以2A12-T4熔核为例，其形成过程模型如图1-1-1所示。参阅65Mn熔核形成过程模型描述，自行讨论并注意以下几点。

沿〈001〉向（2A12-T4铝合金立方晶系）长出枝晶束；更多的枝晶二次晶轴发生熔断、游离并被排挤到熔核心部；同时，枝晶前沿液体温度梯度加速变缓和溶质浓度显著提高；液态金属成分过冷很大；大量等轴晶核以树枝晶形态迅速长大，互相阻碍；熔核凝固组织为"柱状+等轴"组织，粗大柱状晶的枝晶束形貌，如图1-1-2所示，等轴树枝状晶群形貌如图1-1-3所示。

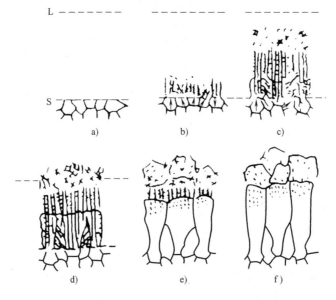

图1-1-1 "柱状+等轴"组织形成过程模型

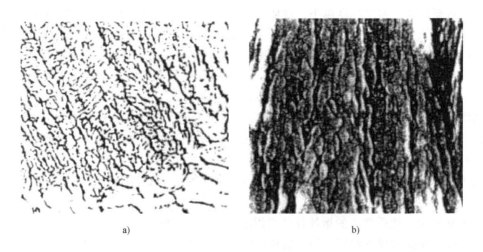

图1-1-2 枝晶束形貌（2A12-T4）

a）粗大柱状晶内部枝晶形态（光镜） b）枝晶群侧视形貌（SEM）

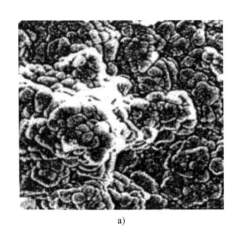
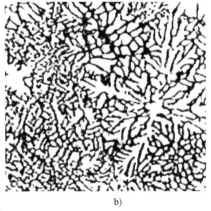

a)   b)

图 1-1-3　等轴树枝状晶群形貌（2A12-T4）

a）等轴树枝状晶群形貌（SEM）　b）粗大等轴晶内部枝晶形态（光镜）

二、点焊加热特点

点焊的热源是电阻热，即当焊接电流通过两电极间的金属区域——焊接区时，由于焊接区具有电阻（图 1-6），会析热（电流的热效应），并在焊件内部形成热源——内部热源。

根据焦耳定律，焊接区的总析热量 Q 为

$$Q = \int_0^t i^2 (r_c + 2r_{ew} + 2r_w)\, \mathrm{d}t \qquad (1-1)$$

式中　i——焊接电流的瞬时值，是时间的函数；

　　　r_c——焊件间接触电阻的动态电阻值，是时间的函数；

　　　r_{ew}——电极与焊件间接触电阻的动态电阻值，是时间的函数；

　　　r_w——焊件内部电阻的动态电阻值，是时间的函数；

　　　t——通过焊接电流的时间。

1. 电流对点焊加热的影响

焊接电流是产生内部热源——电阻热的外部条件。从式（1-1）可知，电流对析热的影响比电阻和时间两者都大，调节其大小会使析热量发生显著变化，影响加热过程。但应注意，点焊时，电流波形特征（电流脉冲幅值 I_M、参数配合等）对加热效果影响也很大。同时，焊接电流在焊件内部电阻（平均值）上所形成的电流场分布特征，将使焊接区各处加热强度不均匀，从而影响点焊的加热过程。点焊时电流场与电流密度分布如图 1-7 所示，具有如下特点：①电流线在两焊件的贴合面处要产生集中收缩，其结果就使贴合面处产生了集中加热效果；

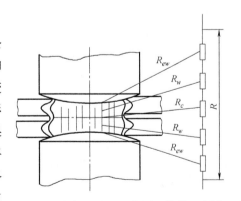

图 1-6　点焊焊接区示意图和等效电路图

R—焊接区总电阻　R_c—焊件间接触电阻

R_{ew}—电极与焊件间接触电阻

R_w— 焊件内部电阻

②贴合面边缘电流密度 j 出现峰值，该处加热强度最大，因而将首先出现塑性连接区，可保证熔核正常生长；③点焊时的电流场特征，使其加热为一不均匀热过程，焊接区内各点温度不同，即产生一不均匀温度场。通过选择不同的焊接电流波形、改变电极形状和端面尺寸等均可改变电流场形态并控制电流密度分布，以达到控制熔核形状及位置的目的。

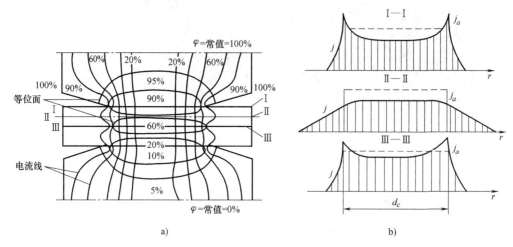

图 1-7　点焊时电流场与电流密度分布（计算机数据绘制）

a）电流场分布　b）典型截面的电流密度分布

j—电流密度　j_a—平均电流密度

2. 电阻对点焊加热的影响

点焊的电阻是产生内部热源——电阻热的基础，是形成温度场的内在因素。接触电阻（平均值）R_c+2R_{ew} 的析热量约占内部热源 Q 的 5%~10%，软规范时可能要小于此值，硬规范及精密点焊时要大于此值。接触电阻 R_c 与导体真实物理接触点的分布和接触点的面积有关，即与焊件材质、表面状态（清理方法、表面粗糙度、存放时间等）、电极压力及温度等有关。有时为避免发生黏损、初期喷溅等不良现象，可在厚钢板、铝合金等的点焊中采用马鞍形压力变化曲线以获得低而均匀的接触电阻值，这不仅可充分利用电功率，又可取得提高焊接质量、节约电能的双重效果。在厚钢板点焊时，若采用预热电流脉冲、调幅电流波形等点焊循环，也可获得与采用马鞍形压力变化曲线相同之功效，并且由于可不必增大预压电极压力而降低了设备的造价。应该指出，虽然接触电阻析热量占热源比例不大，并且在焊接开始后很快降低、消失，但这部分热量对建立焊接初期的温度场、扩大接触面积、促进电流分布的均匀化是有重要作用的。

焊件内部电阻 $2R_w$ 的析热量占总析热量 Q 的 90%~95%，软规范时要大于此值，硬规范及精密点焊时要小于此值。焊件内部电阻是焊接区金属材料本身所具有的电阻，该区域的体积要大于以电极与焊件接触面为底的圆柱体体积。影响内部电阻 $2R_w$ 的因素可归纳为：金属材料的热物理性质（电导率）、力学性能（金属材料压溃强度）、焊接参数（电极压力 F）、特征（硬、软规范）和焊件厚度等。同时，在点焊加热过程中焊接区为一不均匀加热的非线性空间导体，其形态和温度分布始终处于不断变化中。因而，焊件内部电阻 $2r_w$（瞬时值）也具有复杂的变化规律，只在加热临近终了时（正常点焊时，减弱或切断焊接电流的时刻），非线性空间导体的形态和温度分布才呈现暂时稳定状态，即此时焊接电流场和温度场进入准稳态，$2r_w$ 趋近于一个稳定的数值 $2R'_w$（金属材料点焊断电时刻焊件内部电阻的平均值）。

研究表明，不同的金属材料在加热过程中焊接区动态总电阻 r 的变化规律相差甚大（图1-8）。不锈钢、钛合金等材料呈单调下降的特性；铝及铝合金在加热初期呈迅速下降后趋于稳定；而低碳钢 r 的变化曲线上却明显有一峰值。由于低碳钢动态总电阻 r 标志着焊接区熔核长大的特征，可用来监控焊点质量（动态电阻法）。

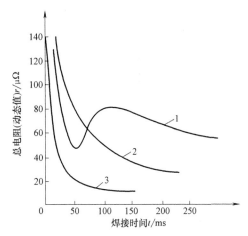

图1-8 典型材料的动态电阻比较
1—低碳钢 2—不锈钢 3—铝及铝合金

3. 通电时间对点焊加热的影响

调节通电时间对点焊加热时的析热和散热均有影响，同时其选取也与材质、板厚、设备特点（能提供的焊接电流波形特征和压力曲线）等有关，这里不再赘述。

三、点焊的热平衡

点焊热平衡组成如图1-9所示。热平衡方程式为

$$Q = Q_1 + Q_2 + Q_3 + Q_4 \qquad (1-2)$$

式中　Q——焊接区总析热量；

Q_1——熔化母材金属形成熔核的热量；

Q_2——通过电极热传导而损失的热量；

Q_3——通过焊件热传导而损失的热量；

Q_4——通过对流、辐射散失到空气介质中的热量。

Q 的大小取决于焊接参数特征和金属的热物理性质。例如：点焊 2A12-T4（LY12CZ）铝合金板材，获得直径 6mm 熔核时，硬规范（$t = 0.02s$）时 $Q = 400J$，软规范（$t = 0.2s$）时 $Q = 1200J$；而点焊钢材时，同样获得直径 6mm 熔核，则 $Q = 1700J$；Q_1 仅取决于金属的热物理性质及熔化金属量，而与热源种类和焊接参数特征无关，点焊时 $Q_1 \approx 10\% \sim 30\% Q$，导热性好的金属材料（铝、铜合金等）取低限；$Q_2$ 与电极材料、形状及冷却条件有关，点焊时 $Q_2 \approx$ （$30\% \sim 50\%$）Q，是最主要的散热损失；Q_3 与板件

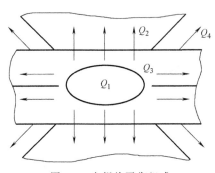

图1-9 点焊热平衡组成

厚度、材料的热物理性质以及焊接参数特征等因素有关，$Q_3 \approx 20\% Q$；$Q_4 \approx 5\% Q$，在利用热平衡方程式进行有关计算时可忽略不计。应该指出，实际生产中往往利用控制 Q_2 来获得合适的焊接温度场。例如：在不同厚度焊件的点焊中，采用附加垫片或改换电极材料等措施以减小 Q_2，可改善熔核偏移，增加薄件一边的焊透率。

焊接区的温度分布是析热与散热的综合结果，点焊过程中和终了时的温度分布如图1-10

和图 1-11 所示。最高温度总是处于焊接区中心，超过被焊金属熔点 T_m 的部分形成熔核，核内温度可能超过 T_m（焊钢时超出 $200\sim300K$），但在电磁力强烈搅拌下，进一步升高是困难的。由于 Q_2、Q_3 的强烈作用，离开熔核边界温度降低很快。当被焊金属导热性差（钢）或用硬规范点焊时，温度梯度将很大；而被焊金属导热性好（铝）或用软规范点焊时，温度梯度则将较小。

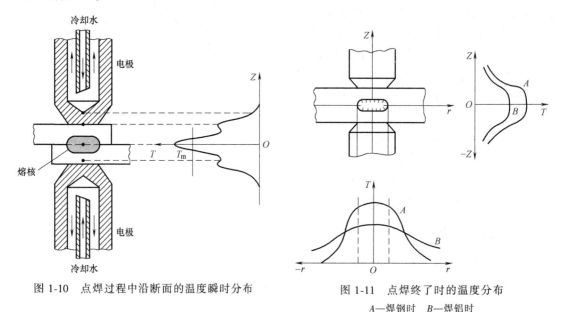

图 1-10　点焊过程中沿断面的温度瞬时分布

图 1-11　点焊终了时的温度分布

A—焊钢时　B—焊铝时

第二节　点焊一般工艺

一、点焊方法

根据点焊时电极向焊接区馈电方式，分为双面点焊和单面点焊。同时，又根据在同一个点焊焊接循环中所能形成的焊点数，将其进一步细分，如图 1-12 和图 1-13 所示。

双面点焊应用最广，尤其图 1-12a 是最常用的方式；图 1-12b 所示为双面双点焊，虽然提高了效率，但两焊点质量可能不均匀；图 1-12c 常用于装饰性面板点焊，装饰面因处于大面积的导电板电极一侧，会得到小压痕或无压痕的焊点；图 1-12d 因采用多个变压器单独双面馈电，其点焊质量显著优于图 1-12b。单面点焊时，电极

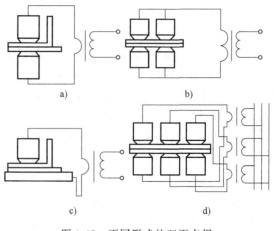

图 1-12　不同形式的双面点焊

a）双面单点焊　b）双面双点焊　c）小（无）
压痕双面单点焊　d）双面多点焊

由工件的同一侧向焊接处馈电，仅用于下电极无法抵达构件背面或里面的场合。其中图 1-13a 常用于零件较大、二次回路过长情况；图 1-13b 因无分流产生而优于图 1-13c，为降低分流可在工件下面附设铜垫板，以提供低电阻通路；图 1-13d 各对电极均由单独变压器供电，可同时通电，具有焊接质量高、生产率高、变形小和三相负载平衡等优点，在汽车组件生产中常可遇到。

总之，对焊件馈电点焊时应遵循以下原则：尽量缩短二次回路长度及减小回路所包围的空间面积，以减少能耗；尽量减少伸入二次回路的铁磁体体积，特别是在不同位置焊点焊接时伸入体积有很大变化，会使焊接电流产生较大波动（尤其使用工频交流焊机）；尽量防止和减小分流。

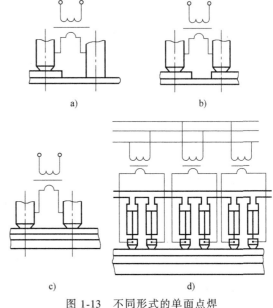

图 1-13 不同形式的单面点焊

a）单面单点焊 b）无分流单面双点焊
c）有分流单面双点焊 d）单面多点焊

二、点焊接头设计

1. 点焊接头主要尺寸的确定

点焊通常采用搭接接头或折边接头（图 1-14），接头可以由两个或两个以上等厚度或不等厚度、相同材料或不同材料的零件组成，焊点数量可为单点或多点。在电极可达性良好的条件下，接头主要尺寸设计可见表 1-1、表 1-2 和表 1-3。

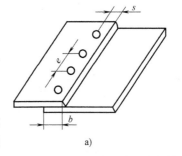 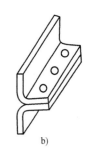

图 1-14 点焊接头形式

a）搭接接头 b）折边接头

表 1-1 点焊接头尺寸的大致确定

序号	经验公式	简　图	备注
1	$d=2\delta+3$ 或 $d=5\sqrt{\delta}$		d—熔核直径 A—焊透率 c'—压痕深度 e—点距 s—边距 δ—薄件厚度 n—焊点数 $\bigcirc$—点焊缝符号 $d\bigcirc n\times(e)$—点焊缝标注
2	$A=30\sim70$ [1]		
3	$c'\leq0.2\delta$		
4	$e>8\delta$		
5	$s>6\delta$		

注：搭接量 $b>2S$（表 1-2），点焊缝符号表示法参见 GB/T 324—2008。

① 焊透率 $A=(h/\delta)\times100\%$。

表 1-2　接头的最小搭接量　　　　　　　　　　　（单位：mm）

最薄板件厚度	单排焊点的最小搭接量			双排焊点的最小搭接量		
	结构钢	不锈钢及高温合金	轻合金	结构钢	不锈钢及高温合金	轻合金
0.5	8	6	12	16	14	22
0.8	9	7	12	18	16	22
1.0	10	8	14	20	18	24
1.2	11	9	14	22	20	26
1.5	12	10	16	24	22	30
2.0	14	12	20	28	26	34
2.5	16	14	24	32	30	40
3.0	18	16	26	36	34	46

2. 焊点布置的合理性

点焊焊接结构通常由多点连接而成，其排列形式多为单排，有时也可为多排。在单排点焊接头中焊点除受切应力外，还承受由偏心力引起的拉应力。在多排点焊的接头中，拉应力较小。研究表明，焊点排数多于 3 是不合理的，因为多于 3 排并不能再增加承载能力。同

表 1-3　焊点的最小点距　　　　　　　　　　　（单位：mm）

最薄板件厚度	最小点距		
	结构钢	不锈钢及高温合金	轻合金
0.5	10	8	15
0.8	12	10	15
1.0	12	10	15
1.2	14	12	15
1.5	14	12	20
2.0	16	14	25
2.5	18	16	25
3.0	20	18	30

时，还应注意，单排的点焊接头是不可能达到接头与母材等强度，只有采用多排（3 排）布置焊点，才可以改善偏心力矩的影响，降低应力集中系数，如果采用交错的排法，情况将会更好。理论上说，可以得到与基本金属等强度的点焊接头。

应当注意，点焊接头的疲劳强度很低，增加焊点数量也无效果。

点焊接头静载强度计算方法及焊点布置见表 1-4。

表 1-4　点焊接头静载强度计算方法及焊点布置

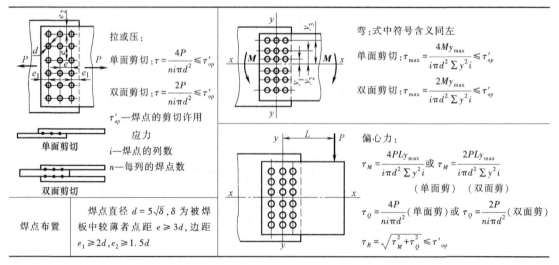

通常焊点强度用每点抗剪力（F_τ）及正拉力（F_σ）评定，正拉力与抗剪力之比（F_σ/F_τ）称为塑（延）性比，其值越大表明塑（延）性越好，而且与材质关系密切。例如：钢焊件一般随含碳量增加而塑性比下降，故应按结构受力及所用材料合理选用塑（延）性比。

3. 点焊结构的影响

电极能否较方便地到达焊接位置，对焊接质量和生产率影响很大。因此，根据电极可达性将点焊结构分为敞开式（上、下均方便可达）、半敞开式（仅上或下可方便到达）、封闭式（上、下均受到阻碍），这时需采用专用电极或专用电极握杆，如图 1-15 所示。

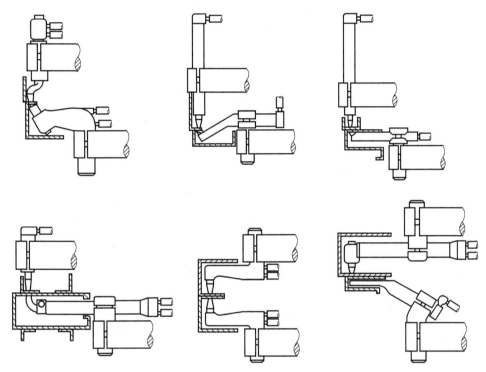

图 1-15 专用电极和专用电极握杆

三、焊前工件表面清理

点焊、凸焊和缝焊前，均需对焊件表面进行清理，以除掉表面脏物与氧化膜，获得小而均匀一致的接触电阻，这是避免电极黏结、喷溅、保证点焊质量和高生产率的主要前提。对于重要焊接结构和铝合金焊件等，尚需每批抽测施加一定电极压力下的两电极间总电阻 R，以评定清理效果，一般情况下可由清理工艺保证。清理方法可有两种：机械法清理主要有喷砂、刷光、抛光及磨光等；化学清理用的溶液成分见表 1-5，也可查阅相关熔焊资料。

表 1-5 化学清理用的溶液成分

金属	腐蚀用溶液	中和用溶液	R 允许值/$\mu\Omega$
低碳钢	1）每 1L 水中 H_2SO_4 200g、NaCl 10g、缓冲剂六次甲基四胺 1g，温度 50~60℃ 2）每 1L 水中 HCl 200g、六次甲基四胺 10g，温度 30~40℃	每 1L 水中 NaOH 或 KOH 50~70g，温度 20~25℃	600

（续）

金属	腐蚀用溶液	中和用溶液	R 允许值/$\mu\Omega$
结构钢、低合金钢	1）每 1L 水中 H_2SO_4 100g、HCl 50g、六次甲基四胺 10g，温度 50~60℃ 2）每 0.8L 水中 H_3PO_4 65~98g、Na_3PO_4 35~50g、乳化剂 OP 25g、硫脲 5g	每 1L 水中 NaOH 或 KOH 50~70g，温度 20~25℃ 每 1L 水中 $NaNO_3$ 5g，温度 50~60℃	800
不锈钢、高温合金	每 0.75L 水中 H_2SO_4 110g、HCl 130g、HNO_3 10g，温度 50~70℃	质量分数为 10% 的苏打溶液，温度 20~25℃	1000
钛合金	每 0.6L 水中 HCl 16g、HNO_3 70g、HF 50g	—	1500
铝合金	每 1L 水中 H_3PO_4 110~155g、$K_2Cr_2O_7$ 或 $Na_2Cr_2O_7$ 1.5~0.8g，温度 30~50℃	每 1L 水中 HNO_3 15~25g，温度 20~25℃	80~120
镁合金	每 0.3~0.5L 水中 NaOH 300~600g、$NaNO_3$ 40~70g、$NaNO_2$ 150~250g，温度 70~100℃	—	120~180

注：成分中酸的密度，硫酸—1.84（g/cm³，下同），硝酸—1.40，盐酸—1.19，正磷酸—1.6。

焊前点焊电极的正确选用和焊接过程中维护修理，也是一个重要条件，可参阅电极材料（第五章）。

四、点焊焊接参数及其相互关系

1. 点焊焊接循环

焊接循环（Welding Cycle）在电阻焊中是指完成一个焊点（缝）所包括的全部程序。图 1-16 所示为一个较完整的复杂点焊焊接循环，由加压，……，休止等十个程序段组成，I、F、t 中各参数均可独立调节，它可满足常用（含焊接性较差的）金属材料的点焊工艺要求。当将 I、F、t 中某些参数设为零时，该焊接循环将会被简化以适应某些特定材料的点焊要求，而当其中 I_1、I_3、F_{pr}、F_{f0}、t_2、t_3、t_4、t_6、t_7、t_8 均为零时，就得到由四个程序段组成的基本点焊焊接循环，该循环是目前应用最广的点焊循环，即所谓"加压—焊接—维持—休止"的四程序段点焊或电极压力不变的单脉冲点焊。

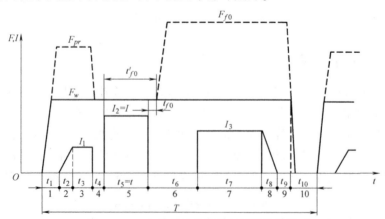

图 1-16　一个较完整的复杂点焊焊接循环

1—加压程序　2—热量递增程序　3—加热 1 程序　4—冷却 1 程序　5—加热 2 程序
6—冷却 2 程序　7—加热 3 程序　8—热量递减程序　9—维持程序　10—休止程序

F_{pr}—预压压力　　F_{f0}—锻压压力　　t_{f0}—施加锻压压力时刻（从断电时刻算起）

F_w—电极压力　　T—点焊周期　　t'_{f0}—施加锻压压力时刻（从通电时刻算起）

2. 点焊焊接参数

点焊焊接参数的选择主要取决于金属材料的性质、板厚、结构形式及所用设备的特点（能提供的焊接电流波形和压力曲线），工频交流点焊在点焊中应用最广且主要采用电极压力不变的单脉冲点焊。

（1）焊接电流 I　焊接时流经焊接回路的电流称为焊接电流，一般在数万安培（A）以内。焊接电流是最主要的点焊参数。调节焊接电流对接头力学性能的影响如图 1-17 所示。

1）AB 段。曲线呈陡峭段。由于焊接电流小使热源强度不足而不能形成熔核或熔核尺寸甚小，因此焊点抗剪载荷较低且很不稳定。

2）BC 段。曲线平稳上升。随着焊接电流的增加，内部热源发热量急剧增大（$Q \propto I^2$），熔核尺寸稳定增大，因而焊点抗剪载荷不断提高；临近 C 点区域，由于板间翘离限制了熔核直径的扩大和温度场进入准稳态，因而焊点抗剪载荷变化不大。

3）C 点以后。由于电流过大使加热过于强烈，引起金属过热、喷溅、压痕过深等缺陷，接头性能反而降低。

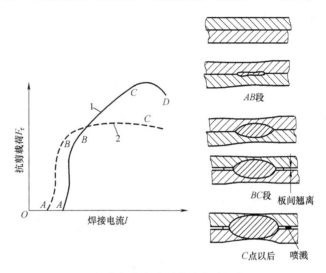

图 1-17　调节焊接电流对接头力学性能的影响

1—板厚 1.6mm 以上　2—板厚 1.6mm 以下

图 1-17 还表明，焊件越厚 BC 段越陡峭，即焊接电流的变化对焊点抗剪载荷的影响越敏感。

（2）焊接时间 t　自焊接电流接通到停止的持续时间，称为焊接通电时间，简称为焊接时间。点焊时 t 一般在数十周波（1 周波＝0.02s）以内。焊接时间对接头力学性能的影响与焊接电流相似（图 1-18），但应注意两点。

1）C 点以后曲线并不立即下降，这是因为尽管熔核尺寸已达饱和，但塑性环还可有一定扩大，再加之热源加热速率较和缓，因而一般不会产生喷溅。

2）焊接时间对接头塑性指标影响较大，尤其对承受动载或有脆性倾向的材料（可淬硬钢、铝合金等），较长的焊接时间将产生较大的不良影响。

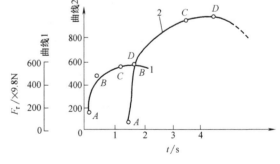

图 1-18　接头抗剪载荷与焊接时间的关系

1—板厚 1mm　2—板厚 5mm

（3）电极压力 F_w　点焊时通过电极施加在焊件上的压力一般要数千牛（kN）。如图 1-19 所示，电极压力过大或过小都会使焊点承载能力降低和分散性变大，尤其对拉伸载荷影响更甚。当电极压力过小时，由于焊接区金属的塑性变形范围及变形程度不足，造成因电流密度过大而引起加热速度增大而塑性环又来不及扩展，从而产生严重喷溅。这不仅使熔核形状和尺寸发生变化，而且污染环境和不安全，这是绝对不允许的。电极压力过大时将使焊接区接触面积增大，总电阻和电流密度均减小，焊接散热增加，因此熔核尺寸下降，严重时会出现未焊透缺陷。一般认为，在增大电极压力的同时，适当加大焊接电流或焊接时间，以维持焊接区加热程度不变。同时，由于压力增大，可消除焊件装配间隙、刚性不均匀等因素引起的焊接区所受压力波动对焊点强度的不良影响。此时不仅使焊点强度维持不变，稳定性也可大为提高。

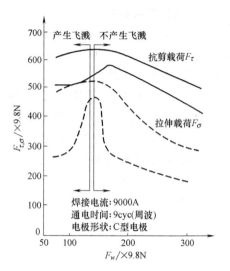

图 1-19　接头承载能力与电极压力
关系（低碳钢，$\delta = 1$mm）

F_w—电极压力　F_τ—抗剪载荷　F_σ—拉伸载荷

（4）电极头端面尺寸 D 或 R　电极头是指点焊时与焊件表面相接触时的电极端头部分。其中 D 为锥台形电极头端面直径，R 为球面形电极头球面半径，h 为端面与水冷端距离（图 1-20）。电极头端面尺寸增大时，由于接触面积增大、电流密度减小、散热效果增强，均使焊接区加热程度减弱，因而熔核尺寸减小，使焊点承载能力降低（图 1-21）。应该指出，点焊过程中，由于电极工作条件恶劣，电极头产生压溃变形和黏损是不可避免的，因此要规定：锥台形电极头端面尺寸的增大 $\Delta D < 15\% D$，同时对于不断锉修电极头而带来的与水冷端距离 h 的减小也要给予控制。低碳钢点焊 $h \geq 3$mm，铝合金点焊 $h \geq 4$mm。

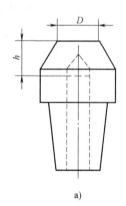
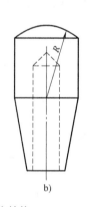

图 1-20　常用电极头结构

a）锥台形电极头　b）球面形电极头

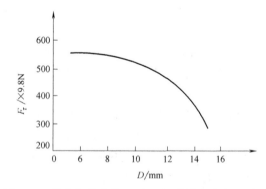

图 1-21　接头抗剪载荷 F_τ 与电极头端面直径 D 关系

（低碳钢 $\delta = 1$mm；用图 1-18 接近 C 点的规范焊接）

3. 焊接参数间相互关系及选择

点焊时，各焊接参数的影响是相互制约的。当电极材料、端面形状和尺寸选定以后，焊接参数的选择主要是考虑焊接电流、焊接时间及电极压力，这是形成点焊接头的三大要素，其相互配合可有两种方式。

（1）焊接电流和焊接时间的适当配合　这种配合是以反映焊接区加热速度快慢为主要

特征。当采用大焊接电流、短焊接时间参数时，称为硬规范；而采用小焊接电流、适当长焊接时间参数时，称为软规范。

软规范的特点：加热平稳，焊接质量对焊接参数波动的敏感性低，焊点强度稳定；温度场分布平缓，塑性区宽，在压力作用下易变形，可减少熔核内喷溅、缩孔和裂纹倾向；对有淬硬倾向的材料，软规范可减小接头冷裂纹倾向；所用设备装机容量小，控制精度不高，因而较便宜。但是，软规范易造成焊点压痕深，接头变形大，表面质量差，电极磨损快，生产率低，能量损耗较大。

硬规范的特点与软规范基本相反。在一般情况下，硬规范适用于铝合金、奥氏体不锈钢、低碳钢及不等厚度板材的焊接；而软规范较适用于低合金钢、可淬硬钢、耐热合金、钛合金等。

应该注意，调节 I、t 使之配合成不同的硬、软规范时，必须相应改变电极压力 F_w，以适应不同加热速度及不同塑性变形能力的要求。硬规范时所用电极压力显著大于软规范焊接时的电极压力。

（2）焊接电流和电极压力的适当配合 这种配合是以焊接过程中不产生喷溅为主要原则，这是目前国外几种常用电阻点焊规范（RWMA、MIL Spec、BWRA 等）的制定依据。根据这一原则制定的 I、F_w 关系曲线，称为喷溅临界曲线（图 1-22）。曲线左半区为无喷溅区，这里 F_w 大而 I 小，但焊接压力选择过大会造成固相焊接（塑性环）范围过宽，导致焊接质量不稳定。曲线右半区为喷溅区，因为电极压力不足，加热速度过快而引起喷溅，使接头质量严重下降和不能安全生产。

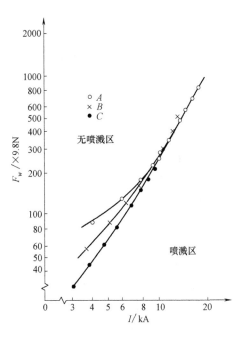

图 1-22 焊接电流和电极压力的关系
（A、B、C 为 RWMA 焊接规范中的三类）

当将规范选在喷溅临界曲线附近（无喷溅区内）时，可获得最大熔核和最高拉伸载荷。同时，由于降低了焊机机械功率，也提高了经济效果。当然，在实际应用这一原则时，应将电网电压、加压系统等的允许波动带来的影响考虑在内。

以上讨论的两种情况，其结果常以金属材料点焊焊接参数表、列线图、曲线图和规范尺等形式表现出来，但在实际使用这些资料时均需进行试验修正。

【阅读材料 1-1-2】 点焊时的分流

在实际焊接中，还存在电流从焊接区以外流过，使通过焊接区的有效焊接电流减小，从而影响焊接质量。

1）点焊分流的产生原因及影响因素。

①点距的影响。连续点焊时，先焊焊点（A）会对后焊焊点（B）造成分流，如图 1-1-4 所示。点距越小、板材越厚、导电性越良好的材料分流越大，因此必须加大点距。

②焊接顺序。已焊点分布在两侧时，分流比仅在一侧时大。

③焊件表面状态的影响。油污和氧化膜等使接触电阻增大，因而导致焊接区总电阻增加，分路电阻却相对减小，结果使分流增大。

④电极（或二次回路）与焊件的非焊接区相接触。相碰而引起的分流有时不仅很大，而且由于易烧坏焊件其后果往往很严重。

⑤焊件装配不良或装配过紧。

⑥单面点焊工艺特点的影响。

2）分流的不良影响。

①使焊点强度降低。分流使焊接区的电流密度减小，因而加热不足，熔核直径变小，焊透率降低，焊点承载能力下降，并且由于分流数值很不稳定，造成焊点质量波动很大。

②单面点焊易产生表面喷溅。单面点焊由于分流严重会使电极与焊件局部接触表面（偏向分流方向的部位）过热，甚至熔化，严重时形成初期表面喷溅。同时，分流还会引起熔核歪斜并溢出焊件表面而形成晚期喷溅（发生在焊接即将结束之时，采用软规范更为严重）。初期表面喷溅在单面多点焊时尤为严重，常常需增加一道打磨毛刺工序。

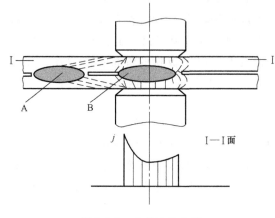

图 1-1-4　点焊时的分流

3）消除和减少分流的措施。

①选择合适点距。

②严格清理焊件表面。

③注意结构设计的合理性。

④对开敞性差的焊件，应采用专用电极和电极握杆。在某些情况下，也可在电极或焊件易于相碰的部位临时敷以绝缘布或套管。

⑤连续点焊时，可适当提高焊接电流。

⑥单面多点焊时，采用调幅电流。

⑦选择具有恒流控制的设备。

第三节　特殊情况的点焊工艺

一、不等厚度及不同材料的点焊

在通常条件下，不等厚度及不同材料点焊时，熔核不以贴合面为对称，而向厚板或导电、导热性差的焊件中偏移，其结果使其在贴合面上的尺寸小于该熔核直径。同时，也使其在薄件或导电、导热性好的焊件中焊透率小于规定数值，这均使焊点承载能力降低。

1. 偏移产生的原因

熔核偏移的根本原因是焊接区在加热过程中两焊件析热和散热均不相等所致。偏移方向自然向着析热多、散热缓慢的一方移动。

不同厚度点焊时，厚件电阻大析热多，而其析热中心由于远离电极而散热缓慢。薄件情况正相反。这就造成焊接温度场如图 1-23a 所示向厚板偏移。

不同材料点焊时，导电性差的工件电阻大析热多，但由于该材料导热性差因而散热缓慢，导电性好的材料情况正相反，这同样要造成焊接温度场如图 1-23b 所示向导电性差的工件偏移。温度场的偏移则带来熔核的相应偏移。

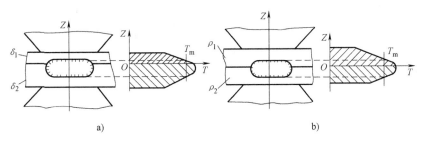

图 1-23 焊接区温度分布
a）不等厚度（$\delta_1 < \delta_2$） b）不同材料（$\rho_1 < \rho_2$）

2. 克服熔核偏移的措施

（1）采用硬规范 硬规范时电流场的分布能更好地反映边缘效应对贴合面集中加热的效果，并且由于焊接时间短使热损失下降，散热的影响相对减小，均对纠正熔核偏移现象有利。例如：可用电容贮能焊机点焊厚度比很大的精密零件。

（2）采用不同的电极

1）采用不同直径的电极。薄件（或导电、导热性好的焊件）那面采用小直径电极，以增大电流密度，减小热损失；而厚件（或导电、导热性差的焊件）那面则选用大直径电极。上、下电极直径的不同使温度场分布趋于合理，减小了熔核的偏移。但在厚度比比较大的不锈钢或耐热合金零件的点焊中与上述原则相反，只有小直径电极安置在厚件那面方能有效，工厂中称为"反焊"。反焊已获得多年的实际应用，但其原理及合理应用范围目前尚有争议。

2）采用不同材料的电极。由于上、下电极材料不同，散热程度不相同。材料导热性好的电极放于厚件（或导电、导热性差的焊件）那面使其热损失也大，也可调节温度场分布减小熔核偏移。

例如：点焊 5A02/3A21 板材（$\lambda_{5A02} > \lambda_{3A21}$，$\delta_{5A02} = 2mm$、$\delta_{3A21} = 3mm$），可在 5A02 那面采用导热性差的 CrCdCu 合金电极，而在 3A21 那面采用导热性好的 T2 纯铜电极。结果表明，薄件的焊透率达 20%～25%，满足质量要求。

3）使用特殊电极。在电极头部加不锈钢环、黄铜套（图 1-24）或采用尖锥状电极头均可使焊接电流向中间集中，从而使薄件（或导电、导热性好的焊件）析热强度增加，使温度场分布趋于合理。

（3）在薄件（或导电、导热性好的焊件）上附加工艺垫片（图 1-25） 工艺垫片由导热性差的材料制作，厚度为 0.2～0.3mm，有降低薄件（或导电、导热性好的焊件）散热、增加电流密度的作用。例如：不锈钢箔片可作为铜、铝合金的点焊工艺垫片；低碳钢箔片可作为黄铜的点焊工艺垫片；钼箔可作为金丝与金箔的点焊工艺箔片等。在使用工艺垫片时应注意规范不要过大，以避免垫片与零件表面产生黏结，焊后应很容易将其揭掉。

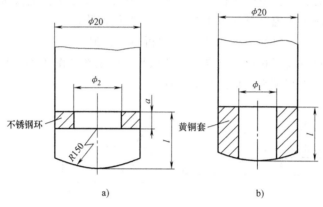

图 1-24 特殊电极头

a）加不锈钢环 b）加黄铜套

（ $a = 3 \sim 6mm$ 、 $l = 10 \sim 15mm$ 、 $\phi_1 \approx 12mm$ 、 $\phi_2 \approx 10mm$ ）

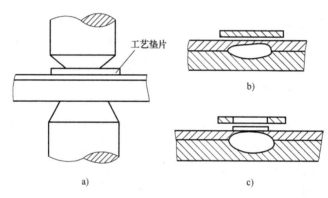

图 1-25 附加工艺垫片的点焊

a）点焊前 b）规范合适 c）规范过大

（4）焊前在薄件或厚件上预先加工出凸点或凸缘 进行凸焊或环焊是克服熔核偏移现象的一项很有效的措施。

3. 利用珀耳帖效应

珀耳帖效应是热电势现象的逆向现象，即当直流电按某特定方向通过异种材料接触面时，将产生附加的吸热或析热现象，所以这个效应仅在单向通电时有效，而且目前仅用于铝与铜合金电极间才较明显和具有实用价值，如图 1-26 所示。

一些异种金属材料点焊焊接参数见表 1-6 和表 1-7。

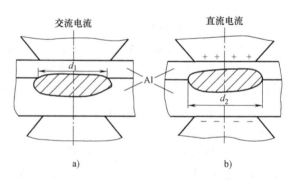

图 1-26 珀耳帖效应的应用

a）交流电 b）直流电

表1-6 常见异种钢点焊焊接参数

钢号	厚度/mm	焊前状态及清理	电极直径/mm	焊接参数			熔核直径/mm
				焊接电流/A	通电时间/s	电极压力/N	
12Cr13+ 1Cr18Ni9Ti	1.2+1.2	12Cr13 回火， 1Cr18Ni9Ti 淬火、抛光	5.0~6.0	6000~6500	0.24~0.28	1000~4500	≥5.0
	1.5+1.5		6.0~7.0	6500~6800	0.28~0.32	5000~5500	≥5.5
Cr17Ni2+ 1Cr11Ni2W2MoV	2.5+2.0	油淬、回火	5.0~7.0	8500~9500	0.32~0.38	8000	≥4.5
Cr17Ni2+ 1Cr18Ni9Ti	1.5+2.0	Cr17Ni2 油淬、回火， 1Cr18Ni9Ti 淬火	4.0~4.5	6500~7000	0.30~0.38	5800	≥4.0
	1.5+3.5		5.0~7.0	9200~9700	0.32~0.38	7300	≥4.5
1Cr11Ni2W2MoVA+ Cr17Ni2	2.0+2.5	淬火、回火	4.0~5.5	8600~9000	0.32~0.38	8000~9000	4.0~5.5
1Cr18Ni9Ti+ 21-11-2.5 铸造不锈钢	1.0+1.0	正火	4.0~5.0	6400	0.14~0.22	4900	4.0
	1.0+1.0			7100	0.12~0.22	6000	4.3

表1-7 不锈钢与镍基高温合金点焊焊接参数

材料	厚度/mm	焊前状态	电极直径/mm		工艺参数			熔核尺寸	
			上	下	焊接电流/A	通电时间/s	电极压力/kN	d/mm	A[①](%)
GH3044+ 1Cr18Ni9Ti	1.5+1.0	固溶	5.0	5.0	5800~6200	0.34~0.38	5.2~6.4	3.5~4.0	—
GH1140+ 1Cr18Ni9Ti	1+1	固溶	5.0	5.0	6100~6500	0.26	4.4~5.4	4.5	40~60
	1+1.5		5.0~6.0	5.0~6.0	6200~6500	0.26~0.30	4.4~5.4	4.5	50~60
	1.5+1.5		7.0	7.0	8200~8400	0.38~0.44	5.1~6.1	5.0~7.0	40~70
	1+2		5.0~6.0	5.0~6.0	6500~6800	0.26~0.30	5.4~5.7	5.5	60~70
	1+4		10.0~12.0	10.0~12.0	6400~6800	0.30~0.34	5.9~6.4	5.5	40~55

① A 为焊点核心的焊透率。

二、胶接点焊与减振钢板点焊

1. 胶接点焊

在点焊工艺中采用结构胶粘剂，可使接头疲劳强度显著提高，这种将点焊和胶接工艺相结合的连接方法称为胶接点焊，简称为胶焊。胶焊结构具有强度高、重量轻、减振和声学性能好等优点。例如：它的静抗剪强度是点焊的 1.5~2 倍，疲劳强度为点焊的 3~5 倍；可防止（铝合金）焊后阳极化处理时搭接区内表面的腐蚀等。因此，它在航空、航天、汽车工业等领域正得到日益广泛的应用。

有文献对胶焊、点焊和胶接三种抗剪试件的力学性能进行研究，试验结果见表1-8。

表1-8 胶焊、点焊和胶接三种抗剪试件强度试验结果

方法	破断载荷 F/N	疲劳寿命 N_f	
		$F_{max} = 3000N$	$F_{max} = 4000N$
胶焊	8444	1.0×10^6	8.84×10^5
点焊	6000	4.9×10^4	$< 1.0 \times 10^4$
胶接	7780	2.77×10^5	4.8×10^4

由表 1-8 中数据可知，胶焊接头的静载强度和疲劳寿命均明显高于点焊和胶接接头，尤其疲劳寿命十分优越，其原因为：胶焊可大幅度降低点焊结构中焊点部位的高应力值，消除了焊点边缘的高应力集中，改善了接头的应力分布；胶焊接头中应力分布均匀，外载将由焊点部位与胶接部位共同承担。而与胶接接头相比，胶焊接头中焊点的存在，虽然将导致焊点区域有较大的应力值，但焊点具有更高的强度，而断裂往往始于胶层，当胶层破坏后，焊点仍然可承担一定载荷，故其力学性能较胶接优越。应该注意，在不同的搭接长度、板厚、焊点直径、胶黏剂种类和胶层厚度时，胶焊接头对点焊和胶接接头力学性能的改善程度并不相同。

胶焊有三种方法：先涂胶后点焊；先点焊后灌胶；预置带孔胶带（膜）。由于先点焊后灌胶方法工艺相对简便，多余胶液易于清除，质量容易保证等，故目前多采用此方法，如国产"运七"型飞机蒙皮与桁条的连接。

胶焊技术要点如下。

1）点焊应选用不宜产生喷溅和接头变形的电流波形（设备）和焊接参数。

2）点焊后搭接面应保证平整，便于胶液渗透到整个搭接面而不产生缺胶现象。

3）选用流动性良好的胶粘剂，注胶时宜将焊件倾斜 15°～45°。

4）供先焊后胶的胶粘剂主要为改性环氧胶（双组分或多组分、耐温 -60～60℃、良好的静态和疲劳强度、耐工艺湿热和介质），有多种牌号，如 425-1、425-2（表 1-9）、SY-H2、KH-120 等。

表 1-9　425-2 胶黏剂性能

牌号	组成		工艺条件	胶黏剂		胶焊后		胶焊后的不均匀扯离强度 /kN·m⁻¹	用途
				温度/℃	抗剪强度 /MPa	温度/℃	抗剪强度 /MPa		
425-2	甲	E-51 环氧　　　100 D-17 环氧　　　25 间苯二酚正丁醛 环氧树脂　　　5 环氧稀释 263　18	甲：乙：丙：丁＝148：24：10：2 预固化：20℃ 50h 固化：135℃ 3h	25 60 -60	（铝） ≥24.5 ≥19.6 ≥17.6	25 60	（铝） ≥14.7 ≥14.7	≥40	±60℃ 适用于铝合金的胶接点焊结构，先焊后胶
	乙	4.4'-二氨基二苯甲烷 2-乙基,4-甲基咪唑　　　　　10 亚麻油酸锡盐　1 β-羟乙基乙二胺　3							
	丙	780 聚硫橡胶　10							
	丁	KH-550　　　　2							

2.（夹胶）减振钢板点焊

随着环保、舒适性要求的提高，对汽车噪声等的限制日益严格，因此，适合于汽车生产使用的减振钢板将得到广泛应用。减振钢板就是在两层金属板材之间夹一层减振胶的钢板，如厚度 1.45mm 的日本 NKK 钢厂和宝钢生产的减振钢板，其组成为钢板（0.7mm）/热可塑非导电型减振胶层（0.05mm）/钢板（0.7mm）。

这种非导电型减振钢板点焊原理如下（图 1-27）：用导电板构成副回路，点焊时先使焊机输出电流从焊件 1 的上表面通过导电板流到焊件 2 的下表面，I_2 产生的电阻热使导电区域的减振胶熔化，待焊处已熔化的减振胶在电极压力的作用下被挤出，导致焊接主回路 I_1 导通，焊接区形成熔核，这就是第 1 个焊点。

当焊接第 2 个焊点时，就以第 1 个焊点构成副回路，……，依次类推。

焊接技术要点如下。

1）副回路的导电状况影响点焊过程是否稳定，其中主要因素有回路长度和导电截面大小，因此调整导电板尺寸和位置非常重要，有时可用 2 个副回路（板两端各 1 个）。

2）使用球面电极能更好地挤出焊接区的减振胶，有利于保证点焊质量稳定。

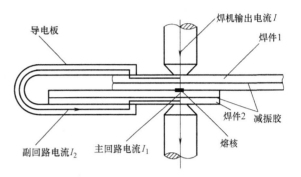

图 1-27　非导电型减振钢板点焊原理

3）减振钢板点焊电流比相同厚度普通低碳钢大 15%～30%，且其恒流控制精度应不低于 ±3%。

导电型减振钢板价格较贵，但可以按常规点焊工艺焊接。

三、微型件的点焊

微型件是指几何尺寸甚小的仪表构件、元器件等，其接头组成其中至少有一个为厚度或直径 ≤0.1mm 的箔材或丝材，点焊位置空间窄小且材质往往特殊或有镀层（Au、Ag、Ni 等），如可伐合金、TiNi 合金、钼合金、铍青铜、AgMgNi 合金等。

焊接技术要点如下。

1）由于焊件热惯性小，点焊时析热少，而散热强烈是其主要特点，因此在贴合面上难于形成集中加热的效果，尤其是导热性好的材料更为严重。因此要求焊接电流波形应脉冲幅值大而通电时间极小，控制精度很高，如半波点焊、中频逆变式（IGBT）点焊、电容放电点焊等。

2）接头的连接形式除熔化连接（熔核）外，有时也允许固相连接，即贴合面并不熔化，仅发生较充分的再结晶和扩散（但要有一定的体积深度）。固相连接的强度虽然波动较大，但对微型件导电、导磁性能均能满足。也有只能选用固相连接的场合：①易再结晶热脆的材料，如钼及钼合金；②熔点相差悬殊的材料，如铝-镍、钼-铜的连接；③热导率极高，熔化连接困难而固相结合温度较低的材料，如银等。

钼固相连接优质接头金相照片如图 1-28 所示。

3）平行间隙焊是一种专用于点焊电子元器件引线和底盘的组装技术，在太阳能电池中也有应用，电源可采用电容式或逆变式精密点焊设备。

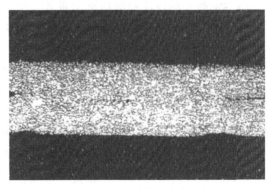

图 1-28　钼固相连接优质接头金相照片

下面介绍一种可直接焊接漆包线引出接点的平行间隙焊新技术，原理如下：用 SW（Stripping-Welding，除漆-焊接）焊头（中国专利号：ZL01114808.X；美国专利号：US6737503B2）压紧待焊处（图1-29a）；电容贮能点焊机输出的脉冲电流 I_0 流经两个电极尖端的接触部分，产生电火花（图1-29b），使一部分绝缘漆被烧除，其余部分熔化自动向外侧退缩，使金属裸露出来；在焊接压力和电阻热的作用下，焊件间的接触电阻小于 SW 焊头尖端的接触电阻，大量电流 I_2 转而流入裸露的金属线和基底，实现焊接（图1-29c），同时，仅有一少量电流 I_1 成为分流。这就实现了用同一电流脉冲完成除漆和焊接，如图1-30所示。

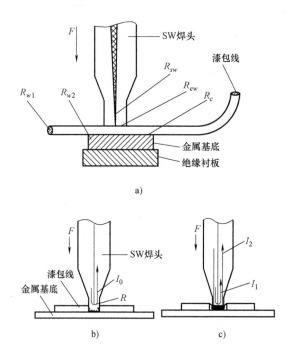

图1-29 用 SW 焊头的平行间隙焊原理

a）焊头压紧漆包线 b）电火花烧除绝缘漆阶段 c）焊接阶段

焊接技术要点如下。

1）SW 焊头的设计和制造至关重要，采用烧结材料作为电极，尖端外形为笔尖形，两个电极尖端的接触是不变的线接触。

2）SW 焊头对焊接参数的设置，比其他电阻焊要求更加精细。同时，应优化脉冲幅度（电压）、脉冲宽度（时间）、焊接压力等焊接参数。

例如：由于 SW 焊头尖端有一定阻值欧姆接触这样的特殊结构，设置输出脉冲幅度和宽度的值一定要恰到好处，如果这两个焊接参数设置过大，输出的焊接能量就大，焊头尖端产生的电火花也大，直接影响

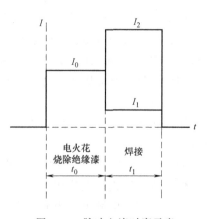

图1-30 脉冲电流时序示意

焊接质量，影响焊头使用寿命，甚至烧坏焊头；如果这两个焊接参数设置过小，就会因能量不足而焊接不牢。为了集中焊接能量，SW 焊头的尖端加工成很细的小长方体，所以焊接压力也要适中。如果设置过大，除了会因漆包线被压得过薄而影响焊接质量，还会影响焊头使用寿命，甚至造成焊头弯曲变形；而焊接压力过小也会影响焊接质量，焊接压力大小设置的参考标准，以形成熔核的厚度为被焊接漆包线线径的 1/4~1/3 为宜。

用该技术焊接的新型电子元器件，如图 1-31 所示：在外形为 8mm×5.5mm×2.7mm 的塑胶盒子里，安装有两个小线圈和一个 IC 芯片，小线圈漆包线的线径小于 0.08mm，共有 12 个焊点、6 个引脚，连接成一个高性能、多功能的微型通信元器件。

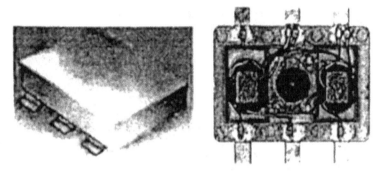

图 1-31 微型通信元器件

第四节 常用材料及新材料的点焊

一、材料的点焊焊接性分析

判断金属材料点焊焊接性的主要标志如下。

1）材料的导电性和导热性，即电阻率小而热导率大的金属材料，其焊接性较差。

2）材料的高温塑性及塑性温度范围，即高温屈服强度大的材料（如耐热合金）、塑性温度区间较窄的材料（如铝合金），其焊接性较差。

3）材料对热循环的敏感性，即易生成与热循环作用有关缺陷（裂纹、淬硬组织等）的材料（如 65Mn），其焊接性较差。

4）熔点高、线膨胀系数大、硬度高等金属材料，其焊接性一般也较差。

5）材料表面氧化膜较厚或较致密，其焊接性较差，焊前需仔细清理。

当然，评定某一金属材料点焊焊接性时，应综合、全面地考虑以上诸因素。

二、低碳钢的点焊

含碳量 $w_C \leqslant 0.25\%$ 的低碳钢和碳当量 $CE \leqslant 0.3\%$ 的低合金钢，其点焊焊接性良好，采用普通工频交流点焊机、简单焊接循环，无须特别的工艺措施，即可获得满意的焊接质量。

点焊技术要点如下。

1）焊前冷轧板表面可不必清理，热轧板应去掉氧化皮、锈。

2）建议采用硬规范点焊，CE大者会产生一定的淬硬现象，但一般不影响使用。

3）焊厚板（δ>3mm）时建议选用带锻压力的压力曲线，带预热电流脉冲或断续通电的多脉冲点焊方式，选用三相低频焊机焊接等。

4）低碳钢属铁磁性材料，当焊件尺寸大时应考虑分段调整焊接参数，以弥补因焊件伸入焊接回路过多而引起的焊接电流减弱。

5）焊接参数见表1-10。

低碳钢中厚板点焊焊接参数，可查阅本书参考文献，这里不再赘述。

低碳钢（08F）点焊优质接头金相照片如图1-32所示。

表1-10　低碳钢板的点焊焊接参数

板厚 /mm	电极头端 面直径 /mm	A			B			C		
		焊接电流 /A	焊接时间 /s	电极压力 /N	焊接电流 /A	焊接时间 /s	电极压力 /N	焊接电流 /A	焊接时间 /s	电极压力 /N
0.4	3.2	5200	0.08	1150	4500	0.16	750	3500	0.34	400
0.5	4.8	6000	0.10	1350	5000	0.18	900	4000	0.40	450
0.6	4.8	6600	0.12	1500	5500	0.22	1000	4300	0.44	500
0.8	4.8	7800	0.14	1900	6500	0.26	1250	5000	0.50	600
1.0	6.4	8800	0.16	2250	7200	0.34	1500	5600	0.60	750
1.2	6.4	9800	0.20	2700	7700	0.38	1750	6100	0.66	850
1.6	6.4	11500	0.26	3600	9100	0.50	2400	7000	0.86	1150
1.8	8.0	12500	0.28	4100	9700	0.54	2750	7500	0.96	1300
2.0	8.0	13300	0.34	4700	10300	0.60	3000	8000	1.06	1500
2.3	8.0	15000	0.40	5800	11300	0.74	3700	8600	1.28	1800
3.2	9.5	17400	0.54	8200	12900	1.0	5000	10000	1.74	2600

注：1. 本表节选自RWMA规范，焊接时间栏内数据已按电源频率50Hz修订；A—硬规范，C—软规范，B——一般规范。

2. 当焊机容量足够大时应选用A级规范，容量不足时可选用B级或C级规范。

3. 车身钢板点焊规范可参见A级，但应加大电极压力和焊接时间。

三、可淬硬钢的点焊

可淬硬钢如45、30CrMnSiA、12Cr13、65Mn等，其点焊焊接性差，点焊接头极易产生缩松、缩孔、脆性组织、过烧组织和裂纹等缺陷。缩松与缩孔缺陷均产生于熔核凝固过程后期，分布在贴合面附近，使点焊接头力学性能变坏，尤其引发裂纹后会显著降低焊点持久强度极限；脆性组织马氏体产生在熔核凝固后的接头继续冷却过程中，当随机回火热处理不适当时，在接头高应力区的板缝附近

图1-32　低碳钢（08F）点焊优质接头金相照片

仍可存在并引发冷裂纹，由于点焊接头的搭接结构特点和当前点焊质量控制技术水平所限，高应力区（残留）淬硬很难完全避免；过烧组织产生在熔核与焊件表面之间，是多脉冲回火热处理点焊工艺必须重视的一种缺陷，它不仅使接头抗疲劳性能显著降低，而且使接头的耐蚀性下降；熔核内裂纹严重时可贯穿贴合面而与板缝相通，它与热影响区产生的冷裂纹一样均是最危险的缺陷，但由于往往是由缩松或缩孔所引发，因而较易解决。

点焊技术要点如下。

（1）电极压力和焊接电流选择　在保证熔核直径条件下，焊接电流脉冲值应选择偏小些，以使熔核焊透率接近设计值下限为宜（50%～60%），电极压力值应选择较大些，为相同板厚低碳钢点焊时的1.5～1.7倍，或采用可予调制的焊接电流脉冲波形（即用热量递增控制以减轻或避免初期内喷溅）。

（2）双脉冲点焊工艺　这种点焊工艺为焊接电流脉冲加1个回火热处理脉冲，配合适当会得到高强度的点焊接头，撕破试验时接头呈韧性断裂，可撕出圆孔。这里应注意，两脉冲之间的间隔时间一定要保证使焊点冷却到马氏体转变点 Ms 温度以下。同时，回火电流脉冲幅值要适当，以避免焊接区金属加热重新超过奥氏体相变点而引起二次淬火。

30CrMnSiA 钢回火双脉冲点焊焊接参数见表1-11。

表1-11　30CrMnSiA 钢回火双脉冲点焊焊接参数

板厚/mm	电极工作面直径/mm	电极压力/kN	焊接脉冲		间隔时间/s	回火脉冲	
			焊接电流/kA	时间/s		回火电流/kA	时间/s
1.0	5～5.5	1～1.8	5～6.5	0.44～0.64	0.5～0.6	2.5～4.5	1.2～1.4
1.5	6～6.5	1.8～2.5	6～7.2	0.48～0.70	0.5～0.6	3.0～5.0	1.2～1.6
2.0	6.5～7	2～2.8	6.5～8.0	0.50～0.74	0.5～0.6	3.5～6.0	1.2～1.7
2.5	7～7.5	2.2～3.2	7.0～9.0	0.60～0.80	0.6～0.7	4.0～7.0	1.3～1.8

30CrMnSiA 点焊优质接头金相照片如图1-33所示。

【阅读材料1-1-3】　多脉冲回火热处理点焊工艺

这种点焊工艺为焊接电流脉冲加多个回火热处理脉冲（回火热处理脉冲次数 $n \geq 3$），许多研究和生产实践表明，传统的双脉冲点焊工艺难以稳定保证接头组织的充分回火及合理分布，在高应力区马氏体仍有存在，出现脆性断口形貌（图1-1-5a），力学性能不高，而采用多脉冲回火热处理点焊工艺能有效而稳定对接头显微组织和分布予以控制，使高应力区获得充分回火，得到韧性断口形貌（图1-1-5b），使力学性能尤其是

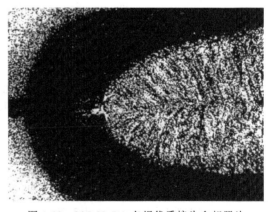

图1-33　30CrMnSiA 点焊优质接头金相照片

疲劳性能获得显著提高。同时，由于增加了回火参数的调整裕度，降低了对点焊控制设备精度的要求。

目前，多脉冲回火热处理点焊工艺正在进一步试验和推广中。

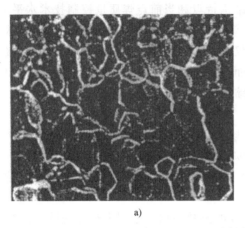
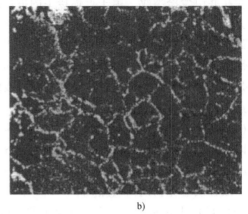

a)　　　　　　　　　　　　　　　　　b)

图 1-1-5　65Mn 点焊接头高应力区断口形貌

a) 脆性断口（回火不适当）　b) 韧性断口（回火适当）

四、高强度（超高强度）钢的点焊

近年来，随着汽车轻量化发展，车用高强度和超高强度钢板获得广泛应用，其类型如图 1-34 所示。对于 $R_m>700MPa$、$\sigma_s^{\ominus}>400MPa$ 常用的高强度钢点焊焊接参数见表 1-12 。

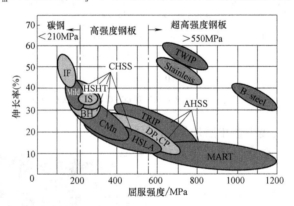

图 1-34　高强度和超高强度钢板类型

CHSS—普通高强度钢　IF—无间隙原子钢，有时也称为超低碳钢　Mild—低碳钢　IS—各向同性钢

B-Steel—硼钢　BH—烘烤硬化钢　HSLA—低合金高强度钢　AHSS—先进高强度钢　DP—双相钢

TWIP—孪晶诱发塑性钢　CP—多相钢　TRIP—相变诱导塑相钢　MART—马氏体钢　Stainless—不锈钢

表 1-12　高强度钢点焊焊接参数

焊接压力	焊接时间	焊接电流	预热	电极
+20%	+20%	适当减小	参见表注1	参见表注2

注：1. 有机镀层板或胶焊，预热电流为 2~3kA，预热时间为 120ms。

　　2. 对于马氏体钢（Usibor 1500P，BTR 165），端面直径为 8mm。

　　3. 由于板材强度高，所以应尽量避免不良装配，因在实际生产中，很难通过提高电极压力保证获得板间良好可靠的贴合。

　　4. 焊接参数也可参阅书后相关文献。

⊖　现行国家标准中，σ_s 已经修改为 R_{eL} 和 R_{eH}，但是由于实际生产中仍沿用 σ_s，本书中仍使用此符号。

例如：汽车轻量化中广为应用的 DP 系双相钢，由低碳钢或低碳微合金钢经两相区热处理或控轧控冷而得到，其显微组织主要为铁素体和马氏体，由于是在纯净的铁素体晶界或晶内弥散分布着较硬的马氏体相，强度高低主要是由硬的马氏体相的比例来决定，其变化范围为 5%～30%。双相钢是兼有高强度和良好成形性的理想汽车用钢板，对于 DP600、DP780 和 DP1000，适合于生产汽车结构和安全部件，如纵梁、横梁和强化件。DP450 和 DP500 钢种可用于外露件，且比标准钢种的抗凹陷能力高 20%，具有15% 的减重潜力。

【示例 1-1-1】

采用 DTMC-0052-1（逆变）伺服点焊机点焊 DP800 双相钢薄板（2.0mm+2.0mm），铬锆铜合金电极，点焊最佳参数为：焊接电流 10000A，焊接时间 300ms，电极压力 4.0kN，冷却时间 500ms，回火电流 4000A，回火时间 600ms，球形端面直径 $D=\phi 6mm$。可获得最大抗剪力 $F=34.28kN$，此时熔核中无缩孔且无边缘未熔合等缺陷 [边缘未熔合宏观形貌如图（示例）1-1-1a 所示]，接头呈纽扣型断裂，如图（示例）1-1-1b 所示。

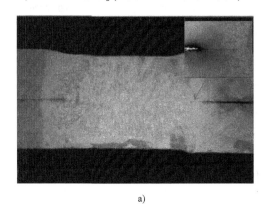
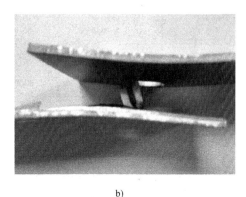

a)   b)

图（示例）1-1-1 DP800 点焊接头

a）边缘未熔合宏观形貌 b）纽扣型断裂形貌

五、不锈钢的点焊

按钢的组织可将不锈钢分为奥氏体型、铁素体型、奥氏体-铁素体型、马氏体型和沉淀硬化型等。其中马氏体不锈钢由于可淬硬、有磁性，其点焊焊接性与前述可淬硬钢相近，故点焊技术可参阅淬硬钢点焊所述，考虑到该型钢具有较大的晶粒长大倾向，焊接时间参数一般应选择小些。铁素体不锈钢点焊时，在热影响区可能出现 σ 相的脆性组织（427～760℃），但可用加热至 760～816℃ 退火后快速冷却去除，且能恢复耐蚀性。

奥氏体不锈钢、奥低体-铁素体不锈钢点焊焊接性良好，尤其是电阻率高（为低碳钢的5～6 倍），热导率低（为低碳钢的 1/3）以及不存在淬硬倾向和不带磁性（奥氏体-铁素体不锈钢有磁性），因此无须特殊的工艺措施，采用普通交流点焊机、简单焊接循环即可获得满意的焊接质量。

点焊技术要点如下。

1）可用酸洗、砂布打磨或毡轮抛光等方法进行焊前表面清理，但对用铅锌或铝锌模成形的焊件必须采用酸洗方法。

2）采用硬规范、强烈的内部和外部水冷，可显著提高生产率和焊接质量。

3）由于高温强度大、塑性变形困难，应选用较高的电极压力（提高40%~80%），以避免产生喷溅和缩孔、裂纹等缺陷。

4）板厚大于3mm时，常采用多脉冲焊接电流来改善电极工作状况，其脉冲较点焊等厚低碳钢时要短且稀。这种多脉冲措施也可用后热处理。

5）不锈钢点焊焊接参数见表1-13。

表1-13 不锈钢点焊焊接参数

厚度/mm	电极端头直径/mm	焊接电流/A	焊接时间/s	电极压力/N
0.3	3.0	3000~4000	0.04~0.06	800~1200
0.5	4.0	3500~4500	0.06~0.08	1500~2000
0.8	5.0	5000~6500	0.10~0.14	2400~3600
1.0	5.0	5800~6500	0.12~0.16	3600~4200
1.5	5.5~6.5	6500~8000	0.18~0.24	5000~5600
2.0	7.0	8000~10000	0.22~0.26	7500~8500
2.5	7.5~8.0	8000~11000	0.24~0.32	8000~10000
3.0	9.0~10.0	11000~13000	0.26~0.34	10000~12000

注：1. 适用于06Cr19Ni10、12Cr18Ni9、1Cr18Ni9Ti、2Cr13Ni4Mn9、1Cr18Mn8Ni5、1Cr19Ni11Si4AlTi 的点焊。

　　2. 点焊 2Cr13Ni4Mn9 时电极压力应比表中值大 50%~100%。

不锈钢厚板的多脉冲点焊焊接参数，马氏体不锈钢带回火双脉冲点焊焊接参数，可查阅本书参考文献，这里不再赘述。

典型不锈钢点焊优质焊接接头金相照片如图1-35所示。

图 1-35 典型不锈钢点焊优质焊接接头金相照片

六、镀层钢板的点焊

镀层钢板主要有镀锌板、镀铝板、镀铅板、镀锡板、贴塑板等。其中贴聚氯乙烯塑料面钢板焊接时，除保证必要的强度外，还应保证贴塑面不被破坏，因此必须采用单面点焊和较短的焊接时间，在大多数情况下，焊件均设计成凸焊结构。

由于低熔点镀层的存在，不仅使焊接区的电流密度降低，而且使电流场的分布不稳定。增大焊接电流又进一步促进了电极工作端面铜与镀层金属形成固溶体及金属间化合物等合金，加快了电极黏损和镀层的破坏。同时，低熔点的镀层金属使熔核在结晶过程中产生裂纹和气孔。因此，镀层钢板合适的点焊参数范围窄，接头强度波动大，电极修整频繁，焊接性较差。

点焊技术要点如下。

1）需要比普通钢板点焊更大的焊接电流和电极压力，约提高 1/3 以上。

2）电极材料应选用 CrZrCu 合金、弥散强化铜或镶钨复合电极，并允许采用内部和外部的强烈水冷却。同时，电极的两次修磨间的焊点数应仅为低碳钢时的 1/20～1/10。

3）在结构允许条件下改用凸焊是行之有效的措施，再配之以缓升或直流焊接电流波形会进一步提高焊接质量。

4）点焊时应采取有效的通风措施，以防止锌、铅等元素的金属蒸气和氧化物粉末对人体健康的有害。

5）镀锌板点焊焊接参数见表 1-14。

表 1-14 镀锌板点焊焊接参数

镀层种类		电镀锌			热浸镀锌		
镀层厚/μm		2～3	2～3	2～3	10～15	15～20	20～25
焊接条件	级别	板厚/mm					
		0.8	1.2	1.6	0.8	1.2	1.6
电极压力/kN	A	2.7	3.3	4.5	2.7	3.7	4.5
	B	2.0	2.5	3.2	1.7	2.5	3.5
焊接时间/cyc	A	8	10	12	8	10	12
	B	10	12	15	10	12	15
焊接电流/kA	A	10.0	11.5	14.5	10.0	12.5	15.0
	B	8.5	10.5	12.0	9.9	11.0	12.0
抗剪载荷/kN	A	4.6	6.7	11.5	5.0	9.0	13
	B	4.4	6.5	10.5	4.8	8.7	12

耐热镀铝板点焊焊接参数，可查阅本书参考文献。

典型镀锌板点焊优质焊接接头金相照片如图 1-36 所示。

【阅读材料 1-1-4】 DP600 镀锌板点焊

工业中广泛采用铬锆铜点焊电极，但在焊接镀锌板时，电极寿命仅是点焊低碳钢的 1/20～1/10，尤其点焊耐蚀性较好的热浸镀锌板更是如此。影响因素主要有电极端面塑性变形、合金化和产生黏附作用等。

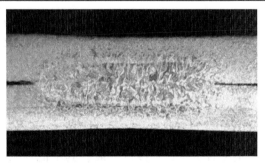

图 1-36 典型镀锌板点焊优质焊接接头金相照片

图 1-1-6 所示为点焊 DP600 镀锌板第 50、200、1000 点时，电极端部直径和焊点表面形貌变化。由此图可见，第 200 点时电极端部直径已明显增大，焊点成形性下降，合金化现象也较为显著。点焊至第 1000 点时，电极直径增大了近一倍，焊点已经无法成形。

焊接时，三种因素共同作用更显著加快了电极寿命的下降，图 1-1-7 所示为焊接普通钢板和 DP600 镀锌板时，电极端部直径随焊点数的变化趋势。

a)   b)   c)

图 1-1-6　电极端部直径和焊点表面形貌变化

a）第 50 点　b）第 200 点　c）第 1000 点

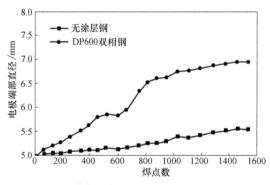

图 1-1-7　电极端部直径随焊点数
的变化趋势图

七、高温合金的点焊

高温合金又称为耐热合金，目前生产中主要用于点焊的是固溶强化型高温合金，对时效沉淀强化型耐热合金（C263 等）的点焊也有应用。

高温合金点焊焊接性一般，其中沉淀强化型高温合金焊接性比固溶强化型高温合金差，铁基固溶强化合金的焊接性又比镍基固溶强化合金差。由于高温合金比不锈钢具有更大的电阻率、更小的热导率和更大的高温强度，故可用较小的焊接电流，但需更大的电极压力。

焊接技术要点如下。

1）电极可选用高温强度好的材质，如 BeCoCu 合金。

2）注意焊前应仔细去除焊件表面油污、氧化膜，最好是酸洗处理，清理不良时会产生结合线伸入缺陷。

3）采用软规范、大电极压力，板厚大于 2mm 时最好施加缓冷脉冲和锻压力。这种规范特点有助于减小喷溅倾向，保证焊接区所必需的塑性变形，避免熔核中疏松、缩孔及裂纹等内部缺陷的产生。

4）加强冷却和尽量避免重复加热焊接区，否则易产生熔核中的结晶偏析、热影响区胡须组织和局部熔化等缺陷。

5）推荐采用球面电极，尤其在板厚较大时。

6）高温合金（GH3044、GH4033）的点焊焊接参数见表 1-15。

高温合金（GH1140）点焊优质接头金相照片如图 1-37 所示。

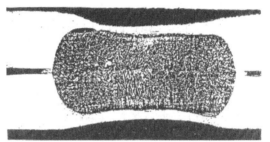

图 1-37 高温合金（GH1140）点焊优质接头金相照片

表 1-15 高温合金（GH3044、GH4033）的点焊焊接参数

板厚 /mm	电极压力 /kN	焊接脉冲		间隔时间 /s	缓冷脉冲		顶锻力 /kN	顶锻力开始时间 /s
		焊接电流 /kA	时间 /s		焊接电流 /kA	时间 /s		
0.3	4~5	4.5~5.5	0.14~0.2					
0.5	5~6	5~6	0.18~0.24					
0.8	6.5~8	5~6	0.22~0.34					
1.0	8~10	6~6.5	0.32~0.4					
1.5	12.5~15	6.5~7	0.44~0.62	—	—	—	—	—
2.0	15.5~17.5	7~7.5	0.58~0.76					
2.5	18.5~19.5	7.5~8.2	0.78~0.96					
3.0	20~21.5	8~8.8	1.0~1.3					
2.0	14~15	7~7.5	0.58~0.76	0.24~0.40	5.5~7	0.5~0.66		
2.5	15~16	7.5~8.2	0.78~0.96	0.30~0.46	6~7.5	0.54~0.76	—	—
3.0	16~17	8~8.8	1.0~1.3	0.34~0.52	6.5~8	0.6~0.8		
1.5	11~12.5	6.2~6.8	0.7~0.8	0.06~0.1	4.2~4.6	0.6~0.8	19~20	0.86~1
2.0	13~15	6.6~7.2	0.8~0.9	0.1~0.12	4.4~4.9	1~1.2	20~22	1~1.1
2.5	14~15	7.2~8	1.1~1.2	0.12~0.16	4.9~5.5	1.2~1.4	24~28	1.4~1.52
3.0	16~18	7.8~8.6	1.24~1.42	0.16~0.24	5.3~6	1.5~1.7	30~32	1.4~1.6

注：顶锻力开始时间从焊接电流开始时计算。

八、钛合金的点焊

钛及钛合金是一种优良的金属材料（高比强度、高耐蚀性、高耐久性等），点焊结构中主要用 α 钛合金（TA7 等）和 α+β 钛合金（TC4 等），由于其热物理性能与奥氏体不锈钢近似，故点焊焊接性良好，点焊时也不需要保护气体。

点焊技术要点如下。

1）一般可不进行表面清理，当表面氧化膜较厚时可进行化学清理（质量分数）：硝酸45%、氢氟酸20%、水35%混合液或氢氟酸20%、硫酸30%、水50%混合液中（室温）浸蚀2~3min，然后用流动冷水冲洗干净。

2）电极应选用CrZrCu、BeCoCu、NiSiCrCu合金，球面形工作端面，内部水冷和必要时附加外部水冷。

3）采用硬规范并配以较低的电极压力，以避免产生凸肩、深压痕等外部缺陷。

4）点焊时冷却速度高，会产生针状马氏体（α'相）组织，使硬度提高、韧性下降。因此对α钛合金建议采用焊后退火处理；对α+β钛合金可采用带回火双脉冲点焊工艺。

5）钛合金的点焊焊接参数见表1-16。

钛合金（TA7）点焊优质接头金相照片如图1-38所示。

表 1-16　钛合金的点焊焊接参数

板厚/mm	电极工作端面半径/mm	球面电极球半径/mm	电极压力/kN	焊接电流/kA	通电时间/s
0.8	4~5	50	2.2~2.5	5~6	0.10~0.16
1.0	4.5~5.5	75	2.5~3.0	6~7	0.16~0.20
1.5	5.5~6	100	4.0~5.0	8~8.5	0.26~0.30
2.0	6~7	100	5.0~6.0	9~10	0.28~0.32
2.5	7~8	150	6.0~7.0	11~12	0.30~0.40

九、铝合金的点焊

铝合金分为冷作强化型3A21（LF21）、5A02（LF2）、5A06（LF6）等和热处理强化型2A12-T4（LY12CZ）、7A04-T4（LC4CS）等铝合金，焊接性均较差。

铝及铝合金电阻率低（为低碳钢的1/4~1/2），热导率高（为低碳钢的2~4倍），点焊时一般需等厚低碳钢板3倍以上电流及1/10通电时间。同时，铝及铝合金在高温下迅速软化，为此加压机构随动性要好，以保证接触面上失压不严重。同时，硬化后铝及铝合金比软化后的点焊性能好，因此尽可能

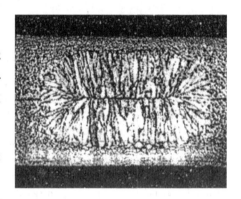

图 1-38　钛合金（TA7）点焊优质接头金相照片

在硬化态下点焊。铝合金塑性变形温度区间较窄而线膨胀系数较大，断后伸长率却又较小，因此必须精确控制点焊焊接参数才能避免裂纹及缩孔等缺陷（厚板时尤为严重），宜采用低频半波电源。

点焊技术要点如下。

1）焊前必须按工艺文件仔细进行表面化学清洗，并规定焊前存放时间（如清理后的待焊件存放期应小于72h）。

2）电极一般选用CdCu合金，端面推荐用球面形并注意经常清理，电极应冷却良好。

3）采用硬规范。焊接电流常为相同板厚低碳钢的4~5倍，因此功率强大的点焊机是焊铝的基本条件。

4）波形选择。除板厚δ<1.2mm的冷作强化型铝合金可以用工频交流波形点焊外，板厚较大的冷作强化型铝合金及所有热处理强化型铝合金一律推荐用直流冲击波、三相低频（单脉冲）和直流焊机点焊。

5）焊接循环。采用缓升、缓降的焊接电流，可起到预热和缓冷作用；具有阶梯形或马鞍形压力变化曲线可提供较高的锻压力；高精确度的控制器可保证各程序的准确性，尤其是锻压力的施加时间。这样的点焊循环对防止喷溅、缩孔及裂纹等缺陷至关重要。

6）铝合金的低频半波点焊焊接参数见表1-17。

表1-17　铝合金的低频半波点焊焊接参数

板厚 /mm	A类合金							B类合金			备注
	电极压力 /kN	顶锻力 /kN	通电至开始加顶锻力时间/s	焊接脉冲		缓冷脉冲		电极压力 /kN	焊接电流 /kA	焊接时间 /s	
				焊接电流/kA	时间/s	焊接电流/kA	时间/s				
0.8	3.5	5.0	0.06	26	0.04	—	—	2.0	25	0.04	—
1.0	4.0	8.0	0.06	29	0.04	—	—	2.5	29	0.04	
1.5	5.0	14	0.08	41	0.06	—	—	3.5	35	0.06	希望加顶锻力≈22 kN于通电开始后0.2s施加
2.0	7.0	19	0.12	51	0.10	—	—	5.0	45	0.10	
2.5	9.0	26	0.16	59	0.14	—	—	6.5	49	0.14	
3.0	12	32	0.20	64	0.16	—	—	8.0	57	0.18	
0.5	2.0	—	—	20	0.02	12	0.04				
0.8	3.0	7.0	0.06	25	0.04	15	0.08				
1.0	4.0	8.0	0.08	29	0.04	18	0.08				
1.5	5.0	11	0.12	40	0.06	20	0.12				—
2.0	8.0	18	0.14	55	0.08	25	0.16				
2.5	12	28	0.18	64	0.10	32	0.20				
3.0	15	36	0.20	73	0.12	37	0.24				

注：1. A类具有较高的热导率与高温强度，点焊焊接性差，如5A06（LF6）、2A12CZ（LY12CZ）和7A04（LC4CS）。

2. B类具有较低的热导率与高温强度，点焊焊接性好，如5A02（LF2）、3A21（LF21M）、2A12（LY12）和7A04（LC4M）。

铝合金单相交流点焊焊接参数、铝合金直流冲击波点焊焊接参数、铝合金三相低频式点焊焊接参数、铝合金三相整流式点焊焊接参数、铝合金电容式点焊焊接参数，可查阅本书参考文献。

铝合金（AA5182-O）点焊优质接头金相照片如图1-39所示。

十、镁合金的点焊

镁合金由于具有密度低、比强度及比刚度

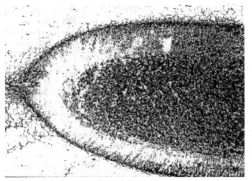

图1-39　铝合金（AA5182-O）点焊优质接头金相照片

高、导热性和电磁屏蔽性好、阻尼性能优秀、可以回收利用等优点，被认为是21世纪最有应用潜力的"绿色材料"。目前，点焊结构中实际应用的主要是变形镁合金（Mg-Al-Zn系的AZ31B、AZ91D等）。

镁合金点焊焊接要点基本与铝合金相同，但要注意镁合金表面更易氧化，使接触电阻增大和不稳定，当通过大的焊接电流时，易产生喷溅，并且由于导热性好和线膨胀系数大，熔核收缩快，易引起缩孔和裂纹缺陷。同时，镁合金母材晶间存在低熔点偏析，加热时晶界会熔化和再结晶。镁合金点焊焊接参数（选用低频点焊机）见表1-18。

镁合金（AZ31B）点焊优质接头金相照片如图1-40所示。

表1-18 镁合金点焊焊接参数（选用低频点焊机）

板厚/mm	电极端部半径/mm	电极压力/kN		焊接时间/s	焊接电流/kA	锻压时间/s
		焊接时	锻压时			
0.8+0.8	75	1.96	3.92	0.06	26	0.08
1.0+1.0	75	2.45	5.88	0.08	28	0.10
1.5+1.5	100	3.43	7.84	0.10	35	0.12
2.0+2.0	100	4.41	9.81	0.14	41	0.16
2.5+2.5	150	5.43	13.73	0.16	43	0.20
3.0+3.0	150	6.38	19.72	0.20	48	0.28
4.0+4.0	150	7.84	25.51	0.24	53	0.32

【示例1-1-2】 AZ31B薄板中频点焊

采用三相逆变点焊机点焊AZ31B薄板（1.0mm+1.0mm），材质为C18150的铬锆铜合金锥台电极，点焊最佳参数为：焊接电流22000A，焊接时间110ms，电极压力3.5kN，电极端部直径$D=\phi 8mm$。可获得符合要求的熔核直径$d \geqslant 4mm$，表面压痕浅且无飞溅。

十一、铜合金的点焊

铜及铜合金可分为纯铜、黄铜、青铜及白铜等，其中纯铜、无氧铜、磷脱氧铜点焊焊接性很差（不推荐），黄铜一般，青铜较好，白铜较优良。

点焊技术要点如下。

1）铜和高电导率的铜合金点焊时需采用防止大量散热的电极，一般推荐用钨、钼镶嵌型或铜钨烧结型电极（嵌块直径通常为3～4mm），有时也可采取在电极与焊件表面加工艺垫片的措施；相对电导率小于纯铜30%的铜合金点焊时可采用Cd-Cu合金电极。

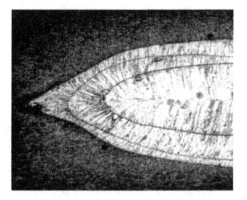

图1-40 镁合金（AZ31B）点焊优质接头金相照片

2）应采用直流冲击波和电容放电型点焊电源进行焊接。

3）注意减小分流（如加大点距和搭边宽度等）、喷溅和防止电极表面黏结并及时修整。

4）焊接参数见表1-19和表1-20。

铜合金（H62）点焊优质接头金相照片如图1-41所示。

表1-19　铜合金的点焊焊接参数比较表

合金名称	焊接电流/kA	焊接时间/s	电极压力/kN
$w_{Zn}15\%$黄铜	25	0.1	1.8
$w_{Zn}20\%$黄铜	24	0.1	1.8
$w_{Zn}30\%$黄铜	25	0.06	1.8
$w_{Zn}35\%$黄铜	24	0.06	1.8
$w_{Zn}40\%$黄铜	21	0.06	1.8
$w_{Sn}8\%$、$w_P0.3\%$青铜	19.5	0.1	2.3
$w_{Si}1.5\%$青铜	16.5	0.1	1.8
$w_{Mn}1.2\%$、$w_{Zn}28\%$黄铜	22	0.1	1.8
$w_{Al}2\%$、$w_{Zn}20.5\%$黄铜	24	0.06	1.8

注：1. 板厚0.9mm。

2. 锥台形Cd-Cu合金电极端部直径ϕ4.8mm。

表1-20　H62黄铜点焊焊接参数

板厚/mm	电极表面半径/mm	电极压力/N	焊接电流/kA	焊接时间/s	所需功率/kVA
0.5+0.5	50	1200~1400	15~16	0.10~0.12	70~80
0.8+0.8		1600~2000	15~17	0.12~0.14	—
1.0+1.0		1800~2200	18~22	0.16~0.20	90~100
1.5+1.5		2400~2800	25~26	0.20~0.24	150~170
2.5+2.5	150	3100~3300	26~28	0.26~0.28	170~180
3.0+1.5		2800~3000	27~28	0.24~0.26	160~170
3.0+3.0		3200~3400	38~40	0.32~0.36	190~200

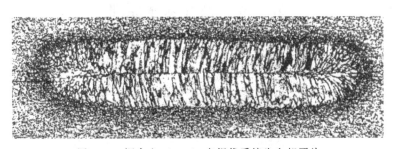

图1-41　铜合金（H62）点焊优质接头金相照片

第二章

凸焊

凸焊（Projection Welding，PW）是在一焊件的贴合面上预先加工出一个或多个凸起点，使其与另一焊件表面相接触并通电加热，然后压塌，使这些接触点形成焊点的电阻焊方法。凸焊是点焊的一种变形。凸焊主要用于焊接低碳钢和低合金钢的冲压件。最适宜凸焊的板件厚度为 0.5~4mm，小于 0.25mm 时宜采用点焊。随着汽车工业发展，高生产率的凸焊在汽车零部件制造中获得大量应用。凸焊在线材、管材等连接上也应用普遍。

凸焊有如下基本特点。

1）凸焊与点焊一样是热-机械（力）联合作用的焊接过程。相比较而言，其机械（力）的作用和影响要大于点焊，如对设备加压机构的随动性要求、对接头形成过程的影响等。

2）在同一个焊接循环内，可高质量焊接多个焊点，而焊点的布置也不必像点焊那样受到点距的严格限制。

3）由于电流在凸点处密集，可用较小的电流焊接，获得可靠的熔核和较浅的压痕，尤其适合镀层板焊接的要求。

4）需制作凸点、凸环等，增加了凸焊成本，有时还会受到焊件结构的制约。

第一节　凸焊基本原理

一、凸焊基本类型

根据凸焊接头的结构形式，将凸焊进行分类，见表 2-1，类型实例如图 2-1 所示。

表 2-1　凸焊基本类型

凸焊基本类型	接头结构形式	应　用
单点凸焊 多点凸焊	凸点设计成球面形、圆锥形和方形，并预先压制在薄件或厚件上	最广，多点凸焊在凸焊机上进行，最多一次焊 20 点；单点凸焊也可在点焊机上进行
环焊	在一个焊件上预制出凸环或利用焊件原有的形面、倒角构成的锐边，焊后形成一条环形焊缝	很广，密封性焊缝应在直流焊机上进行，最大 φ80mm，非密封性焊缝也可在交流焊机上进行；用于管壳、螺母、注液口等
T 形焊	在杆形件上预制出单个或多个球面形、圆锥形、弧面形及齿形等凸点，一次加压通电焊接	点焊机或凸焊机上进行；用于螺钉、管-板等 T 形接头

（续）

凸焊基本类型	接头结构形式	应　　用
滚凸焊	在面板上预先制出多个圆凸点或长凸点,滚轮电极压紧焊件,电流仅在凸点位置才通过,电极与焊件连续转动	专用滚凸焊机;用于汽车制动蹄等
线材交叉焊	利用线材(包含管材)轮廓的凸起部分相互交叉接触	较广,可在凸焊机或多点焊机上进行;用于网片焊接等

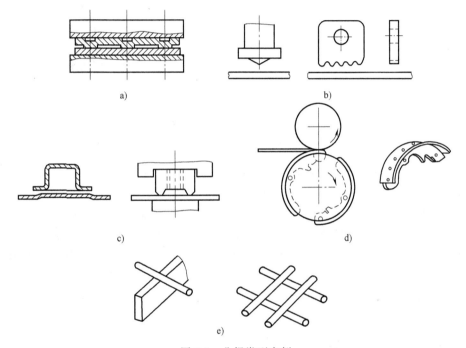

图 2-1　凸焊类型实例

a）多点凸焊　b）T形焊　c）环焊　d）滚凸焊（制动蹄）　e）线材交叉焊

二、凸焊接头形成过程

凸焊接头也是在热-机械（力）联合作用下形成的。但是，由于凸点的存在不仅改变了电流场和温度场形态，而且在凸点压溃过程中使焊接区产生很大的塑性变形，这些情况均对获得优质接头有利。但同时也使凸焊过程比点焊过程复杂和有其自身特点，在一良好凸焊焊接循环下，凸焊由预压、通电加热和冷却结晶三个连续阶段组成，如图 2-2a 所示。

1. 预压阶段

在电极压力作用下凸点产生变形，压力达到预定值后，凸点高度均下降 1/2 以上（S_1）。因此，凸点与下板贴合面增大，不仅使焊接区的导电通路面积稳定，同时也更好地破坏了贴合面上的氧化膜，造成比点焊时更为良好的物理接触（图 2-2b 所示）。

2. 通电加热阶段

该阶段由两个过程组成：其一为凸点压溃过程；其二为成核过程。

通电后，电流将集中流过凸点贴合面，当采用预热（或缓升）电流和直流焊接时，凸

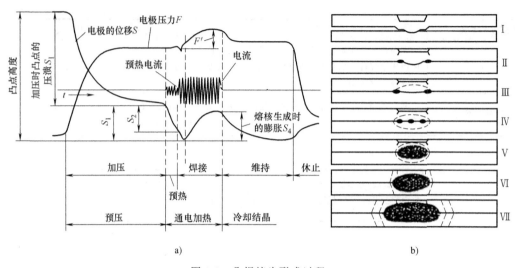

图 2-2 凸焊接头形成过程

a) 凸焊循环 b) 接头形成过程分解

点的压溃较为缓慢，且在此程序时间内凸点并未完全压平（图 2-2b 所示 Ⅱ）。随着焊接电流继续接通，凸点被彻底压平（图 2-2b 所示 Ⅲ）。此时如采用的是工频等幅交流焊机或加压机构随动性较差时，将引起焊点的初期喷溅。凸点压溃、两板贴合后形成较大的加热区，随着加热的进行，个别接触点的熔化逐步扩大，形成足够尺寸的熔化核心和塑性区（图 2-2b 所示 Ⅳ～Ⅶ）。同时，因焊接区金属体积膨胀，将电极向上推移 S_4 并使电极压力曲线升高。

3. 冷却结晶阶段

切断焊接电流，熔核在压力作用下开始冷却结晶，其过程与点焊熔核的结晶过程基本相同。

三、凸焊接头的结合特点

根据凸焊方法的不同，凸焊接头可分为熔化连接或固相连接。其中，单点凸焊、多点凸焊和线材交叉焊多为熔化连接；环焊、T 形焊和滚凸焊等多为固相连接。这是因为环焊、T 形焊的贴合面范围大，焊接区体积大，加热不易均匀所致；滚凸焊是在滚动的动态过程中焊接，压力作用不充分。因此，这些凸焊方法大都采用软规范以达到良好控制焊接热过程的目的。由于焊接区电流密度的减小、散热作用的相对增加，使焊接区温度场往往比熔点低。但是，由于凸点、凸环在焊接过程中的迅速压溃、消失，使焊接区产生很大塑性变形，这不仅使贴合面处的氧化膜易于破碎挤出，而且促进了焊接区的再结晶，使晶界转移完善及获得热锻性的细晶粒区，显著提高了连接强度，这就保证了固相连接的可靠性。

第二节 凸焊一般工艺

一、凸焊工艺特点

单点凸焊工艺在许多方面优于点焊，如表面清理就可要求低些。而对于多点凸焊和环焊等，应注意以下几点。

1）焊前表面必须认真清理。

2）各凸点或凸环沿圆周高度必须均匀一致。

3）电极随动性必须良好，以防止初期喷溅。

4）必须防止焊接过程中凸点移位（图2-3）。

5）环焊密封性在批量生产中较难保证，需在凸环结构设计、焊接夹具、焊机等多方面采取措施。

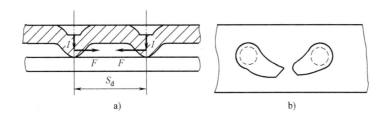

图2-3 两点凸焊时的移位示意图

a）电磁力 F 方向 b）撕开后凸焊点

一般来讲，上述问题不是仅仅调整焊接参数就能解决，而是要在焊接条件上采取措施，如凸焊接头结构合理性、凸焊电极（如可转动自平衡电极等）、凸焊模具和夹具，采用带预热脉冲的控制器直至采用高精度的直流焊机和滚动摩擦加压机构等。

凸焊电极等可见第五章相关内容。

二、凸点设计

凸焊搭接接头的设计与点焊相似，但其搭接量通常比点焊小，且凸点间距没有严格限制，当一个焊件表面质量要求较高时，凸点应冲在另一焊件上。同时，为保证凸点有一定刚度，一般情况下凸点应冲制在较厚的板面上。

应该注意，不同资料给出的凸点尺寸往往相差甚远，应根据具体情况做试验修正。

凸点形状（图2-4）以圆球形及圆锥形应用最广，后一种可提高凸点刚度，预防凸点过早压溃，还可以减小因焊接电流密度过大而引发初期喷溅。带环形溢出槽的凸点，可防止压塌的凸点金属挤在加热不良的周围间隙内引起电流密度的降低，造成焊透不良。凸焊的凸点尺寸见表2-2；带凸点螺母如图2-5所示，其设计尺寸见表2-3。

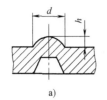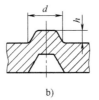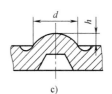

图2-4 凸点形状

a）圆球形 b）圆锥形 c）带环形溢出槽形

表 2-2　凸焊的凸点尺寸　　　　　　　　　　（单位：mm）

凸点所在板厚	平板厚	凸点尺寸	
		直径 d	高度 h
0.5	0.5	1.8	0.5
	2.0	2.3	0.6
1.0	1.0	1.8	0.5
	3.2	2.8	0.8
2.0	1.0	2.8	0.7
	4.0	4.0	1.0
3.2	1.0	3.5	0.9
	5.0	4.5	1.1
4.0	2.0	6.0	1.2
	6.0	7.0	1.5
6.0	3.0	7.0	1.5
	6.0	9.0	2.0

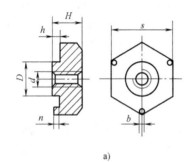
a)

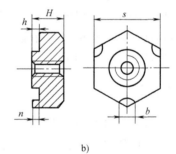
b)

图 2-5　带凸点螺母

a) 带圆凸点　　b) 带弧形凸点

表 2-3　带凸点螺母的设计尺寸　　　　　　　　（单位：mm）

螺纹规格 d	D	带圆凸点					带弧形凸点				
		s	H	b	h	n	s	H	b	h	n
M4	8	13	6	2.2			12	5.5	4		
M5	8	13	6	2.2			12	5.5	4		
M6	8	13	6	2.2	1.5	1	13	6.0	4.5	1.0	0.5
M8	11	17	7	3.0			16	7.5	5		
M10×1.25	13	19	8	3.0			17	8.5	6		
M12×1.25	15.5	22	10	3.5			—	—	—		

三、凸焊焊接参数选择

凸点形状、尺寸确定后，焊接电流 I、焊接时间 t 及电极压力 F_w 等参数对接头质量均有影响，其影响规律与点焊时相似。应该注意的是，电极压力 F_w 对接头抗剪载荷的影响比点焊时要大得多（图 2-6）。若电极压力过小，将使通电前凸点预变形量太小，凸点贴合面电流密度显著增大造成严重喷溅、甚至烧穿；而电极压力过大将使通电前凸点预变形量太大，失去凸焊意义。此外，焊接电流波形、压力变化曲线及焊机加压系统的随动性也都对凸焊质量有重要影响。

凸焊焊接参数见本章第三节中各金属材料凸焊时焊接参数表。

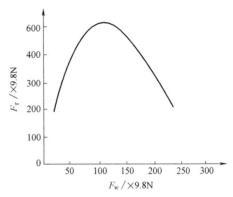

图 2-6 凸焊接头抗剪载荷与电极压力关系

第三节 常用金属材料的凸焊

一、低碳钢的凸焊

低碳钢的凸焊应用最广泛，凸点形状为圆球形或圆锥形。这里应注意两点：凸点通常应冲制在较厚板上；厚度小于 0.25mm 薄钢板凸焊不被推荐，因凸点易提前压溃，不如点焊适用。低碳钢凸焊焊接参数见表 2-4。

表 2-4 低碳钢凸焊焊接参数

板厚	点距	熔核直径	A 参数			B 参数			C 参数		
mm			时间/cyc	电极压力/N	焊接电流/A	时间/cyc	电极压力/N	焊接电流/A	时间/cyc	电极压力/N	焊接电流/A
0.6	7	2.5	3	800	5000	6	700	4300	6	500	3300
0.8	9	3	3	1100	6600	6	700	5100	10	600	3800
1.0	10	4	8	1500	8000	10	1000	6000	15	700	4300
1.2	12	5	8	1800	8800	16	1200	6500	19	1000	4600
1.5	15	6	10	2500	10300	20	1600	7700	25	1500	5400
1.8	18	7	13	3000	11300	25	2000	8000	32	1800	6000
2.0	18	7	14	3600	11800	28	2400	8800	34	2100	6400
2.5	23	8	16	4600	14100	32	3100	10600	42	2800	7500
3.0	27	9	18	6800	14900	38	4500	11300	50	3600	8300

注：1. A 参数用于单个凸点或点距大于表中数值 1.5~2 倍情况。

2. B 参数用于两个凸点的情况。

3. C 参数用于多个凸点，且点距较小的情况。

4. 表中焊接电流、电极压力均指每个凸点的数值。

焊接螺母凸焊焊接参数见表 2-5。

低碳钢厚板单点凸焊焊接参数、低碳钢环形凸焊焊接参数、低碳钢丝交叉接头凸焊焊接参数、管子十字形交叉凸焊焊接参数、管子 T 形接头凸焊焊接参数可查阅本书参考文献。

表 2-5 焊接螺母凸焊焊接参数

螺纹规格 /mm	平板厚度 /mm	A 参数			B 参数			接头扭矩 强度 /N·m
		时间 /cyc	电极压力 /N	焊接电流 /A	时间 /cyc	电极压力 /N	焊接电流 /A	
M4	1.2	3	3000	10000	6	2400	8000	—
	2.3	3	3200	11000	6	2600	9000	
M8	2.3	3	4000	15000	6	2900	10000	82
	4.0	3	4300	16000	6	3200	12000	
M12	1.2	3	4800	18000	6	4000	15000	210
	4.0	3	5200	20000	6	4200	17000	

二、镀层钢板的凸焊

金属镀层有 Zn、Pb、Al、Cu、Ni 等，遇到最多的是镀锌钢板或镀锌件，由于凸点的存在和采用平电极，镀层钢板的凸焊比点焊容易得多。镀锌钢板凸焊焊接参数见表 2-6。

表 2-6 镀锌钢板凸焊焊接参数

凸点所在 板厚/mm	平板板厚 /mm	凸点尺寸		电极压力 /kN	焊接时间 /cyc	焊接电流 /kA	抗剪强度 /N	熔核直径 /mm
		直径 d/mm	高度 h/mm					
0.7	0.4	4.0	1.2	0.5	7	3.2	—	—
	1.6	4.0	1.2	0.7	7	4.2		
1.0	1.0	4.2	1.2	1.15	15	10.0	4.2	3.8
1.6	1.6	5.0	1.2	1.8	20	11.5	9.3	6.2
1.8	1.8	6.0	1.2	2.5	25	16.0	14	6.2
2.3	2.3	6.0	1.4	3.5	30	16.0	19	7.5
2.7	2.7	6.0	1.4	4.3	33	22.0	22	7.5

三、贴塑钢板的凸焊

这种钢板的一面因有绝缘的聚氯乙烯塑料层，只能进行单面单点或单面双点凸焊。焊接时采用硬规范，为了使贴塑面不产生明显压痕，可采用与贴塑钢板相同花纹的钢板作为垫板，凸点采用圆球形，当强度要求较高时可采用如图 2-7 所示的环形凸点（其中图 2-7c 所示结构最优）。

贴塑钢板凸焊焊接参数见表 2-7 和表 2-8。

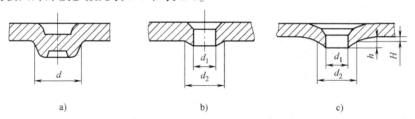

a)　　　　　　　　　　b)　　　　　　　　　　c)

图 2-7 贴塑钢板使用的环形凸点

表 2-7 贴塑钢板圆球形凸点凸焊焊接参数

板厚/mm		凸点尺寸		电极压力 /kN	焊接时间 /ms	交流半波电流峰值/kA	抗剪载荷 /kN
贴塑钢板	凸点所在钢板	直径 d/mm	高度 h/mm				
0.6	0.4	0.4	2.0	0.15	4	3.2	0.75
	0.6	0.3	1.8	0.15	5	3.5	0.50
0.8	0.4	0.4	1.8	0.15	5	3.2	0.65
	0.8	0.4	1.8	0.20	5	3.5	1.0
1.0	0.4	0.4	2.0	0.15	5	4.0	0.75
	1.0	0.5	2.0	0.25	5	4.5	1.0
1.2	0.6	0.6	2.6	0.25	6	5.0	1.0
	1.2	0.5	3.0	0.85	6	8.0	2.0

表 2-8 贴塑钢板环形凸点凸焊焊接参数

板厚/mm		凸点尺寸/mm			交流半波式			电容贮能式		抗剪载荷/kN
贴塑钢板	凸点所在钢板	d_1	d_2	h	电极压力 /kN	焊接时间/cyc	电流峰值/kA	电容量 /μF	电压 /V	
0.6	0.6	3.5	4.2	0.5	0.2~0.3	5	9.0	3000	340	0.9
	1.6	2.0	3.0	0.4	0.2~0.4	6	9.5	4000	360	1.3
0.8	0.6	4.4	5.5	0.6	0.3~0.6	6	11.5	4900	360	1.4
	1.6	2.8	3.5	0.6	0.4~0.8	7	12.0	4000	350	2.3
1.0	0.6	4.3	5.5	0.8	0.3~0.6	7	14.0	5000	400	2.3
	1.6	3.5	4.0	0.8	0.4~0.8	7	16.5	6000	400	2.8
1.2	0.6	4.0	5.5	1.0	0.35~1	7	15.0	5500	400	2.6
	2.3	3.5	5.0	0.4	0.5~1	7	18.0	8000	430	3.0

注：表中 d_1、d_2、h 均为图 2-7c 所示的凸点尺寸。

四、不锈钢和高温合金的凸焊

不锈钢凸焊要注意凸点间距不宜过小，以免产生熔核移位现象，其焊接参数见表 2-9。镍、蒙乃尔合金和因科镍合金的凸焊焊接参数见表 2-10。

表 2-9 不锈钢的凸点尺寸及凸焊焊接参数

板厚 /mm	凸点尺寸/mm		焊接电流 /A	电极压力 /N	焊接时间 /cyc
	d	h			
0.6	2.4	0.6	3500	2500	6
0.8	2.4	0.6	4000	2800	7
1.0	2.6	0.7	4500	3200	8
1.2	2.8	0.7	5000	3800	10
1.6	3.2	0.8	6000	5000	12
2.3	3.8	1.0	7000	6000	18
3.2	4.5	1.0	8000	7000	24

表 2-10 镍、蒙乃尔合金和因科镍合金的凸焊焊接参数

材料	线材直径/mm	电极压力/N	焊接时间/cyc	焊接电流/A
镍	1.6+1.6	400	2	1800
	3.2+3.2	800	3	4100
	4.8+4.8	1600	5	7000
	1.6+3.2	400	2	1800
	1.6+4.8	400	2	2300
	3.2+4.8	800	5	5000
蒙乃尔合金	1.6+1.6	450	2	1400
	3.2+3.2	900	3	3300
	4.8+4.8	1800	5	5700
	1.6+3.2	450	2	1600
	1.6+4.8	450	2	1800
	3.2+4.8	900	3	3600
因科镍合金	1.6+1.6	600	2	900
	3.2+3.2	1200	3	2100
	4.8+4.8	2300	5	3500
	1.6+3.2	600	2	900
	1.6+4.8	600	2	1100
	3.2+4.8	2300	3	2300

可淬硬钢很少凸焊，但有时会进行线材交叉焊，由于接头会淬硬，必须进行电极间回火热处理；铝合金也很少采用凸焊，仅有时用于螺钉、螺母的凸焊等，这里不再赘述。

第三章

缝焊

缝焊（Seam Welding，SW）是焊件装配成搭接或对接接头并置于两滚轮电极之间，滚轮加压焊件并转动，连续或断续送电，形成一条连续焊缝的电阻焊方法。缝焊是点焊的一种演变。

缝焊广泛地应用在有密封性要求的接头制造上，有时也用来连接普通非密封性的钣金件，被焊金属材料的厚度通常为 0.1~2.5mm。

缝焊有如下基本特点。

1）缝焊与点焊一样是热-机械（力）联合作用的焊接过程。相比较而言，其机械（力）的作用在焊接过程中是不充分的（步进缝焊除外），焊接速度越快表现越明显。

2）缝焊焊缝是由相互搭接一部分的焊点所组成，因此焊接时的分流要比点焊严重得多，这在高电导率铝合金及镁合金的厚板焊接时带来困难。

3）滚轮电极表面易发生黏损而使焊缝表面质量变坏，因此电极的修整是一个特别值得注意的问题。

4）由于缝焊焊缝的截面积通常是母材纵截面积的 2 倍以上（板越薄这个比率越大），破坏必然发生在母材热影响区。因此，缝焊结构很少强调接头强度，主要要求其具有良好的密封性和耐蚀性。

【示例 1-3-1】 全自动卧式太阳能热水器内胆端盖缝焊

该生产线日产热水器内胆 500 套，分为定位点焊、左端盖缝焊、右端盖缝焊三个工位，各工位采用输送线连接，整个焊接过程无须人工参与，由控制程序自动完成。焊接生产线及端盖如图（示例）1-3-1 所示。

a)   b)

图（示例）1-3-1 焊接生产线及端盖

a）焊接生产线 b）端盖

第一节 缝焊基本原理

一、缝焊基本类型

根据滚轮电极旋转（焊件移动）与焊接电流通过（通电）的机-电配合方式，将缝焊进行分类，见表3-1。各类缝焊焊接循环示意图如图3-1所示。

表3-1 缝焊基本类型

缝焊基本类型	机-电特点	应用
连续缝焊	滚轮电极连续旋转,焊件等速移动,焊接电流连续通过,每半周形成一个焊点。焊速可达10~20m/min	由于焊缝表面质量较差,实际应用有限
断续缝焊	焊件连续等速移动,焊接电流断续通过,每"通-断"一次形成一个焊点。根据板厚焊速可达0.5~4.3m/min	应用广泛,主要生产黑色金属的气、水、油密焊缝
步进缝焊	焊件断续移动,焊接电流在焊件静止时通过,每"通-移"一次形成一个焊点,并可施加锻压力,接头形成与点焊极为近似。焊速较低,一般仅达0.2~0.6m/min	仅用于制造铝合金及镁合金等高密封焊缝

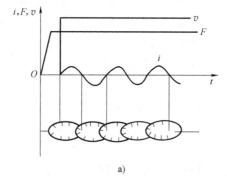

a)

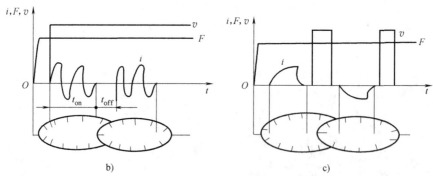

b)   c)

图3-1 各类缝焊焊接循环示意图

a）连续缝焊 b）断续缝焊 c）步进缝焊

按接头形式分，缝焊可分为搭接缝焊、压平缝焊、圆周缝焊、垫箔对接缝焊、铜线缝焊等。搭接缝焊用得最广，除常用的双面双缝缝焊外，还有单面单缝缝焊、单面双缝缝焊、小直径圆周缝焊等。各种缝焊方法如图3-2所示。

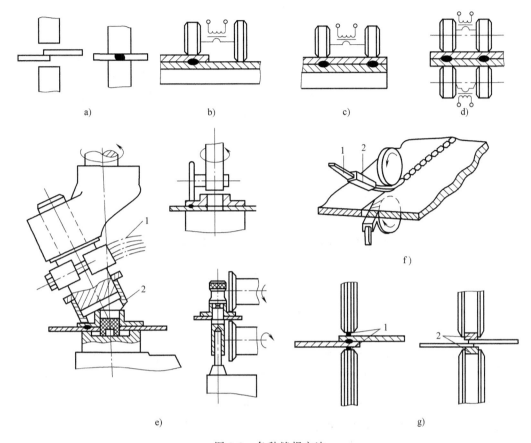

图 3-2　各种缝焊方法

a）压平缝焊　b）单面单缝缝焊　c）单面双缝缝焊　d）双面双缝缝焊

e）小直径圆周缝焊（1—导电母线　2—杯形电极）　f）垫箔对接缝焊（1—箔带　2—导向嘴）

g）铜线缝焊（1—圆铜线　2—扁铜线）

二、缝焊接头形成过程

缝焊与点焊并无实质上的不同，其过程仍是对焊接区进行适当的热-机械（力）的联合作用。但是，由于缝焊接头是由局部互相重叠的连续焊点所构成，以及形成这些焊点时，焊接电流及电极压力的传递均是在滚轮电极旋转和焊件移动中进行（步进缝焊除外），因此缝焊过程比点焊过程复杂并有其自身特点。同时，缝焊的规范参数也要比点焊时多。

1. 缝焊的加热特点

（1）缝焊时的电流场　图 3-3 所示为缝焊时的电流场形态及贴合面处电流密度分布规律。可以认为，缝焊时的电流场相当于单块板点焊与两块板点焊时两个电流场的组合（图 1-7）。电流密度的分布不对称，在未焊合的贴合面前沿形成峰值，其机理仍然是边缘效应的影响。因此，缝焊时的电流场特征仍能保证在贴合面处具有集中加热的效果和保证熔核的正常生长。

金属材料的热物理性质和规范特征对缝焊电流场形态有影响：钢由于导电、导热性差，邻近焊接区的已焊点冷却缓慢而温度高、电阻率大，分流仅从已焊点边缘流过。因此，缝焊

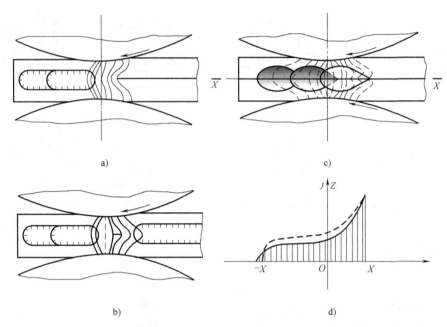

a)
c)
b)
d)

图 3-3　缝焊时的电流场形态及贴合面处电流密度分布规律

a）缝焊钢时　b）有预点焊时　c）缝焊铝合金时　d）贴合面处电流密度分布规律

（——考虑预热影响　－－－未考虑预热影响）

钢时，由于分流小、焊接规范软，其电流场形态如图 3-3a 所示；缝焊铝合金时情况则相反，分流不止流过一个已焊点，因而焊接电流很大且规范硬、边缘效应显著，使其电流场形态如图 3-3c 所示；当缝焊遇到点焊时，由于分流突然增大和贴合面集中加热效果减弱，破坏了正常的电流场特征并使熔核减小（图 3-3b）。

（2）缝焊时的温度场　缝焊时，已焊点对焊接区既有分流作用，同时又有预热作用，但两者对焊接区的加热过程具有相反的影响。考虑到分流的影响，缝焊时焊接电流的选择往往比点焊时大，这又进一步加强预热作用。当然，缝焊时焊接区对已焊点又有缓冷作用，这一切都使缝焊时的温度场比点焊时要复杂得多。当缝焊速度提高时，会使滚轮电极与焊件间的接触电阻增大，析热作用增强，同时，滚轮电极的表面黏损和焊缝表面质量变坏。

一般说，缝焊温度分布比点焊平缓（图 3-4）；焊接方向的金属因预热作用温度比点焊时高；而已焊部分金属因分流电流的缓冷作用温度比前沿更高，形成前低后高的不对称温度分布形态。当提高焊接速度时，该温度分布曲线将向前沿降低、后沿升高的方向变化，这时易出现焊件表面的过热、过烧现象。焊接速度对温度场形态有重大影响。

2. 缝焊接头形成过程特点

缝焊时，每一焊点同样要经过预压、通电加热和冷却结晶三个阶段。但由于缝焊时滚轮电极与焊件间相对位置的迅速变化，使此三阶段不像点焊时那样能够明确

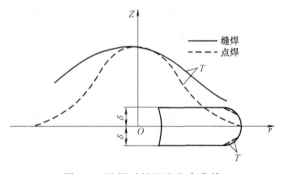

图 3-4　缝焊时的温度分布曲线

区分。

一般认为：

1）在滚轮电极直接压紧下，正被通电加热的金属处于"通电加热阶段"。

2）即将进入滚轮电极下面的邻近金属，受到一定的预热和滚轮电极部分压力作用，处于"预压阶段"。

3）刚从滚轮电极下面出来的邻近金属，一方面开始冷却，同时尚受到滚轮电极部分压力作用，处于"冷却结晶阶段"。

因此，正处于滚轮电极下的焊接区和邻近它的两边金属材料，在同一时刻将分别处于不同阶段。而对于焊缝上的任一焊点来说，从滚轮下通过的过程也就是经历"预压—通电加热—冷却结晶"三阶段的过程。由于该过程是在动态下进行的，预压和冷却结晶阶段时的压力作用不够充分，就使缝焊接头质量一般比点焊时差，易出现裂纹、缩孔等缺陷。

第二节 缝焊一般工艺

一、缝焊工艺特点

如前所述，由于通常缝焊接头是在动态过程中（即滚轮电极旋转）形成的，往往表现出压力作用不完善和表面温度比点焊高及表面黏附严重等。因此，应注意以下几点。

1）焊前焊件表面必须认真全部或局部（沿焊缝宽约 20mm）清理；滚轮电极必须经常修整，在某些镀层板密封焊缝的焊接中，应使用专设的修整刀。

2）不等厚度和不同材料缝焊时，可采用点焊类似的工艺措施，改善熔核偏移。

3）必须采用点焊定位，定位点间距为 75～150mm，并注意点焊的位置和表面质量；环形焊件定位后的间隙应沿圆周均布和不得过大。

4）长缝焊接要注意分段调节焊接参数和焊序（如从中间向两端施焊），这主要指有磁性的焊件在工频交流焊机上施焊。

滚轮电极的选择等可参见第五章相关内容。

二、缝焊接头设计

为保证缝焊接头质量，推荐缝焊接头尺寸见表 3-2。但在压平缝焊时搭接量要小得多，为板厚的 1～1.5 倍，焊后接头厚度为板厚的 1.2～1.5 倍；在垫箔对接缝焊中，所输送的两条箔带厚度一般为 0.2～0.3mm、宽度为 6mm；在镀锡薄板的铜线缝焊中，铜线可为圆形或扁平形，焊后一般不回收处理等。

在设计容器类工件时，设计上应尽可能选用便于缝焊的结构，图 3-5a～g 是按进行焊接的困难程度由易到难排列的。

缝焊焊缝代号见表 3-3。

三、缝焊焊接参数选择

工频交流断续缝焊在缝焊中应用最广，其主要焊接参数有焊接电流、电流脉冲时间、脉冲间隔时间、电极压力、焊接速度及滚轮电极端面尺寸。

表 3-2 缝焊接头尺寸 （单位：mm）

薄件厚度 δ	焊缝宽度 c	最小搭边宽度 b		备 注
		轻合金	钢、钛合金	
0.3	2.0^{+1}_0	8	6	
0.5	2.5^{+1}_0	10	8	
0.8	3.0^{+1}_0	10	10	
1.0	3.5^{+1}_0	12	12	
1.2	4.5^{+1}_0	14	13	
1.5	5.5^{+1}_0	16	14	
2.0	$6.5^{+1.5}_0$	18	16	
2.5	$7.5^{+1.5}_0$	20	18	
3.0	$8.0^{+1.5}_0$	24	20	

注：1. 搭边尺寸不包括弯边圆角半径；缝焊双排焊缝和连接三个以上零件时，搭边应增加 25% ～ 35%。
　　2. 压痕深度 $c' < 0.15\delta$、焊透率 $A = 30\% ～ 70\%$。

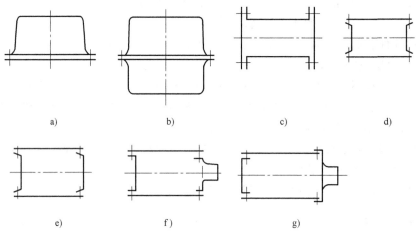

图 3-5 薄壁容器缝焊结构形式

表 3-3 缝焊焊缝代号

焊缝名称	焊缝形式	基本符号	标注方法[1]
缝焊焊缝			$n \times l(e)$

[1] 此处 n 为焊缝数量，缝焊焊缝符号表示法见 GB/T 324—2008。

1. 焊接电流 I

考虑缝焊时的分流，焊接电流 I 应比点焊时增加 20% ～ 60%，具体数值视材料的导电性、厚度和重叠量（或点距）而定。

如图 3-6 所示，随着焊接电流的增大，焊透率及重叠量增加。应该注意，当 I 值满足接头强度要求后，继续增大 I 虽可以获得更大的焊透率和重叠量，但却不能提高接头强度（因为接头强度受板厚限制），因而是不经济的。同时，由于 I 过大，可能产生过深的压痕和烧穿，使接头质量反而降低。

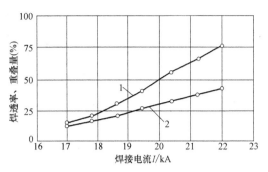

图 3-6　焊接电流对焊透率和重叠量的影响
1—焊透率　2—重叠量（10钢、$\delta = 2\mathrm{mm}$、$t = 6\mathrm{cyc}$、$t_0 = 5\mathrm{cyc}$、$F_w = 6672\mathrm{N}$、$v = 1.4\mathrm{m/min}$）

2. 电流脉冲时间 t 和脉冲间隔时间 t_0

缝焊时，可通过电流脉冲时间 t 来控制熔核尺寸，调整脉冲间隔时间 t_0 来控制熔核的重叠量，因此，两者应有适当的配合。一般来说，在用较低焊接速度缝焊时 $t/t_0 = 1.25 \sim 2$ 可获良好结果。而随着焊接速度增大将引起点距加大、重叠量降低，为保证焊缝的密封性，必将提高 t/t_0 值。因此，在采用较高焊接速度缝焊时 $t/t_0 \approx 3$ 或更高。

随着脉冲间隔时间 t_0 的增加，焊透率及重叠量均下降（图 3-7）。

3. 电极压力 F_w

考虑缝焊时压力作用不充分，电极压力 F_w 应比点焊时增加 20% ~ 50%，具体数值视材料的高温塑性而定。

如图 3-8a 所示，在焊接电流较小时（曲线 1），随着电极压力的增大，将使熔核宽度显著增加（熔核宽度与重叠量有一定关系：

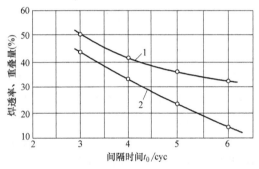

图 3-7　脉冲间隔时间对焊透率和重叠量的影响
1—焊透率　2—重叠量（10钢、$\delta = 2\mathrm{mm}$、$I = 18950\mathrm{A}$、$t = 6\mathrm{cyc}$、$F_w = 6672\mathrm{N}$、$v = 1.4\mathrm{m/min}$）

熔核宽度增加引起点距加大，重叠量降低）、重叠量下降，破坏了焊缝的密封性；在焊接电流较大时（曲线 2 符合 RWMA 推荐规范），电极压力可以在较宽广的范围内变化，其熔核宽度（代表了重叠量）、焊透率变化较小并能符合要求，即此时电极压力的影响不像点焊时那样大。

如图 3-8b 所示，电极压力对焊透率的影响较小。

如图 3-8 所示，当焊接电流更大些时（曲线 3），尽管电极压力发生很大的变化，但熔核宽度、焊透率均波动很小。但是，不能选择这一更大的电流，理由正如前所述，不仅不能提高接头强度反而使接头质量降低。

4. 焊接速度 v

焊接速度是影响缝焊过程的最重要参数之一。低碳钢缝焊时，随着焊接速度 v 的增大，接头强度降低，当所用焊接电流较小时，下降的趋势更严重（图 3-9）。同时，为使焊接区获得足够热量而试图提高焊接电流时，将很快出现焊件表面过烧和电极黏损现象，即使增大水冷也很难改善。因此，在缝焊时试图用加大焊接电流来提高焊接速度进而获得高生产率是困难的。研究表明，随着板厚的增加焊接速度必须减慢。

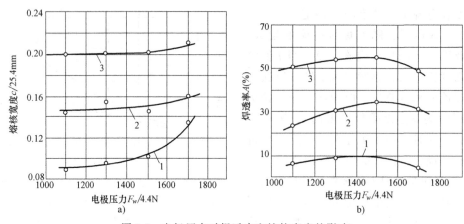

图 3-8 电极压力对焊透率和熔核宽度的影响

a) 对熔核宽度的影响 b) 对焊透率的影响

1—16100A 2—18950A 3—22050A（10 钢，$\delta = 2mm$，$t = 6cyc$，$t_0 = 5cyc$，$v = 1.4m/min$）

5. 滚轮电极端面尺寸 H 或 R

滚轮电极端面是缝焊时与焊件表面相接触的部分。其中 H 为 F（扁平形）型、SB（单倒角形）型、PB（双倒角形）型滚轮电极工作端面宽度，R 为 R（球面形）型滚轮电极球面半径（图3-10）。

滚轮电极 D 一般在 $50 \sim 600mm$，常用尺寸是 $D = 180 \sim 250mm$；滚轮电极端面尺寸 $H \leqslant 20mm$、$R = 25 \sim 200mm$。为提高滚轮电极散热效果、减小电极黏损倾向，在焊件结构尺寸允许条件下，滚轮电极直径应尽可能大。经验指出，上滚轮电极直径最好能做到 $D \geqslant 250mm$，使用后不小于 $150mm$。

滚轮电极端面尺寸的变化对接头质量的影响与点焊时电极头端面尺寸的影响相似，由于缝焊的加热特点使这种影响比点焊时更为严重。因此，对端面尺

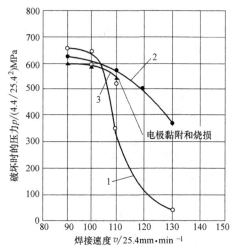

图 3-9 焊接速度对缝焊接头强度的影响

1—23750A 2—25200A 3—26800A

（10 钢、$\delta = 2mm$、$t = 2cyc$、$t_0 = 1cyc$、$F_w = 6672N$）

寸变化的限制比点焊时更为严格，即在使用中规定，端面尺寸的变化 $\Delta H < 10\% H$、$\Delta R < 15\% R$，修整最好用专用工具或在车床上进行。

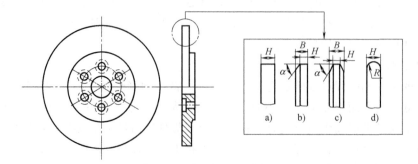

图 3-10 常用滚轮电极形式

a) 扁平形（F 型） b) 单倒角形（SB 型） c) 双倒角形（PB 型） d) 球面形（R 型）

　　由于对缝焊接头质量要求主要体现在接头应具有良好的密封性和耐蚀性上，因此在对上述各参数的讨论时强调了它们对焊透率和重叠量的影响。同时，在每讨论一个参数时均假定其他参数不变，而实际上参数间是相互影响的，必须予以适当配合、调整才能获得优质的缝焊接头，这往往由一些曲线图、规范尺和规范参数表总结出来，实际使用时再通过工艺试验予以确定。

第三节　常用金属材料的缝焊

　　金属材料的缝焊焊接性比其点焊焊接性差，其原因主要是缝焊过程及规范参数复杂、机械（力）作用不充分，以及缝焊接头的密封性和耐蚀性要求使其对缺陷的敏感性增大。但是，缝焊接头仍然是在热-机械（力）联合作用下形成的，这就使缝焊与点焊并无实质上的不同。一般认为，判断金属材料点焊焊接性的主要标志对缝焊也是适用的；金属材料点焊焊接性指标及对规范参数的一般要求、各金属材料的点焊技术要点均可作为缝焊时的主要参考。

　　表 3-4～表 3-7 列出各常用金属材料（含异种材料）缝焊焊接参数，供实际应用中参考。

　　低碳钢缝焊焊接参数（气密性接头）见表 3-4。

表 3-4　低碳钢缝焊焊接参数（气密性接头）

板厚 /mm	滚轮尺寸 /mm			电极压力 /kN		最小搭接量 /mm		高速焊接				中速焊接				低速焊接			
	最小 b	标准 b	最大 B	最小 b	标准 b	最小 b	标准 b	焊接时间 /cyc	休止时间 /cyc	焊接电流 /kA	焊接速度 /cm·min⁻¹	焊接时间 /cyc	休止时间 /cyc	焊接电流 /kA	焊接速度 /cm·min⁻¹	焊接时间 /cyc	休止时间 /cyc	焊接电流 /kA	焊接速度 /cm·min⁻¹
0.4	3.7	5.3	11	2.0	2.2	7	10	2	1	12.0	280	2	2	9.5	200	3	3	8.5	120
0.6	4.2	5.9	12	2.2	2.8	8	11	2	1	13.5	270	2	2	11.5	190	3	3	10.0	110
0.8	4.7	6.5	13	2.5	3.3	9	12	2	1	15.5	260	3	2	13.0	180	2	4	11.5	110
1.0	5.1	7.1	14	2.8	4.0	10	13	2	2	18.0	250	3	3	14.5	180	2	4	13.0	100
1.2	5.4	7.7	14	3.0	4.0	11	14	2	2	20.0	240	3	3	16.0	170	3	4	14.0	90
1.6	6.0	8.8	16	3.6	6.0	12	16	3	1	21.0	230	5	4	18.0	150	4	4	15.5	80
2.0	6.6	10.0	17	4.1	7.0	13	17	3	2	22.0	220	5	5	19.0	140	6	6	16.5	70
2.3	7.0	11.0	17	4.5	8.0	14	19	4	2	23.0	210	7	6	20.0	130	6	6	17.0	70
3.2	8.0	13.6	20	5.7	10	16	20	4	2	27.5	170	11	7	22.0	110	6	6	20.0	60

　　注：1. b 为滚轮接触面宽度，B 为滚轮厚度；

　　　　2. 滚轮直径为 150～200mm。

　　镀锌钢板缝焊焊接参数见表 3-5。

　　奥氏体不锈钢缝焊焊接参数见表 3-6。

　　铝合金直流冲击波步进缝焊焊接参数见表 3-7。

　　可淬硬钢（30CrMnSiA）缝焊焊接参数选择、镀铝钢板缝焊焊接参数选择、高温合金缝焊焊接参数选择、钛及钛合金缝焊焊接参数选择、防锈系列铝合金低频步进缝焊焊接参数选择、硬铝和超硬铝系列铝合金低频步进缝焊焊接参数选择、铝合金密封性的点距选择、黄铜缝焊焊接参数选择，可查阅本书参考文献。

表 3-5　镀锌钢板缝焊焊接参数

| 镀层种类及厚度 | 板厚/mm | 滚轮宽度/mm | 电极压力/kN | 时间/cyc | | 焊接电流/kA | 焊接速度/cm·min⁻¹ |
				焊接	休止		
热镀锌钢板（15~20μm）	0.6	4.5	3.7	3	2	16	250
	0.8	5.0	4.0	3	2	17	250
	1.0	5.0	4.3	3	2	18	250
	1.2	5.5	4.5	4	2	19	230
	1.6	6.5	5.0	4	1	21	200
电镀锌钢板（2~3μm）	0.6	4.5	3.5	3	2	15	250
	0.8	5.0	3.7	3	2	16	250
	1.0	5.0	4.0	3	2	17	250
	1.2	5.5	4.3	4	2	18	230
	1.6	6.5	4.5	4	1	19	200
磷酸盐处理防锈钢板	0.6	4.5	3.7	3	2	14	250
	0.8	5.0	4.0	3	2	15	250
	1.0	5.0	4.5	3	2	16	250
	1.2	5.5	5.0	4	2	17	230
	1.6	6.5	5.5	4	1	18	200

表 3-6　奥氏体不锈钢缝焊焊接参数

| 板厚/mm | 滚轮宽度/mm | 电极压力/kN | 时间/cyc | | 焊接电流/kA | 焊接速度/cm·min⁻¹ |
			焊接	休止		
0.3	3.0~3.5	2.5~3.0	1~2	1~2	4.5~5.5	100~150
0.5	4.5~5.5	3.4~3.8	1~3	2~3	6.0~7.0	80~120
0.8	5.0~6.0	4.0~5.0	2~5	3~4	7.0~8.0	60~80
1.0	5.5~6.5	5.0~6.0	4~5	3~4	8.0~9.0	60~70
1.2	6.5~7.5	5.5~6.2	4~6	3~5	8.5~10	50~60
1.5	7.0~8.0	6.0~7.2	5~7	5~7	9.0~12	40~60

表 3-7　铝合金直流冲击波步进缝焊焊接参数

| 板厚/mm | 滚轮圆弧半径/mm | 步距（点距）/mm | 3A21、5A03、5A06 | | | | 2A12-T4、7A04-T6 | | | |
			电极压力/kN	焊接时间/cyc	焊接电流/kA	每分钟点数	电极压力/kN	焊接时间/cyc	焊接电流/kA	每分钟点数
1.0	100	2.5	3.5	3	49.6	120~150	5.5	4	48	120~150
1.5	100	2.5	4.2	5	49.6	120~150	8.5	6	48	100~120
2.0	150	3.8	5.5	6	51.4	100~120	9.0	6	51.4	80~100
3.0	150	4.2	7.0	8	60.0	60~80	10	7	51.4	60~80
3.5	150	4.2	—	—	—	—	10	8	51.4	60~80

黄铜（H62）缝焊优质接头金相照片如图 3-11 所示。

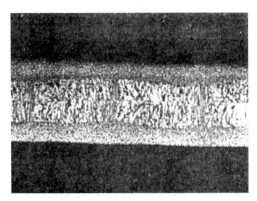

图 3-11 黄铜（H62）缝焊优质接头金相照片

第四章

对焊

对焊（Butt Resistance Welding，BRW）是把两焊件端部相对放置，利用焊接电流加热，然后加压完成焊接的电阻焊方法。对焊包括电阻对焊及闪光对焊两种。

对焊主要用于型材的接长（钢轨等）、闭合零件的拼口（轮圈等）、异种金属对焊（电力金具及刀具等）、部件的组焊（后桥壳体等），由于生产率高、质量可靠、易于实现自动化，因而获得广泛应用（图 4-1）。目前电阻对焊可焊接 $250mm^2$ 截面下金属型材，连续闪光对焊主要用于截面 $1000mm^2$ 左右闭合零件的拼口，预热闪光对焊可焊接 $5000\sim10000mm^2$ 大

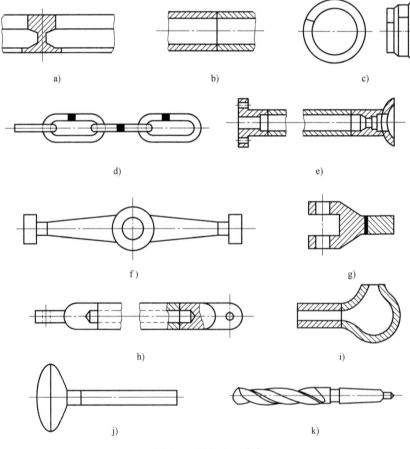

图 4-1 对焊应用举例

a) 钢轨 b) 管道 c) 汽车轮辋 d) 链环 e) 万向轴壳 f) 汽车后桥壳体
g) 连杆 h) 拉杆 i) 特殊形状零件 j) 排气阀 k) 刀具

型截面黑色金属零件，新发展的脉冲闪光对焊已可焊接 $100000\mathrm{mm}^2$ 截面的输气管道。

【示例 1-4-1】 对焊在高速铁路建设中的应用

中国已成为高铁运营里程长、运行速度最高（CHR380A 动车组试验速度达 416.6km/h）、在建规模最大的国家，已进入高铁时代如图（示例）1-4-1a 所示。众所周知，超长无缝线路钢轨焊接是保证高速轨道工程质量的关键，其首次焊接是在焊轨厂或焊轨基地将标准长度（25m 或 50m）钢轨用闪光对焊焊成长钢轨（300~500m），第二次焊接（移动式闪光对焊、移动气压焊、铝热焊）是在线路上将长钢轨焊成长轨条（1000~2000m），第三次焊接是在轨道上完成长轨条的焊接（同第二次），由于闪光对焊接头质量最好，应是首选，目前约占焊轨总量的 80% 以上。国产钢轨（交流）闪光对焊机有 UN-200 和 UND-150-2，如图（示例）1-4-1b 所示；国外有乌克兰巴顿所钢轨脉动闪光对焊机 K1000、瑞士施拉特公司钢轨直流闪光对焊机 GaAs-80/700 等。

a)

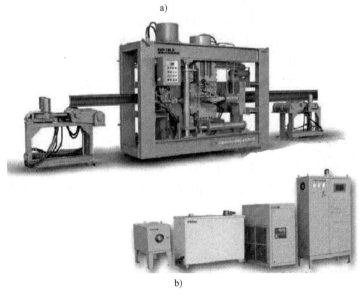

b)

图（示例）1-4-1 高铁及钢轨焊机

a）高铁 b）UND-150-2 钢轨闪光对焊机

第一节 闪 光 对 焊

闪光对焊（Flash Butt Welding, FBW）是焊件装配成对接接头，接通电源，并使其端面逐渐移近达到局部接触，利用电阻热加热这些接触点（产生闪光），使端面金属熔化，直至端部在一定深度范围内达到预定温度时，迅速施加顶锻力完成焊接的方法。闪光对焊又可分为连续闪光焊和预热闪光焊。

一、闪光对焊基本原理

1. 闪光对焊接头的形成

闪光对焊原理和接头形成如图4-2所示，可简述为，将焊件1夹紧于夹钳电极2中，接通阻焊变压器3，移动动夹钳并使两焊件端面轻微接触，形成许多接触点。电流通过时，接触点熔化，成为连接两端面的液体金属过梁。由于过梁中的电流密度极高，使过梁中的液体金属蒸发，过梁爆破。随着动夹钳缓慢推进，过梁也不断产生与爆破。在蒸气压力和电磁力的作用下，液态金属微粒不断从对口间喷射出来，形成火花急流——闪光。在此过程中焊件逐渐缩短，端头温度也逐渐升高，过梁的爆破速度将加快，动夹钳的推进速度也必须

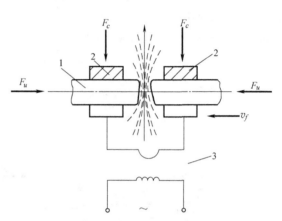

图 4-2　闪光对焊原理和接头形成
1—焊件　2—夹钳电极　3—阻焊变压器
F_c—夹紧力　F_u—顶锻力　v_f—闪光速度

逐渐加大。在闪光过程结束前必须使整个端面形成一层液态金属层，并在一定深度上使金属达到塑性变形温度。此时，动夹钳突然加速，对焊件施加足够的顶锻力，对口间隙迅速减小，过梁停止爆破，随即切断电源，封闭焊件端面的间隙和过梁爆破后留下的火口。同时，挤出端面的液态金属及氧化夹杂，使洁净的塑性金属紧密接触，并使接头区产生一定的塑性变形，以促进再结晶的进行，形成共同晶粒，获得牢固的接头。闪光对焊时，在加热过程中虽有熔化金属，但实质上是塑性状态下的固相焊接。

2. 闪光对焊的热源及加热特点

闪光对焊时的热源也是焊接区析出的电阻热。由于夹钳电极对焊件的夹紧力很大，所以电极与焊件间接触电阻很小。同时，该电阻又远离接合面，其析热对加热过程所起作用甚小，可忽略不计。故

$$Q = \int_0^t i^2 (r_c + 2r_w)\,\mathrm{d}t \tag{4-1}$$

焊件内部电阻 $2R_w$ 可由下式确定，即

$$2R_w = m\rho_T \frac{2l}{S} \tag{4-2}$$

式中　m——趋肤效应系数；

ρ_T——焊接区金属的电阻率，是温度的函数（$\Omega \cdot mm$）；

　l——焊件的调伸长度（mm）；

　S——焊件的截面积（mm^2）。

接触电阻 R_c 即为两焊件端面间液体金属过梁的总电阻，其大小取决于同时存在的过梁数、其横截面面积以及各过梁上电流线收缩所引起的电阻增加，可由经验公式（4-3）确定，即

$$R_c = \frac{9500k}{S^{2/3} v_f^{1/3} j} \times 10^{-6} \qquad (4-3)$$

式中　k——考虑钢材性质的系数，对于碳钢、低合金钢，$k=1$；对于奥氏体钢，$k=1.1$；

　　S——焊件的截面面积（cm^2）；

　　v_f——闪光速度（cm/s）；

　　j——电流密度（A/mm^2）。

闪光对焊时动态电阻变化规律如图 4-3 所示。接触电阻 r_c 较大并在闪光过程中始终存在，随着闪光过程的进行，焊件的接近速度加大、过梁数目和横截面面积增大，导致 r_c 减小；焊件内部电阻 $2r_w$ 由于闪光时的加热而增大，但始终小于 r_c。同时，由于 r_c 的降低超过 $2r_w$ 的增加，故总电阻 r 呈下降趋势。顶锻开始时由于两焊件端面相互接触，液态过梁突然消失，因而 r 急剧下降，以后的变化规律同于 $2r_w$。由于电阻的上述特点，闪光对焊时接触电阻 R_c 对加热起主要作用，其产生的热量占总析热量的 85%～90%。

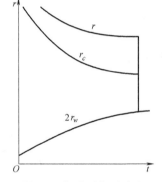

图 4-3　闪光对焊时动态
电阻变化规律

焊接区的温度分布是析热与散热的综合结果，闪光进行时沿焊件的温度分布如图 4-4 所示。闪光过程中焊件逐层地被烧掉，对口及邻近区域温度升高，曲线 A 表示对口端面的温度变化规律；曲线族 B 表示不同烧化量时沿焊件长度获得的温度分布。应该注意，当闪光进行到 $\Delta f'$ 时沿焊件长度的温度场进入准稳态，理论上讲此时即可转入顶锻阶段，但考虑到毛坯加热的不均匀性及端面下料误差等因

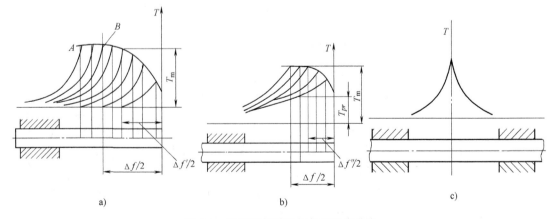

图 4-4　闪光进行时沿焊件的温度分布

a）连续闪光对焊　b）预热闪光对焊　c）连续闪光终了时的温度分布

Δf—闪光留量　$\Delta f'$、$\Delta f''$—刚到达准稳态时的闪光留量　T_{pr}—预热温度

素，实际焊接中还应将闪光继续进行，达到工艺上所要求的闪光留量 Δf（Δf 应比 $\Delta f'$ 大 50%～100%）；预热闪光对焊，即在连续闪光之前先进行预热，然后再进行闪光和顶锻。通过预热提高了焊件端面温度，减小温度梯度并使闪光很快进入准稳态（$\Delta f'' < \Delta f'$），加热终了时其温度分布比较平缓。

【阅读材料 1-4-1】 闪光形成实质

闪光（Flashing）是闪光对焊时，从焊件对口间飞散出闪亮的金属液滴现象。

连接对口两端面的液体过梁上作用着下述诸力（图 1-4-1）。

1）液体金属表面张力 σ，在焊件移近时它力图扩大液体过梁的直径。

2）径向电磁压缩效应力 F_{MC}，该力分力 F'_{MC} 力图缩小并拉断过梁，与过梁中电流的二次方成正比、并随 D/d 比值的增加而增加。同时，在 F'_{MC} 作用下，过梁被拉细将进一步加大过梁中的电流密度，使加热更加强烈。

3）如果对口端面间同时存在若干个过梁，其相互间会产生电磁引力 F_{Mg}，该力将力图使这些过梁接近和合并。

4）由于流过梁的电流与焊接变压器二次绕组电流方向相反，产生电磁斥力 F_{Mr}，该力将力图把过梁推出焊接回路之外。因为对焊机阻焊变压器一般均安装在夹钳电极下方，因此，过梁爆破时形成的闪亮金属液滴，大部分要向上方飞出（图 1-4-2），现场照片如图 5-1 所示。

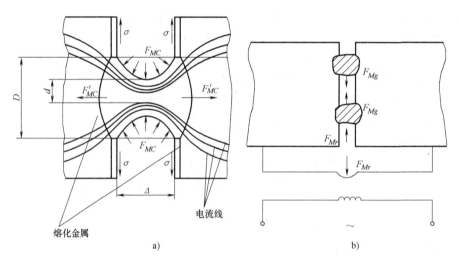

电流线

熔化金属

a)   b)

图 1-4-1 液体过梁示意图

a）作用在过梁上的内力 b）作用在过梁上的外力

综上所述，在上述诸力和强烈加热的共同作用下，过梁内部同它的表面之间形成巨大的压力差和温度差。例如：在低碳钢闪光对焊时，过梁中的电流密度在爆破瞬间可高达 $3000 A/mm^2$，爆破瞬间金属蒸气压力可达数百大气压，而它的温度高达 $6000～8000℃$，液态金属液滴以超过 $60m/s$ 的速度从对口间隙抛射出来，形成火花急流——闪光。

如果所有过梁都爆破了，造成焊接回路开路，则贮存在焊接回

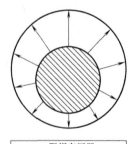

阻焊变压器

图 1-4-2 闪光时从对口间隙喷射出金属液滴分布图

路磁场中的能量将在焊件间形成电压，加之此时对口间隙距离短且充满高温金属蒸气，若该电压超过焊接金属材料的电子逸出功时便激发出电弧。高速摄影资料清晰表明了闪光过程中存在电弧现象，铝及铝合金（逸出功为 5.35eV）闪光对焊时，电弧现象发生频繁，电弧放电析出的热量约占触点附近区域析出热量的 50%。闪光阶段中，当伴有电弧现象发生时，闪光显得更加强烈。但是，也由于回路经常处于开路（闪光中断，产生电弧）状态而不稳定。

高速摄影资料表明，过梁存在的时间约为 0.001~0.005s、爆破频率达 500Hz。

简言之，闪光的形成实质是液体过梁不断形成和爆破的过程，并在此过程中析出大量的热。

二、闪光对焊一般工艺

1. 闪光对焊焊接循环

连续闪光对焊焊接循环由闪光、顶锻、保持、休止阶段组成（图 4-5a），其中闪光、顶锻两个连续阶段组成连续闪光对焊接头形成过程，而保持、休止阶段则是对焊操作中所必需的。预热闪光对焊是在上述焊接循环中增设有预热阶段。预热方法有两种：电阻预热和闪光预热，图 4-5b 所示为电阻预热的闪光对焊焊接循环。

闪光对焊时，为获得优质接头，应做到以下内容。

（1）闪光阶段结束时

1）对口处金属尽量不被氧化，这就要求闪光应进行得稳定而又激烈，尤其应控制好从闪光后期至顶锻开始瞬间，闪光不能中断和应有更高频率的过梁爆破。同时，也应控制好闪光过程中焊件不应产生短路，否则将使端面局部过热。

2）在对口及其附近区域获得一合适的温度分布，即沿对口端面加热均匀。沿焊件长度获得合适的温度分布。端面上有一层较厚的液态金属层。

（2）顶锻阶段结束时　应使对口及其邻近区域获得适当的塑性变形，该变形量将使闪光阶段氧化了的金属尽量排挤到毛刺中去，并促进焊缝再结晶过程。

（3）预热阶段结束时　沿整个焊件端面（尤其是展开形焊件，如板材等）得到均匀预热，并达到所需的温度值（如对于钢为 1073~1173K）。

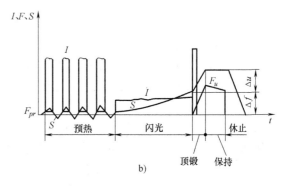

图 4-5　闪光对焊焊接循环
a) 连续闪光对焊　b) 预热闪光对焊（电阻预热）
I—电流　F—压力　S—行程（位移）

2. 闪光对焊焊接参数及选择

闪光对焊焊接参数选择适当时，可以获得几乎与母材性能相同的优质接头。主要焊接参数有：调伸长度、闪光留量、闪光速度、闪光电流密度（以上属于闪光阶段）；顶锻留量、顶锻速度、顶锻力、夹紧力（以上属于顶锻阶段）；预热温度、预热时间（以上属于预热阶段）等。

（1）调伸长度 l　焊件从静夹具或活动夹具中伸出的长度，又称为调置长度。它的作用是保证必要的留量（焊件缩短量）和调节加热时的温度场，可根据焊件断面和材料性质选择：①$l=(0.7\sim1.0)d$（d 为圆材直径或方材边长）；②$l=(4\sim5)\delta$（δ 为板材厚度，$\delta=1\sim4mm$）；③异种材料闪光对焊，l 的选择见表 4-1。

表 4-1　异种材料闪光对焊时 l 的选择

材料		l	
左	右	左	右
低碳钢	奥氏体钢	$1.2d$	$0.5d$
中碳钢	高速钢	$0.75d$	$0.5d$
钢	黄铜	$1.5d$	$1.5d$
钢	铜	$2.5d$	$1.0d$

（2）闪光留量 Δf　闪光对焊时，考虑焊件因闪光而减短的预留长度，又称为烧化留量。它是一重要加热参数，可使沿焊件长度获得合适的温度分布（图 4-4），应根据材料性质、焊件截面尺寸和是否采取预热等因素来选择。通常，Δf 占总留量 Δ（$\Delta f+\Delta u$）的 70%～80%，Δu 为顶锻留量；预热闪光焊时 Δf 可缩短到 $(1/3\sim1/2)\Delta$。

（3）闪光速度 v_f　在稳定闪光条件下，焊件的瞬时接近速度，也即动夹具的瞬时进给速度，又称为烧化速度。它是一加热参数，只要按事先给定的动夹具位移曲线 S 变化，即可获得最佳加热效果。S 应为

$$S=K_f t^b \tag{4-4}$$

式中　K_f——系数，低碳钢 0.5～1.5，高合金钢 2.5～3.0；

$\quad\quad t$——闪光时间；

$\quad\quad b$——指数，低碳钢为 2.0，高合金钢为 2.5。

低碳钢连续闪光对焊时，平均闪光速度为 0.8～1.5mm/s，顶锻前闪光速度为 4～5mm/s。预热闪光对焊时，平均闪光速度为 1.5～2.5mm/s。

（4）闪光电流密度 j_f（或二次空载电压 U_{20}）　j_f 对加热有重大影响，在实际生产中是通过调节 U_{20} 来实现的，U_{20} 一般在 1.5～14V 之间，其选择原则应是保证稳定闪光条件下尽量选用较低的 U_{20}。同时，也应考虑 j_f 的选择又与焊接方法、材料性质和焊件截面尺寸等有关，例如：连续闪光对焊，导电导热性良好的材料，展开形截面的焊件，j_f 应取高值；预热闪光对焊，大截面焊件，j_f 应取高值，见表 4-2。

表 4-2　闪光和顶锻时电流密度的参考值　（单位：A/mm²）

焊件	材料	闪光时		顶锻时
		平均值	最大值	
在高生产率情况下				
厚度 2～6mm 的板材和管材，直径 6～30mm 的棒材	低碳钢	10～15	15～20	40～60
	铬　钢	15～20	20～25	35～55
	铝合金	20～35	25～45	130～170
	铜合金	25～40	30～50	200～300

（续）

焊件	材料	闪光时		顶锻时
		平均值	最大值	
在额定功率情况下				
板材、管材、棒材	低碳钢	2~4	6~8	20~25
	铬 钢	6~8	12~15	40~50
	铝合金	5~12	10~20	60~80
	铜合金	15~20	15~25	100~200

（5）顶锻留量 Δu　闪光对焊时，考虑两焊件因顶锻缩短而预留的长度称为顶锻留量。它影响液态金属、氧化物的排出及塑性变形程度，通常 Δu 略大些有利，可根据材料性质、焊件截面尺寸等因素来选择。通常，Δu 约占总留量 Δ 的 20%~30%，其中有电顶锻量约为无电顶锻量的 0.5~1.0 倍；焊铝合金时 Δu 值比焊同截面尺寸钢时约大 50%。同时，小截面或薄壁铝件焊接时，为避免过热还应限制其有电顶锻时间不应超过 0.06s。

（6）顶锻速度 v_u　闪光对焊时，顶锻阶段动夹具的移动速度称为顶锻速度，其是获得优质接头的重要参数。通常 v_u 略大些有利，因为足够高的 v_u 能迅速封闭对口端面间隙、减少金属氧化，在高速状态下可较容易排除液态金属和氧化夹杂，使纯净的端面金属紧密贴合，促进交互结晶。如果 v_u 较小，不仅使闭合间隙和塑性变形所需时间增长，而且由于对口金属温度早已降低，导致去除和破坏氧化膜变得困难。v_u 的最小平均值：对低碳钢为 60~80mm/s；对高合金钢为 80~100mm/s；对铝合金为 150~200mm/s；对铜为 200~300mm/s。当采用强迫变形模式时，v_u 可降低。

随着顶锻速度增加，铝合金对焊接头的塑性显著提高（图4-6）。当 v_u 足够高时获得的优质对接接头组织如图4-7所示。同时，随着顶锻速度增加，顶锻压力 P_u 也可降低。

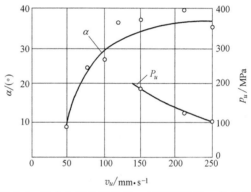

图4-6　铝合金接头弯曲角 α 与顶锻速度 v_u 的关系

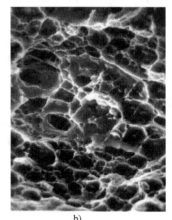

a)　　　　　　　　　b)

图4-7　铝合金（AA7003-T4）优质对接接头组织

a) 金属纤维流线形貌　b) 韧窝断口形态

(7) 顶锻力 F_u（或顶锻压力 P_u） 闪光对焊时，顶锻阶段施加给焊件端面上的力，常用单位面积上压力 P_u 来表示。它主要影响对口塑性变形程度，且为一从属参数，但其过大或过小均会使接头冲击韧度明显降低。P_u 的大小与顶锻速度 v_u 有关（图4-6）。表4-3列出了各种材料闪光对焊顶锻压力参考值。

表 4-3　各种材料闪光对焊顶锻压力参考值

| 材料 | P_u/MPa | | | 材料 | P_u/MPa | | |
| | 连续闪光 | | 预热闪光 | | 连续闪光 | | 预热闪光 |
	生产规范值	额定值			生产规范值	额定值	
低碳钢	90~100	50~80	40~60	奥氏体钢	150~220	120~200	100~140
中碳钢	100~110	60~90	40~60	铜	250~400	—	—
高碳钢	110~120	70~100	40~60	钛	30~60	—	30~40
铸 铁	80~100	60~80	40~60	黄 铜	140~250	—	—
低合金钢	100~110	50~100	40~60	青 铜	140~250	—	—
铁素体钢	100~180	80~150	60~80				

(8) 夹紧力 F_c　F_c 是为防止焊件在夹钳电极中打滑而施加的力。它与顶锻力 F_u 及焊机结构有关，当焊机为有顶座结构时，F_c 可大为降低。如果焊机为无顶座结构，此时夹紧力应为

$$F_c \geqslant K_c F_u \tag{4-5}$$

式中　K_c——夹紧系数（0.8~4.0）。

夹紧系数 K_c 与电极、焊件材料及其表面状态、顶锻模式等有关。例如：NiCu 电极焊热轧钢板 $K_c=2.3$，焊酸洗钢板 K_c 应提高15%；焊铝合金自由成形时 $K_c=2.7$，而强迫成形并切除毛刺时 $K_c=1.7$。

(9) 预热温度 T_{pr}　T_{pr} 与材料性质、焊件断面尺寸等因素有关。T_{pr} 过高，会使接头韧性、塑性降低；T_{pr} 太低，会使闪光困难、加热区变窄而不利于顶锻塑性变形。低碳钢的预热温度 $T_{pr} \approx 1073 \sim 1173K$，而在对焊大截面（10000~20000mm^2）厚壁管时，预热温度可适当提高 $T_{pr} \approx 1373 \sim 1473K$。

(10) 预热时间 t_{pr}　t_{pr} 与材料性质、焊件截面尺寸、焊机功率等因素有关，其取值大小所带来的影响与预热温度 T_{pr} 相似。

综上所述，闪光对焊焊接参数的选择应从技术条件出发，结合焊件材料性质、截面形状及尺寸、设备条件和生产规模等因素综合考虑。一般可先确定工艺方法，然后参照推荐的有关数据及试验资料初步选定焊接参数，最后由工艺试验并结合接头性能分析予以确定。

3. 焊件准备

闪光对焊的焊件准备包括：端面几何形状、毛坯端头的加工和表面清理。

闪光对焊时，两焊件对接面的几何形状和尺寸应基本一致（图4-8），圆形焊件直径差不超过15%，方形焊件和管形焊件尺寸差不超过10%。焊件断面大时，可将其中一个焊件端部倒角，使电流密度增大，易于激发闪光，使之可不用预热或可不必提高闪光初期二次电压，图4-9所示为大断面焊件端面的倒角尺寸。端面加工可用机加或切割。

闪光对焊对端面的清理要求不严，但与夹钳电极接触表面应严格清理，可用砂轮、钢丝刷等机械清理，也可以用酸洗。

焊前对焊夹钳电极的正确选用和焊接过程中维护修理，也是一个重要条件，可参阅第五章的相关内容。

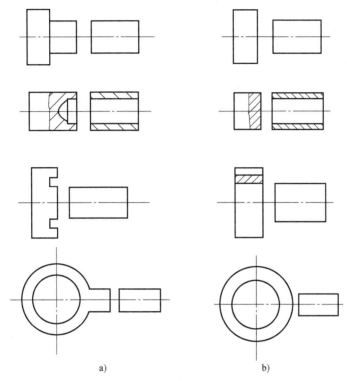

a)　　　　　　　　b)

图 4-8　闪光对焊的接头形式

a）合理　b）不合理

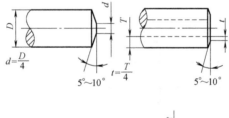

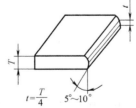

图 4-9　大断面焊件端面的倒角尺寸

第二节　电 阻 对 焊

电阻对焊（Upset Butt Welding，UBW）是将焊件装配成对接接头，使其端面紧密接触，利用电阻热加热至塑性状态，然后迅速加顶锻力完成焊接的方法。

电阻对焊虽有接头光滑、毛刺小、焊接过程简单等优点，但其接头力学性能较低，对焊件端面的准备工作要求高，因此仅用于小断面（250mm² 以下）金属型材的对接，适用范围有限，其与应用广泛的闪光对焊比较，见表4-4。

表4-4 电阻对焊和闪光对焊比较

对焊方法	电阻对焊	闪光对焊
接头形式	对接	对接
电源接通时刻	焊件端面压紧后，接通电源	接通电源后，再使焊件端面局部接触
加热最高温度	低于材料熔点	高于材料熔点
加热区宽度	宽	窄
顶锻前端面状态	高温塑性状态	熔化状态，形成一层较厚的液态金属
接头形成过程	预压、加热（无闪光）、顶锻	闪光、顶锻（连续闪光焊）；预热、闪光、顶锻（预热闪光焊）
接头形成实质	高温塑性状态下的固相连接	高温塑性状态下的固相连接（顶锻时液态金属全部被挤出）
优缺点	对接接头光滑、毛刺小、焊接过程简单；力学性能低，对焊件准备工作要求高	焊接质量高，焊前端面准备要求低；毛刺较大，有时需用专门的刀具切除
应用范围	小断面金属型材焊接（丝材、棒材、板条和厚壁管的接长）	应用广，主要用于中、大断面焊件焊接（各种环形件、刀具、钢轨等）

电阻对焊主要注意以下特点。

1. 电阻对焊过程中电阻及其变化

电阻对焊过程中电阻及其变化，如图4-10所示。

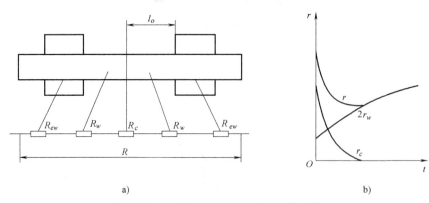

a)   b)

图4-10 电阻对焊过程中电阻 R 及其变化

a) 等效电路   b) 动态电阻 r_c、$2r_w$ 和 r 的变化

2. 电阻对焊加热结束时

电阻对焊加热结束时，焊件沿轴向的温度分布与闪光对焊时相比如图4-11所示。

3. 电阻对焊时有两种焊接循环

电阻对焊时有两种焊接循环，等压式和加大锻压力式，如图4-12所示。前者加压机械简单而易于实现，但后者有利于提高对焊接头质量。

4. 焊接参数

焊接参数主要有：调伸长度 l、焊接电流 I_w 和焊接时间 t、焊接压力 F_w 与顶锻力 F_u，有时也给出焊接留量（焊件缩短量）。低碳钢棒材电阻对焊焊接参数见表 4-12，小直径链环电阻对焊焊接参数选择，可查阅本书参考文献。

5. 焊前准备

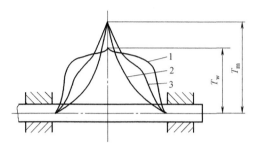

图 4-11 对焊加热结束时的温度分布
1—电阻对焊 2—连续闪光对焊 3—预热闪光对焊

电阻对焊的接头设计时，原则上其对口断面形状应尽量相同，并且对口端面和与夹钳电极接触表面必须严格进行清理；当对焊接质量要求高的金属（稀有金属、某些合金钢和有色金属等）对焊时，常用氩、氦等保护气氛。

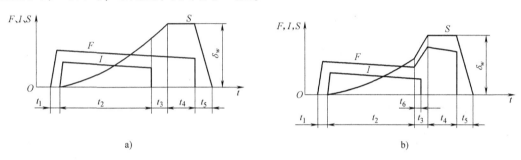

a)   b)

图 4-12 电阻对焊的焊接循环
a）等压式 b）加大锻压力式

t_1—预压时间 t_2—加热时间 t_3—顶锻时间 t_4—维持时间 t_5—夹钳复位时间 t_6—有电流顶锻时间

F—压力 I—电流 S—动夹钳位移 δ_w—焊接留量 t—时间

第三节 常用金属材料的对焊

一、金属材料的对焊焊接性

由于对焊过程是在热-机械（力）联合作用下进行的，其焊接性与点焊相似，通常也比熔焊好。例如：Al-Zn-Mg 系三元铝合金（7003 铝圈等），无须气体保护，用连续闪光对焊即可获得比 TIG 焊时质量优良得多的合格接头。

判断金属材料对焊焊接性的主要标志如下（表 4-5）。

1）电导率小而热导率大的金属材料，其焊接性较差。

2）高温屈服强度大的金属材料，其焊接性较差。

3）对热循环较敏感，即易生成与热循环作用有关缺陷（淬硬、裂纹、软化和氧化夹杂等）的材料，其焊接性较差。

4）液-固相线温度区间宽的材料，其焊接性较差。因为结晶温度区间宽使半熔化区增大，即液体金属层下固相表面不平度大，需要较大的 F_u 和 Δu，否则对口中易残留凝固组织、缩松和裂纹。

5）对口端面生成高熔点氧化物的材料，其焊接性较差，这些氧化物主要是 Cr、Al 的氧化物，呈固态不易排除和弥散，电阻对焊时就更难清除。

表 4-5　常用金属材料闪光对焊焊接性综合表

材料类别	强度损失		接头塑性降低	形成未焊透倾向	缩松及裂纹倾向	电流密度值	闪光速度	顶锻压力	顶锻速度	焊前预热	保护气体	焊后热处理
	焊缝	近缝区										
低碳钢	小	小	小	小	小	中	小	小	小	不要	不要	不要
可淬硬钢	小	中	大	小	大	中	中	中	中	希望	不要	希望
奥氏体不锈钢	小	小	小	中	小	中	中	中	中	不要	不要	不要
耐热合金	小	小	小	大	大	中	中	大	中	希望	希望	不要
冷作强化铝合金	小	小	小	大	小	大	大	大	大	不要	不要	不要
高强铝合金	中	小	小	大	大	大	大	大	大	不要	不要	希望
钛合金	小	小	小	中	小	中	大	小	中	不要	希望	不要
铜合金	小	小	小	中	小	大	大	大	大	不要	不要	不要

二、低碳钢的对焊

低碳钢对焊焊接性良好，因为其氧化物熔点低、结晶温度区间窄、不易淬火、高温强度低和塑性温度区间宽、电阻率较高等原因。但需注意，对焊接头中会存在不同程度的过热（图 4-13a），产生的魏氏组织将使接头塑性有所降低，但在一般使用条件下是允许的；严重过热（图 4-13b）时，可通过常化或退火处理消除。焊接参数不当时会在接头中产生过烧

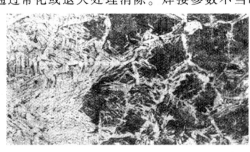

a)

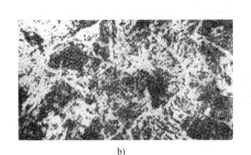

b)　　　　　　　　　　　　　　c)

图 4-13　低碳钢闪光对焊接头组织和组织缺陷
a）对焊接头组织　b）严重过热组织　c）过烧组织

（如图 4-13c 所示，奥氏体晶界发生熔化和氧化现象），这是低碳钢对焊时应予避免的缺陷，因为它使接头塑性急剧降低，而且又无法通过焊后热处理来改善。

低碳钢板材闪光对焊接头中有时会有片状或棒状的氧化物夹杂。管材闪光对焊接头中氧化物夹杂常呈大面积的覆盖层。氧化物夹杂虽然对接头强度无显著影响，但却使塑性指标显著降低，调整焊接参数会使氧化物夹杂减少，甚至消除。

低碳钢闪光对焊主要焊接参数见表 4-6。

三、可淬硬钢的对焊

可淬硬钢对焊焊接性较差（表 4-6），其共同特点是接头中易产生淬火组织、裂纹等缺陷，有些钢种还因为高温强度大、结晶温度区间宽而易生成疏松（如 GCr15 轴承闪光对焊坡口处有时疏松区宽度可达 1.5~2.0mm）、难熔氧化物夹杂等缺陷，使焊接性进一步变坏。

原则上，由于可淬硬钢种类繁多，应具体分析。焊前为退火态的可淬硬钢，闪光对焊后在炉中加热处理。不推荐在对焊机上随机电热回火的原因：其一，两电极间的金属难以保持均匀的温度；其二，如果不使紧靠熔合线区域过分回火和软化，就无法做到热影响区边缘的适当回火。

1. 中碳钢和高碳钢

这是可淬硬钢中焊接性较好的一类。因为含碳量高使闪光加热中析出大量 CO 增强了自保效果，氧化物 FeO 熔点较低，顶锻时易被排除。含碳量高又带来电阻率增大和热导率、熔点下降，在一定程度上改善了材料的焊接性能；当然，含碳量高会使高温屈服强度提高、结晶温度区间加宽、淬硬倾向增大，这又使得焊接性能变坏；这类钢的对焊接头中会发现一贫碳层——白带，这是由于碳向加热表面扩散和烧损所造成的。贫碳的结果会使对口产生网状铁素体而软化，当采用一定的工艺措施后，使对口含碳量（质量分数）不低于 0.6%，即可解决这一问题。

2. 合金钢

这是可淬硬钢中焊接性较差的一类。随着合金元素含量的增加，将使淬硬倾向增大，高温强度的增大将使塑性变形困难。同时，合金元素易氧化将减弱形成 CO 的有利反应，以及生成难熔 Al、Cr、Si、Mo 等氧化夹杂，高温强度大、结晶温度区间宽而易生成疏松。

简言之，可淬硬钢常采用预热闪光对焊，并应提高闪光速度和顶锻速度，焊后进行局部或整体热处理。

各类钢闪光对焊主要焊接参数见表 4-6。

表 4-6　各类钢闪光对焊主要焊接参数

类别	平均闪光速度/mm·s^{-1}		最大闪光速度/mm·s^{-1}	顶锻速度/mm·s^{-1}	顶锻压力/MPa		焊后热处理
	预热闪光	连续闪光			预热闪光	连续闪光	
低碳钢	1.5~2.5	0.8~1.5	4~5	15~30	40~60	60~80	不需要
低碳钢及低合金钢	1.5~2.5	0.8~1.5	4~5	≥30	40~60	100~110	缓冷,回火
高碳钢	≤1.5~2.5	≤0.8~1.5	4~5	15~30	40~60	110~120	缓冷,回火
珠光体高合金钢	3.5~4.5	2.5~3.5	5~10	30~150	60~80	110~180	回火,正火

四、奥氏体钢的对焊

奥氏体钢对焊焊接性一般，主要问题是因含有大量易氧化合金元素及形成难熔氧化物（NiO、Cr_2O_3）而使接头塑性下降。同时，高温强度高是这类钢要注意的另一个问题。因此，奥氏体钢对焊特点应该是：需要强烈的烧化、高的顶锻速度和施加大的顶锻压力。研究表明，采用硬规范焊接，可有效防止热影响区晶粒的急剧长大和耐蚀性的降低。

奥氏体钢闪光对焊主要焊接参数见表4-7。

表4-7　奥氏体钢闪光对焊主要焊接参数

类别	平均闪光速度/mm·s⁻¹		最大闪光速度/mm·s⁻¹	顶锻速度/mm·s⁻¹	顶锻压力/MPa		焊后热处理
	预热闪光	连续闪光			预热闪光	连续闪光	
奥氏体钢	3.5~4.5	2.5~3.5	5~8	50~160	100~140	150~220	一般不需要

五、钛及钛合金的对焊

钛及钛合金对焊的主要问题是由于淬火和吸收气体使接头塑性降低。淬火倾向与钛材中加入的合金元素有关，若加入稳定的 β 相元素则淬火倾向增大；若对口金属长时间在高温下停留将使淬火形成的针状马氏体组织变得粗大，使塑性进一步下降。

钛及钛合金对焊应采用极强烈的闪光过程，可以连续闪光对焊而不用气体保护；当采用闪光、顶锻速度较小和预热闪光对焊时，应施加 Ar 或 He 气保护。α+β 钛合金焊后需进行热处理。

钛及钛合金在 Ar 气保护下进行闪光对焊时，焊接规范和焊接钢时大体一样。

六、铝及铝合金的对焊

铝及铝合金由于具有导电导热性好、易氧化和氧化物（Al_2O_3）熔点高等特点，对焊焊接性较差。在焊接参数不当时，接头中易形成氧化夹杂、残留铸态组织、疏松和层状撕裂等缺陷，将使接头塑性急剧降低。例如：7003 铝合金挤压型材（铝车圈）闪光对焊接头的"X"形缺陷（一种严重的层状撕裂，如图 4-14 所示），使接头冷弯角还不到10°。一般说来，冷作强化型铝合金、退火态的热处理强化型铝合金，闪光对焊焊接性稍好；而淬火态的热处理强化铝合金，焊接性则较差，必须采用较高的闪光速度和强制成形的顶锻模式（图 4-15），并且焊后要进行淬火和时效处理。铝合金推荐选用矩形波电源闪光对焊。

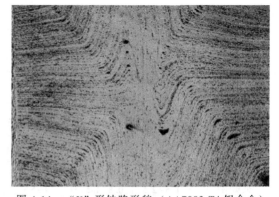

图 4-14　"X"形缺陷形貌（AA7003-T4 铝合金）

铝及铝合金闪光对焊主要焊接参数见表 4-8。

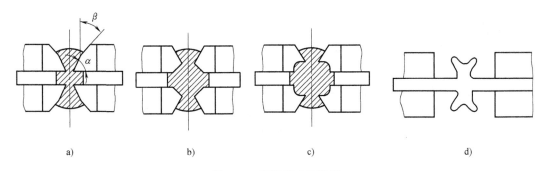

图 4-15　顶锻模式示意图

a）、b）、c）对口强迫成形顶锻　d）对口自由顶锻

表 4-8　有色金属及其合金闪光对焊主要焊接参数

焊接参数	材料尺寸/mm													
	铜			黄铜				青铜（QSn6.5-1.5）带材厚		铝				铝合金	
				H62		H59				棒材直径				2A50	5A06
	棒材 $d=10$	管材 9.5× 1.5	板材 44.5× 10	棒材直径										板材厚度	板材厚度
				6.5	10	6.5	10	1~4	4~8	20	25	30	38	4	6	4~7
空载电压/V	6.1	5.0	10.0	2.17	4.41	2.4	7.5	—	—	—	—	—	—	6	7.5	10
最大电流/kA	33	20	60	12.5	24.3	13.5	41			58	63	63	63			
调伸长度/mm	20	20	—	15	22	18	25	25	40	38	43	50	65	12	14	13
闪光留量/mm	12			6	8	7	10	15	25	17	20	22	28	8	10	14
闪光时间/s	1.5	—	—	2.5	3.5	2.0	2.2	3	10	1.7	1.9	2.8	5.0	1.2	1.5	5.0
平均闪光速度/mm·s⁻¹	8.0			2.4	2.3	3.5	4.5	5	2.5	11.3	10.5	7.9	5.6	5.8	6.5	2.8
最大闪光速度/mm·s⁻¹								12	6					15	15	6
顶锻留量/mm	8			9	13	10	12			13	13	14	15	7	8.5	12
顶锻速度/mm·s⁻¹	200	—		200~ 300	200~ 300	200~ 300	200~ 300	125	125	150	150	150	150	150	150	200
顶锻压力/MPa	380	290	224		230		250		60~ 150	64	170	190	120	180~ 200	200~ 220	130
有电顶锻量/mm	6	—							—	6.0	6.0	7.0	7.0	3.0	3.0	6~8
比功率/kVA·mm⁻²	2.6	2.66	1.35	0.9	1.35	0.95	2.7	0.5	0.25					0.4	0.4	

七、铜及铜合金的对焊

铜及铜合金对焊焊接性比铝合金还差，这主要是因为铜具有更高的导电导热性，难以在对口端面上获得较厚的液态金属层和维持稳定的闪光过程。

铜及铜合金对焊的显著特点是要求比铝及铝合金具有更强烈的闪光，更大的顶锻速度（$v_u \geqslant 200$mm/s）和顶锻压力（$P_u = 400 \sim 950$MPa）。

铜和铜合金闪光对焊主要焊接参数见表 4-8。

八、异种金属的对焊

异种金属对焊获得优质接头的实质是顶锻前夕，在对口及附近区域也应获得一合适的温度分布（合适温度场），在对口及附近区域也能集中获得一合适的塑性变形区，为良好顶锻创造条件。同时，高质量的顶锻参数（主要由设备保证）使对口两侧获得足够的塑性变形量，在异种金属对焊中，足够的塑性变形量具有最积极的意义。

铜与铝（如电力金具，如图 4-16 所示）闪光对焊焊接参数见表 4-9，刀具对焊焊接参数见表 4-10。

图 4-16　电力金具闪光焊件（打磨前后并折弯 180°）

表 4-9　铜与铝闪光对焊焊接参数

焊接参数		焊接断面/mm²			
		棒材直径		带材	
		20	25	40×50	50×10
电流最大值/kA		63	63	58	63
调伸长度	铝	3	4	3	4
	铜	34	38	30	36
闪光留量/mm		17	20	18	20
闪光时间/s		1.5	1.9	1.6	1.9
闪光平均速度/mm·s⁻¹		11.3	10.5	11.3	10.5
顶锻留量/mm		13	13	6	8
顶锻速度/mm·s⁻¹		100~120	100~120	100~120	100~20
顶锻压力/MPa		190	270	225	268

综上所述，闪光对焊可以焊接低碳钢、可淬硬钢、奥氏体钢、钛及钛合金、铝及铝合金、铜及铜合金、异种金属等几乎所有金属材料。但应注意，要获得闪光对焊优质接头除正确选用对焊机、优化焊接参数外，有时还要采取必要的工艺措施，这里不再赘述。

表 4-10 刀具对焊焊接参数

直径/mm	面积/mm²	二次电压/V	调伸长度/mm		留量/mm						
			工具钢	碳钢	预热	闪光	顶锻		总留量	工具钢留量	碳钢留量
							有电	无电			
8~10	50~80	3.8~4	10	15	1	2	0.5	1.5	5	3	2
11~15	80~180	3.8~4	12	20	1.5	2.5	0.5	1.5	6	3.5	2.5
16~20	200~315	4~4.3	15	20	1.5	2.5	0.5	1.5	6	3.5	2.5
21~22	250~380	4~4.3	15	20	1.5	2.5	0.5	1.5	6	3.5	2.5
23~24	415~450	4~4.3	18	27	2	2.5	0.5	2	7	4	3
25~30	490~700	4.3~4.5	18	27	2	2.5	0.5	2	7	4	3
31~32	750~805	4.5~4.8	20	30	2	2.5	0.5	2	7	4	3
33~35	855~960	4.8~5.1	20	30	2	2.5	0.5	2	7	4	3
36~40	1000~1260	5.1~5.5	20	30	2.5	3	0.5	2	8	5	3
41~46	1320~1660	5.5~6.0	20	30	2.5	3	1.0	2.5	9	5.5	3.5
47~50	1730~1965	6.0~6.5	22	33	2.5	3	1.0	2.5	9	5.5	3.5
51~55	2000~2375	6.5~6.8	25	40	2.5	3	1.0	3.5	10	6	3.5
56~80	—	7.0~8.0	25	40	2.5	4	1.5	4	12	7	5

第四节 典型焊件的对焊

一、线材及棒材对焊

线材（直径 $d \leqslant 6mm$）电阻对焊大多用于拔（拉）丝、电缆及钢丝绳制造的生产线上，不发生断裂是关键，为此均采用在焊后热处理，即使铝、铜线也不例外。部分线材电阻对焊焊接参数见表 4-11。

表 4-11 部分线材电阻对焊焊接参数

金属种类	直径/mm	调伸长度/mm	焊接电流/A	焊接时间/s	顶锻力/N
碳钢	0.8	3	300	0.3	20
	2.0	6	750	1.0	80
	3.0	6	1200	1.3	140
铜	2.0	7	1500	0.2	100
铝	2.0	5	900	0.3	50
镍铬合金	1.85	6	400	0.7	80

注：顶锻留量等于线材直径，有电流顶锻留量等于直径的 0.2~0.3 倍。

直径很小的线材或异质材料的线材可以采用电容贮能式电阻对焊或冲击闪光对焊方法进行焊接，会获得更加令人满意的效果。

【阅读材料 1-4-2】 冲击闪光对焊

电子行业中常有异种材质细丝零件（如电容器、玻化二极管等）的对接，由于对口截面过小，不允许错位，电性能和热稳定性高等要求，推荐采用电容放电式的冲击闪光对焊，原理如图 1-4-3 所示。

电容对焊件放电可有两种形式：其一为拉弧式，当充电电压较低时（70~100V），全过程为接触—通电—拉弧—电弧燃烧—顶锻，形成接头并稍有镦粗；其二为预留间隙式，当充电电压较高时（300~5000V），全过程为预留间隙—定速前移—通电—击穿引弧—电弧燃烧—顶锻，形成接头并几乎没有镦粗，力学性能也好，更适合异质细丝（如 TU-Mo、Cu-Pt 等）对接。图 1-4-4 所示为 Mo-TU 丝冲击闪光对焊接头（玻化二极管支架）金相照片。

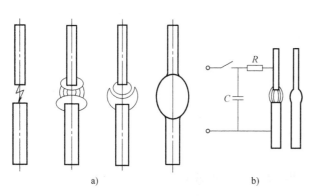

图 1-4-3　冲击闪光对焊原理示意图

a) 通电、击穿引弧、电弧燃烧、顶锻　b) 电路原理图

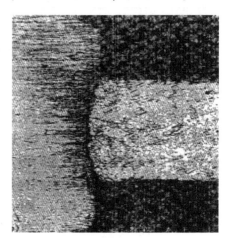

图 1-4-4　Mo-TU 丝冲击闪光对焊接头
（玻化二极管支架）金相照片

直径 $d \leqslant 18mm$ 的碳钢和低合金钢，直径 $d \leqslant 14mm$ 的铜、黄铜及铝等塑性好的棒材（零件）也可采用电阻对焊，但焊前焊件对口端面和与夹钳电极接触表面必须严格进行清理（即焊前对夹持在夹钳电极间的焊件部分要校直、清除锈和氧化皮等脏物），对焊接质量要求高的金属（稀有金属、某些合金钢和有色金属等）对焊时，常用氩、氦等保护气氛。

低碳钢棒材电阻对焊焊接参数见表 4-12。

表 4-12　低碳钢棒材电阻对焊焊接参数

断面积 /mm²	调伸长度② /mm	焊件缩短量/mm		电流密度① /A·mm⁻²	焊接时间① /s	焊接压强 /MPa
		有电	无电			
25	6+6	0.5	0.9	200	0.6	
50	8+8	0.5	0.9	160	0.8	10~20
100	10+10	0.5	1.0	140	1.0	
250	12+12	1.0	1.8	90	1.5	

① 焊接淬火钢时，增加 20%~30%。

② 对于淬火钢增加 100%。

直径 $d < 40mm$ 棒材可采用连续闪光对焊；更大直径棒材和方形或矩形截面的型材为改善加热，多采用预热闪光对焊，焊接参数见表 4-13。

表 4-13　低碳钢棒材闪光对焊焊接参数

焊件直径 /mm	预热闪光对焊					连续闪光对焊			
	留量/mm			时间/s		留量/mm			时间/s
	总留量	预热与闪光	顶锻	预热	闪光与顶锻	总留量	闪光	顶锻	
5	—	—	—	—	—	6	4.5	1.5	2
10	—	—	—	—	—	8	6	2	3
15	9	6.5	2.5	3	4	13	10.5	2.5	6
20	11	7.5	3.5	5	6	17	14	3	10
30	16	12	4	8	7	25	21.5	3.5	20
50	22	15.5	6.5	30	10	—	—	—	—
70	26	19	7	70	15	—	—	—	—
90	32	24	8	120	20	—	—	—	—

二、板材闪光对焊

焊前板材端面应平直、无飞边、无压痕和夹层等缺陷，由于主要用于钢板连轧生产线中，拼缝处要承受很大塑性变形，对断带率有较严格规定，因此接头质量要求较高。为此必须提高最后闪光速度（v_f，终止 $\geqslant 5mm/s$）和顶锻速度（$v_u \geqslant 60mm/s$），并且在薄板（$\delta = 0.3 \sim 5mm$）对焊中要采用强迫成形顶锻模式，更厚钢板采用预热闪光焊。对低碳钢和低合金钢板用 $S = Kt^2$ 的位移曲线，而高合金钢板则用 $S = Kt^{5/2}$ 的位移曲线。钢板对焊后，可趁热用强制成形钳口或专用切刀切除对口隆起部分的毛刺。钢板闪光对焊焊接参数见表 4-14。

表 4-14　钢板闪光对焊焊接参数

板厚 /mm	调伸长度 /mm	闪光留量 /mm	顶锻留量 /mm	焊后电极间距 /mm	闪光时间 /s
1.0	11	4.4	1.6	5.0	1.75
1.5	15	5.8	2.2	7.0	2.25
2.0	20.5	8.0	3.0	9.5	4.0
3.0	29	11.2	4.3	13.5	6.25
4.0	38	14.7	5.3	18.0	9.0
5.0	45	16.7	6.3	22.0	12.0
6.0	50	18.0	7.0	25.0	16.0
8.0	60	22.0	8.0	30.0	25.0
10	66	23.0	9.0	34.0	34.0

三、管子闪光对焊

管子多用在高温、压力及腐蚀介质中工作，焊后需进行水压试验等，因此对接头质量的要求比较严格。

焊前将夹持在电极间的焊件部分清理干净（包括内壁 20mm 范围内）。当管径与管壁厚度比值大于 10 时，选用半圆形钳口（图 5-40b）以防管子被夹扁。同时，为避免顶锻时打滑，电极钳口夹持长度应较长，可为管径的 1.0～2.5 倍，且管径越小倍数越大。低碳钢、低合金钢管子对焊采用 $S=Kt^2$、$S=Kt^{3/2}$ 位移曲线。小直径钢管用连续闪光对焊，大直径厚壁管用预热闪光对焊，为提高效率和节能采用程控降低电压闪光对焊或脉冲闪光对焊更为合适。

氧化夹杂和灰斑[⊖]是钢管闪光对焊接头中常见的缺陷，其产生的原因与管子为展开形断面散热快、端面液体金属易冷却凝固及自保护效果差有关，使顶锻前端面受到氧化，或母材本身有夹杂物析出，在随后的顶锻过程未能将其彻底清除所造成。同时，也与焊接规范参数，尤其是加热参数选择不当有直接关系。焊缝中灰斑的控制主要应从工艺角度予以考虑。

闪光对焊时施加保护气氛（大管径提供 H_2、CO 保护气体；小直径合金管提供 N_2、N_2+H_2［90∶10］、N_2+Ar［95∶5］保护对口）对减少氧化夹杂和灰斑有良好效果。

大直径管子可用专门的毛刺切除器去除内部毛刺。

为尽量减小对管内流质形成较大阻力，在对坡口内径和形状提出更为严格要求的场合（如耐工作压力 17×10^3kPa，即 170 大气压的锅炉用钢管），管子的对焊也采用中频感应对焊（$f=9900Hz$）的方法。

焊接参数见表 4-15 和表 4-16。

表 4-15　20 钢、12Cr1MoV 及 12Cr18Ni12Ti 钢管连续闪光对焊焊接参数

钢种	尺寸/mm	二次空载电压/V	调伸长度/mm	闪光留量/mm	平均闪光速度/mm·s⁻¹	顶锻留量/mm	有电顶锻量/mm
20	25×3	6.5～7.0	60～70	11～12	1.37～1.5	3.5	3.0
	32×3			11～12	1.22～1.33	2.5～4.0	3.0
	32×4			15	1.25	4.5～5.0	3.5
	32×5			15	1.0	5.0～5.5	4.0
	60×3			15	1.0～1.15	4.0～4.5	3.0
12Cr1MoV	32×4	6～6.5	60～70	17	1.0	5.0	4.0
12Cr18Ni12Ti	32×4	6.5～7.0	60～70	15	1.0	5.0	4.0

表 4-16　大断面低碳钢管预热闪光对焊焊接参数

管子截面/mm²	二次空载电压/V	调伸长度/mm	预热时间/s		闪光留量/mm	平均闪光速度/mm·s⁻¹	顶锻留量/mm	有电顶锻量/mm
			总时间	脉冲时间				
4000	6.5	240	60	5.0	15	1.8	9	6
10000	7.4	340	240	5.5	20	1.2	12	8
16000	8.5	380	420	6.0	22	0.8	14	10
20000	9.3	420	540	6.0	23	0.6	15	12
32000	10.4	440	720	8.0	26	0.5	16	12

⊖ 灰斑一般认为是非金属夹杂物，属于硅酸盐、氧化物一类物质。研究表明，灰斑大多是在接头加热温度较低情况下出现，随着加热温度的提高，灰斑面积逐渐减少，继而出现过热组织。在生产实践中，遵循仅将灰斑面积控制在不影响接头塑性指标的允许范围之内的原则。

【阅读材料1-4-3】　脉冲闪光对焊

脉冲闪光对焊法是苏联巴顿焊接研究所发明，主要用于大截面管道、钢轨、钢坯等焊件对焊，基本原理是在焊机动夹具的送进行程上，再叠加一个振动，从而产生脉冲闪光，如图1-4-5a所示。脉冲闪光过程中，闪光间隙δ_c发生周期性变化（图1-4-5b）；t_1时间发生闪光并当δ_c减小至临界间隙时，端面接触、闪光终止，开始短路加热；t_2时间内δ_c基本不变，因为要求接触点在固态时分离，所以t_2应小于触点加热到熔化的时间；t_2结束前，由于开始振动将已发生固相焊合的触点以$50\sim100$mm/s的速度强制拉开，闪光间隙δ_c大于临界值时将重新产生闪光直至t_3结束；t_4时间内，由于对口间隙过大而闪光终止，δ_c维持不变，热量从端面继续向焊件内部传导。因此，使闪光阶段中焊件端面接触与分离交替进行，接触时通电加热，当两端面上接触点尚在固态时再以$50\sim100$mm/s的速度将它拉断，使端面分离，如此反复进行，直到闪光终了。脉冲闪光对焊的频率一般在$10\sim35$Hz，振幅为$0.25\sim1$mm，频率越高加热越迅速，但提高频率常常受设备限制。由于在闪光过程中几乎没有液体过梁的自发爆破现象，因此热效率可高达$0.8\sim0.9$，比普通闪光对焊方法提高1倍。国内天津大学研制的DQ-1型脉冲闪光对焊机是一种凸轮式脉冲闪光对焊机，其振动机构是采用电动机带动凸轮实现振动。当然，振动机构也有采用先进液压传动系统的，如美国的K355H和乌克兰的K1000型脉冲闪光对焊机。

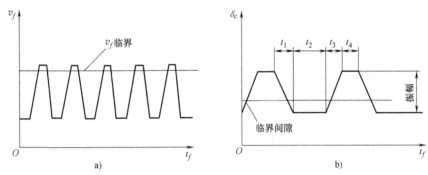

图1-4-5　脉冲闪光对焊过程图

a）叠加振动行程　b）闪光间隙的周期性变化

四、环形件闪光对焊

环形件对焊特点是一定要考虑通过环本身的分流及顶锻时环本身变形弹力的影响（图4-17），前者需要更大的焊接电流，后者需要适当增大顶锻压力。

环本身的分流I_s可按下式计算，即

$$I_s = \frac{I(R_c + 2R_w)}{\sqrt{X_s^2 + (mR_s)^2}} \tag{4-6}$$

式中　I——焊接电流；

$R_c + 2R_w$——焊接区总电阻；

R_s、X_s——环本身分路电阻和感抗；

　　m——趋肤效应系数。

焊接大断面环形件，可在环背处安装拆卸方便的环形铁心以增加分路感抗X_s减小分流；

铝、铜环形件可直接作为变压器的二次回路，焊后卸下活动铁心，这样能完全消除分流。

变形弹力 F_1 可按下式计算，即

$$F_1 = \frac{10Eh^3b\Delta}{4.5\pi D^3} \tag{4-7}$$

式中　E——材料的弹性模量；

　　　b、h——矩形断面的宽度与高度；

　　　D——环形件直径的平均值；

　　　Δ——焊件总缩短量、即 $\Delta f + \Delta u$。

当环形件断面为圆形时，则有

$$F_1 = \frac{10Ed^4}{24D^3} \tag{4-8}$$

式中　d——圆形断面直径。

对焊的环形件主要有：锚链、传动链等链环（20、16Mn、20Mn2、23MnNiCrMo64、30CrMnSiA等）。当 $d<20$mm 时可用电阻对焊，当 $d>20$mm 时可用预热闪光对焊，当 $d>50$mm 时采用热编环和热毛坯闪光焊；汽车、拖拉机轮辋、自行车及摩托车轮圈（B1F、B2F、1Cr18Ni9Ti、7003 等）采用连续闪光对焊；喷气发动机环（1Cr18Ni9Ti、GH30、GH36、30CrMnSiA 等）也采用连续闪光对焊。

锚链尺寸及允许偏差、预热闪光对焊焊接参数见表 4-17 和表 4-18。

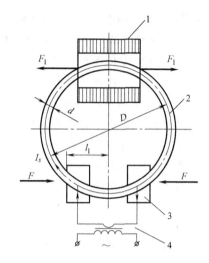

图 4-17　环形件对焊时的分流及变形弹力

1—可拆卸环形铁心　2—环形件

3—夹钳电极　4—阻焊变压器

表 4-17　锚链尺寸及允许偏差

锚链直径 d/mm	链环尺寸			
	L/mm	B/mm	$\Delta'\delta$/mm	
28	176±1	99±1	<2	
31	194±1	109±1	<2.5	
34	212±1	120±1	<2.5	
37	230±1	130±1	<3	
40	248±1	141±1	—	

表 4-18　锚链预热闪光对焊焊接参数

锚链直径 d/mm	二次空载电压 u_{20}/V	一次电流 I_1/A		预热次数	焊接通电时间 t/s	顶锻速度 /mm·s^{-1}
		闪光	顶锻			
28	9.27	420	550	2~4	19±1	45~50
31	10.3	450	580	3~5	22±1.5	45~50
24	10.3	460	620	3~5	24±2	45~50
37	8.85	480	680	4~6	28±2	30
40	10	500	720	5~7	30±2	30

（续）

闪光速度（平均）	留量/mm					
mm·s⁻¹	接口间隙	等速闪光	加速闪光	有电顶锻	无电顶锻	总留量
0.9~1.1	1.5	4	2	1~1.5	1.5	10~10.5
0.9~1.1	2	4	2	1~1.5	1.5	10.5~11
0.8~1.0	2	4	2	1.5	1.5	11
0.8~1.0	2.5	5	2	1.5	1.5~2	12.5~13
0.7~0.9	2	5	2	1.5~2	2	12.5~13

【示例1-4-2】 高等级矿用圆环链中频逆变电阻对焊

中频逆变电阻对焊高等级圆环链是圆环链焊接的主流方向。以矿用圆环链（φ22mm×66mm×30mm，母材为80级20Mn2，JYW型中频逆变电阻对焊机）为例，与传统闪光焊相比：

1）中频逆变电阻对焊焊接过程中，飞溅很少，甚至没有，同时弧光也较小，焊后无须清除毛刺，节能降耗显著。

2）生产过程全自动化（编链—焊接—去毛刺），而闪光对焊焊接时，圆环链需由工人一环一环地进行手工焊接，焊后还要对毛刺进行清除。

3）所得接头性能（破断力780~824kN，伸长率35.96%~48.56%）较闪光对焊圆环链所得接头性能（破断力645~773kN，伸长率12.53%~32.17%）要好。焊缝处微观组织对比如图（示例）1-4-2所示。

4）合适焊接参数：电流39.3~40.5kA，顶锻量6.3~7.0mm，焊接时间1280ms；闪光对焊圆环链合适焊接参数：电流68.0~75.6kA，顶锻量3.4~4.5mm，预热电流70.59~71.74kA。

a) b)

图（示例）1-4-2 电阻对焊焊缝处微观组织对比

a）中频逆变电阻对焊焊缝处 b）闪光对焊焊缝处

（粒状贝氏体组织） （板条马氏体组织）

目前，一些高效低耗的闪光对焊新方法（如程控降低电压闪光法、脉冲闪光法、瞬时送进速度自动控制连续闪光法、矩形波电源闪光对焊等）及中频逆变电阻对焊法等正在得到推广，必将使其在工业生产中发挥更大的作用。

第五章

电阻焊设备

电阻焊设备是指采用电阻加热原理进行焊接操作的一种设备。

第一节　电阻焊设备分类和组成

一、电阻焊设备的型号

国产电阻焊设备型号按 GB/T 10249—2010《电焊机型号编制方法》统一编制，其代号含义可查阅参考文献，不再赘述。

【示例 1-5-1】　电焊机型号中代号含义举例

三相次级整流固定式点（凸）焊机（可配置 KD 系列集成电路数字式焊接控制器或 KDZ3 系列微机焊接控制器）型号如图（示例）1-5-1 所示。

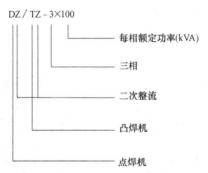

DZ / TZ – 3×100

- 每相额定功率(kVA)
- 三相
- 二次整流
- 凸焊机
- 点焊机

图（示例）1-5-1　三相次级整流固定式点（凸）焊机型号

目前市场上电阻焊机品牌由于有进口、引进、合资和独资厂家（公司）生产，其来源背景不同，因此型号繁多，售价相差也较大，需仔细区分选择。例如：进口美国汉森（HANSON）公司的次级整流电阻焊机 AB 系列（配置 301B 控制器和 304 监控系统）；引进法国西雅基（SCIAKY）公司技术，上海电焊机厂生产的 P260CC-10A 次级整流电阻焊机；上海电焊机厂与美国梅达（MEDAR）公司合资企业——上海梅达焊接设备有限公司生产的 SDZ-3×100 次级整流点焊机（配置梅达公司 MedWeld760 控制器）；日本 OBARA（小原）株式会社在中国的独资企业——小原（南京）机电设备有限公司生产的工频点焊机 SSAN-300（配置 T180 控制器）。瑞士 GaAs80 系列钢轨对焊机（图 5-1）采用液压及计算机控制技术，由 SWEP06 集成计算机控制系统根据钢轨焊接工艺控制钢轨焊接过程，并设有故障诊断系统。由 PLC 可编程序控制器控制各种焊接辅助操作，自动化程度高，设备技术状态稳定，故障率低，生产率高等。

随着汽车、航空航天、建筑、交通等工业的发展，对悬挂式点焊机（配微电脑控制器）、逆变或次级整流凸焊机、大功率闪光对焊机、多点焊机等电阻焊机的需求量不断增加，同时，逆变电阻焊机也成为近年来我国电焊机行业赶超世界先进水平的一个发展重点，天津七零七所等已有容量 300kVA 的该类焊机产品。此外，近年来专用电阻焊机在电阻焊机中的比例

图 5-1　瑞士 GaAs80 系列钢轨对焊机

也在增大，如多点焊机、自动上下料的多工位点（凸）焊机等。为了提高车身焊装线的自动化程度，保证焊接质量，适应产品的多样化生产，在现代化的车身焊接生产线上，大量采用点焊机器人，并且电伺服点焊钳逐渐成为点焊机器人的标准配置，为实现难焊材料镀锌钢板、铝合金和超高强钢的高质量焊接与质量控制开辟了良好应用前景。

二、电阻焊设备的组成

电阻焊设备一般由机械装置、供电装置、控制装置三大部分组成，如图 5-2 所示。

1. 机械装置

机械装置由机身、加压机构（点焊机、凸焊机、缝焊机）、传动机构（缝焊机）、夹紧和送进机构（对焊机）等组成。选择时应注意机身应有足够的刚性、稳定性并能满足安装要求；加压机构应有良好的随动性和可实现的压力曲线（不变、可变）；夹紧机构应有足够的夹紧力和接触面积，顶锻时焊件不得打滑，钳口距离和对中位置方便可调；送进机构应平稳，实现需要的烧化曲线和足够的顶锻速度和顶锻力。

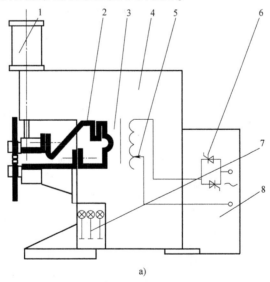

a)

图 5-2　电阻焊设备基本组成示意图

a）点（凸）焊机

1—加压机构　2—焊接回路　3—阻焊变压器　4—机身　5—功率调节机构　6—主电力开关　7—冷却系统　8—控制器

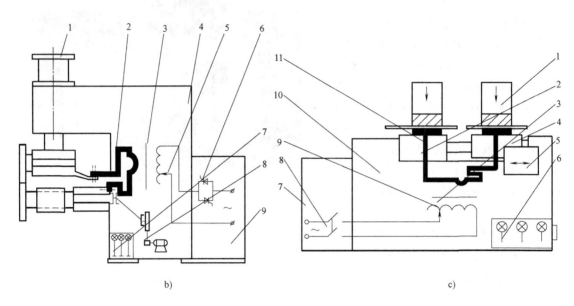

图 5-2　电阻焊设备基本组成示意图（续）

b）缝焊机

1—加压机构　2—焊接回路　3—阻焊变压器　4—机身　5—功率调节机构　6—主电力开关

7—冷却系统　8—传动机构　9—控制器

c）对焊机

1—夹紧机构　2—固定座板　3—阻焊变压器　4—活动座板　5—送进机构　6—冷却系统

7—控制器　8—主电力开关　9—功率调节机构　10—机身　11—焊接回路

（1）加压机构　常用点（凸）焊机为适应焊接工艺要求，加压机构类型及应用见表 5-1。

表 5-1　加压机构类型及应用

名　　称	电极压力/N	压力变化曲线	应　　用
杠杆弹簧传动	<3000	不变	25kVA 以下点焊机
电动凸轮传动	<4000	不变	75kVA 以下点焊机
电磁传动	—	不变或可变	小功率精密点焊机
交流伺服电动机加压	—	可变	（中频）点焊机器人
气压传动	<15000	不变或可变	1000kVA 以下点（凸）焊机
液压传动	<3500	不变	2800kVA 以下多点焊机
气压-液压传动	<9000	不变	200kVA 以下悬挂式点焊机

注：表中数据仅为大致划分，并非明确界限。

目前，广泛应用双行程快速点焊气压传动加压机构，其中在联体式（又称为一体式）悬挂点焊机中加压机构及气路系统如图 5-3 和图 5-4 所示，气路系统主要动作状态见表 5-2，其工作原理：①焊钳动作时，O_1 点以 O 点为圆心做圆周运动，而活塞杆 3 的端部只能沿杆所在直线往复运动，两者直接连接则该机构不能运动，为解决这一问题，活动臂与活塞杆之

间加一连杆 O_1O_2 两端铰接，同时这也使得活塞杆所受径向力很小，这一点对气动机构是十分重要的；②当活塞杆推出时，焊钳张开，当活塞杆拉入时，焊钳闭合对焊件加压，无焊件空操作夹紧时，杆 O_1O_2 与活塞杆处于同一水平线上，这样对焊件加压时活塞杆基本不受径向力，而且焊钳张开时 O_1O_2 只能向下摆动，动作较稳定；③通常状态为焊钳短行程张开，当把控制手柄顶部的转换开关置于"通电"位置时，扣动气动开关则焊钳夹紧加压，同时有电流通过焊件，在控制箱控制下完成一个焊接周期后焊钳恢复到短行程张开状态，若事先把转换开关置于"不通电"位置时，扣动气动开关后焊钳夹紧加压但无焊接电流，这种操作可用于找准定位或检验气动系统是否正常；④长行程操作基本与此相同，只需在扣动气动开关之前扳动行程手柄，使焊钳处于长行程张开状态。

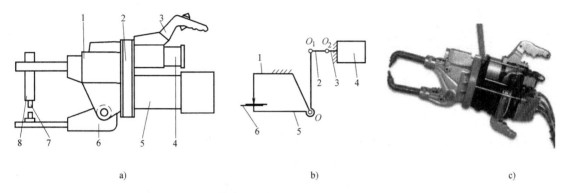

图 5-3 联体式悬挂点焊机（DN2-25）加压机构

a）主机组成简图

1—固定臂 2—回转吊盘 3—控制手柄 4—气缸 5—变压器 6—活动臂 7—电极 8—电极握杆

b）气压传动加压机构 c）点焊机照片

1—固定臂 2—连杆 3—活塞杆 4—气缸 5—活动臂 6—焊件

在固定式点（凸）焊机中广泛应用气缸有辅助行程的恒压力气压传动加压机构（图 5-5），其工作原理：①在焊接加压前，电磁阀 5 断电不吸合，下气室 3 通以压缩空气，中气室 2 与大气相通，若将二位三通手动气阀 4 置于放气位置，则上、下两活塞均回到最上位置，此时为放置焊件的最大行程，即辅助行程；②当二位三通手动气阀 4 置于进气位置时，上活塞下降后停于气缸某一位置，此位置可以通过螺母 6 来调节，同时上活塞的停留位置也决定了下活塞的行程，即焊接中使用的工作行程；③焊接时，电磁阀 5 通电吸合，中气室接通经减压后的压缩空气，下气室 3 放气，下活塞带动电极向下运动完成加压。

表 5-2 气路系统主要动作状态

序号	二位五通电磁阀	手动阀状态	气缸各气室状态			焊钳运动状态
			A	B	C	
1	−	−	+	−	+	短行程张开
2	+	−	+	+	−	夹紧加压
3	−	+	+	−	−	长行程张开
4	+	+	−	+	−	夹紧加压

注："+"表示有电、有气压或手控动作后状态，"−"表示无电、无气压或手控未动作状态。

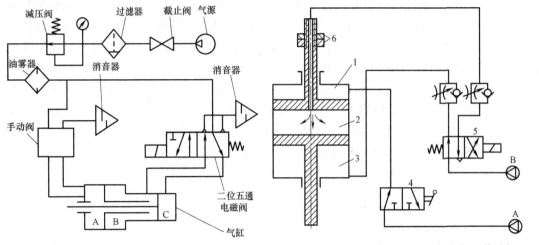

图 5-4　气路系统　　　图 5-5　固定式点焊机（DN2-100）恒压力气压传动加压机构

1—上气室　2—中气室　3—下气室　4—二位三通手动气阀
5—电磁阀　6—螺母　A—气源气压　B—经减压阀后气压

【阅读材料 1-5-1】　薄膜气缸变压力曲线气压传动加压机构

目前，在凸焊和铝合金点焊中，常用随动性良好的薄膜气缸变压力曲线气压传动加压机构，如图 1-5-1 所示。读者可自行试分析其工作过程，提示如下。

1）平常状态。气源由 W2 过滤调压后经 DF2 电磁换向阀常通口 A 进入储油罐 1，使储油罐 1 中油受压后进入辅助行程提升油缸，使其活塞处于顶部位置（辅助行程未起动）；另一路气源（p_0）经 DF1 电磁换向阀（未通电状态）的常开口 A 进入薄膜气缸的薄膜下方，使其受力处于向上拱起状态。整套气缸工作系统未起动。

2）辅助行程工作状态。电磁换向阀 DF2 通电后接通 B 口，气源进入储油罐 2，受压后的油经截止阀 DF3 常通口 A，从辅助提升油缸杆的根部向下进入气缸出杆（φ110mm 空心杆）内，并注满整根杆的内部空间，在注油的同时，随着油多使得空心杆让出更多空间，迫使这根出杆与内部的小杆向下分离，以期能达到更大的空间。到达位置要求后，DF3 通电切断电路。同时，DF2 断电转向常通口 A，因此提升油路工作，推动油杆的活塞向上运动，使其再次处于相对静止状态（另一油路被切断，出杆的油不能回，利用油不能压缩的原理），使其两油塞杆变成一根加长的刚性杆，达到辅助行程的要求。

3）焊接时工作状态。DF1 通电工作，接通该阀 B 口，压缩空气由 W3 过滤调压后 $p_1 > p_2$，气缸主活塞向下推动并压紧焊件，通电流焊接时电磁换向阀 DF4 通电工作转向 B 口，此时迅速把残留在下气室的压缩空气从 B 口中排除。这突变的压力差，增加其在焊接时的压力，焊接开始。

焊接结束后，全部动作回到原始状态（不包括辅助行程）。

φ250mm 薄膜气缸主要结构：在气缸的出杆上前后各安装一根直线导轨（两个滑块），上下运动灵活，同时确保气缸的良好导向性；辅助形成由油路控制，精确方便，易于操作。

（2）传动机构　缝焊机的机械装置主要包括加压机构和传动机构。由于加压机构和点焊机基本相似和更为简单，这里不再介绍，仅介绍传动机构。

缝焊机传动方式有三种：上滚轮电极为主动，多用于纵向缝焊机和万能缝焊机；下滚轮电极为主动，多用于横向缝焊机；上、下滚轮电极皆为主动，电极由滚花轮（修整轮）带动，

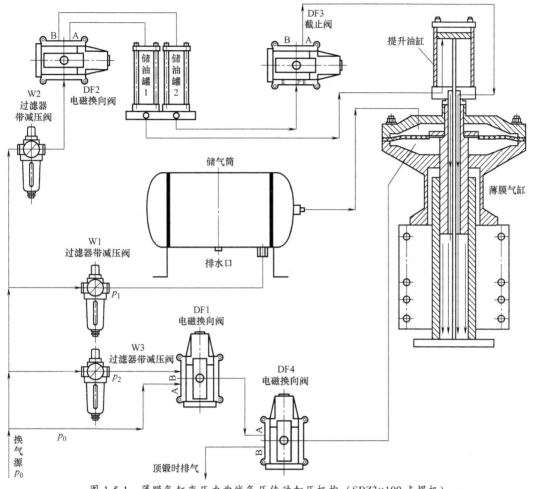

图 1-5-1　薄膜气缸变压力曲线气压传动加压机构（SDZ3×100 点焊机）

主要用于缝焊镀层钢板。同时，按缝焊工艺要求不同，又有连续传动和步进传动两种形式。

1）连续传动机构。连续传动机构一般用于连续缝焊和断续缝焊的缝焊机上。由于滚轮的转速很低，而所用的电动机转速都较高，这就要求使用变速比相当大的减速、变速机构。通常可采用交流变频电动机、直流调速电动机、带式带轮减速器、一齿差减速器等，另再配齿轮减速器。图 5-6 所示为焊接汽车油箱的专用缝焊机双轮传动机构，其工作过程是：从电动机 1 经减速器 2、可变换齿轮组 3、锥齿轮对 4 的减速和转向，再由万向轴 5 把转动传递给钢制的修正轮 6，修正轮上有滚花，并通过弹簧紧紧地压在滚轮的工作表面上，带动滚轮电极 7 转动，并自动清除滚轮电极工作表面的沾污物、修正滚轮电极表面尺寸。修正轮一般由热处理过的

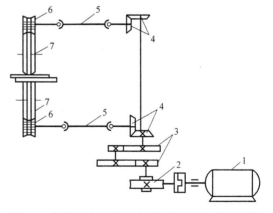

图 5-6　焊接汽车油箱的专用缝焊机双轮传动机构
1—电动机　2—减速器　3—可变换齿轮组　4—锥齿轮对　5—万向轴　6—修正轮　7—滚轮电极

钢材制成，几乎不会被铜合金焊轮磨损，故可保证两滚轮电极的线速度始终相等，且不受滚轮电极磨损后的直径变化的影响。

2）步进传动机构。步进传动机构用于步进式缝焊机上。图5-7所示为具有磁力离合器式步进传动机构的传动系统图，其工作过程是：直流电动机1的转动经磁力离合器2、锥齿轮对3、蜗轮蜗杆减速器4传递到可变换齿轮组5上，再经万向轴6把转矩加到下滚轮电极7上。通过磁力离合器中的电磁线圈与焊接循环同步接通和断开，可以实现滚轮电极的同步步进动作，滚轮电极的转动速度可通过可变换齿轮组或直流电动机来调节。目前还有采用先进的交流变频传动系统，来实现滚轮电极的同步步进动作和调节滚轮电极的转动速度。

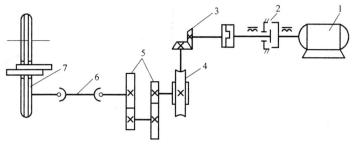

图5-7　具有磁力离合器步进传动机构的传动系统图

1—直流电动机　2—磁力离合器　3—锥齿轮对　4—蜗轮蜗杆减速器　5—可变换齿轮组

6—万向轴　7—下滚轮电极

（3）送进机构和夹紧机构　对焊机的机械装置主要包括送进机构和夹紧机构，其类型取决于焊机功率大小和使用要求不同，见表5-3。

表5-3　常用送进机构和夹紧机构的类型及特点

类　型		特　点	适用范围
送进机构	弹簧式	压力不超过0.75～1.0kN;结构简单,便于自动化,但压力会不断降低	主要用于10kVA以下的小功率电阻对焊机
	杠杆式	手工操作,最大顶锻力为30～40kN,顶锻速度为15～20mm/s;结构简单,但压力不稳定,顶锻速度低,易使焊工疲劳	多用于容量为25～100kVA的非自动焊机
	电动凸轮式	顶锻压力为70～80kN,顶锻速度一般在20～25mm/s;结构简单,工作可靠,但顶锻速度受限,对凸轮的制造要求高	用于中等功率的自动和半自动对焊机
	气压式	送进速度快;一般采用液压(阻尼)调速,气压顶锻	用于中等功率闪光对焊机
	液压式	工作可靠,送进速度调节范围宽,顶锻压力不受限制	用于大功率闪光对焊机
	气-液压式	顶锻速度快,顶锻力大,控制准确,但结构复杂	用于中、大功率的闪光焊机
夹紧机构	偏心式	手动,操作简单,动作快,但夹紧力小,且不稳定	一般只用于25kVA以下对焊机
	螺旋式	手动,夹紧力在40kN以下;结构简单,工作可靠,但操作麻烦,生产率低,焊工体力消耗大	用于中、小功率(100kVA以下)自动对焊机
	杠杆式	夹紧力30kN以下,动作快,大量生产小零件较方便	100kVA以下对焊机
	气压式	一般使用杠杆扩力机构,夹紧可达20～100kN,动作迅速,生产率高,容易控制	广泛用于中等功率(100～200kVA)对焊机
	气-液压式	夹紧力可达200～2500kN,无须油泵,体积小,动作快	广泛应用于大功率对焊机
	液压式	夹紧力巨大,需高压油泵,结构复杂	用于功率很大的对焊机

送进机构是使焊件与动夹具一起移动，实现对焊焊接循环的重要条件之一。例如：闪光过程中，焊件应以一定的规律平稳送进，并在顶锻时快速送进和产生必要的变形。

气-液压式送进机构常用于中大功率的闪光焊机，如图 5-8 所示。

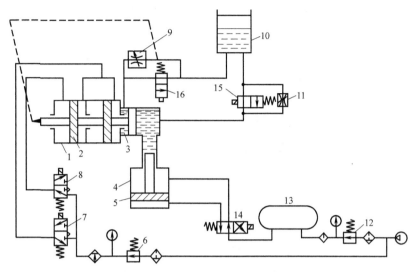

图 5-8　气-液压式送进机构系统

1—二级送进气缸　2、5—活塞及活塞杆　3—阻尼液压缸　4—顶锻增压气缸　6、12—减压阀　7、8—向前、向后电磁阀
9、11—节流阀　10—油箱　13—储气筒　14—顶锻电磁阀　15、16—电磁阀（常开）

工作原理：图 5-8 所示的是焊机复位时的状态。在闪光开始时，向前电磁阀 7 动作后使二级送进气缸 1 的后面两个气室接通减压后的压缩空气，而向后电磁阀 8 使二级送进气缸 1 的前气室接通大气，此时，二级送进气缸 1 的活塞推动活动台板和动夹具向前移动，其速度由阻尼液压缸 3 前室的排油速度决定，液压缸后室的油由油箱通过节流阀 9 排油，而节流阀的阀门是随活动台板的移动逐渐开大的，排油速度也随之逐渐增大，所以闪光是加速进行的，通过调节二级送进气缸 1 压力（即调节减压阀 6）或节流阀 9 的阀门可以改变初始闪光速度。这被称为气压传动、液压阻尼式的烧化传动系统。当闪光终了时，顶锻电磁阀 14 动作，顶锻增压气缸 4 通入压缩空气，同时电磁阀 16 打开，使阻尼液压缸 3 前室排油油路畅通，电磁阀 15 关闭，使阻尼液压缸 3 的后室封闭，用顶锻增压气缸 4 的气压使阻尼液压缸 3 后室的液体增压，增压后的油压作用在阻尼液压缸 3 的活塞上，以很大的压力推动活动台板和动夹具迅速向前移动，即进行顶锻。顶锻力和顶锻速度通过改变顶锻增压气缸气压（即调节减压阀 12）来调节。

焊接结束后，向前电磁阀 7 和顶锻电磁阀 14 复原，而向后电磁阀 8 接通，电磁阀 16、15 均断电，动夹具以较快的速度返回。

这种气-液压式送进机构的优点是烧化速度均匀可调，闪光稳定，顶锻速度高，顶锻力大；缺点是结构比较复杂。此种送进机构常用于较大功率的闪光对焊机上，如 UN7-400 型汽车轮圈对焊机，UN17-150-1 型对焊机。

在焊接大截面焊件或新结构连续闪光对焊机中，为使闪光过程保持稳定，防止可能产生的瞬间短路现象，采用了振动闪光过程，即使动夹具在送进过程中以一定的振幅和频率做前后振动；为改善焊接接头的力学性能，瑞士苏莱特 SCHLATTER 公司生产的一种钢轨对焊机中将顶锻过程分为合缝顶锻和可控顶锻两个程序。合缝顶锻是使焊件拉合面在闪光终止时高速合缝。可控顶锻是以较小的顶锻使焊件逐渐完成塑性变形，避免由于过大变形量而使接头区域硬化。

夹紧机构由静夹具和动夹具组成，并采取有顶座和无顶座两种系统（图5-9）。有顶座系统可承受较大的顶锻力、而所需夹紧力较小，$F'' < (0.4 \sim 0.5) F_u$ 无顶座系统可焊接长的焊件（平板、钢轨、管子等）而应用较广。

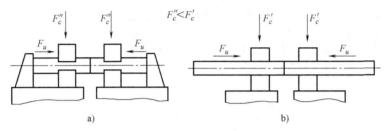

图5-9 夹紧机构示意图

a）有顶座系统　b）无顶座系统

目前，中等功率的对焊机上广泛采用气压式夹紧机构（图5-10）：压缩空气进入气缸1的下气室，使活塞杆2上升并推动杠杆3使夹钳电极4压紧焊件。气缸采用双层结构可减小气缸直径和获得大的夹紧力。

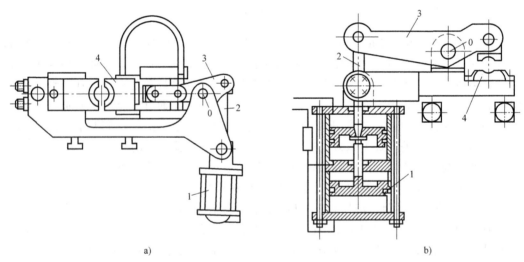

图5-10 气压式夹紧机构

a）水平行程　b）垂直行程

1—气缸　2—活塞杆　3—杠杆　4—夹钳电极

在大功率的对焊机上，使用气-液压夹紧机构（图5-11）：压缩空气进入气室3时，气室1与大气接通，活塞2带动夹钳电极下降，预压焊件。油箱7中的油向油室8中补充，当压缩空气进入气室4时，活塞5连同活塞杆6一起下降，当活塞杆6越过油室8与油箱7之间的连通孔时，油室8的油压迅速增加，其压力变换关系为

$$p_1 S_1 = p_2 S_2, p_2 = p_1 S_1 / S_2 \qquad (5-1)$$

式中　S_1——活塞5的面积；

　　　S_2——活塞杆6的面积；

　　　p_1——进入气室4的压缩空气压力；

　　　p_2——油室8中的油压力。

通过 $S_1 \gg S_2$，因此 p_2 比 p_1 要大数十倍。

根据液体传递压力的原理，作用到电极上的夹紧力

$$F_c = p_2 S_3 \qquad\qquad (5-2)$$

式中　S_3——油室8靠电极一端的面积。

夹紧力 F_c 比预压力大得多，且夹紧装置无需油泵，体积小、动作快，可产生 $(20 \sim 250) \times 10^4 \text{N}$ 的夹紧力，广泛应用在 UN17-150、UN5-500 等对焊机上。

在功率很大的对焊机上，由于需要巨大的夹紧力，需采用高压油泵的液压夹具，结构较复杂，如 UN6-500 型钢轨对焊机上就采用液压夹具。

2. 供电装置

供电装置又称为主电力电路，由阻焊变压器、功率调节机构（级数换接器）、主电力开关、焊接回路等组成。其中逆变式焊机还包括一次整流装置、逆变器和二次整流组件等；二次整流焊机还包括二次整流组件；电容贮能焊机、直流冲击波焊机、三相低频焊机主电路中还包括一次整流装置和极性转换开关等。

（1）供电装置特点

1）可输出大电流、低电压。输出焊接电流通常为 $1 \sim 100 \text{kA}$，固定式焊机输出空载电压通常在 12V 以内，移动式焊机在 24V 以内。

2）功率大并可方便地进行调节。采用大容量、低漏抗的阻焊变压器作为焊接电源，如在输油管线的闪光对焊机上，容量最大可达 6000kVA，输出焊接电流可达 1000kA。同时，为满足工艺要求，通常用改变阻焊变压器一次绕组线圈匝数的方法分级调节焊接功率；用控制设备中"相移控制器"来均匀调节某一级数下的焊接功率。

3）主电源（阻焊变压器）一般无空载运行及负载持续率较低。现行标准规定阻焊变压器额定负载持续率为 50%，并依此为设计依据。但是从焊接生产率特点看，点焊机、凸焊机、对焊机多为 20%，而缝焊机可为 50% 和 100%。

4）可提供多种焊接电流波形。

（2）供电波形　供电装置可向焊接区输送的焊接电流波形是与被焊件材质本身热物理性质和使用要求密切相关，是获得优质焊接接头的保证条件，因而对电阻焊工艺过程影响很大。所以供电波形是电阻焊机的重要分类依据，可分为：工频交流电阻焊机、逆变式电阻焊机、二次整流电阻焊机、电容贮能电阻焊机、直流冲击波电阻焊机和三相低频电阻焊等。

各类电阻焊机电气框图和所提供的焊接电流波形，简述如下。

1）单相工频交流电阻焊机　单相工频交流电阻焊机电气框图及焊接电流波形，如图 5-12 所示。由单相交流 380V 电网供电，电流经主电力开关（一般由反向并联的晶闸管

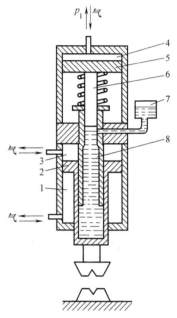

图 5-11　气-液压夹紧机构

1、3、4—气室　2、5—活塞

6—活塞杆　7—油箱　8—油室

SCR1 和 SCR2 单独串接在线电压电路中，组成单相交流调压电路，用以控制通电时间和电流大小）及级数换接器输入到阻焊变压器的一次绕组，再经降压从其二次绕组输出大电流（低电压），通过焊接回路，用以焊接焊件。单相工频交流电阻焊机特点和应用见表5-4。

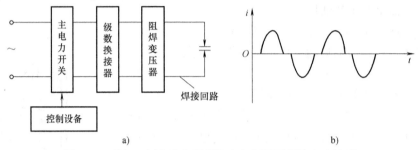

图 5-12　单相工频交流电阻焊机电气框图及焊接电流波形

a）电气框图　b）焊接电流波形

2）逆变式电阻焊机。逆变式电阻焊机电气框图及焊接电流波形，如图5-13所示。从电网输入的三相交流电经桥式整流和滤波后得到较平稳的直流电，输入逆变器上，经逆变产生中频矩形波交流电（$f = 600 \sim 4000\mathrm{Hz}$）后，向阻焊变压器馈电获得隔离、降压、功率变换，而后再经大功率整流器全波整流后获得脉动很小的低压直流电，输入焊接回路用于焊接。

在逆变频率不变的情况下，通过调节 PWM（脉宽调制法）的占空比来调节逆变器的输出电压，从而实现对焊接电流的调节。逆变式电阻焊机特点和应用见表5-4。

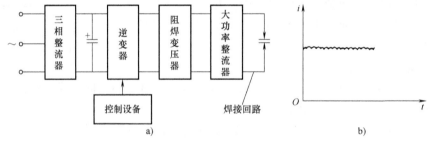

图 5-13　逆变式电阻焊机电气框图及焊接电流波形

a）电气框图　b）焊接电流波形

3）二次整流电阻焊机。二次整流电阻焊机电气框图及焊接电流波形，如图5-14所示。在阻焊变压器的二次绕组输出端加入大功率整流管，组成单相全波整流、三相半波整流或三

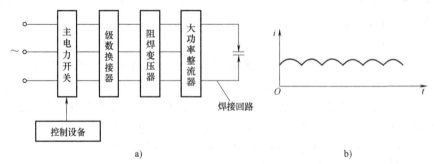

图 5-14　二次整流电阻焊机电气框图及焊接电流波形

a）电气框图　b）焊接电流波形（感性负载）

相全波整流器，将阻焊变压器输出的交流电整流成直流电通过焊接回路，用以焊接焊件。当输出较大直流电时，多采用图5-15所示主电路。该主电路由三个简单的单相系统组合而成（即由三个单相变压器按单相全波形式组合起来的六相整流装置，每相变压器完全独立，分别以电源相位差120°顺序供电给二次回路），使供电结构大为简化，并使结构通用化，因此是目前国际上采用最多的形式。二次整流电阻焊机特点和应用见表5-4。

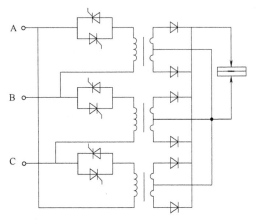

图5-15 三相二次整流电阻焊机主电路

4）电容贮能电阻焊机。电容贮能电阻焊机电气框图及焊接电流波形，如图5-16所示。

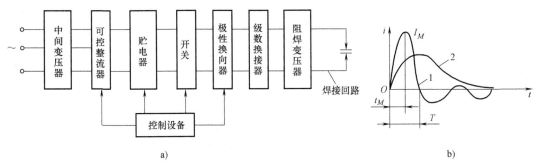

图5-16 电容贮能电阻焊机电气框图及焊接电流波形
a）电气框图 b）焊接电流波形
1—衰减振荡波形 2—非衰减振荡波形

三相电源（或单相）经中间变压器升压后，再经过可控整流器输出直流电流对电容器组（贮电器）充电，当充电电压达到设定数值时，控制设备的充电电压控制环节动作，使可控整流器截止。此时，若控制设备的程序控制环节输出焊接信号时，则开关接通。贮存在电容器组中的电场能作为电源，通过开关、极性换向器和级数换接器等迅速向阻焊变压器一次绕组放电，并在二次侧的焊接回路中流过感应出的电容贮能焊接电流。极性换向器为一换向开关，使每次通往阻焊变压器的放电电流改换方向，以防止变压器被单向磁化。

电容贮能焊接电流波形可以有两种类型，即衰减振荡波形1和非衰减振荡波形2（图5-16b）。波形的不同主要取决于放电回路（含焊接回路）电参数间的关系，即

$R>2(L/C)^{1/2}$ 获得非衰减振荡波形

$R<2(L/C)^{1/2}$ 获得衰减振荡波形。

式中 R——电容器放电回路等效电阻；

　　 L——电容器放电回路等效电感。

同时这种电路的开关部分不用电磁接触器而用晶闸管单向整流元件，而且有时在阻焊变压器的一次侧还加有阻尼二极管。

目前，贮能焊接电流波形主要采用非衰减振荡波形，因为它的工艺性好，并用I_M、t_M

和 T 等参数表示该波形的特征。电容贮能焊接的规范参数有充电电压 u_c（V）、电容量 C（μF）和电压比 K，因为电容器贮存的电场能 $W_c = \frac{1}{2}Cu_c^2$，调节充电电压 u_c、电容量 C 和电压比 K 便可改变放电时间（T）或电流波形陡度（t_M）与幅值（I_M），从而改变了加热（冷却）速度或总能量的大小：① C 变化时，会引起 I_M、t_M、T 的明显变化；② u_c 变化时，主要使 I_M 变化，t_M 实际上不起变化，而 T 的变化也不大；③ K 变化时，会引起 I_M、t_M、T 的变化。

电容贮能电阻焊机特点和应用见表5-4。

5）三相低频电阻焊机。三相低频电阻焊机主电路原理图及焊接电流波形，如图5-17所示。工作原理：变压器一次绕组与一组可控的三相开关兼整流管连成三角形主电路（图5-17a）。当焊机不工作时，VT1～VT6 晶闸管全关闭，焊接时控制设备轮流触发 VT1、VT3、VT5，使之顺次导通，在一次绕组 a、b、c 中顺次通以正向电流，变压器二次绕组也获得相应的正向焊接电流。同时，可连续多个周波重复此循环（即 VT1→VT3→VT5→VT1…），得到多个周波的连续正向焊接电流，因受变压器铁心截面的限制，该通电时间一般不超过 0.2s。当焊接时间要求较长时，应对电流进行换向，即控制设备应使 VT2、VT4、VT6 顺次导通，产生反向的焊接电流（图5-17b）。三相低频电阻焊机特点和应用见表5-4。

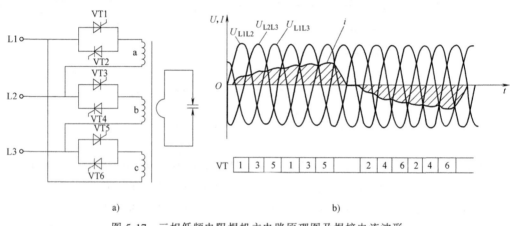

a)   b)

图5-17 三相低频电阻焊机主电路原理图及焊接电流波形

a）主电路原理图 b）焊接电流波形

6）直流冲击波电阻焊机。直流冲击波电阻焊机电气框图及焊接电流波形，如图5-18所示。工作原理：电源经晶闸管（代替老式焊机中引燃管，进行了技术改造）组成的三相桥式可控开关及整流器，将交流电整流成脉动直流，经过极性换向器（每焊一点自动调换上、下电极极性）、级数换接器而通入具有低磁通密度铁心的阻焊变压器，借磁通增长的变化，在二次绕组中感应出用以焊接的缓升、缓降电流脉冲直流冲击波焊接电流，加在上、下电极之间。直流冲击波电阻焊机特点和应用见表5-4。

电阻焊机特点和应用见表5-4，以供选择焊机时参考。

综合考虑，可认为传统的工频交流电阻焊机目前仍有较大市场，而随着整流技术和电源逆变技术的发展，中频电阻焊机已逐渐成为市场上的主流设备，并在焊接性能和焊接效率方面都取得了较大进步。

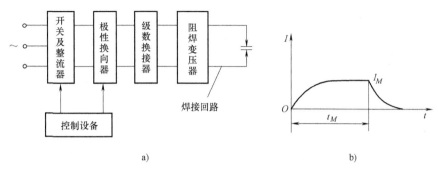

图 5-18　直流冲击波电阻焊机电气框图及焊接电流波形

a）电气框图　b）焊接电流波形

表 5-4　电阻焊机特点和应用

类型	特点	应用
单相工频交流电阻焊机	通用性强、控制简单、安装维修容易、初始成本较低、电流脉冲大小和形状容易调整，但功率因数低（通常 0.3～0.4），易造成电网不平衡，功率受到一定的限制	广泛应用于各种钢件的点焊、缝焊、凸焊和对焊；个别情况下也用于轻合金的焊接；点、缝焊机的功率一般在 300～400kVA，凸焊机和对焊机在 1000kVA 以下
逆变式电阻焊机	控制精度高、工艺优势明显、三相电网平衡、功率因数高、变压器体积小、重量轻、节能；目前焊机售价较高	各种金属材料和各种电阻焊方法，尤其在点焊机器人和汽车焊装线上优越性显著
二次整流电阻焊机	功率大，焊接电流波形工艺适应性强，热效率高，焊接电流可进行自动补偿，焊接质量好，三相负载均衡，功率因数高（三相整流式可达 0.95）	适用于各种金属材料（特别适合有色金属及其合金）的点焊、缝焊、凸焊和对焊，可焊大尺寸焊件（直流电焊接，铁磁性伸入长度无影响）
电容贮能电阻焊机	波形特征以 I_M、t_M 和 T 表示，多用非衰减振荡波形，从电网取用瞬时功率低，三相负载均衡并且功率因数高，电流波形陡，加热集中，易于精密焊接，但不好调节	用于同种或异种金属的薄件、箔材及线材等精密焊接，包括点焊、凸焊、T 形焊、缝焊、电阻对焊和冲击闪光对焊等，中等容量贮能焊机应用也较广
三相低频电阻焊机	波形特征以 I_M、t_M 表示，可有单、多脉冲规范，功率大，功率因数高（可达 0.85），三相电网平衡，电流波形容易调整，但生产率低	用于焊接大厚度的黑色金属（可用多脉冲规范）以及铝、镁合金（只能用单脉冲规范）等，点焊、缝焊、凸焊和闪光对焊皆可用
直流冲击波电阻焊机	波形特征以 I_m、t_m 表示，功率大，功率因数较高（可达 0.80），三相电网平衡，但电流波形不容易调整	主要用于铝合金、镁合金、铜合金的点焊、滚点焊和步进缝焊

（3）阻焊变压器　阻焊变压器是电阻焊机供电装置的核心，在工作原理上与一般电力变压器没有什么不同，但在结构和使用条件方面却有其特点，在此进行较为详细介绍。

1）阻焊变压器构造。阻焊变压器多用壳形变压器结构，由铁心、一次绕组、二次绕组、绝缘物（变压器绝缘耐热等级为 F 级）及夹紧件等组成（图 5-19a）。它的突出优点是电气性能良好、便于维修，多用于中、大功率的电阻焊机上。尤其环氧树脂真空浇注制造的壳形变压器发展很快，具有体积小、机械强度高和使用寿命长等明显优点，广泛用在新型电阻焊机和点焊机器人上。

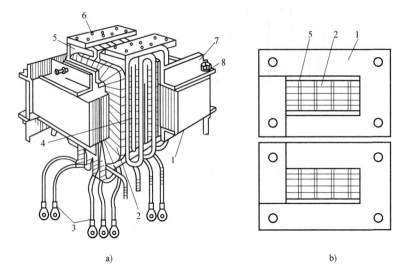

图 5-19 阻焊变压器

a）壳形变压器整体图 b）壳形变压器构造简图

1—铁心 2——次绕组 3—二次绕组 4—引出线 5—冷却水管 6—接触块 7—框架 8—螺栓

壳形变压器的铁心为冷轧取向优质硅钢片叠积成双口形，用条料、∏ 形料叠制。也可用四个卷制的 C 形铁心叠块组成。一次绕组为盘形，分为若干 (4~16) 串联或串-并联的盘状线圈、线圈由厚为 0.9~5.6mm、宽为 5.1~14.5mm 扁铜线绕制而成，匝间以及线圈与其他组件之间用绝缘物隔开，整个线圈需做绝缘处理。同时，一次绕组分成若干段，各段由钎焊的抽头接到级数换接器上。二次绕组也为盘形，由若干周边 (或平面上) 钎焊有冷却水管的厚铜板 ($\delta \approx 10mm$) 或铜管组合并联在接触块上组成。

壳形变压器的一、二次绕组交错叠放，即每盘二次线圈两侧均紧密放置一个一次盘形线圈，这样不仅减小漏磁通，又可使通水冷却的二次线圈也起到冷却一次线圈的作用。

2）阻焊变压器的功率调节机构。阻焊变压器通常是采用改变一次绕组匝数来获得不同的二次电压。

① 调节原理。从变压器理论可知，变压器一、二次电压比 (近似) 等于其绕组的匝数比，即

$$K = \frac{u_1}{u_{20}} \approx \frac{W_1}{W_2} \tag{5-3}$$

式中 K——变压比；

u_1——一次电压；

u_{20}——二次空载电压；

W_1——一次绕组匝数；

W_2——二次绕组匝数。

当 $W_2 = 1$ 时，有 $u_{20} = \frac{u_1}{W_1}$

而 $I = \frac{u_{20}}{Z}$，故 $I = \frac{u_1}{Z} W_1^{-1}$

式中　I——焊接电流；

　　　Z——焊接回路阻抗。

式（5-3）表明，当电网电压 u_1 和焊接回路阻抗 Z 不变时，改变阻焊变压器一次绕组匝数 W_1，就可以调节二次空载电压 u_{20}，从而获得大小不同的焊接电流 I。因此，也就有级调节了阻焊变压器的输出功率，调节规律是 W_1 匝数越少，变压器输出功率越大。

② 调节方式。通常采用分段串——并联法来改变一次绕组匝数。

例如：DN2-75 点焊机，阻焊变压器有三把调节闸刀和三个插座，一次绕组有六盘，每盘匝数分别为 7、7、15、15、32、32。当闸刀处于标记为 211 的位置时，通过闸刀上铜条和插座上铜接触片使绕组以图 5-20b 所示的接线形式接入电网。因此

$$u_{20} = \frac{u_1}{W_1} = \frac{380}{7+7+15+32}\text{V} \approx 6.23\text{V}$$

调节三把闸刀和 1、2 两个位置，可组合出八级二次空载电压 u_{20}，见表 5-5。

表 5-5　DN2-75 点焊机级数调节表

闸刀位置	Ⅰ	2	1	2	1	2	1	2	1
	Ⅱ	2		1		2		1	
	Ⅲ	2				1			
级数		1	2	3	4	5	6	7	8
一次匝数		108	101	93	86	76	69	61	54
次数电压 u_{20}/V		3.52	3.76	4.09	4.42	5.0	5.5	6.23	7.04

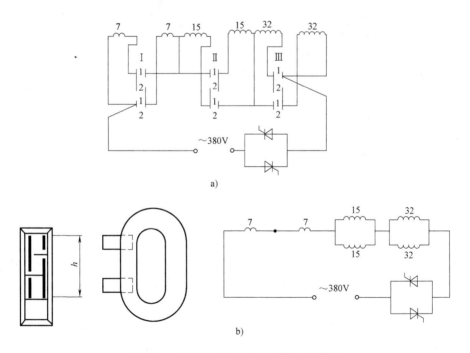

图 5-20　DN2-75 点焊机变压器绕组接线图

a）一次绕组接线图　b）211 位置时的绕组接线图

③ 调节机构。阻焊变压器功率调节机构又称为级数换接器，其结构形式有搭片式、插刀式、鼓筒式和转换开关式等。

搭片式换接器结构简单、可靠，改变搭片位置即可改换级数，主要用在大功率电阻焊机上。注意换级时要切断总电源。

插刀式换接器由调节闸刀和相应的插座组成。该换接器应用广泛，200kW 以下功率的焊机几乎全采用这种机构。

鼓筒式换接器由手柄轴、鼓筒、铜接触片、转动限位器和弹簧等零件组成，换级操作方便、可靠，用在较大功率的电阻焊机上。

(4) 焊接回路　焊接回路是指电阻焊机中焊接电流流经的回路，又称为二次回路，其是供电装置中重要组成之一。各种电阻焊机的焊接回路构成如图 5-21 所示。

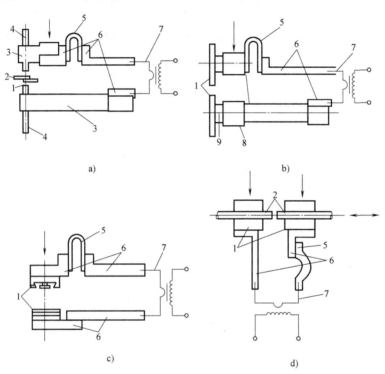

图 5-21　各种电阻焊机的焊接回路构成
a) 点焊机　b) 缝焊机　c) 凸焊机　d) 对焊机
1—电极　2—焊件　3—电极臂　4—电极握杆　5—软连接　6—导电体
7—阻焊变压器二次线圈　8—导电轴座　9—导电轴

1) 焊接回路结构特点。焊接回路因要传递较大的机械力和焊接电流，因此它应满足一定的强度、刚度和发热的要求，其结构特点为组件的截面尺寸较大，具有良好的导电导热性，并采用通水冷却方式（图 5-22）。

2) 焊接回路电气特点。在规定的使用要求（电极臂伸出长度和间距）下，应使焊接回路具有尽可能小的短路阻抗。图 5-21a 所示焊接回路的等效电路如图 5-23 所示。

点、缝焊机焊接回路短路阻抗为电极短路时的焊接回路阻抗，凸焊机和对焊机的焊接回路短路阻抗是以截面足够大的铜棒代替焊件时所测得的数值。工频电阻焊机焊接回路短路阻

抗 Z_{cc} 为

$$Z_{cc} = \sqrt{X_{cc}^2 + R_{cc}^2} \qquad (5\text{-}4)$$

式中　X_{cc}——焊接回路短路时感抗，$X_{cc} = X_L + X_b$；

　　　R_{cc}——焊接回路短路时电阻，$R_{cc} = r_L + r_b$。

通常，工频电阻焊机焊接回路短路阻抗约为 $150 \sim 400\mu\Omega$，其中 $X_{cc} \approx 120 \sim 400\mu\Omega$、$R_{cc} \approx 60 \sim 150\mu\Omega$。试验证明，在一定频率下 X_{cc} 几乎和焊接回路所包含的面积成正比（图 5-24）。同时，当有铁磁物质伸入回路时（如钢板、钢管及磁性夹具等）X_{cc} 将增大，引起焊接电流 I 减小，这点在实际生产中一定要予以充分注意。

在利用欧姆定律计算 R_{cc} 时，由于回路各组件截面尺寸较大，趋肤效应将不能忽略，它将使其阻值约增加 $20\% \sim 70\%$。同时，对于各组件连接处的接触电阻，固定接触取 $2 \sim 10\mu\Omega$、滑动接触取 $20\mu\Omega$，且随材料不同而有差异。

焊机功率因数 $\cos\varphi$ 反映了电流与电压的相位关系，对选配控制设备、调整控制角、稳定焊接电流、避免冲击载荷以及使网路负担合理、充分利用电网能量等都有关系。短路时的功率因数 $\cos\varphi_{cc}$ 可由下式确定，即

$$\cos\varphi_{cc} = \frac{R_{cc}}{Z_{cc}} = \frac{R_{cc}}{\sqrt{X_{cc}^2 + R_{cc}^2}} \qquad (5\text{-}5)$$

由于 R_{cc}、X_{cc} 实际上是焊机的不变参数，因此在各个功率调节级数时都是同一常量，对电阻焊机来说，$\cos\varphi_{cc}$ 不超过 $0.2 \sim 0.5$。同时，也可以足够准确认为，在一般焊接条件下负载（即焊件）是纯电阻的 R。则焊机的功率因数 $\cos\varphi$ 可由下式确定，即

$$\cos\varphi = \frac{R_{cc} + R}{\sqrt{X_{cc}^2 + (R_{cc} + R)^2}} \qquad (5\text{-}6)$$

由此可见，对焊机来说只有当焊件电阻 R 改变后功率因数才会改变。因此，对一批相同的焊件来说其 $\cos\varphi$ 是不变的。当焊件 R 减小时，$\cos\varphi$ 也减小。短路时 $\cos\varphi_{cc}$ 为最小（图 5-25）。

因此，为尽可能减小能量损耗以及减小对电网品质的影响，在设计制造焊机时，可通过采取降低变压器漏抗、减小二次回路所包围的面积、降低各构件连接处的接触电阻等措施来减小二次回路的短路阻抗及提高焊机的功率因数。

（5）焊机功率的选择　点焊机的功率一般根据被焊材料的性质、板厚来选择。点焊厚度在 2mm 以下的低碳钢薄板，通常选用 50kVA 以下的点焊机即可；点焊厚度为 5mm 以上的低碳钢板，通常选用 200kVA 以上的点焊机。焊件的导电导热性增加时，所需焊机功率随之增加。点焊铝合金所需焊机功率约为点焊同样厚度钢板所需功率的 $2 \sim 3$ 倍。

凸焊机的功率通常较大（63kVA 以上），并可根据焊件厚度、凸点尺寸及凸点数来选择其大小。

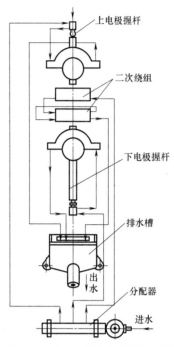

图 5-22　DN2-200 型点焊机的水冷系统

上电极握杆

二次绕组

下电极握杆

排水槽

出水

分配器

进水

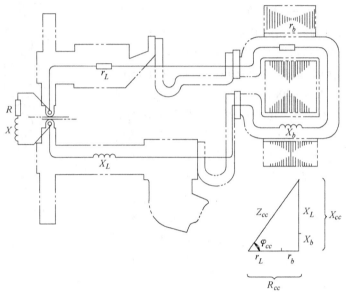

图 5-23　点焊机焊接回路等效电路

R、X—焊件有效电阻、感抗　r_L、X_L—焊接回路构件的有效电阻、感抗

r_b、X_b—变压器二次绕组的有效电阻、感抗（包括一次折算到二次的）

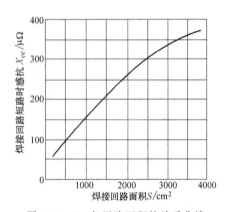

图 5-24　X_{cc} 与回路面积的关系曲线

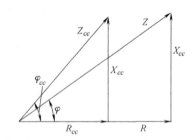

图 5-25　点焊机焊接回路电参数矢量图

选择缝焊机的功率，除了需考虑被焊材料性质和厚度外，还需考虑焊接速度。焊接速度增加时，要得到同样强度和密封性的焊缝，所需焊机的功率必须相应增加。

对焊机的功率一般根据焊接截面尺寸、焊件材料性质和对焊方法等来选择。低碳钢电阻对焊所需功率通常为 $0.3\sim0.5\mathrm{kVA/mm^2}$，连续闪光对焊所需功率为 $0.15\sim0.3\mathrm{kVA/mm^2}$，预热闪光对焊所需功率为 $0.05\sim0.1\mathrm{kVA/mm^2}$。

3. 控制装置

（1）控制装置的主要功能

1）提供信号控制电阻焊机动作。

2）接通和切断焊接电流。

3）控制焊接电流值。

4）进行故障监测和处理。

（2）控制装置的基本组成

1）程序转换定时器用来实现电阻焊焊接循环中各程序段的时间调整。

2）相移控制器用来完成焊接功率的均匀调节，即焊接电流的热量控制。同时，还可实现网压自动补偿、恒流、电流上坡与下坡、预热及后热、电流递增等。

3）在触发器和断续器中，前者是将触发脉冲耦合输出给后者；断续器是主电力开关，用以接通和切断主电源（阻焊变压器）与电网的连接。单相及三相断续器及触发器简化电路原理图如图5-26和图5-27所示。

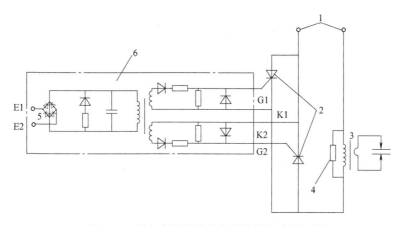

图 5-26　单相断续器及触发器简化电路原理图

1—单相电源　2—大功率晶闸管　3—阻焊变压器　4—并联电阻　5—触发信号输入　6—触发电路

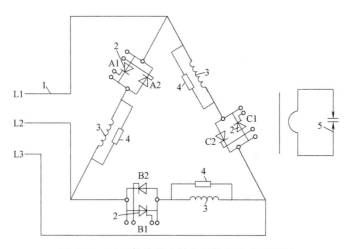

图 5-27　三相断续器及触发器简化电路原理图

1—三相电源　2—大功率晶闸管　3—阻焊变压器一次绕组　4—并联电阻　5—焊接回路

（3）控制装置分类　根据用户使用要求，电阻焊机上新配用的控制装置有集成电路型和微机型两种，表5-6和表5-7列出其中部分控制器。

表 5-6　集成电路型控制器主要技术参数

类型	型号	工作程序 /cyc	热量调节 （%）	晶闸管规格	网压波动补偿强度
点焊或缝焊①	KD9-500	程序 1 为 3～100 程序 2、3、4、5 为 0～99	40～100	500A/1200V	网路电压变化 U_n ±10%时焊接电流变化率≤±5%，但允许（−20%～+10%）U_n 波动
点焊或缝焊①	KD9-800A	程序 1 为 3～100 程序 2、3、4、5 为 0～99	40～100	800A/1200V	网路电压变化 U_n ±10%时焊接电流变化率≤±5%，但允许（−20%～+10%）U_n 波动
点焊或缝焊①	KD9-1100	程序 1 为 3～100 程序 2、3、4、5 为 0～99	40～100	1100A/1200V	网路电压变化 U_n ±10%时焊接电流变化率≤±5%，但允许（−20%～+10%）U_n 波动
点焊或凸焊（双脉冲）②	KD10-500	主程序：程序 1 为 2～100，程序 2*、3*、4、5 为 0～99；子程序：6、7、8、9 为 0～99，锻压延时为 0～99。程序 2*、3* 有循环次数	40～100	500A/1200V	网路电压变化 U_n ±10%时焊接电流变化率≤±5%，但允许（−20%～+10%）U_n 波动
点焊或凸焊（双脉冲）②	KD10-800A	主程序：程序 1 为 2～100，程序 2*、3*、4、5 为 0～99；子程序：6、7、8、9 为 0～99，锻压延时为 0～99。程序 2*、3* 有循环次数	40～100	800A/1200V	网路电压变化 U_n ±10%时焊接电流变化率≤±5%，但允许（−20%～+10%）U_n 波动
点焊或凸焊（双脉冲）②	KD10-1100	主程序：程序 1 为 2～100，程序 2*、3*、4、5 为 0～99；子程序：6、7、8、9 为 0～99，锻压延时为 0～99。程序 2*、3* 有循环次数	40～100	1100 A/1200V	网路电压变化 U_n ±10%时焊接电流变化率≤±5%，但允许（−20%～+10%）U_n 波动

① 控制箱可对两组焊接参数进行控制，即焊接参数 I、焊接参数 II，每组焊接参数的程序过程相同，各程序时间范围及热量调节均符合表中规定。

② 控制箱有两个加热脉冲，各个脉冲的延时热量均可独立调节，并能进行脉冲调制，成为多脉冲加热形式。

表 5-7　单相微机型控制器

型号	主要结构、技术特点	生产厂家
KD3-500-1	68HC711E9 微机，恒压、恒流控制精度均为±2%，配用 200kVA 点（凸）焊机，8 套焊接参数存储与选择	上海电焊机厂
KD3-800	配用 400kVA 点（凸）焊机，其余同 KD3-500-1	上海电焊机厂
SUN98 系列（例：SUN9810）	配用 200kVA 点（凸）焊机，工控 CPU，有群控接口，可集中管理	天津商科机电设备有限公司
HCW 系列（例：HCW-1A）	8098 单片机，恒流控制精度±2%，具有 9 个加热脉冲、16 种规范，有群控接口，可集中管理	天津陆华科技公司（707 所）
MCW 系列（例：MCW-205）	配用 200kVA 或≤400kVA 点（凸）焊机，恒流控制精度≤±3%，恒流双脉冲	江都市焊接设备厂
MWC-B 系列	配用任何一种单相电阻焊（点、凸、缝、对）机，恒流控制精度≤±3%，可利用示教盒远距离设定	沈阳自动化研究所
SK-III	恒压、恒流控制精度均为±2%，配用≤250kVA 点（凸）焊机，10 套焊接参数存储与选择	广州松兴电器有限公司
MEDAR200S 系列	具有网压自动补偿和恒电流两种模式，具有阶梯功能（递增器两个），可控制双枪双气路	上海梅达焊接设备有限公司

【阅读材料 1-5-2】　恒流控制的点焊微机控制系统简介

目前，具有恒流控制功能的可编程电阻焊控制器在生产中获得广泛应用，现以 SWC-1 型可编程多功能点焊控制器进行简介。

1）SWC-1 型点焊控制器主要特点。

① 具有恒电流、恒电压两种控制功能。

② 具有电流阶梯上升功能，可补偿焊接电流密度的变化。

③ 具有多脉冲的焊接参数。

④ 具有全波、半波两种焊接方式。

⑤ 具有电磁加压、气动加压两种加压方式。

⑥ 断电数据保护功能。

⑦ 故障自诊断功能等。

2）控制器硬件设计。

① 控制器硬件总体结构，如图 1-5-2 所示，其核心为 8031 单片机。

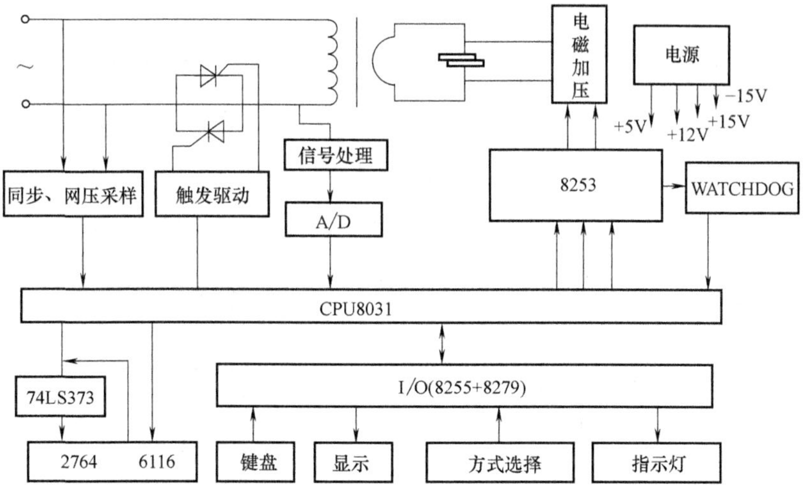

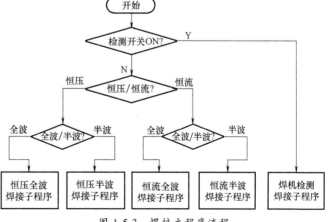

图 1-5-2 控制器硬件总体结构（电磁加压）

8031 最小系统由 8031 单片机、EPROM2764、RAM6116 等组成，可完成信息存储、过程计算、触发延迟角修正、信号检测、焊机调整及焊接过程的控制等。

② 信号处理电路。它由同步信号提取、网压信号前端处理、电流信号前端处理、A/D转换等电路组成，完成 CPU 检测信号的采样、处理和转换等功能。

③ 输入、输出电路。它由隔离电路、键盘及显示接口电路、焊接主电力电路晶闸管触发电路、电磁加压主电路晶闸管触发电路、故障中断电路等组成，完成焊接参数的输入和显示、提供焊接状态信息、指示焊机故障类型及完成人机对话等功能。

④ 抗干扰电路。采用电源电压监视芯片 TL7705 随时监测电源电压，以及由可编程定时器/计数器 8253 和脉冲发生器 74LS373 组成监视器，能可靠保障控制系统正常运行。

⑤ 电源电路。它提供控制系统所需的 +5V、+12V、+15V、−15V 等各路电源。

3）控制器软件设计。控制器软件用 MCS-51 汇编语言进行编程，执行了自顶而下、模块化设计的编程思想。在程序设计中设计了"软件陷阱"及监视狗 WATCHDOG 等程序，保证其可靠性。整个控制程序由监控程序、焊接程序及数学运算程序三大部分组成，其软件核心是焊接程序（恒压全波焊接子程序、恒流全波焊接子程序、恒压半波焊接子程序、恒流半波焊接子程序、加压子程序、网压补偿子程序、PID 计算子程序、二元函数插值子程序、阶梯处理子程序、焊机检测子程序等），其中焊接主程序流程如图 1-5-3 所示。

用户可有四种焊接方式选择，即全波/半波、恒压/恒流。其中全波焊接为一般点焊微机控

图 1-5-3 焊接主程序流程

制器共有的功能，而半波焊接则是本控制器所特有的功能，主要用于微型件和高热导率材料的焊接。为防止工作时阻焊变压器直流磁化，在程序设计中考虑了主电路晶闸管的换向工作，其子程序流程如图1-5-4所示。恒压/恒流两种控制模式也是一般点焊控制器共有的功能，在这里，采用恒流控制模式能够补偿网压和负载阻抗的波动和变化；而在恒压控制模式下仅能补偿网压的变化。焊机检测子程序经过一套给定的通电测试程序，可测出焊机的功率因数角和可通过的焊接回路最大电流。

4）恒流控制原理。众所周知，单相交流点焊机主电路（图1-5-5）的数学模型有如下关系式，即

$$i(t) = \frac{U_m}{Z} \left[\sin(\omega t + \alpha - \varphi) - \sin(\alpha - \varphi) e^{-\frac{\omega t}{\tan\varphi}} \right]$$

$$(1-5-1)$$

式中　i——焊接电流瞬时值；

　　　U_m——电源电压峰值；

　　　Z——回路等效阻抗；

　　　α——晶闸管触发延迟角；

　　　φ——负载功率因数角；

　　　ω——角频率。

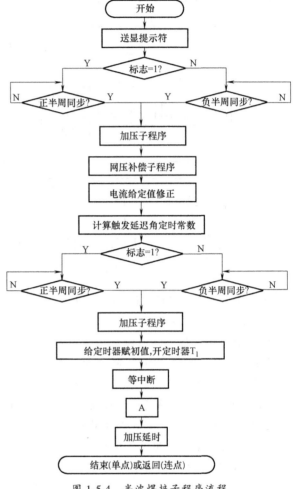

图1-5-4　半波焊接子程序流程

$$I = \sqrt{\frac{2}{T} \int_0^{\omega t} i^2 \alpha(\omega t)} \qquad (1-5-2)$$

式中　I——焊接电流有效值；

　　　T——50Hz正弦波周期。

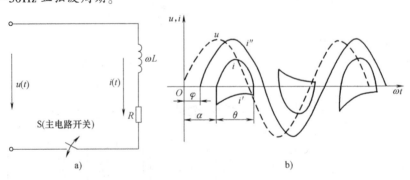

图1-5-5　单相交流点焊机主电路

a）点焊机主电路等效电路　b）网压与电流波形图

$$\tan\alpha = -\frac{\sin(\theta-\alpha)+\sin\varphi\, e^{-\frac{\theta}{\tan\varphi}}}{\cos(\theta-\alpha)-\cos\varphi\, e^{-\frac{\theta}{\tan\varphi}}} \quad\quad (1\text{-}5\text{-}3)$$

式中　θ——晶闸管导通角。

由式（1-5-1）~式（1-5-3）可实现恒流控制，其 PID 算法公式为

$$\alpha(K)=\alpha(K-1)+K_P\big[E(K)-E(K-1)\big]+K_I E(K)+K_D\big[E(K)-2E(K-1)+E(K-2)\big]$$

$$(1\text{-}5\text{-}4)$$

式中　$\alpha(K)$——本次触发晶闸管的触发延迟；

　　　K_P——比例系数；

　　　K_I——积分系数；

　　　K_D——微分系数；

　　　$E(K)$——本次归一化实际电流有效值 $I_n(K)$ 与归一化设定电流有效值 I_{ng} 的偏差，

　　　　　即 $E(K)=I_n(K)-I_{ng}$。

根据实际焊接电流与给定值的偏差，由 PID 算法公式（1-5-4）确定调节晶闸管触发延迟角 α，即可实现恒流控制。图 1-5-6 所示为数字 PID 子程序流程，图 1-5-7 所示为恒流加热段子程序流程。

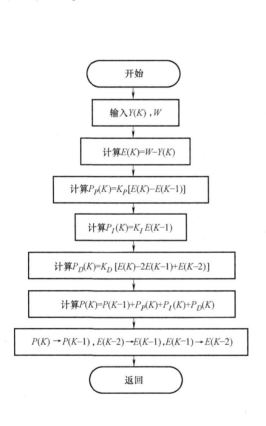

图 1-5-6　数字 PID 子程序流程

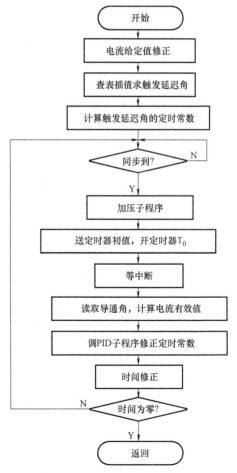

图 1-5-7　恒流加热段子程序流程

5）焊接压力调制。本控制器除可适用于通用点焊机实现对其气动加压系统控制外，还可用于电磁加压的精密脉冲点焊机和电阻对焊机的电极压力调制控制，其工作原理为：在这些精密电阻焊机上装有以直流电磁铁为核心的电磁加压机构，图 1-5-2 所示的扩展定时器 8253 芯片，即是调节电磁加压主电路晶闸管导通角的触发脉冲移相调节管理芯片。导通角的改变即改变了直流电磁铁线圈中的励磁电流，因而改变了电磁压力（图 1-5-8）。焊接压力调制子程序流程如图 1-5-9 所示。

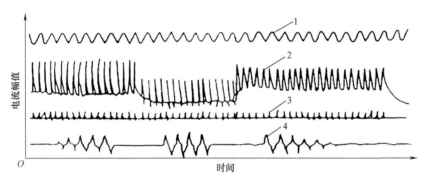

图 1-5-8　具有电磁加压的点焊焊接循环

1—电网　2—加压电磁铁励磁电流　3—电磁加压主电路触发脉冲　4—焊接电流

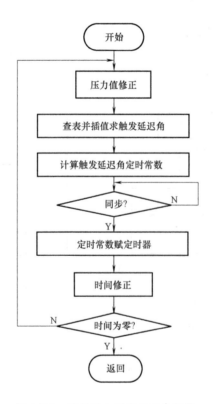

图 1-5-9　焊接压力调制子程序流程

（4）电网负荷分配器 由于大部分电阻焊机为单相供电，焊接通电时间仅几个周波，而实际焊接功率往往比额定功率还要大上好几倍。对供电容量有限的中小型企业，由于电网超负荷工作经常出现跳闸而无法正常生产，直接影响焊接质量。将焊机按容量平均分配到三相中去是一项措施，而采用电网负荷分配器使各台焊机不在同一时间通电是一个更合理而经济的解决办法。例如：国产 QS 型电网平衡控制系统（图 5-28）由工业控制机、平衡控制机、显示器、打印机、UPS 电源等组成，配合具有群控接口的微机电阻焊控制器（表 5-7）可以实现最多 96 台在线焊机的群控管理，保证电网均衡使用，提高焊接质量。

图 5-28 国产 QS 型电网平衡控制系统（最大控制距离 300m）

（5）控制装置的网络化 在大规模使用电阻焊机的场合，如汽车车身生产线，可将多台焊接控制器用本区网络（LAN）联网。简单的联网可用个人计算机（PC）通过调制解调器（MODEM）与数十台焊接微处理器交换信息，如编写焊接程序、监视和收集焊接数据、保存焊接数据档案库。更大规格可将数百台焊接微处理器联网，主机与焊接微处理器之间不仅能进行数据比较和交换，而且还能对数据进行分析。例如：国产 HZ 集中控制系统（图 5-29 和图 5-30）可用于对具有串行接口及相应通信软件的控制器（如 HCW 系列微机电阻焊控制器，见表 5-7）进行远距离集中控制和管理，以实现：

图 5-29 国产 HZ 集中控制系统

1）对各台焊机焊接规范的集中输入和输出。
2）对各台焊机故障的集中报警。

3）根据供电容量情况，限制同时用电的焊机数量；特别适用于电力容量不足的厂家。

4）提供实用的显示画面。

5）定时或随机打印各种报表，有利于工艺管理和设备管理以及系统配置。

该系统由一台工业控制机作为主机，配有 1~4 台网络管理器，其中主网络管理器 1 台，副网络管理器 1~3 台。主网络管理器为双 CPU、副网络管理器为单 CPU。1 台网络管理器可以控制 32 台焊机，最多可控制 128 台。

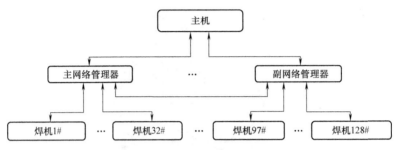

图 5-30 国产 HZ 集中控制系统原理图

三、电阻焊设备的主要技术参数

电阻焊设备及其主要构件的设计、制造、试验、出厂检验等均需符合相应的电阻焊机行业现行标准。例如：GB/T 15578—2008《电阻焊机的安全要求》、GB/T 8366—2004《阻焊 电阻焊机　机械和电气要求》、JB/T 3946—1999《凸焊机电极平板槽子》等。这方面可参阅相关内容或相关国内外标准。

1. 电阻焊机主要技术要求

电阻焊设备的相关主要技术要求和试验数据见表 5-8~表 5-11。

表 5-8　电阻焊机主要技术要求

项目		技术要求		前提条件	
不与地相接的电气回路	对地绝缘电阻 /MΩ	≥2.5		在规定使用条件下	
	应承受试验电压/V	1700	持续 1min	额定工作电压	≤220V
		2000			>220~380V
		2250			>380~500V
					>500~660V
阻焊变压器	空载视在功率/W	不大于规定的数值		额定初级电压及额定级数时	
	空载电流/A				
	线圈温升极限/K	95	B 级绝缘	电阻法测定	水冷变压器
		115	F 级绝缘		
		90	B 级绝缘	温度计法测定	
		110	F 级绝缘		

（续）

项目	技术要求	前提条件
二次最大短路电流允差（%）	-10	以间接方法测定[①]
	±5	用大电流计直接测定
电极压力实际值与额定值之差	≤±8%额定值	

① 以一次电流与阻焊变压器变比的乘积计算二次电流。

表5-9 阻焊变压器空载视在功率和空载电流允许值

额定视在功率/kVA	空载视在功率 S_0/VA	不同电压时的空载电流 I_{10}/A				
		额定一次电压 U/V				
		220	380	415	500	550
5	1000	4.5	2.6	2.4	2.0	1.8
10	1800	8.2	4.7	4.3	3.6	3.3
16	2600	11.6	6.7	6.2	5.1	4.7
25	3750	17.0	9.9	9.0	7.5	6.8
40	5600	25.5	14.7	13.5	11.2	10.2
63	8200	37.2	21.6	19.7	16.4	14.9
80	8800	40.0	23.2	21.2	17.6	16.0
100	10000	45.5	26.3	24.1	20.0	18.2
125	11250	51.1	29.6	27.1	22.5	20.5
160	12800	58.2	33.7	30.8	25.6	23.3
200	14000	63.6	36.8	33.7	28.0	25.5
250	15000	68.2	39.5	36.1	30.0	27.3
315	15700	71.6	41.4	38.0	31.5	28.6
400	20000	90.9	52.6	48.2	40.0	36.4

注：额定视在功率小于160kVA的变压器与焊钳连为一体的焊机，其 S_0 和 I_{10} 的允许值可比表中数值大2.5倍。

表5-10 部分工频焊机额定级试验数据

型号	额定功率/kVA	二次回路尺寸/mm		空载试验		短路试验			二次最大短路电流/A
		臂伸长度	臂间距离	空载电压/V	空载电流/A	短路阻抗/μΩ			
						总阻抗	电阻	感抗	
SO432-5A	31	250	190	4.6	44	201	107	173	22500
DN-63	63	600	200	6.67	7.75	300	151	259	22200
DN2-100	100	500	250	6.45	9.75	276	112	252	23300
DN2-200	200	500	250	8.25	20	284	110	262	29000
TN-63	63	250	255	6.67	12	178	73.3	162	27500
FN1-150-2	150	800	140	6.8	8	231	79.7	217	29400
FN1-150-5	150	1100	80	8.37	18.9	250	106	226	33500
M272-6A	110	600	110	6.35	12	310	116	287	20500

（续）

型号	额定功率/kVA	二次回路尺寸/mm		空载试验		短路试验			二次最大短路电流/A
		臂伸长度	臂间距离	空载电压/V	空载电流/A	短路阻抗/μΩ			
						总阻抗	电阻	感抗	
UN-40	40	—	—	5.5	3.65	194	131	143	28300
UN-125	125	—	—	8.9	7.63	229	98	207	38900
UN17-150-1	150	—	—	7.0	11.8	170	72.5	153	41200
UN7-400	400	—	—	10.7	44.5	114	80.6	80.6	93600

表 5-11　电阻焊机二次回路直流电阻实测值

焊机种类	型号	直流电阻/μΩ	环境温度/℃
点焊机	DN2-100	40	15
	DN2-200	32	15
	DN-63	36	20
	SO432-5A	45	10
	P300DTI-A	36	12
凸焊机	TN-63	25	10
缝焊机	FN1-150-2	38	15
	M272-6A	42	25
对焊机	UN17-150-1	40	25

2. 电阻焊机的主要技术参数

电阻焊机的技术性能指标是选择设备的重要依据，现将部分国产焊机主要技术参数列于表 5-12～表 5-14。

表 5-12　典型的点焊机和凸焊机的主要技术参数

焊机类型			型号	电源种类	额定功率/kVA	负载持续率(%)	二次空载电压/V	最大回路电流/kA	电极臂伸长/mm	焊接板厚度/mm
点焊机	固定式	圆弧运动式	DN-25	工频	25	20	1.76～3.52	—	250	钢 3+3
			SO232	工频	17	50	1.8～3.6	15	550	钢 2+2 铝 1.2+1.2
		垂直运动式	DN-16	工频	16	50	1.86～3.65	18	240	钢 2+2
			DN-63	工频	63	50	3.22～6.67	21	600	钢 6+6 铝 0.8+0.8
			DN2-100	工频	100	20	3.65～7.30	19	500	钢 4+4 铝 0.6+0.6
			P260CC-10A	二次整流	152	50	4.52～9.04	55	1000	钢 6+6 铝 3+3
			P300DTI-A	三相低频	247	50	1.82～7.29	85	—	钢 6+6 铝 3.2+3.2

（续）

焊机类型			型号	电源种类	额定功率/kVA	负载持续率(%)	二次空载电压/V	最大回路电流/kA	电极臂伸长/mm	焊接板厚度/mm
点焊机	固定式	垂直运动式	DB2-100	RC逆变式	100	50	—	—	—	—
			DR-100-1	电容储能	100(J)	20	充电电压430	—	120	不锈钢0.5+0.5
	移动式	便携式	KT218N2	工频	2.5	50	2.3	—	500	钢1.5+1.5
			DN3-63	工频	63	50	16.5	—	425	钢2+2
凸焊机			TN-125	工频	125	50	4.22~8.44	—	300	—
			E2012-T6A	二次整流	260	50	2.75~7.60	90	400	—
			TR-3000	电容储能	3000(J)	20	充电电压420	—	250	—

注：表中末特别注明的"钢"指低碳钢。

表 5-13 典型缝焊机的主要技术参数

焊机类型	型号	特性	额定功率/kVA	负载持续率(%)	二次空载电压/V	电极臂伸长/mm	焊接板厚度/mm
横向缝焊机	FN-150-1	工频	150	50	3.88~7.76	800	钢2+2
	M272-6A		110	50	4.75~6.35	670	钢1.5+1.5
	M230-4A		290	50	5.85~9.80	400	镀层钢板1.5+1.5
纵向缝焊机	FN1-150-2		150	50	3.88~7.76	800	钢2+2
	M272-10A		170	50	4.2~8.4	1000	钢1.25+1.25
	FR2-125	电容贮能	125(J)	50	—	—	不锈钢(0.05+0.05)~(0.5+0.5)
横向缝焊机	FZ-100	整流	100	50	3.52~7.04	610	钢2+2
通用缝焊机	M300ST1-A	低频	350	50	2.85~5.70	800	铝合金2.5+2.5

表 5-14 典型对焊机的主要技术参数

焊机类型		型号	送进机构	额定功率/kVA	负载持续率(%)	二次空载电压/V	夹紧力/kN	顶紧力/kN	额定焊接截面/mm²
电阻对焊机	通用	UN-1	弹簧加压	1	8	0.5~1.5	0.08	0.04	1.1
		UN-10	弹簧加压	10	15	1.6~3.2	0.90	0.35	50
		UN1-25	杠杆加压	25	20	1.76~3.52	偏心轮	—	300
闪光对焊机	通用	UN40	气-液加压	40	50	3.73~6.33	4.5	14	300
		UN1-75	杠杆加压	75	20	3.52~7.01	螺旋	30	600
		UN2-150-2	凸轮加压	150	20	4.05~8.10	100	65	1000
	钢窗专用	UY-125	气-液加压	125	20	5.51~10.85	75	45	400
	薄板专用	UN5-250	凸轮烧化、气液压顶锻	250	20	—	300	150	1080
	轮圈专用	UN7-400	气-液加压	400	50	6.55~11.18	680	340	2000
	钢轨专用	UN6-500	液压	500	40	6.80~13.60	600	350	3500

应该指出，近年来国内电阻焊设备的研发和生产发展很快，无论设备外观造型、制造工艺、品种齐全性和多样性，尤其是设备的机械、供电和控制装置均全面得到提高，以形成逐步和国际技术接轨的势头，取得很大的成绩。图 5-31 所示为部分国产电阻焊设备实物照片，其中 DN1-16 为脚踏式工频点焊机（16kVA）；DTN-200 为气动式垂直加压工频点（凸）焊机（200kVA）；FN-80H 为气压式工频横向缝焊机（80kVA）；FN-150Z 为气压式工频纵向缝焊机（150kVA）；UN-40 为工频电阻对焊机（40kVA）；DN2-25 为一体式悬挂点焊机（25kVA）；UNS-63 为闪光对焊机（63kVA）；DB-6A/DB-6T 为逆变式精密点焊机（6kVA）；

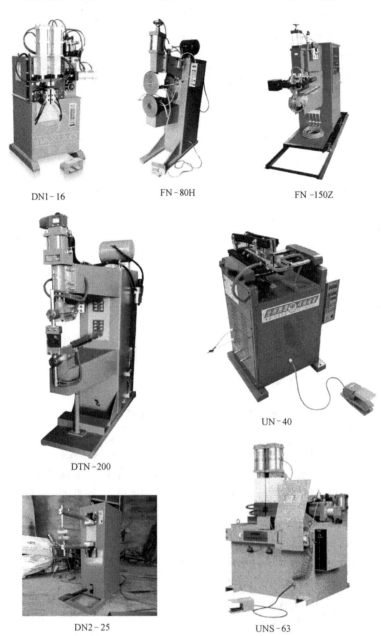

DN1-16   FN-80H   FN-150Z

UN-40

DTN-200

DN2-25   UNS-63

图 5-31　部分国产电阻焊设备实物照片

DB-6A/DB-6T

TR-60000

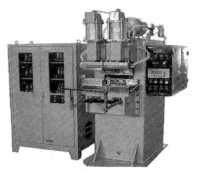
TR-20000

图 5-31 部分国产电阻焊设备实物照片（续）

TR-60000 为电容贮能微波炉波导管焊接专机（60000J）；TR-20000 为电容贮能复印机外壳焊接专机（20000J）。

　　同时，在国内电阻焊机市场上还有许多进口焊机，例如：美国汉森（HANSON）公司生产的点焊/凸焊/点焊/缝焊/滚点焊的单相交流/二次整流（20~250kW）焊机（图 5-32），三相低频/脉冲/可变极性的（150~1000kW）点焊/凸焊/点凸焊焊机，三相二次整流（65~1000kW）点焊/凸焊/点凸焊焊机，三相低频/二次整流（15~600kW）缝焊/滚点焊焊机，（IGBT）逆变式（170kVA、340kVA）点焊/凸焊/缝焊三用焊机等；瑞士苏莱特（SCHLATTER）公司的钢轨闪光对焊机，日本宫地（MIYACHI）株式会社生产的小功率逆变电阻焊机（图 5-33）；奥地利 EVG 公司（Entwicklungs-und Verwertungs-Gesellschaft）生产的网片电阻焊机等。当然，进口焊机的价位一般都较高。

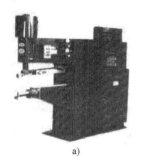
a)

b)

IT-510A
MH-31A   IP-217A

图 5-32 二次整流点焊机和缝焊机（HANSON）
a）点焊机 b）缝焊机

图 5-33 IS-217A 逆变式精密点焊机
（MIYACHI）

第二节　电阻焊设备的电极

　　电极是电阻焊机上的一个关键易损耗零件，正确选用电极是获得优质接头、提高生产率的重要手段。

　　电极功用如下。

　　1）向焊接区传输电流。

2）向焊接区传递压力。

3）导散焊件表面及焊接区的部分热量。

4）调节和控制电阻焊加热过程中的热平衡。

5）将焊件定位、夹持于适当位置等。

实际生产中应注意，不全是由于电极工作端面变形的加粗量超过规定才予以修整，而往往是由于电极与焊件表面发生黏损这一恶性循环现象，将使焊接生产不能继续进行。发生这一现象原因主要与电极处于苛刻的焊接工艺条件有关。因此应对电极材料、电极形式、焊接对象（材质及结构）、焊机类型等综合考虑。

一、电极材料

对电极材料的要求如下。

1）有足够的高温硬度与强度，再结晶温度高。

2）有高的抗氧化能力并与焊件材料形成合金的倾向小。

3）在常温和高温都有合适的导电、导热性。

4）具有良好的加工性能等。

有关电阻焊电极材料的国内外标准较多，如 JB/T 4281—1999《电阻焊电极和附件用材料》和 JB/T 7598—2008《电阻焊电极用铜-铬-锆合金》，标准中对材料进行了分类，规定了化学成分、物理和力学性能要求。但是，电极材料的选取需要兼顾它的多方面性能，即要根据不同的被焊材料、结构，不同的电阻焊方法综合考虑。例如：在焊接不锈钢或其他高温合金时，由于需要施加较大的焊接力，选择电极材料时应重点保证它的高温强度和耐磨硬度，适当降低对电导率和热导率的要求；而在点焊铝合金类高电导率和热导率材料时，选用电极材料就应重点保证具有高的电导率和热导率，适当降低对材料高温强度和硬度要求，并减少电极与焊件的粘连等。

目前，实际生产中常用电极材料和适用范围见表 5-15，供选用时参考。

表 5-15　实际生产中常用电极材料和适用范围

材料名称	化学成分(%)（质量分数）	材料性能			适用范围
		硬度 HV（30kg）	电导率/MS·m^{-1}	软化温度/K	
		不小于			
纯铜 Cu-ETP	Cu≥99.9	50~90	56	423	
镉铜 CuCd1	Cd 0.7~1.3	90~95	43~45	523	适用于制造焊铝及铝合金的电极,也可用于镀层钢板的点焊
锆铌铜 CuZrNb	Zr 0.10~0.25	107	48	773	
铬铜 CuCr1	Cr 0.3~1.2	100~140	43	748	最通用的电极材料,广泛用于点焊低碳钢、低合金钢、不锈钢、高温合金、电导率低的铜合金以及镀层钢等
铬锆铜 CuCrZr	Cr 0.25~0.65 Zr 0.08~0.20	135	43	823	

（续）

材料名称	化学成分（%）（质量分数）	材料性能			适用范围
		硬度 HV（30kg）	电导率/MS·m⁻¹	软化温度/K	
		不小于			
铬铝镁铜 CuCrAlMg	Cr 0.4~0.7 Al 0.15~0.25 Mg 0.15~0.25	126	40	—	最通用的电极材料,广泛用于点焊低碳钢、低合金钢、不锈钢、高温合金、电导率低的铜合金以及镀层钢等
铬锆铌铜 CuCrZrNb	Cr 0.15~0.4 Zr 0.10~0.25 Nb 0.08~0.25 Ce 0.02~0.16	142	45	848	
铍钴铜 CuCo2Be	Co 2.0~2.8 Be 0.4~0.7	180~190	23	748	
硅镍铜 CuNi2Si	Ni 1.6~2.5 Si 0.5~0.8	168~200	17~19	773	适用于点焊电阻率和高温强度高的材料,如不锈钢、高温合金等;凸焊或对焊电极夹具及镶嵌电极
钴铬硅铜 CuCo2CrSi	Co 1.8~2.3 Cr 0.3~1.0 Si 0.3~1.0 Nb 0.05~0.15	183	26	600 876	
钨 W	99.5	420	17	1273	点焊 Ag、Cu 高导电性金属的复合电极镶块
钼 Mo	99.5	150	17	1273	
W75Cu	Cu25	220	17	1273	复合电极镶块材料;凸焊或对焊时镶嵌电极
W78Cu	Cu22	240	16	1273	
WC70Cu	Cu30	300	12	1273	
W65Ag	Ag35	140	29	1173	抗氧化性好的电极镶块

注：1. 钨、钼、W75Cu、W78Cu、WC70Cu、和 W65Ag 为烧结材料（在标准中为 B 类电极材料），其余材料均为冷拔棒和锻件（在标准中为 A 类电极材料）。

2. 对于硬度，锻件取低限，直径小于 25mm 的冷拔棒取高限。HV（30kg）是指加 30kg 砝码的 HV 值。

3. 本标准 JB/T 4281—1999 等效采用国际标准 ISO5182：1991E《电阻焊电极和附件用材料》。

随着现代工业生产中自动焊机、焊接机器人的大量使用，电阻焊在高速、高节拍下完成，对电极材料的强度、软化点和导电性能等提出了更高的要求，颗粒强化铜基复合材料（又称为弥散强化铜）作为新型电极材料受到重视，这是一种在铜基体中加入或通过一定的工艺原位生成微细、弥散分布、具有良好热稳定性的第二相粒子，该粒子可阻碍位错运动，提高材料的室温强度，同时可以阻碍再结晶的发生，从而提高了材料的高温强度，如 Al_2O_3/Cu、TiB_2/Cu 复合材料。目前，可采用内氧化法和机械合金化法制取弥散强化铜（软化点可在 900℃ 以上）。

国内外典型的弥散强化铜电阻焊电极材料见表 5-16。另外，也用以下两种材料。

1）C15760（Cu-1.1Al$_2$O$_3$）具有 83HRB，熔点 1083℃，软化温度 930℃，电导率 77%IACS。

2）C15715（Cu-0.3Al$_2$O$_3$）具有 76HRB，熔点 1083℃，软化温度 930℃，电导率 92%IACS。

表 5-16　国内外典型的弥散强化铜电阻焊电极材料

材料质量分数（%）	抗拉强度/MPa	伸长率（%）	电导率（%IACS）	适用范围
Cu-0.38 Al$_2$O$_3$	490	5	84	汽车制造，使用寿命为铬铜点焊电极 4~10 倍
Cu-0.94 Al$_2$O$_3$	503	7	83	
Cu-0.16Zr-0.26 Al$_2$O$_3$	434	8	88	
Cu-0.16Zr-0.94 Al$_2$O$_3$	538	5	76	

二、电极结构

电阻焊电极根据工艺方法不同，可分成点焊电极，凸焊电极，缝焊电极和对焊电极四种。

1. 点焊电极

点焊常用电极如图 5-34 所示。电极的公称直径 D 根据标准规定其系列为 10mm、13mm、16mm、20mm、25mm、32mm、40mm，对于这些直径 D 的电极，其最大电极力应符合表 5-17 中的要求；其中标准直电极的基本尺寸参数可参考表 5-18 选取，帽状电极及其接杆尺寸参数可参考表 5-19 和表 5-20 选取。

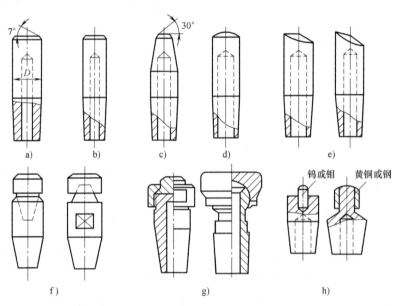

图 5-34　点焊常用电极

a）平面形（F 型）　　b）圆锥形（C 型）　　c）尖头形（P 型）　　d）球面形（R 型）

e）偏心形（E 型）　　f）帽状电极　　g）球铰链平衡电极　　h）复合电极

表 5-17 电极公称直径与最大电极压力的关系

公称直径/mm	10	13	16	20	25	32	40
最大电极压力/kN(参考值)	2.5	4	3.6	10	16	25	40

表 5-18 标准直电极的基本尺寸参数 （单位：mm）

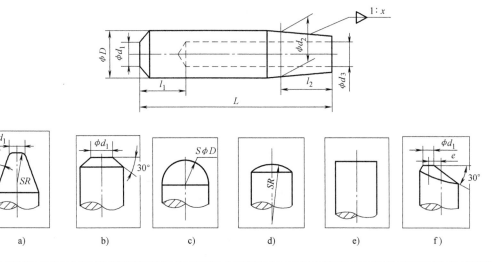

a) b) c) d) e) f)

D	d_1	d_2	d_3	l_1	l_2	$e^{①}$	R	L	1 : x
10	4	9.8	5.5	14	13	2	25	29~63	
13	5	12.7	8	15	16	3	32	32~79	
16	6	15.5	10	16	20	4	40	40~100	1 : 10
20	8	19.0	12	17	25	5	50	50~105	(锥度 5°43′29″)
25	10	24.5	14	18	32	6.5	63	57~112	
32	—	31.0	18	20	40		83	72~120	1 : 5
40	—	39.0	22	25	50		100	90~130	(锥度 11°25′16″)

① e 为电极偏心距。

表 5-19 帽状电极尺寸参数

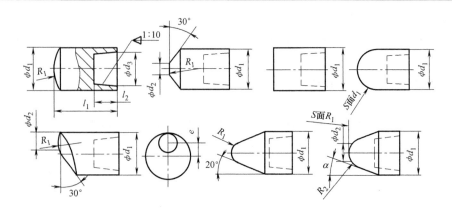

（续）

d_1/mm	d_2/mm	d_3/mm	l_1/mm	$l_2\pm0.5$ /mm	e/mm	R_1/mm	R_2/mm	α/(°)	电极压力 F_w/kN
13	5	10	18	8	3	32	5	—	2.5
16	6	12	20	9.5	4	40	6	15	4
20	8	15	22	11.5	5	50	8	22.5	6.3

表 5-20　接杆尺寸参数　　　　　　　　　（单位：mm）

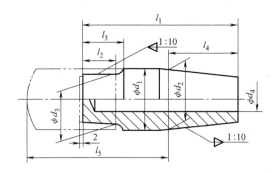

d_1	d_2	d_3	d_4 ±0.5	l_2	l_3	l_4 ±0.5	l_1 当 l_5 =										
							31.5	40	50	63	80	100	125	(140)	160	(180)	200
13	12.7	10	6.5	6.5	10	16	36.5	44.5	54.5	67.5	84.5	104.5	129.5	—	—	—	—
16	15.5	12	8.0	8.0	13	25	—	48.0	58.0	71.0	88.0	108.0	133.0	148.0	168.0	—	—
20	19	15	10.5	10.0	15	25	—	—	63.0	76.0	93.0	113.0	138.0	153.0	173.0	193.0	213.0

应该指出，根据焊接部位的可达性，允许电极设计成适当形状（如弯曲形等），但应保证具有良好的冷却效果和避免与焊件在非点焊部位相碰而产生分流。

常用电极实物如图 5-35 所示。

2. 凸焊电极

凸焊常用电极是平面、球面或曲面电极以及工作端面与焊件外形相适应的电极，如图 5-36 所示。

局部位置的多点凸焊采用大平头棒状电极；有时为克服各凸点间的压力不均衡，采用可转动电极（图 5-37）。

凸焊时为保证上、下两个焊件的定位，经常需要使用一些定位夹具，有些夹具是单独的，有些是和凸焊电极制成一体的，如图 5-38 所示。

3. 缝焊电极

缝焊电极又称为滚轮电极或焊轮，其基本结构如图 3-10 所示。缝焊电极（含轴）实物照片如图 5-39 所示。

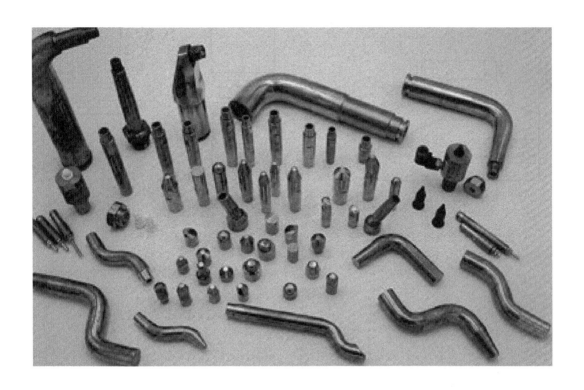

图 5-35　常用电极实物

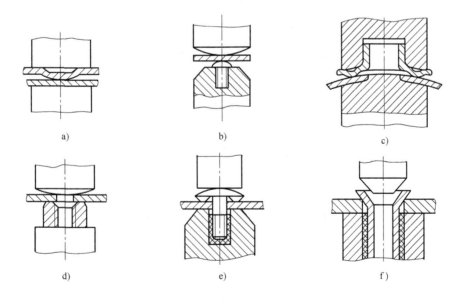

图 5-36　凸焊常用电极

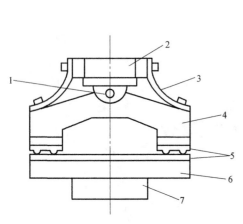

图 5-37 可转动的凸焊电极

1—枢轴 2、7—上、下座板 3—铜分路

4、6—上、下电极 5—焊件

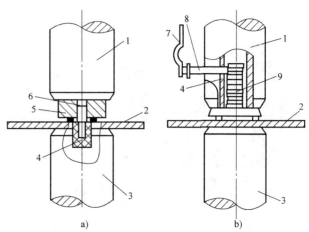

图 5-38 专用的凸焊电极和夹具

a) 螺母凸焊 b) 螺栓凸焊

1—上电极 2—焊件 3—下电极 4—绝缘体 5—螺母

6—定位销 7—弹簧 8—夹持件 9—螺栓

图 5-39 缝焊电极（含轴）实物照片

部标规定缝焊电极外径系列为 100mm、112mm、125mm、140mm、160mm、180mm、200mm、224mm、250mm、280mm 和 315mm 等，常用尺寸为 180~250mm，原则上在焊件结构尺寸允许的情况下，缝焊电极直径应尽可能大；厚度 B 和工作面宽度 H 与焊件的板厚 δ 有如下经验关系：①平面形时 $B=H=2\delta+2mm$；②单倒角和双倒角形时 $B=4\delta+2mm$，$H=2\delta+2mm$，$\alpha=30°\sim60°$；③球面形 $\delta=0.5\sim1.5mm$ 时，$R=50mm$；$\delta=1.5\sim2mm$ 时，$R=75mm$。使用中允许工作面宽度变化量 $\Delta H<10\%H$，球面形则 $\Delta R<15\%R$。

上述缝焊电极均采用外部注水冷却，以减小端面磨损及焊件变形。近年来为减小焊件搭边尺寸、减轻焊件结构重量、减少电极消耗、提高焊接电流密度，开始采用薄形电极，厚度仅为普通缝焊电极的 1/3，但这种电极需采用内部强制冷却方式。

4. 对焊电极

对焊电极钳口形状、尺寸通常根据不同的焊件形状和尺寸来考虑，如图 5-40 所示。

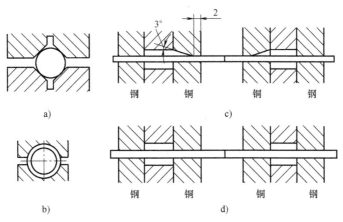

图 5-40 对焊电极钳口形状

a）V 形钳口 b）半圆形钳口 c）斜面形钳口 d）平板形钳口

V 形钳口（图 5-40a）常用来焊接直径不大的圆棒和圆管，而在焊件直径较大时，为防止焊件打滑和表面烧伤应采用半圆形钳口（图 5-40b），但其表面应与焊件直径的半圆周相吻合；平板形钳口主要用于板材对焊，为增大摩擦力，可用一对不导电的钢制钳口和导电钳口（电极）同时加压（图 5-40d）。在焊接厚度小于 1mm 薄板时，铜电极上面的钳口有时做成斜面形，以保证夹紧力的集中（图 5-40c）。

第三节　点焊机器人

在我国点焊机器人（图 0-7）约占焊接机器人总数的 46%，主要应用在汽车、农机、摩托车等行业。通常，装配一台轿车的白车身要焊接 4000 ~ 6000 个焊点，只有以机器人为核心组成柔性焊装生产线（图 0-8）才能完成大批量的生产纲领和适应未来新产品开发与多品种生产的发展要求，增强企业应变能力。

一、点焊工艺对机器人的基本要求

在选用或引进点焊机器人时必须注意点焊工艺对机器人的基本要求。

1）点焊作业一般可采用点位控制（PTP），其定位精度应 ≤±0.5mm。

2）必须使点焊机器人可达到的工作空间大于焊接所需的工作空间，该空间由焊点位置及焊点数量确定，一般说，该工作空间应大于 5m³。

3）按焊件形状、种类、焊缝位置选用机器人末端执行器，即垂直及近于垂直的焊缝选C 形焊钳（图 0-7b）；水平及水平倾斜的焊缝选用 X 形焊钳（图 0-7a）。某些先进的点焊机器人，可自动更换焊钳种类和型号。

4）根据选用的焊钳结构（分离式、一体式、内藏式）、焊件材质与厚度及焊接电流波形（工频交流、逆变式直流等）来选取适当抓重（腕部最大负荷）的点焊机器人，通常抓重为 50~120kg。

5）机器人应具有较高的抗干扰能力和可靠性（平均无故障工作时间应超过 20000h，平均修复时间不大于 30min）；具有较强的故障自诊断功能，如可发现电极与焊件发生"黏结"而无法脱开的危险情况，并能做出电极沿焊件表面反复扭转直至故障消除；点焊机器人因负载大，应比弧焊机器人具有更可靠的防碰撞措施。

6）点焊机器人示教记忆容量（控制器计算机可存储的位置、姿态、顺序、速度等信息的容量——编程容量，通常用时间或位置点数来表示）应大于 1000 点。

7）机器人应具有较高的点焊速度（如 60 点/min 以上），它可保证单点焊接时间（含加压、焊接、维持、休息、移位等点焊循环）与生产线物流速度匹配，且其中 50mm 短距离（焊点间距）移动的定位时间应缩短在 0.4s 以内。

8）需采用多台机器人时，应研究是否选用多种型号，并与多点焊机及简易直角坐标机器人并用等问题；当机器人布置间隔较小时，应注意动作顺序的安排，可通过机器人群控或相互间联锁作用避免干涉。

二、点焊机器人焊接系统

对点焊机器人的要求一般基于两点考虑：一是机器人运动的点位精度，它由机器人操作机和控制器来保证；二是点焊质量的控制精度，它主要由机器人焊接系统来保证，该系统由阻焊变压器、焊钳、点焊控制器及水、电、气路及其他辅助设备等组成。点焊机器人组成如图 5-41 所示。

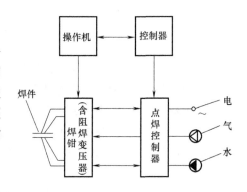

图 5-41 点焊机器人组成

1. 点焊钳

点焊机器人焊钳从用途上可分为 C 形和 X 形两种，通过机械接口安装在操作机手腕上。根据钳体、变压器和操作机的连接关系，可将焊钳分为分离式、内藏式、一体式三种形式。

1）分离式焊钳。钳体安装在操作机手腕上，阻焊变压器安装在机器人上方悬梁上，且可沿着机器人焊接方向运动，两者以粗电缆连接。它的优点是可明显减轻手腕负荷、运动速度高、价格便宜，主要缺点是机器人工作空间以及焊接位置受到限制，电能损耗大，并使手腕承受挠性电缆引起的较大附加载荷。

2）内藏式焊钳。阻焊变压器安装在操作机手臂内，显著缩短了二次电缆和变压器容量；但主要缺点是使操作机的机械设计变得复杂化。

3）一体式焊钳。钳体与阻焊变压器集成安装在操作机手腕上，不存在挠性二次电缆。它的显著优点是节省电能（约为分离式的 1/3），并避免了分离式焊钳的其他缺点；当然，它使操作机手腕必须承受较大的载荷，并影响焊接作业的可达性。

机器人点焊钳与通常所用的悬挂式点焊机不同之处主要有以下几点

1）具备双行程。其中短行程为工作行程，长行程为预行程，用于安放较大焊件、修整及更换电极和机器人焊接时的跨越障碍。

2）具备扩力机构。为增加焊件厚度并减轻机器人抓重，有时在钳体的机械设计中采用扩力式气压-杠杆传动加压机构（用于 X 形焊钳）或串联式增压气缸（用于 C 形焊钳）。

3）具备浮动机构。浮动式焊钳可以降低对焊件定位精度的要求，有利于用户使用。同时，也是防止点焊时焊件产生波浪变形的重要措施。浮动机构主要有弹簧平衡系统（多用于 C 形焊钳）或气动平衡系统（多用于 X 形焊钳的浮动气缸）。

4）新型电极驱动机构。近年出现的电动及伺服驱动加压机构即伺服焊钳，可实现电极加压软接触，并可进行电极压力的实时调节。在与焊接电流最佳配合后，显著提高点焊质量和减少点焊喷溅，如 MOTOMAN 点焊机器人上所配置的伺服焊钳。

2. 点焊控制器

用于点焊机器人焊接系统中的点焊控制器是一相对独立的多功能点焊微机控制装置，可实现以下功能。

1）点焊过程时序控制，顺序控制预压、加压、焊接、维持、休止，每一程序周波数设定范围 0~99（误差为 0），如图 5-42 所示。

2）可实现焊接电流波形的调制，且其恒流控制精度在 1%~2%。

3）可同时存储多套焊接参数。

4）可自动进行电极磨损后的阶梯电流补偿、记录焊点数并预报电极寿命。

5）具有故障自检功能，对晶闸管超温、晶闸管单管导通、变压器超温、电极黏结等故障进行显示和报警，直至自动停机。

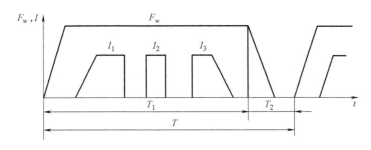

图 5-42　点焊机器人焊接循环

T_1—焊接控制器控制　T_2—机器人主控计算机控制　T—焊接周期　F_w—电极压力　I—焊接电流

6）可实现与机器人控制器及示教盒的通信联系，提供单加压和机器人示教功能。

7）断电保护功能，系统断电后内存数据不会丢失。

点焊控制器与机器人控制器相互关系主要有三种结构形式。

1）中央结构型。它将点焊控制器作为一个模块安装在机器人控制器内，由主计算机统一管理并为焊接模块提供数据，焊接过程控制由焊接模块完成。这种结构的优点是机器人控制器集成度高，便于统一管理。

2）分散结构型。点焊控制器与机器人控制器分开设置，两者采用应答式通信联系。主计算机给出焊接信号后，其焊接过程由点焊控制器自行控制，焊接结束后给主计算机发出结束信号，以便机器人移位。这种结构的优点是调试灵活，焊接系统可单独使用；但需要一定距离的通信，且用户要考虑点焊控制器与机器人控制器之间的接口问题，集成度不如中央结构型高。

3）群控系统。将多台点焊机器人焊机与群控计算机相连，以便对同时通电的数台焊机进行控制，实现部分焊机的焊接电流分时交错，限制电网瞬时负载，稳定电网电压，保证点焊质量。为此，点焊机器人焊接系统都应增加"焊接请求"及"焊接允许"信号，并与群控计算机相连。

近年，美国 WTC/MEDAR 公司推出的以太网编程器（数据输入板）EDEP 有两种规格：第一种用于一对一在控制器局域以太网接口上编程和收集数据；第二种用于接在工厂以太网网络上进行操作。点焊控制器上的局域以太网接口和串行接口也可用手提计算机进行操作。焊接网关软件是一个网络资源工具，当安装在 PC 上并连接到广域以太网后，操作者可以监视处于同一网络上的各组点焊控制器的状态并收集数据。接口界面的设计使操作者能快速浏览网络并看到哪台点焊控制器发生了故障、报警或已离线。焊接网关软件能监视和收集它能看到点焊控制器的数据，及时更新状态的变化和向操作者提示故障内容。

目前，机器人点焊控制器正向智能化方向迅速发展，主要表现在以下几方面。

1）改进传统的人机操作模式，提供友好的人-机对话界面。

2）根据所焊材质、厚度、焊接电流波形（即焊机类型）研制：①集成专家系统（ES）、人工神经网络（ANN）、模糊技术（Fuzzy）等诸多人工智能方法相混合的点焊工艺设计与接头质量预测的智能混合系统，偏重于软件方面实现机器人点焊质量控制；②基于多传感器信息融合技术（如基于多传感器信息融合的智能 PID 控制、Fuzzy-PID 控制等），偏重于硬件方面实现机器人点焊多参数联合质量控制。

部分国内外生产的点焊机器人见表 5-21。

表 5-21 部分国内外生产的点焊机器人

型号	自由度	结构形式	额定负载/N	驱动方式	重复精度（±mm）	动作方式	示教方式	编程容量	生产厂商
MOTOMAN-SK120			1200		0.4			2200 步，1200 条顺序指令	首钢莫托曼机器人有限公司，日本安川（株）
SRV 130			1300		0.2		示教盒，离线编程	3500～8000 点	德国莱斯（REIS）机床制造公司
IRB6000/150	6	关节型	1500	AC	0.5	PTP，CP		存储 64 KB 2500 点	瑞典 ABB 工业自动化工程有限公司
IR761/125			1250		0.3			存储 256KB	德国库卡（KUKA）公司
RD120			1200		0.4		示教盒	3000 步	沈阳新松机器人自动化股份有限公司

三、点焊机器人的应用

由于汽车焊接结构比一般机械产品更为复杂、装焊过程难度高、生产批量大，特别是轿车车身制造一直是高新技术应用相对集中的行业，其核心主要是由大量焊接机器人和计算机控制的自动化焊装设备所组成的车身焊装生产线（Welding Assembly Lines）。近年来，国内的大型轿车制造厂几乎都采用了焊接机器人车身焊装线，其中几家已体现了世界先进技术水平，在这些机器人中，点焊机器人所占比重最大。例如：一汽大众汽车有限公司焊装车间捷达（Jetta A2）白车身装焊自动生产线上就有 60 余台点焊机器人在工作。图 5-43 所示为国产某轿车白车身焊装线局部。图 5-44 所示为德国宝马（BMW）轿车白车身焊装线局部。

图 5-43　国产某轿车白车身焊装线局部　　　　图 5-44　德国 BMW 白车身焊装线局部

目前，汽车车身制造技术的最高水平，是整个车间全部由点焊机器人、弧焊机器人还有专门负责上下物料的搬运机器人以及各种传送链、自动焊装夹具组合成无人、全自动车身车间（又称为无人化车间），实现了车身装焊的全线"柔性化"（图 0-8）。生产方式则为多品种、大批量混流生产。它完全适应了现代大规模、多品种、大批量的生产方式，降低了成本，可有力地支撑本公司生产的汽车参与市场竞争。国外年产 30 万辆以上的车身制造厂几乎都采用这种模式。

第六章

电阻焊技术新发展

电阻焊被广泛应用于航空、航天、能源、电子、车辆及轻工等行业。为了适应新材料、新工艺、新产品在工业上开发应用的需要，近年来，国内外在电阻焊接头形成理论、新材料焊接性、焊过程数值模拟等方面做了大量的基础研究；同时，在电阻焊新工艺及新设备、电阻焊质量监控技术、电阻焊生产线的集成化和柔性化等方面也进行了技术和产业的开发工作。

第一节　电阻焊接头形成理论研究进展

电阻焊接头形成理论研究为电阻焊新材料、新工艺、新设备、接头质量监控技术等发展创造了条件。因此，它不仅具有较高的学术理论意义，也有很大的工程实用价值。

一、点焊熔核孕育处理

国内学者赵熹华等人，在国家自然科学基金和美国 GM 基金资助下对多种难焊金属材料（铝合金、弹簧钢等）开展了"点焊熔核孕育处理理论与方法"的研究（美国发明专利 United States Patent：US20050103406A1），现已取得如下成果。

1）首次获得了全部凝固组织为等轴晶的点焊熔核（图 6-1b）。

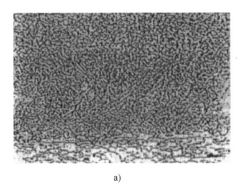 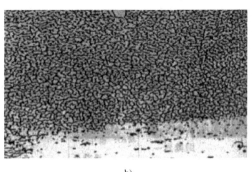

a)　　　　　　　　　　　　　　　　　　b)

图 6-1　2A12-T4 铝合金点焊熔核

a) 未经孕育处理（柱状晶+等轴晶）　b) 经过孕育处理（等轴晶组织及熔合线）

2）首次使全部为柱状晶的点焊熔核贴合面处出现等轴晶区（图 6-2b）。

3）扩大熔核等轴晶区，缩小熔核柱状晶区，使凝固组织晶粒显著细化。

研究结果表明，孕育处理可显著提高点焊接头力学性能，尤其是焊接性较差的材料

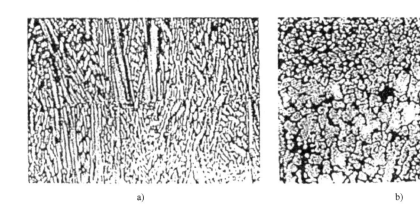

图 6-2 65Mn 弹簧钢点焊熔核

a）未经孕育处理（柱状晶组织及贴合面） b）经过孕育处理（贴合面处的等轴晶组织）

（AA2024-T4、AA6111-T4 等）尤为明显。这就为点焊质量监控技术开辟了一条新路，从"质"的方面根本改善了点焊接头质量。

有报道称，采用外加径向恒定磁场，可影响熔核内部液态金属的运动和结晶过程，改变结晶类型（柱状晶→柱状晶+等轴晶），细化晶粒并减少缩松、裂纹等宏观缺陷出现概率，这就提高了接头的力学性能，在高强度钢点焊中效果显著。

有报道称，在铝合金板两面分别镀不同厚度的铬酸盐层，可减小电极的接触电阻，降低接触面上的加热程度，同时使铝合金板之间的接触电阻相对增大，加速熔核形成，保证了接头的性能，并提高电极寿命。

二、电阻焊过程的数值模拟

数值模拟技术可灵活地对电阻焊过程中的各种影响因素进行研究，帮助人们进行一些不可能通过试验而完成的研究和分析，从而为电阻焊研究提供理论上的指导。其中点焊接头形成过程的数值模拟研究一直是该领域科学研究发展的重要方向。目前的研究主要集中在点焊过程中的热、电、力行为及相互耦合作用结果，即根据物理学中描述热、电、力问题的基本方程，通过对方程中参数变化和边界条件进行假设，建立点焊过程的数学模型，进而用数值方法对点焊过程的温度场、电流场、电势场和应力、应变场进行求解，用以研究点焊过程机理。电阻焊过程数值模拟研究进展举例见表 6-1。

表 6-1 电阻焊过程数值模拟研究进展举例

电阻焊类型	时间(年)	研究者	数值方法	特点
点焊	1999	王春生[1]（中国）	三维有限差分模型	异质材料（1Cr8Ni9Ti-08F）点焊热、电耦合行为分析，电磁效应（MHD）行为影响
	2002	李宝清[2]（中国）	轴对称有限元模型（ANSYS）	铝合金点焊，热、电、力耦合行为分析，考虑了接触压强和温度等对接触电阻影响
	2004	杨黎峰[3]（中国）	轴对称有限元模型（ANSYS）	铝合金点焊熔核行为及孕育处理机理研究

（续）

电阻焊类型	时间(年)	研究者	数值方法	特点
点焊	2008	A. Eder(奥地利)	轴对称有限元模型（SORPAS）	6000系铝合金电阻点焊进行热、电、力耦合行为分析,对热裂纹的生成及防止进行预测
	2009	王敏(中国)	轴对称有限元模型（SORPAS）	高强双相钢(DP590)点焊熔核形成过程及焊接热输入的影响等
	2011	王元勋[④]	轴对称有限元模型（ANSYS）	考虑相变影响的双相高强度钢动态电阻点焊性能的数值分析
缝焊	2009	李永强[⑤](中国)	三维面对称有限元模型（ANSYS）	铝合金电阻缝焊热、电、力耦合行为分析,考虑了接触电阻随接触压力及温度的变化关系
闪光对焊	2003	王维斌(中国)	轴对称有限元模型（ANSYS）	超细晶粒钢直流闪光对焊,热、电耦合模型考虑了接触电阻与闪光烧损对产热的影响,热、力耦合模型考虑了钢黏塑性接触问题;模拟了接头奥氏体晶粒长大过程
	2008	徐小帆(中国)	三维有限元模型（ANSYS）	钢轨闪光对焊温度场分析,采用"生死"单元技术对闪光烧损进行处理,模拟了工艺关键参数对闪光过程的影响

① 国家自然科学基金资助项目（59875033）。
② 国家自然科学基金资助项目（50045019）。
③ 国家自然科学基金资助项目（50175048）。
④ 国家自然科学基金资助项目（11072083）。
⑤ 国家自然科学基金资助项目（50575091）。

【阅读材料 1-6-1】　铝合金点焊熔核行为的数值模拟举例

　　吉林大学杨黎峰等根据计算流体力学与传热学原理,建立了描述铝合金电阻点焊液态熔核流动行为和传热过程的轴对称有限元模型。模型中考虑了移动边界层内部液态金属的对流传热和层外固体导热、材料热物理性能参数和接触电阻随温度的变化、焊件表面通过对流和辐射周围环境的散热、球面电极传热以及熔化/凝固相变潜热对熔核形成热过程的影响,并采用有限元法对铝合金点焊熔核形成过程温度场和流场分布进行了数值计算。计算结果表明,强烈的对流位于熔核中心沿轴线附近区域,其流速最大值数量级为 1×10^{-1} mm/s;在直流焊接条件下,5ms 时间内开始形成液态熔核,并迅速沿轴向和径向扩展;回流环速度矢量将能量从熔核中心通过对流传热方式传递到熔核边缘,降低熔核内部温度梯度,促进熔核生长。试验表明,计算结果与实测值吻合良好。如图 1-6-1~图 1-6-5 所示。

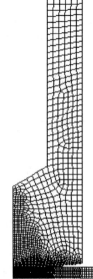

图 1-6-1　模型的非均匀有限元网格

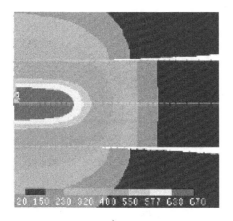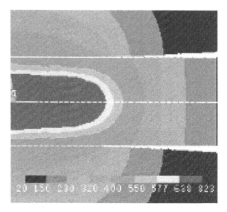

a)　　　　　　　　　　　　　　　　　　　b)

图 1-6-2　不同时刻焊接区温度场分布（$T/℃$）

a）20ms　b）60ms

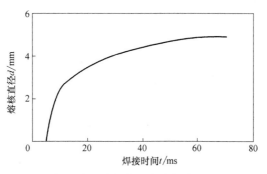

图 1-6-3　熔核直径随时间的变化

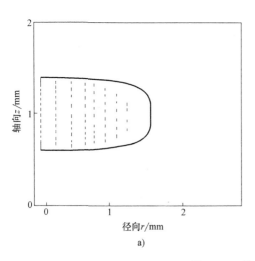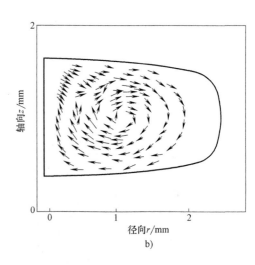

a)　　　　　　　　　　　　　　　　　　b)

图 1-6-4　熔核速度场分布

a）20ms　b）60ms

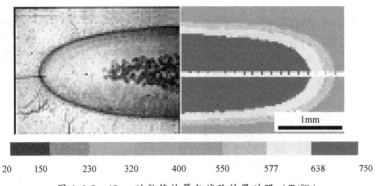

20　150　230　320　400　550　577　638　750

图 1-6-5　40ms 时数值计算与试验结果对照（$T/℃$）

在对不等厚铝合金板电阻点焊热过程有限元分析中，还要考虑珀耳帖效应的影响，以寻找改善熔核偏移的措施。例如：采用 TZ-3×63 直流焊机点焊 AA5182-O，板厚 1mm+2mm 时，薄板在与不同极性电极接触时，温度场数值计算结果如图 1-6-6 所示，其中图 1-6-6a 所示为薄板与负电极一侧相接触区温度场分布，图 1-6-6b 所示为反相焊接情况。从此图中可以看出，在焊接规范相同的条件下，前者较后者有更为严重的熔核偏移。因此，在铝合金直流点焊中，对于不等厚板的焊接，合理利用珀耳帖效应可以改善熔核的偏移，以提高焊点的质量，如图 1-6-7 所示。

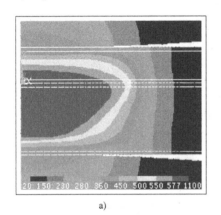
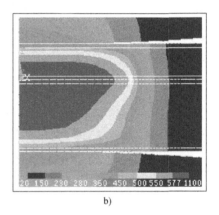

a)　　　　　　　　b)

图 1-6-6　薄板与不同电极接触时温度场分布（$T/℃$）

a) 薄板与负电极接触　b) 薄板与正电极接触

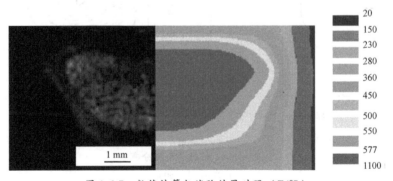

图 1-6-7　数值计算与试验结果对照（$T/℃$）

揭示铝合金点焊过程温度场和流场的分布规律，其结果有助于更好地了解焊接过程中熔体的运动状态、凝固组织细化和产生缺陷的原因，为正确选择点焊工艺参数等提供理论指导。

提高数值模拟的精度，使其结果更接近于实际焊接情况，就要对模拟模型进行评估，目前常用贝叶斯定理统计策略来分析模拟计算的误差范围，但是，在输入量和未知参数多、数据量大的情况下，统计分析变得相当困难；Hasselman、Timothy 等学者在用电—热—力有限元模型分析铝合金电阻点焊过程，计算熔核尺寸和表面压痕时，采用基于不确定模型方法的主元素法，通过对熔核尺寸和压痕统计的线性均方差得到有限元的预测精度。

计算机数值模拟有其成本低、参数改变灵活、方便等优点，但目前大部分都用于离线计算和模拟，如何将这种方法有效地应用到工业生产中对焊接质量进行在线评估和控制，也成为近年研究的一个重点。丹麦学者 Zhang Wenqi 基于长期的工程研究和工业合作，开发了一个新的基于有限元方法的焊接软件 SORPAS，用于模拟电阻凸焊和点焊过程。为了使该软件能被工厂中的工程师直接应用，电阻焊中的所有参数均被考虑并自动地在软件中实现。该软件支持 Windows 友好界面，操作灵活，对焊件及电极可灵活地进行几何形状设计，参数设置犹如正式焊机。它可用于工业中支持产品开发和工艺优化。现在 Volkswangen、Volvo、Siemens 和 ABB 等公司都开始采用此软件。美国华盛顿大学的 Li Wei 提出了一个基于接触区域的点焊质量评估模型，它是用一个有限元分析模型来表示接触区域变化，根据模拟结果进行在线应用，经试验：在不同的电极尺寸、电极力、焊接时间和电流下这种方法是成功的，它将为电阻焊监测和控制提供重要的信息。

三、新型工业材料焊接性研究

新型工业材料——镀锌钢板（尤其镀锌 DP 高强钢板等）和铝合金等在汽车工业中获得了大量应用，但由于其物理性能上的特殊性，其点焊焊接性很差，尤其是点焊过程中电极的磨损和沾污，严重影响了连续点焊生产。而小焊点和粘焊等缺陷又使点焊接头力学性能和可靠性没有保障，尤其是铝合金更为严重。因此，必须对这些材料的点焊焊接性做进一步深入细致的研究。

（1）镀锌钢板焊接性研究

1）镀层涂覆方法（电镀锌、热镀锌、热镀 Zn-Fe 合金以及 Zn-Ni 合金和 Zn-Mn 合金等）及镀层厚度影响。

2）镀层与电极头之间相互影响，法国学者 T. Dupuy 对电极端部损坏做了专题研究。

3）熔核结晶形态、缺陷产生机理、力学性能等与点焊参数的关系等。

4）以信息和控制新技术对点焊工艺和过程进行模拟和预测。

随着汽车轻量化发展，高强度镀锌钢板的使用越来越广泛，取代普通的冷轧钢板已经成为必然的趋势，常用的基板为 DP 钢、TRIP 钢、CP 钢等高强度钢板，镀层也正由电镀锌（含合金锌）向热镀锌（含合金锌）转移。因此，高强度镀锌钢板点焊研究已成为镀锌钢板焊接性研究中的最新热点：焊点力学性能及宏观断裂方式研究；焊点尺寸及微观组织的研究；点焊工艺优化研究；高强度钢点焊过程有限元分析等。

例如：英国 TWI 的 Shi G 研究了高强度钢点焊程序的修正以及母材强度和焊接淬火对焊点性能的影响；日本学者 Otan Tadayuki 等对超细晶粒高强度钢电阻点焊特性做了系统的研

究，研究发现：由于高强度钢在高温下的电阻率和强度与低碳钢不同，其点焊时得到同样大小的熔核尺寸需要的焊接电流比低碳钢板更大，同时，这种钢板的碳当量很低，虽然焊后熔核的主要组织是马氏体，但由于低碳成分限制了熔核硬化，因此这种材料的点焊接头不经过回火就能得到高的抗剪强度和拉伸强度；法国学者 Mimer M. 通过试验研究提出了通过焊后回火工艺来改进高强度钢和超高强度钢的电阻点焊性能的方法；日本学者 Sakuma Yasuharu还对高强镀锌钢板的点焊焊接性进行了研究。

（2）铝合金焊接性研究

1）电极黏结和喷溅产生机理及解决措施。例如：铝合金点焊中喷溅的小波分析研究；在铝合金板两面分别镀不同厚度的铬酸盐层，改变接触电阻大小的效果研究等。

2）铝合金电阻点焊过程的数值模拟及能量分析等。

3）铝合金点焊工艺设计及质量控制的智能化研究。

4）中频逆变、二次整流、电容储能焊机在铝合金点焊中的应用。

5）铝合金与钢的异种材料点焊探索性研究，通过数值模拟与试验结合的方式，揭示了钢/铝电阻点焊的非对称温度场分布特点及由此产生的熔核偏移和双熔核特征等。

（3）镁合金焊接性研究 镁合金的电阻点焊工艺及机理研究国内刚刚兴起，由于镁合金热膨胀系数大、表面易形成氧化物、易与铜电极形成合金等特点，给电阻焊带来较大的难度，焊后会产生较大变形、电极寿命短等。国内一些单位正就镁合金电阻点焊接头组织控制、喷溅及裂纹等缺陷控制等开展相关的研究工作。

第二节　电阻焊新工艺

一、精密脉冲电阻对焊

该工艺可解决几何公差要求严格、焊接性差和接头性能有特殊要求的精细零件对焊。技术特点如下。

1）采用调制焊接压力（通过由直流电磁铁为核心的电磁加压机构实现），使顶锻开始时间和顶锻力准确、及时。

2）采用调制电流脉冲（焊接脉冲+后热处理脉冲，后热处理脉冲可为单脉冲、双脉冲及多脉冲）。

3）调制焊接压力与调制电流脉冲可适当配合，组成最佳精密脉冲对焊焊接循环，如图6-3所示。

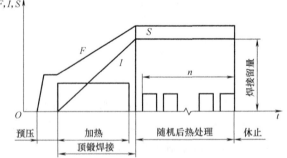

图6-3　TiNi记忆合金精密脉冲电阻对焊原理

F—压力　I—电流　S—位移

据报道，该工艺可较好实现记忆合金（TiNi）、可淬硬合金以及热物理性质相差较大的异种金属的对焊。

二、微电阻点焊

随着微连接技术的发展，微电阻点焊也成为 IT 制造业关注的热点，技术特点如下。

1) 焊件尺寸甚小，接头组成中至少有一个焊件厚度或直径小于 0.1mm，且材质往往特殊或有涂层（Au、Ag、Ni、漆）。

2) 微电阻点焊机（有文献又称为显微点焊机）结构上具有显微光学放大装置（体视显微镜等）；要有阶梯波的输出脉冲电流（有闭环负反馈电路），焊接输出能量波动±0.5J。

3) SW（Stripping Welding）焊头以平行间隙焊（又称为平行微隙焊，Parallel Micro Gap Welding）形式实施焊接。SW 微电阻点焊机如图 6-4 所示。

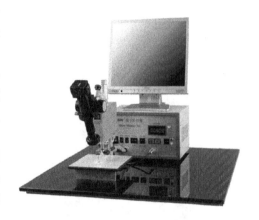

图 6-4　SW 微电阻点焊机

三、电阻熔丝焊

电阻熔丝焊（又称为电接触熔丝焊）可用于车辆及动力、特种机械设备等曲轴、凸轮轴、转子及传动齿轮轴等的修复，修复成本与电弧堆焊相比，约为后者 1/3~1/2。

技术特点如下。

1) 基本原理与电阻缝焊相同，如图 6-5 所示。焊接过程为焊件表面清理→无损检测（涡流和磁粉表面探伤）→焊接表面机械加工（磨平或抛光）→电阻熔丝焊→机械加工→无损检测（涡流和渗透探伤）。

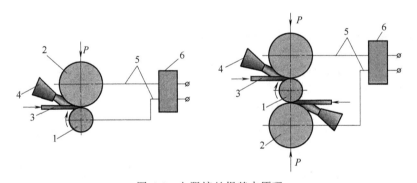

图 6-5　电阻熔丝焊基本原理

1—焊件　2—滚轮电极　3—熔焊丝　4—冷却液进给　5—焊接回路　6—阻焊电源

2) 焊件材料可为铸铁、碳钢、合金钢和耐蚀钢等，焊件直径大于 10mm，焊层厚度 0.5~5mm，硬度 20~60HRC。

3) 根据修复焊件种类（形状和尺寸），选用电阻熔丝焊设备或在车床的基础上组装焊接装置。图 6-6 所示为 y3H-01 型电阻熔丝焊机，其铭牌数据如下。

使用功率：<50kVA。

工业用水量：0.25~0.4m³/h。

加压机构：气动（0.2~0.4MPa）。

熔丝直径：<2mm。

强化层厚度：1.3~1.8mm。

a)　　　　　　　　　　　　　　b)

图 6-6　y3H-01 型电阻熔丝焊机

a）焊机　b）加工现场

四、激光束-高频焊（LB-HFRW）

LB-HFRW 是在高频焊管的同时，采用激光束对尖劈（会合点）进行加热（图 0-5），从而使尖劈在整个厚度方向上加热更均匀，这有利于进一步提高焊管的生产率和质量。

五、激光束-电阻缝焊（LB-RSW）

具备高速、低变形、柔性化特征的激光焊接（LBW）技术被认为是 21 世纪最具有发展潜力的焊接方法。但是激光器功率等级、装配条件（装配间隙、错边、不等厚度等）、过程控制（焦点波动、光束对中等）、材料的高反射率（铝、镁及其合金）等诸多因素限制了激光焊接的工程适用范围。因此，希望利用其他焊接方法的特点来弥补激光焊接不足的复合焊接技术就成为研究重点。目前与激光焊接相关的复合焊接方法已有 LB-TIG、LB-MIG、LB-PAW 和 LB-FSW 等，并在工程实际中获得初步推广应用。众所周知，电阻缝焊（RSW）技术的显著特点，焊缝是在热-机械（力）作用下形成的。加热（含预热和缓冷）可以提高金属材料对激光的吸收率、降低所需激光功率；同时，加热、缓冷和加压可以调节焊接温度场和应力场，改善焊缝结晶条件、调节晶粒大小及分布，减少气孔、热裂纹和接头残余应力等；特别是加压可以消除装配不良导致的错边和板间间隙，避免了成形不良和产生板间流淌形成的焊瘤。目前，LB-RSW 复合焊接新工艺已取得如下成果。

1）在激光焊接参数相同的条件下，LB-RSW 的熔深大于单独 LBW 的熔深，且随着 RSW 焊接电流的增加而增大。

2）在激光焊接参数相同的条件下，LB-RSW 的焊接接头抗剪力大于单独 LBW 的焊接接头抗剪力，且随着 RSW 焊接电流的增加而增大。

因此 LB-RSW 复合焊接新方法可比传统的激光焊（LBW）更具有节能高效的特征，如图 6-7 和图 6-8 所示。

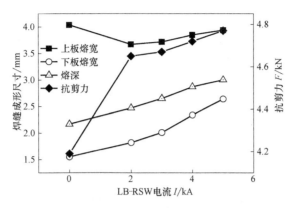

图 6-7　焊接电流对 LB-RSW 焊缝成形尺寸和抗剪力影响

（5182-O 铝合金板，焊接电流为 0 时即为单独的 LBW）

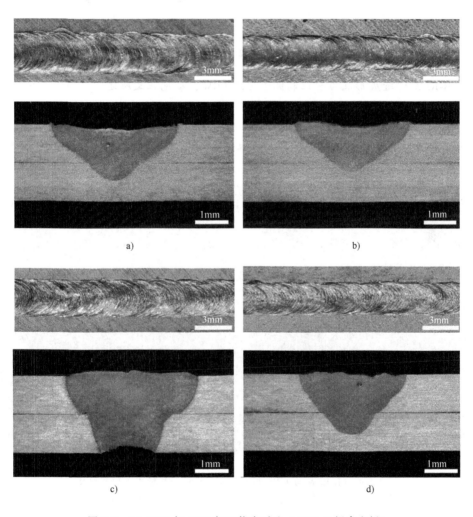

图 6-8　LB-RSW 与 LBW 加工能力对比（5182-O 铝合金板）

a) 0A，0.8m/min　b) 0A，1.2m/min　c) 5kA，0.8m/min　d) 5kA，1.2m/min

【阅读材料 1-6-2】 激光束-电阻缝焊（LB-RSW）复合焊接机理

2003 年吉林大学赵熹华教授首先提出了"激光束-电阻缝焊（LB-RSW）"复合焊接方法并实现了原理性试验，在美国 GM 基金和国家自然科学基金资助下进行了全面系统研究，主要成果申报了国际发明专利（专利号：PCT/WO2007008363A2），并获得美国发明专利 US7，718，917B2。复合焊接系统如图 1-6-8 所示。

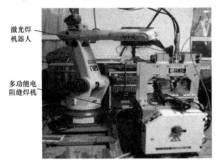

激光焊机器人

多功能电阻缝焊机

a) b)

图 1-6-8 复合焊接系统

a) 复合焊接系统照片 b) 工作台照片

1) LB-RSW 焊缝成形及力学性能优于传统 LBW，参见正文所述。

2) LB-RSW 与 LBW 焊缝熔合线附近和焊缝中心组织对比如图 1-6-9 所示。从此图中可以看出，有、无电流的焊缝组织都是由熔合线附近的柱状树枝晶和焊缝中心的等轴树枝晶组成；在相同焊接速度下，增加 RSW 电流的焊缝组织比无电流（LBW）时粗大一些；高速LB-RSW 与单独 LBW 的组织并无明显区别。

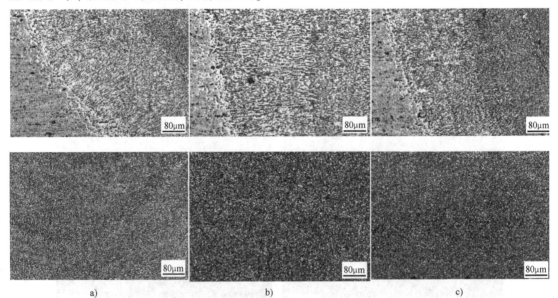

a) b) c)

图 1-6-9 LB-RSW 与 LBW 焊缝熔合线附近和焊缝中心组织对比

a) 0A，0.8m/min b) 5kA，0.8m/min c) 5kA，1.2m/min

对比 LB-RSW 与单独 LBW 焊缝横截面发现两种方法得到焊缝中除有少量气孔外没有其他缺陷，其中 LB-RSW 焊缝中的气孔略少于 LBW 焊缝中的气孔。

3）LB-RSW 复合焊接数值分析。使用 Pro/E 和 ANSYS 软件建立 3D 有限元模型，并用 ANSYS 的二次开发实现了 RSW 过程的热、电、力耦合分析，探讨了 LB-RSW 复合焊接中 RSW 温度、电流的分布规律，为 LB-RSW 的机理研究奠定基础。铝合金板的温度场和电流场的模拟结果如图 1-6-10 所示。

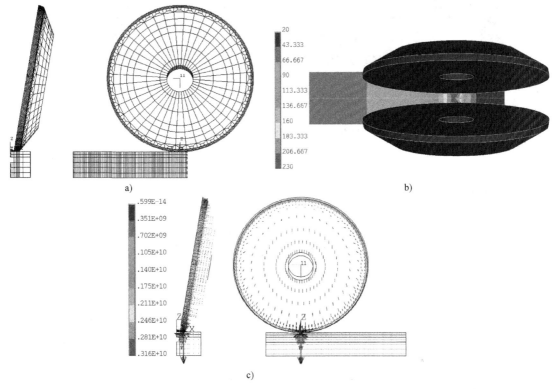

图 1-6-10　铝合金板的温度场和电流场的模拟结果

a）1/2 面对称有限元网格　b）温度场云图　c）电流密度矢量图

4）温度场的热成像测量。使用红外热成像技术可以测量 LB-RSW 中 RSW 的温度场，进而为 RSW 过程的温度场和电流场数值模拟结果提供验证和评价。铝合金板和碳钢板的温度场热成像照片如图 1-6-11 所示。

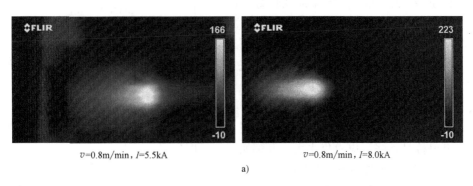

$v=0.8\text{m/min}，I=5.5\text{kA}$　　　　$v=0.8\text{m/min}，I=8.0\text{kA}$

a）

图 1-6-11　铝合金板和碳钢板的温度场热成像照片

a）5182-O 铝合金板

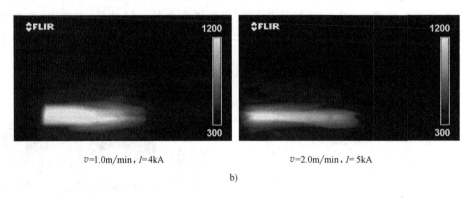

$v=1.0\text{m/min}, I=4\text{kA}$ $v=2.0\text{m/min}, I=5\text{kA}$

b)

图 1-6-11 铝合金和碳钢板的温度场热成像照片 (续)

b) St14 钢板

六、电阻塞焊

7075 铝合金属 Al-Zn-Mg-Cu 系超硬铝,其点焊焊接性较差,除具有铝合金点焊共有的问题之外,其焊接的难点还表现在易发生接头软化、薄板易发生波浪变形等。7075 铝合金电阻塞焊试样,如图 6-9 所示。

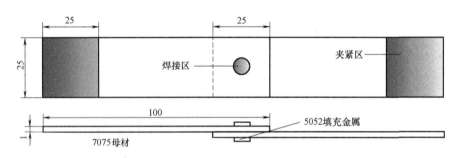

图 6-9 7075 铝合金电阻塞焊试样

塞焊填充物为 5052 固体铝合金 (高 $H = 2.5\text{mm}$、直径 $D = 3.5\text{mm}$),其焊接性良好并与 7075 铝合金具有良好的相溶性。

电阻塞焊具有如下特点。

1) 电流会集中从 5052 流过,熔核也首先在 5052 内部形成,电阻塞焊 (RPW) 熔核尺寸将大于电阻点焊 (RSW) 熔核尺寸。

2) RSW 的 7075 点焊熔核存在宏观热裂纹,微观组织枝晶性强,应力集中大,开裂倾向大,断口为界面断裂 (脆性解理断裂),RPW 接头为部分纽扣形断裂 (断口存在韧窝),表明接头具有一定的韧性,如图 6-10 所示。

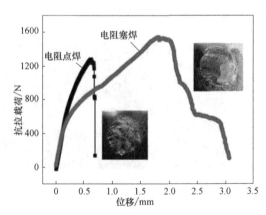

图 6-10 拉伸试验曲线

第三节　电阻焊新设备

二次整流电阻焊机和逆变式电阻焊机是当今世界电阻焊机发展的主要方向。随着现代控制理论与电子元器件发展，其技术关键（低电压大电流给二次整流带来难度；控制的可靠性和精确性要求更高等）已基本解决。

一、逆变式电阻焊机

目前，逆变式电阻焊机是优先发展的热点。据统计，日本的 Mijachi、Seiwa，欧洲的 Messer、Tecna，北美的 TJ Snow，韩国的 Taesung，中国的天津七〇七所及天津商科数控设备有限公司等已有容量 400kVA 以下的该类焊机产品。图 6-11 所示为逆变式电阻焊机原理示意图（参阅第五章中图 5-13）。

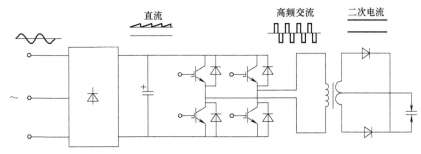

图 6-11　逆变式电阻焊机原理示意图

1. 逆变式电阻焊机的特点

1）响应速度快，控制精度高。由于采用较高的逆变频率（600～4000Hz，通常为 600～1600Hz），时间调节和反馈控制周期在 1ms（在 1000Hz 时）以内，大大提高了焊接电流控制精度。

2）体积小，重量轻。由于采用中频的工作频率，在相同的功率输出时焊接变压器体积和重量明显减小，据报道，采用逆变式的一体式焊钳其重量可减轻 50%。

3）三相负载平衡，功率因数高，节能。

4）工艺优势明显。焊接电流为脉动直流（且波纹度小），无交流过零不加热焊件缺点，热量集中能焊接各种材料。同时，电极寿命获得延长。例如：逆变式电阻焊机的焊接回路受铁磁物质影响很小（图 6-12）；焊点形成稳定熔核的电流范围广（图 6-13 和图 6-14），因为电流极小的脉动使电极和焊件接触部位的温度变化小、热效率高。同时，逆变直流无尖峰电流，因而在熔核形成的过程中不易产生喷溅，从而使得允许的电流上限扩大。试验表明：在焊接电流有效值相同的条件下，逆变直流的动态电阻比交流点焊时大 33%，故焊点的发热量大，熔核形成较快，允许的电流下限

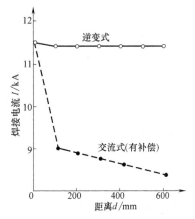

图 6-12　逆变式电阻焊机与交流焊机随焊件插入焊接回路距离的电流变化

较小。美国实利公司采用交流和逆变点焊在汽车钢板上焊接，对照得出逆变点焊比交流点焊节能27%的结论。逆变直流点焊获得稳定的熔核尺寸的焊接电流范围宽，这一特性对焊接有镀层的钢板（如镀锌板）、锆等有色金属尤为有利。

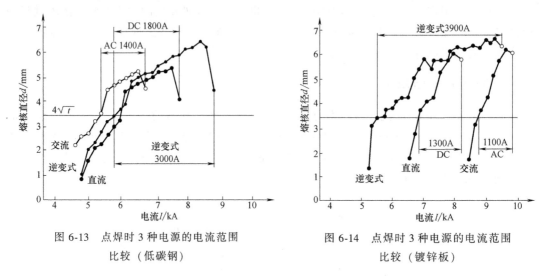

图 6-13　点焊时 3 种电源的电流范围　　　　图 6-14　点焊时 3 种电源的电流范围
　　　　　比较（低碳钢）　　　　　　　　　　　　　比较（镀锌板）

2. 逆变式电阻焊机要继续深入研究的主要问题

1）大功率开关元件的不断更新。IGBT（双极型隔离栅晶体管）是发展大功率逆变式电阻焊机的首选开关元件，其单管额定电流可达300A，集射极耐压高达1200V，可以采用逻辑电平直接驱动，实现了元件驱动的电压控制。

2）大功率整流二极管的不断更新。由于二次整流元件的接入增加了焊机的功率损耗（约占整台焊机输出功率的28%），虽然采用肖特基二极管会得到改善，但仍存在输出功率受到限制及其冷却系统增加焊机体积和重量的问题。

3）主电路拓扑结构的不断发展。应用于逆变焊接电源的主电路使用过以下拓扑结构：推挽式逆变电路、全桥式逆变电路、半桥式逆变电路、单端式逆变电路等。各逆变电路都有自己的优缺点，要根据实际应用条件而定。

4）逆变电路控制方式的不断改进。控制方式改进主要体现在逆变电路中功率开关管是以何种模式开断的，是硬开关还是软开关。近年来，脉宽调制软开关技术（SPWM）成为逆变控制系统的研究热点，它综合了传统的脉宽调制技术和谐振技术的优点，仅在功率器件换流瞬间，应用谐振原理，实现零电压或零电流转换，而在其余大部分时间采用恒频脉宽调制方式，完成对输出电压或电流的控制，因此，开关器件所受的电流或电压应力少。逆变式电阻焊机特别适宜于机器人焊接和精密焊接。

二、无二次整流直流电阻焊机

近年来，针对二次整流电阻焊机和逆变式电阻焊机均需要对焊接电流进行二次整流，就必然会存在因二次整流元件而带来的一系列问题，国内学者王清等在对三相低频电阻焊机深入研究的基础上，开发了无二次整流直流电阻焊新技术，并研制出一台以工业控制计算机（IPC）为控制核心，以IGBT为功率开关元件，采用分段斩波控制方法的逆变式无二次整流直流电阻焊机样机，电路原理图如图6-15所示。试验表明，该机具有良好的点焊工艺性能。

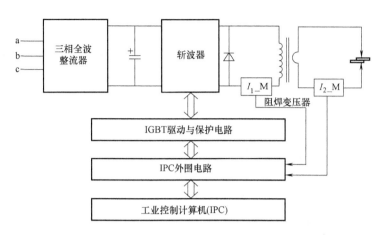

图 6-15 逆变式无二次整流直流电阻焊机电路原理图

第四节 电阻焊质量控制技术

保证电阻焊接头质量，提高其可靠性的核心就是在生产过程中运用先进的手段和设备实施质量控制。特别是由于点焊工艺运用的广泛性、重要性和具有代表性，点焊质量控制技术始终是电阻焊领域研究的前沿和热点。

众所周知，点焊过程是一个高度非线性、有多变量耦合作用和大量随机不确定因素的过程，具有形核过程时间极短，处于封闭状态无法观测，特征信号提取困难等自身特点。这就造成焊点质量参数（熔核直径、强度等）无法直接测量，只能通过一些点焊过程参数（焊接电流、电极间电压、动态电阻、能量、热膨胀电极位移、声发射、红外辐射和超声波等）进行间接推断，这就极大影响了点焊质量监控的准确性和可靠性。经过较长时间的探索和实践，研究者已获得如下共识：发展多参量综合监测技术是提高点焊质量监控精度的有效途径，即充分利用监测信息，采用合理的建模手段，建立合理的多元非线性监测模型并使该模型能在较宽条件内提供准确、可靠的点焊质量信息，是质量控制技术关键。研究表明，利用神经元网络理论、模糊逻辑理论、数值模拟技术及专家系统等可望解决真正的点焊质量直接控制，将点焊质量控制技术的研究推向一个新高度。

一、基于模糊分类理论的点焊质量等级评判

德国学者 Burmeister 认为，电阻点焊过程是一个分类过程，是不能用公式来清晰描述。只有通过监测点焊过程参数的一些最大值或最小值来进行片面描述，这样就可以从过程的函数描述转换为过程的分类描述，并用现有的专家知识来建立分类等级。目前，已有用模糊分类的方法来评估焊接电流引起的过程信号（电极位移特征量、电极加速度特征量）和焊点质量变化的报道，并指出模糊分类虽然适用于描述点焊过程的复杂性和非线性，可以用于焊点质量的等级评估，但只能给出焊点质量参数的大致范围，而且评价的准确性难以避免地受到专家知识等众多人为因素的影响。

二、基于回归分析理论的点焊质量多参数监测方法

铝合金点焊焊接性较差，应用又日益广泛，迫切需要解决其质量的监控问题。英国学者M. HAO等人研制了一种铝合金点焊多参数监控系统，该系统可采集点焊过程参数和识别较宽范围过程现象的特征量，并利用回归分析的方法估测焊点的熔核直径和抗拉强度，试验表明，回归模型的估测值有足够的准确性。

三、基于多参量综合的点焊质量智能监控

1. 基于神经元网络理论的点焊质量多参量综合监测

国内学者张忠典等人运用神经元网络理论，研究了低碳钢动态电阻与焊点质量之间的模型关系，建立了点焊质量模糊综合评判模型，实现了低碳钢点焊质量的多参量综合监测。试验表明，即使在恶劣的生产条件下，该系统也能实时、准确地监测点焊质量，确定合理的质量等级，满足实时监测及焊后评估的要求。

2. 基于数值计算的熔核直径在线自适应控制

日本学者西口公之等人研发的该方法需在焊前预先输入被焊件所用材料种类及其材质的力学与热物理参数、板厚、电极形状、焊接时间等，并在焊接过程中，每隔一定时间间隔检测焊接电流与电极间电压，按照热传导数学模型计算出温度场分布情况，从而实时推算出熔核的生长情况，并据此反馈控制焊接电流以改变焊接区温度上升斜率。此方法通过合理调控各时间段温度上升斜率，确保熔核在指定时刻开始生成、长大过程及结束前达到要求的直径。实际生产使用证明，本技术能较好地解决电极磨损及镀锌钢板点焊时，由于接触面积增大使电流密度减小而引起小焊点的严重质量问题。缺点是该方法需进行大量在线计算，必须采用高性能计算机，使设备投资增加。

目前，用数值模拟方法模拟铝合金点焊的热-电-力学过程，预测点焊熔核的生长、电极磨损和裂纹形成情况等的研究正在进行，并取得一定进展。

3. 智能点焊质量调控（IQR）

IQR（Intelligent Quality Regulation）是一种联机（与中频系统）自适应调节器，调节原理是：实时监测焊接电流和电压，并计算出电阻和功率，利用动态电阻与点焊焊核生成之间的关系，跟踪电阻曲线，通过调节焊接电流、时间，强制该焊点在形成过程中的动态电阻按照合格焊点的动态电阻曲线发展，从而保证每个焊点的质量。IQR智能点焊质量调控系统的控制原理如图6-16所示。

IQR智能点焊质量调控系统的特点如下。

1）适用于钢板、镀锌钢板和高强度钢板，调节考虑焊接材料的物理条件。

2）实时在线调节当前焊接参数，自适应排除干扰因素的影响，比恒流控制器焊接范围广泛和焊接过程稳定。

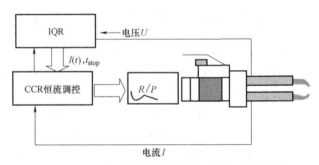

图6-16　IQR智能点焊质量调控系统的控制原理

3）直接从焊接变压器上测量焊接过程中的电压、电流，不需要从电极上连接信号线。

4）内部实时计算电阻及功率。

4. 基于统计过程控制（SPC）的点焊质量监控

电阻点焊统计过程控制（Statistical Process Control，SPC），主要通过实时测量焊接电流、电极压力、电极位移等点焊变量，将其作为控制量进行 SPC 统计计算，得到带有控制上限和下限的控制图（图6-17）和直方图，根据控制图或直方图就可确定每个变量的超差情况，最后确定焊件的焊后状态：废品或合格产品。

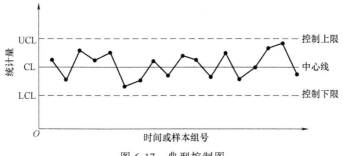

图 6-17　典型控制图

统计过程控制用于汽车座椅调角器电容储能电阻焊，实现电阻焊全过程多参数统计质量控制的一个实例，统计结果如图 6-18a 所示。检测数值在规范内时，符合焊接要求，直方图为绿色。检测数值在规范外时，该参数的直方图则将显示成红色，该图中最后两个参数，即压力和压陷超出了规范值，故其颜色为红色。

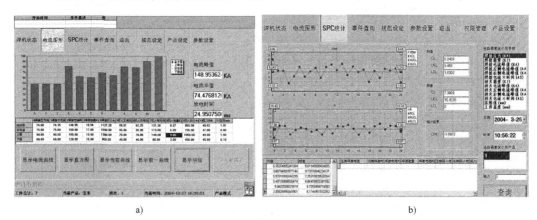

a)　　　　　　　　　　　　　　　b)

图 6-18　统计结果

a）直方图　b）SPC 控制图显示

如图 6-18b 所示，处于上方的图表为均值数据，下方是极差数据，数据以 125 个数据、5 个 1 组作为统计标准，共产生 25 个数据点。左下的列表为 25 个点的具体数据，单击这些具体数据可以在正下方的列表看到计算均值和极差前的 1 组 5 个基础数据。中间一栏是对这125 个数据统计分析后得出的控制量均值和方差的 CL、UCL 和 LCL 值以及相应的 CPK 值。

上述实例说明：SPC 方法能成功地应用于电阻焊在线质量控制上，并在实际生产中取得了较好的效果。同时，系统实现了焊接参数的上下限设置，焊接过程中参数及曲线的实时检测显示、故障报警及焊接质量的统计过程分析等功能，从真正意义上实现了电阻焊质量的全过程控制，对保证产品质量具有很强的实际意义。

【阅读材料1-6-3】 铝合金点焊质量智能控制系统简介

2005年，赵熹华、曹海鹏等在国家自然科学基金（50175048）资助下利用多种人工智能技术开发了铝合金点焊质量智能控制系统，把模糊控制（FLC）和人工神经网络（ANN）建模相结合，取得一定进展。其中，研制成功"铝合金点焊工艺设计及质量预测智能混合系统"软件包，主要组成如图1-6-12所示。

系统由三个主要模块组成：推理机模块、机器学习模块以及辅助咨询模块。推理求解分为两条路径：基于事例的求解和模糊神经网络的求解。

在基于事例的求解模块中，集合了基于规则的推理（RBR）、基于事例的推理（CBR）以及模糊推理技术。基于事例的推理机制的一个重要研究方面是对于相似以前事例中所含有的工艺知识、规则进行提取、总结，从而指导对新问题的求解。而模糊推理不必建立明确的数学模型，比较适合直接应用专家的经验，因此本系统采用模糊推理技术对相似的点焊工艺事例进行规则提取，从而指导对新工艺参数的求解。在基于事例的求解中，建立了铝合金电阻点焊工艺事例特征属性的划分。铝合金电阻点焊工艺设计是一个多层次、多任务、多目标的复杂设计问题，涉及的因素面广如母材规格、供电波形，焊机类型等。因此，点焊工艺事例特征提取也较为复杂。本系统依据点焊工艺的特殊工艺过程，将点焊工艺特征分为两大类，即事例特征Ⅰ和事例特征Ⅱ。

模糊神经网络的求解流程如图1-6-13所示。

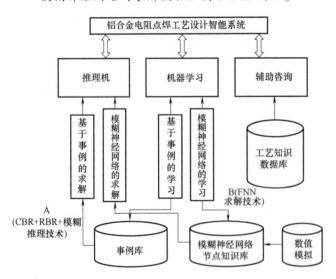

图1-6-12 铝合金电阻点焊工艺设计智能系统

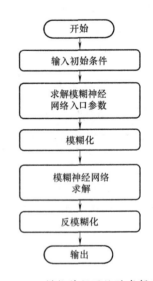

图1-6-13 模糊神经网络的求解流程

系统由用户的输入条件求解相应的模糊神经网络入口参数：即材质的热物理参数、板厚、点焊规范强度表征。对上述参数进行模糊化处理后，进入模糊神经网络进行映射求解。而后对求解出的模糊输出进行相应反模糊化处理，进而得到相应的铝合金电阻点焊工艺参数。采用模糊神经网络这种集成人工神经网络技术和模糊技术的推理求解方式可以充分利用两者的优点，更加适合铝合金电阻点焊的工艺参数的智能规划。其中一个核心网络模型如

图 1-6-14 所示。

本系统采用 VC6.0 和 Matlab5.3 结合开发完成，其中一个模糊神经网络学习界面如图 1-6-15 所示。

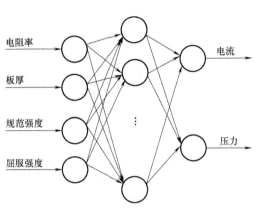

图 1-6-14 核心网络模型

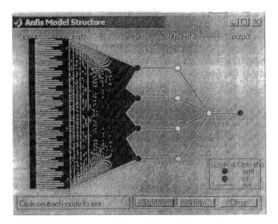

图 1-6-15 模糊神经网络学习界面

铝合金电阻点焊智能规划系统能够根据焊接材质的物理性质较为合理地求解其相应的电阻点焊焊接参数。

研制成功"铝合金点焊智能恒流控制器"，如图 1-6-16 所示。

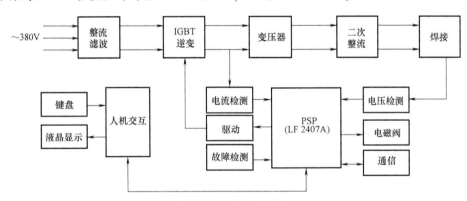

图 1-6-16 控制器模块图

电阻点焊智能控制系统由铝合金电阻点焊电流及电压参数检测模块、IGBT 驱动及电磁阀驱动模块、故障检测模块、人机交互模块（键盘输入和液晶显示电路）、DSP 主控模块以及通信模块六部分组成。其中，焊接参数检测模块完成点焊机一次电流、二次电压参数的检测，为系统智能控制提供控制及检测参数；IGBT 驱动模块执行控制 IGBT 的驱动，控制主电路电流的占空比从而控制其有效值；电磁阀驱动模块执行电磁阀控制，实现焊接过程中压力的施加与去除；故障检测模块完成主要元件的保护及故障报警；键盘输入和显示电路承担人机对话功能，完成各种控制参数的输入和焊接电流平均有效值、加热数据显示；通信模块执行系统存储数据同其他计算机系统之间的数据通信；DSP 模块选用了功能强大的 TMS320LF2407A 为主控制芯片，采用快速存储器等相应的同主 CPU 相适应的周边设备。系统主体模块如图 1-6-16 所示，DSP 主控板照片如图 1-6-17 所示。

应用控制软件完成焊接参数设置、焊接质量实时智能控制、同其他计算机数据通信以及故障检测等功能。系统功能模块之间转换通过人机交互子系统进行控制，以中断的方式进行。软件总控流程如图 1-6-18 所示。

系统通过对多次正常情况下焊接过程中电压参数的采集，将采集数据经由通信模块传输到主计算机中，对电压参数进行分析，得到相应正常范围的焊接过程电压数据，即为过程电压参照。在其后的焊接过程中，在每半个周波内进行电极间电压测量值同标准

图 1-6-17　DSP 主控板照片

值的比对，根据其偏差对焊接设定电流 I_g 进行调整从而产生 I_g' 作为焊接电流智能控制的参照。通过对电极间电压参数的监测可以弥补焊接区由于分流产生的热量产生不足。系统总体控制框图如图 1-6-19 所示。

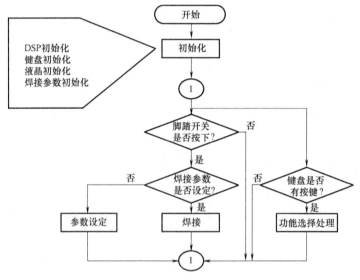

图 1-6-18　软件总控流程

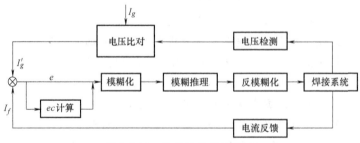

图 1-6-19　系统总体控制框图

模糊控制可以利用领域专家的操作经验、知识和推理技术及控制系统的信息得出相应的控制动作，在不确定性和非线性的控制中具有很好的鲁棒性。在电流控制子系统中，采用模

糊控制中的查表法。选择焊接电流的偏差 e 和偏差变化率 ec 作为恒流模糊控制器的输入量，脉冲宽度变化量 u 作为输出量，从而实现对铝合金电阻点焊电流的智能控制。其中 I'_g 为经过调整后的电流给定值，I_f 为电流反馈值。本系统的设计目标是在网压波动±15%范围内，焊接电流偏差在±2%。在模糊控制中，随着系统模糊划分细密程度的提高，系统的精度也随着相应的提高，但是系统存储容量及运算时间难以达到过高的模糊划分的要求。本系统电流偏差模糊划分如图 1-6-20 所示。图 1-6-21 所示为系统在偏差为正弦波动在±15%范围内的输出相应曲线，可以看出本系统输出较为稳定，偏差很小。

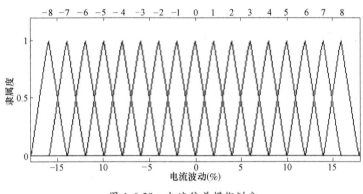

图 1-6-20　电流偏差模糊划分

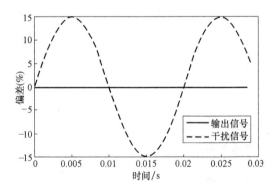

图 1-6-21　输出相应曲线

第五节　新型点焊机器人

一、点焊机器人新技术

点焊机器人通常由操作机、控制器和点焊钳等组成。现代点焊机器人特点如下。

1）采用逆变一体式点焊钳。该逆变一体式点焊钳大大降低了机器人抓重，具有控制精度高、响应速度快、节能、焊接工艺性能好等显著优点。

2）采用新型电极驱动机构。近年出现的伺服式点焊钳（枪），用伺服马达作为位置反馈，当机器人运行时，机器人控制伺服焊钳作为其辅助轴之一，可实现电极加压软接触及电极压力实时调节，在与焊接电流最佳配合后，显著提高了点焊质量和消除喷溅。例如：这种

MOTOMAN 点焊机器人已在日本、美国和欧洲获得应用。

最新的新型伺服焊钳具有气、电两种动力来源，既可采用传统的气（液压）缸，也可采用交直流伺服电动机作为焊钳驱动装置。特点如下。

① 压力建立过程迅速、机械负载降低、噪声低、喷溅少、小冲击施压，电极寿命长。

② 伺服电动机驱动和气缸驱动任意变换；可实现压力的实时调节，即可在焊接过程中改变压力，可实现多种任意可调的稳定压力循环曲线，提高生产率。

③ 自动补偿电极磨损，电极压力稳定，提高焊接精度和焊点质量。

新型伺服焊钳的优异性能使其成为车身点焊机器人焊钳的首选辅助设备，其最新研究是基于伺服反馈特性，进行焊件不合理匹配、电极磨损故障和焊点压痕的点焊质量在线检测。

图 6-19 所示为 Fronius 公司出产 DELTA SPOT 伺服点焊系统，该系统在电极与焊件之间增加了电极带，不但在点焊过程中可以保护焊件表面状态、减小焊接飞溅，而且电极与电极带、电极带与焊件之间产生的附加电阻，可以减小焊接功耗。

3）自动快速更换多种焊钳技术。机器人带有焊钳储存库，可根据焊装部位的不同要求或焊装产品的变更，自动从储存库抓换所需焊钳（图 6-20），增加了机器人的柔性。

4）配备自动化的质量和产量控制系统，如机器人三维激光视觉系统，数字摄像控制系统，射线质量检测系统等，有利于焊接质量的集中管理和控制。

5）新型的离线示教机器人，可借助 CAD/CAM 获取焊件构造、焊接条件和机器人机构等信息，进行离线示教，示教时间短，焊接质量稳定。

图 6-19　DELTA SPOT 伺服点焊系统

图 6-20　可自动更换焊钳的点焊机器人

二、车身焊装生产线的工艺规划与仿真技术

在激烈的市场竞争下，汽车产品的改型、变型和更新换代越来越快，对车身设计和焊装生产线都提出了更多更高的要求。以数字化工厂技术实现焊装工艺规划与仿真是焊接同步工程的一项主要工作内容，是焊装生产线设计的基础规划文件。它不仅能做到产品生命周期中的优质设计、制造及装配等向数字化模式转变，而且能对其生产过程进行仿真、评估和优化，实现产品的快速、低成本和高质量的制造。它包含以下技术特点和主要功能。

1）结合 CAD（计算机辅助设计）、CAE（计算机辅助工程）、CAM（计算机辅助管理）、VR（虚拟现实）和离散事件仿真技术，提供车身制造工艺"概念规划—粗规划—详细规划—生产运行管理"的完整解决方案，支持生产区域的工艺规划和模拟，如焊点布置、生产线的模拟、机器人模拟等。例如：数字化焊装线的开发流程如图 6-21 所示。

2）提供工艺规划的支持，获得产品数据和三维装配信息，定义工序顺序，优化布置焊点，用二维和三维的方式进行资源配置和布局，对变更进行管理，进行投资成本评估，并可生成工艺卡和相关文件资料。

3）对工艺仿真的支持。对车身焊装信息（如工位、夹具、车身零部件、焊点、焊钳和操作者等）进行建模，生成用于模拟的工作单元，管理并分析模拟结果，通过工作单元的组合来进行生产线模拟。例如：生产线联动分析中，在 Roboguide 软件（发那科机器人仿真软件）中，相关设备可

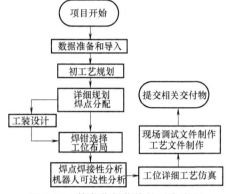

图 6-21　数字化焊装线的开发流程

以利用 I/O 信号的控制实现环境中相关设备的联动，模拟生产中设备的动作。如图 6-22 所示，设备联动仿真再现功能，可以应用多视角的录像将工艺方案评审带到一个仿佛真实的环境，从而准确地分析机器人可达性、焊接轨迹和设备的干涉问题。

图 6-22　数字化焊装线联动仿真

第七章

电阻焊质量管理与检验

现代电阻焊技术可以得到高质量焊接接头。但由于电阻焊过程中受众多偶然因素的干扰（表面状况不良、电极磨损、装配间隙的变化、分流等工艺因素的随机波动、焊接参数的波动等），要想杜绝生产中个别接头质量的降低、废品的出现还是有困难的。因此，必须对电阻焊产品的生产全过程进行监督和检验，保证其在规定的使用期限内可靠地工作，不致因焊接质量不良导致产品丧失全部或部分工作能力。

第一节　电阻焊的全面质量管理

电阻焊全面质量管理的主要任务是预防和及时发现焊接缺陷，确定焊接接头质量等级，保持所有生产因素的稳定性，并保证获得高而稳定的产品质量。电阻焊的全面质量管理内容如图7-1所示。

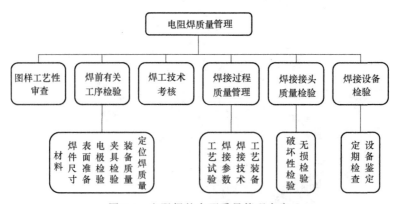

图 7-1　电阻焊的全面质量管理内容

图样工艺性审查的目的是保证焊接结构（件）的良好工艺性，如审查金属的厚度及材料牌号、焊缝位置的布置、焊接接头的形式、接头的开敞性、点距及搭边尺寸等。审查合格后，进行工艺会签。

焊前有关工序检验主要是对焊前准备的检查，是贯彻预防为主的方针，最大限度避免或减少焊接缺陷的产生，是保证焊接质量的积极有效措施。

电阻焊焊工应有较高的操作技术水平，因为焊接夹具、工艺装备和电阻焊机较为精密、复杂，机械化、自动化程度高，操作中稍许失误（如焊件放置偏离、电极冷却不良或修磨不规范、夹具使用不当等）都会造成批量性不合格品出现。

生产实践表明，电阻焊焊接质量与焊机性能和焊接参数关系极为密切。因此，必须保证焊接参数的正确选用，同时对各参数实行监控；电阻焊设备在安装和大修之后或控制系统改变之后，必须进行焊机的稳定性鉴定，确保鉴定合格后方可焊接产品。点焊机和缝焊机稳定性鉴定项目及要求见表 7-1。室温单点抗剪力最小要求值见表 7-2。允许的最小熔核直径见表 7-3。

表 7-1 点焊机和缝焊机稳定性鉴定项目及要求

焊机类别	接头等级	试件总数/个	宏观金相检验		X 射线检验		剪切试验	
			数量/个	要求	数量/个	要求	数量/个	要求
点焊机	一、二级	105	5	熔核直径应符合表 7-3 中要求，焊透率在 20% ~ 80% 之间，压痕深 ≤ 15%，无其他缺陷	100	除允许有 < 0.5mm 的气孔外，无其他缺陷	100	1）强度值均大于表 7-2 中的要求 2）90%的试件的强度应在 F_τ[①] 的±12.5%范围内，其余的应在 F_τ[①] 的±20%范围内
	三级				—	不要求	100	1）强度值均大于表 7-2 中的要求 2）90%的试件的强度应在 F_τ[①] 的±20%范围内，其余的应在 F_τ[①] 的±25%范围内
缝焊机	一、二级	300mm[②] 或 600mm 长缝焊	纵向 2 横向 3	缝焊宽度应大于表 7-3 中的值，焊透率在 20% ~ 80% 范围内，压痕深度<15%	全部	除允许有 < 0.5mm 的气孔外，无其他缺陷	5	大于母材强度的 85%
	三级		纵向 1 横向 2		—	不要求	5	铝合金要求其强度大于母材抗拉强度的 80% ~ 85%

① F_τ 为试样抗剪力的平均值。

② 铝合金要求焊 600mm，碳钢及不锈钢要求焊 300mm 长的缝焊。

表 7-2 室温单点抗剪力最小要求值

材料厚度/mm	室温最小单点抗剪力/N（点）							
	2A11-T4 7A04-T6 2A16-T4	5A02 5A03 7A04-O	10 和 20 钢	30CrMnSiA[①] 25CrMnSiA[①]	强度>1035MPa 的不锈钢	强度<1035MPa 的不锈钢	TA7 TC3 TC4	TA1 TA2 TA3 TC2
0.3	—	—	784	882	1225	890	1275	980
0.5	540	440	1420	1665	2355	1735	2450	1765
0.8	930	830	3040	3530	4650	3445	4410	3530
1.0	1235	1125	3920	4705	6500	4735	6670	4900
1.2	1520	1370	5488	4510	8700	6200	8340	6370
1.5	2450	2060	7840	8820	10000	7500	12750	9810

（续）

材料厚度/mm	室温最小单点抗剪力/N(点)							
	2A11-T4 7A04-T6 2A16-T4	5A02 5A03 7A04-O	10 和 20 钢	30CrMnSiA[①] 25CrMnSiA[①]	强度>1035MPa 的不锈钢	强度<1035MPa 的不锈钢	TA7 TC3 TC4	TA1 TA2 TA3 TC2
2.0	3530	3040	10780	12740	14000	8900	17560	12750
2.5	4700	4110	14700	14895	20000	11400	22560	15690
3.0	6175	—	18620	19600	25000	17000	26480	18630
3.5	8000	—	20000	—	31000	23000	—	—
4.0	10000							

① 30CrMnSiA 和 25CrMnSiA 点焊前为退火状态，焊后未处理。

表 7-3　允许的最小熔核直径

材料厚度/mm	最小熔核直径/mm			
	铝合金	碳钢及低合金钢	不锈钢	钛合金
0.3	—	2.2	2.2	2.5
0.5	2.5	2.5	2.8	3.0
0.8	3.5	3.0	3.5	3.5
1.0	4.0	3.5	4.0	4.0
1.2	4.5	4.0	4.5	4.5
1.5	5.5	4.5	5.0	5.5
2.0	6.5	5.5	5.8	6.5
2.5	7.5	6.0	6.5	7.5
3.0	8.5	6.5	7.2	8.5
3.5	9.0	7.0	7.6	—
4.0	9.5	—	—	—

注：缝焊焊缝的熔核最小宽度，比点焊熔核直径要求大 0.2~0.5mm（板厚≤1.0mm）、0.5~1.0mm（板厚 1.2~3.0mm）。

电阻焊接头的质量检验，分为破坏性检验和无损检验两类。破坏性检验是普遍应用的评定接头质量的方法，通过对试件或焊件的抽样检查取得接头性能数据。由于技术上保证了试件或抽样具有与焊件同样的质量特性，因此，能够通过对少数样件的检验来判定整批焊件的质量。抽样检查的数量应根据产品的重要程度（接头质量等级）和生产的稳定性来确定，一般在生产检验目录清单和生产说明书中均有明确规定。无损检验可在不破坏焊件情况下对其表面及内部缺陷存在的情况进行检查，在焊件的生产过程中及时剔除出现的不合格产品。在成品验收时，检查是否达到设计要求。同时，产品在役运行中也能经常地或定期地检查是否出现危险缺陷，以防止事故发生。所以，无损检验在质量管理、质量检验和维护检验中，都是一种有效的、经济的技术。重要的电阻焊结构（件）质量检验流程如图 7-2 所示。

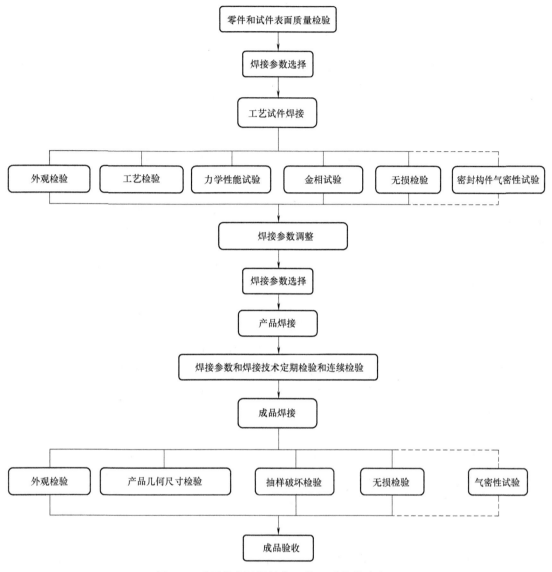

图 7-2　重要的电阻焊结构（件）质量检验流程

第二节　电阻焊接头的主要质量问题

焊件使用条件不同，所要求的焊接接头质量指标也不同，通常国内外主要依据产品的重要性（从交变载荷、疲劳强度等要求出发）将焊接接头分为三个等级（HB 5282—1984；HB 5276—1984；HB 6737—1993；MIL-W-6858D⊖），见表7-4。

⊖　HB 5282—1984 为航空部标准《结构钢和不锈钢电阻点焊和缝焊质量检验》。HB 5276—1984 为航空部标准《铝合金电阻点焊和缝焊质量检验》。HB 6737—1993 为航空部标准《高温合金电阻点焊和缝焊质量检验》。MIL-W-6858D 为美国军用规范。航空标准中一级焊缝要高于国家标准中对一级焊缝规定的要求。

表 7-4　焊接接头等级

接头等级	质 量 要 求
一级	承受很大的静、动载荷或交变载荷;接头的破坏会危及人员的生命安全
二级	承受较大的静、动载荷或交变载荷;接头的破坏会导致系统失效,但不危及人员的安全
三级	承受较小的静载荷或动载荷的一般接头

但也应注意在一些产品上还有以合于使用为目的而制定的另一类标准,即所谓的符合"合于使用"标准,例如:上汽通用五菱汽车股份有限公司企业标准——电阻焊检验标准及返修流程中,规定了汽车零部件及白车身总成点焊表面外观标准,也分为ⅡB级、ⅡC级及Ⅲ级焊点三个等级。其中,ⅡB级焊点要求在钣金表面的可见痕迹最不明显,ⅡC级焊点为整车总成(含在车身内或打开车门可见)时可见钣金表面的焊点,Ⅲ级焊点为钣金件普通用途的焊点,无特殊外观要求。又例如:一汽点焊企业标准 QCAYJ-58-2010 中,也规定了汽车产品的点焊质量检验要求、检验方法和质量评定。

总之,根据焊接接头等级的不同,检验的项目和要求也不同,可由各专业技术条件和相关标准具体规定。

一、点焊、缝焊接头的主要质量问题

点焊接头的质量要求,首先体现在接头应具有一定的强度(静载和疲劳等),这主要取决于熔核尺寸(直径和焊透率)、熔核和其周围热影响区的金属显微组织及缺陷情况。多数金属材料的点焊接头强度仅与熔核尺寸有关;只有可淬硬钢等对热循环敏感的材料,当点焊工艺不当时,接头由于被强烈淬硬而使强度、塑性急剧降低,这时,尽管具有足够大的熔核尺寸也是不能使用的。

缝焊接头的质量要求,首先体现在接头应具有良好的密封性,而接头强度则容易满足。密封性主要与焊缝中存在某些缺陷(局部烧穿、裂纹等)及其在外界作用下(外力、腐蚀介质等)进一步扩展有关。

结合国家标准 GB/T 6417.2—2005《金属压力焊接头缺欠分类及说明》及其他相关标准和生产实际,现将点、缝焊接头的主要质量问题列于表 7-5 中。此外,点、缝焊时由于毛坯准备不好(如折边不正、圆角半径不符合要求等)、组合件装配不良、焊机电极臂刚性较差等原因也会造成焊接结构缺陷,这种缺陷也会带来质量问题,甚至出现废品。

表 7-5　点、缝焊接头的主要质量问题

名称	质量问题	产生的可能原因	改进措施	示意图
熔核、焊缝尺寸缺陷	未焊透或熔核尺寸小	电流小,通电时间短,电极压力过大	调整焊接参数	
		电极接触面积过大	修整电极	
		表面清理不良	清理表面	
	焊透率过大	电流过大,通电时间长,电极压力不足,缝焊速度过高	调整焊接参数	
		电极冷却条件差	加强冷却,改换导热好的电极材料	

（续）

名称	质量问题	产生的可能原因	改进措施	示意图
熔核、焊缝尺寸缺陷	重叠量不够（缝焊）	电流小,脉冲持续时间短,间隔时间长	调整焊接参数	
		点距不当,缝焊速度过高		
外部缺陷	焊点压痕过深及表面过热	电极接触面积过小	修整电极	
		电流过大,通电时间过长,电极压力不足	调整焊接参数	
		电极冷却条件差	加强冷却	
	表面局部烧穿、溢出、表面喷溅	电极修整得太尖锐	修整电极	
		电极或焊件表面有异物	清理表面	
		电极压力不足或电极与焊件虚接触	提高电极压力、调整行程	
		缝焊速度过高,滚轮电极过热	调整焊接速度,加强冷却	
	表面压痕形状及波纹度不均匀(缝焊)	电极表面形状不正确或磨损不均匀	修整滚轮电极	
		焊件与滚轮电极相互倾斜	检查机头刚度,调整滚轮电极倾角	
		焊接速度过高或规范不稳定	调整焊接速度,检查控制装置	
	焊点表面径向裂纹	电极压力不足,锻压压力不足或加得不及时	调整焊接参数	
		电极冷却作用差	加强冷却	
	焊点表面环形裂纹	焊接时间过长	调整焊接参数	
	焊接表面黏损	电极端面倾斜	修整电极	
		电极材料选择不当	调换合适电极材料	
	焊点表面发黑,包覆层破坏	电极、焊件表面清理不良	清理表面	
		电流过大,焊接时间过长,电极压力不足	调整焊接参数	
	接头边缘压溃或开裂	边距过小	改进接头设计	
		大量喷溅	调整焊接参数	
		电极未对中	调整电极同轴度	
	焊点脱开	焊件刚性大而又装配不良	调整板件间隙,注意装配;调整焊接参数	

（续）

名称	质量问题	产生的可能原因	改进措施	示意图
内部缺陷	裂纹、缩松、缩孔	焊接时间过长,电极压力不足,锻压力加得不及时	调整焊接参数	
		熔核及近缝区淬硬	选用合适焊接循环	
		大量喷溅	清理表面,增大电极压力	
		焊接速度过高	调整焊接速度	
	核心偏移	热场分布对贴合面不对称	调整热平衡(不等电极端面,不同电极材料,改为凸焊等)	
	结合线伸入	表面氧化膜清除不净	高熔点氧化膜应严格清除并防止焊前的再氧化	
	板缝间有金属溢出(内部喷溅)	电流过大,电极压力不足	调整焊接参数	
		板间有异物或贴合不紧密	清理表面,提高压力或用调幅电流波形	
		边距过小	改进接头设计	
	脆性接头	熔核及近缝区淬硬	采用合适的焊接循环	
	熔核成分宏观偏析(旋流)	焊接时间短	调整焊接参数	
	环形层状花纹(洋葱环)	焊接时间过长	调整焊接参数	
	气孔	表面有异物(镀层、锈等)	清理表面	
	胡须	耐热合金焊接规范过软	调整焊接参数	

二、对焊接头的主要质量问题

对焊接头的质量要求,体现在接头应具有一定的强度和塑性,尤其对后者应给予更多的注意。通常,由于工艺本身的特点,电阻对焊的接头质量较差,不能用于重要结构。而闪光对焊,在适当的工艺条件下,可以获得几乎与母材等性能的优质接头。

许多资料表明,对焊接头的薄弱环节通常是焊缝,破坏往往是由于焊缝中存在着缺陷而造成。其中最有代表性的、最危险的缺陷是未焊透,它将使接头塑性急剧降低。另外,在对焊接头组织缺陷中还有淬硬(出现马氏体 M)、软化(脱碳而使铁素体 F 大量增加)、晶纹(纤维流线)强烈弯曲和呈现"横流"。

结合国家标准 GB/T 6417.2—2005《金属压力焊接头缺欠分类及说明》及其他相关标准和生产实际,现将对焊接头的主要质量问题列于表 7-6 中。

表 7-6 对焊接头的主要质量问题

名称	质量问题	产生的可能原因	改进措施	示意图
几何形状缺陷	形状偏差、中心线(端面)偏移	毛坯弯曲、端面不平直	焊前校正毛坯	形状超差
		调伸长度过长、顶锻留量过大、顶锻力过大	调整焊接参数	
		焊件装夹不正	重新装夹并检验	
		活动座板行程轨道不正确、导轨间隙过大或机架刚性不足,夹头变形太大	增加刚性	
		夹钳电极磨损、变形	更换夹钳电极	
	尺寸(长度、圆周)偏差	烧化留量、顶锻留量不当或不稳定	调整焊接参数、检修设备控制装置	尺寸超差
	焊件表面烧伤	夹紧力太小	调整焊接参数	
		电极磨损变形或电极导电、导热性太差	更换电极	
		电极与焊件表面间有异物、污垢等	清理表面	
		焊件尺寸不标准	修整尺寸	
连续性缺陷	未焊透	二次空载电压(或电流密度)太低,有电顶锻时间太短,顶锻留量太小,闪光留量太小,闪光速度太大	调整焊接参数	毛刺较小 加热区窄 接口有明显夹杂 断口局部或全部无晶体断裂 氧化膜
		预热时间太短或预热温度太低		
		顶锻速度过低		
		对口端面清理不干净或端面不平齐(电阻对焊)	清理表面,加工端面,施加保护气氛焊接	
	裂纹(层状撕裂)	加热不足而顶锻留量、顶锻力过大	调整焊接参数	裂纹相互平行 (参见 7003 铝合金 X 形缺陷)
		过烧时顶锻留量、顶锻力又较小		
		母材中有夹层或夹渣		
	裂纹(淬火裂纹)	接头产生淬硬组织	采用合适的焊接循环、焊后热处理	—
	裂纹(表面纵向和环形裂纹)	有电顶锻时间太长	调整焊接参数	(纵向)
		焊件过热		
		活动座板过早载着焊件后移	增加刚性	(环形)
		夹头和顶锻机构的焊件产生弹性变形		

（续）

名称	质量问题	产生的可能原因	改进措施	示意图
连续性缺陷	灰斑及氧化夹杂	闪光不稳定,尤其顶锻前断电	调整焊接参数	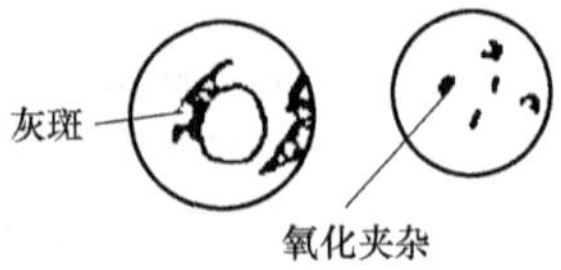
		闪光终了时的闪光速度太小		
		顶锻留量、顶锻速度太小		
		端面加热不均匀,区域烧化不够强烈		
组织缺陷	残留铸造组织和铸造缺陷（疏松、缩孔）	二次空载电压过高,深火口	调整焊接参数	
		顶锻留量、顶锻力过小		
		顶锻速度过低		
		母材双相区宽,固相端面不平度大		
	过热和过烧;晶粒边界熔化	有电顶锻量过大或有电顶锻时间过长	调整焊接参数;过热组织可通过常化处理消除	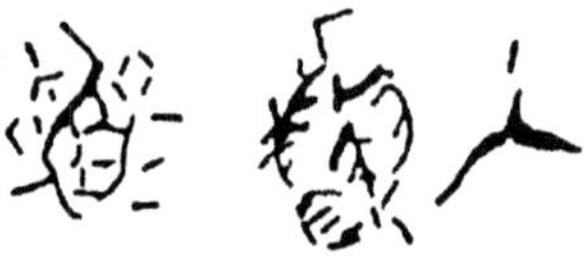
		闪光速度、顶锻留量太小		
		预热过度		
		因为顶锻速度太低而使有电顶锻时间加长		

【阅读材料1-7-1】 GB/T 6417.2—2005 金属压力焊接头缺欠分类及说明

本标准等同采用 ISO 6520-2：2001《焊接及相关工艺　金属材料几何缺欠的分类　第2部分：压力焊》（英文版）。

1. 范围

本标准适用于压力焊接头中的各类焊接缺欠。

2. 定义

焊接缺欠（Welding Imperfection）：在焊接接头中因焊接产生的金属不连续、不致密或连接不良的现象,简称为"缺欠"。

焊接缺陷（Welding Defect）：超过规定限值的缺欠。

3. 表示方法

需要对缺欠做标注时,应采用"缺欠+标准编号+代号"的方式表示,如裂纹（100）可标记为：缺欠 GB/T 6417.2—P100。

4. 缺欠的分类及代号

焊接缺欠可根据其性质、特征分为以下6个种类（大类）。

1）裂纹（P100）。

2）孔穴（P200）。

3）固体夹杂（P300）。

4）未熔合（P400）。

5）形状和尺寸不良（P500）。

6）其他缺欠（P600）。

每种缺欠又可根据其位置和状态进行细分。例如：P5213——熔核直径太小或熔核直径小于要求的限值，如图1-7-1所示。

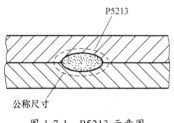

图1-7-1　P5213示意图

第三节　电阻焊接头质量检验标准

目前，有关电阻焊质量检验标准较少和尚不完善，尤其是对焊的质量检验多散见于某些产品标准之中。

一、接头力学性能方面的规定

HB 5282—1984、HB 5276—1984、HB 6737—1993对点、缝焊接头强度做了规定。

应该注意，不同厚度板材组合焊接，按薄板计算接头强度；异种材料（板厚相同）组合焊接，按强度极限低的材料计算接头强度；不同厚度、不同材料组合焊接，按承载能力低的一侧板材计算接头强度。同时，点、缝焊接头的抗拉强度均比抗剪强度要低，钢和耐热合金的抗拉强度约为抗剪强度的60%～75%，而轻合金仅为30%～40%，当温度提高时，这一比值还要低。因为拉伸试验时（图7-3），熔核边缘将产生极为严重的应力集中和拉力垂直作用于柱状晶相碰的薄弱界面上，疲劳强度则更低，仅为静抗剪强度的5%～20%。

单点或单排焊点的点焊接头，其静载强度是不可能达到与母材等强度的，这主要是因为搭接接头力轴之间有偏心距Δ（图7-4），焊点除受切应力外，还承受偏心力引起的拉应力。只有采取多排多列（最好交错开排列）焊点的接头才可获得与母材等强度。但此时的动载强度仍然较低。为解决此问题，可采用涂胶的胶接点焊复合工艺，甚至在铝合金轿车中采用自冲铆接及摩擦点焊工艺。缝焊接头的静、动载强度均比点焊接头高，尤其静载强度，对于焊接性良好的材料可不低于母材，但此时接头的疲劳寿命仍远低于其他熔焊方法。

点、缝焊接头拉伸试验按GB/T 2651—2008进行，疲劳试验按GB/T 15111—1994进行。

有关对焊接头的质量检验中，除规定接头的强度指标外，也对接头的塑性、韧性指标做了规定，尤其对重要的焊接结构，后者受到了更大的注意。这主要由于电阻对焊或闪光对焊的接头形成实属固相连接，其最危险的缺陷（未焊透、裂纹等）对塑性的降低影响更为显著的缘故。

电阻焊对接接头的拉伸试验按GB/T 2651—2008进行，其试验包含焊缝、热影响区与母材三种性能差异甚大的区域，低碳钢和某些焊接性良好的材料，电阻对焊获得的接头抗拉强度可达母材的90%以上，而闪光对焊获得的接头抗拉强度则更高；冲击试验按GB/T 2650—2008进行，由于焊缝很窄，缺口加工时可能会产生偏差，所得数据会较分散；压扁试验仅用于对接缝焊管的检验，可代替弯曲试验；弯曲试验按GB/T 2653—2008规定进行，接头一般均做横弯试验。这里应该注意，对焊接头的质量检验常按相关专业标准规定进行，如矿用圆环链的闪光对焊接头质量检验，应满足矿用链GB/T 12718—2009标准中对力学性能的要

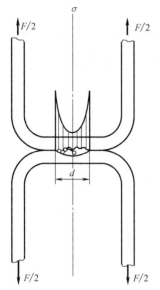

图 7-3 拉伸试验时焊点的应力分布

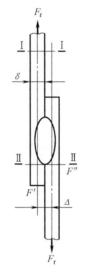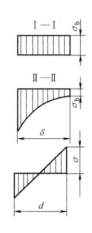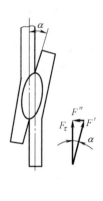

图 7-4 抗剪试验时点焊接头应力分布

求，因为焊接质量是矿用圆环链质量的基础指标，如果焊接质量不合格，即使热处理参数再合理，也不会有好的力学性能，见表 7-7。

表 7-7 ϕ16mm×64mm 型矿用圆环链（23MnNiCrMo64）力学性能

型号	项目						
	质量级别	试验载荷 F/kN	试验载荷下最大伸长率 $\delta(\%)$	破断载荷 F_m/kN	破断时最小伸长率 $\delta(\%)$	脉动循环次数 $N/$次	弯曲挠度值 f/mm
MT36-80	B	260	1.4	≥320	12	>50000	16
	C	330	1.6	≥410	12	>70000	16
	D	410	2.0	≥510	12	>70000	16
ISO/R610	B	260	1.4	≥320	12	>50000	14
	C	330	1.6	≥410	12	>70000	14
	D	410	1.9	≥510	12	>70000	14

综上所述，电阻焊接头力学性能试验可参考表 7-8 选择项目。

表 7-8 电阻焊接头力学性能试验项目选用表

试验项目	焊接方法				
	点焊	凸焊	缝焊	对焊	对接缝焊
剪切试验	○	○	○	—	—
正拉试验	○	○	—	—	—
拉伸试验	—	—	—	○	—
冲击试验	—	—	—	○	—
压扁试验	—	—	—	—	○

（续）

试验项目	焊接方法				
	点焊	凸焊	缝焊	对焊	对接缝焊
弯曲试验	—	—	—	○	—
疲劳试验	○	○	—	○	—
扭转试验	○	○	—	—	—

注：○—表示选用；—表示不选。

二、接头缺陷方面的规定

有关点、缝焊接头缺陷的指标规定，见表7-9。其中焊点、焊缝的压痕深度：一级接头不超过板厚10%；二级接头不超过板厚15%；三级接头不超过板厚20%。有关熔核尺寸、焊缝宽度、焊透率、重叠量等规定可参阅前面章节中的有关内容。

表7-9 点、缝焊接头允许存在和修补的缺陷数量（%）及推荐修补方法（HB 5276—1984）

缺陷名称		允许存在(不大于)			允许修补(不大于)			缺陷修补方法	备注
		一级	二级	三级	一级	二级	三级		
外部飞溅		0	0	0	5	10	15	机械清理	
过深压痕		5	10	10	0	0	0		
脱焊		0	0	0	1	2	5	重焊、铆接	
熔核过小		0	0	0	3	5	10	重焊、铆接	
外部裂纹		0	0	0	3	5	10	重焊、氩弧焊、铆接	
表面发黑	点焊	3	5	10	5	10	15	机械清理	2A21、5A02
	缝焊	10	15	25	15	20	30		允许不修补
板边胀裂		0	0	0	1	2	5	氩弧焊、锉修	
烧穿		0	0	0	0	每班1个<20mm	每班1个<20mm	氩弧焊	每个焊件上只允许1个
烧伤		0	0	0	3	5	10	氩弧焊、铆接、机械清理	
内部飞溅		3	5	10	5	10	15	清除可见溅出物	
内部裂纹及气孔		0	5	—	5	10	—	重焊、氩弧焊、铆接	
校正引起的脱开		0	0	0	2	5	5	重焊、铆接	
缺陷总数		5	10	15	10	15	20		不包括表面发黑

注：表中数值为有缺陷的焊点数占焊点总数的百分数及有缺陷的焊缝长度占焊缝总长的百分数。

从焊件上切取试样进行低倍检验时，熔核内部允许存在缺陷的尺寸及分布范围：在熔核长轴方向，一级接头单个缺陷不大于$0.3d$，二级接头不大于$0.5d$，且所有缺陷不超出熔核中心长轴方向$0.7d$范围；在短轴方向，由结合面伸向板厚方向的深度（h_1），一级接头不大于0.3δ，二级接头不大于0.5δ，且不超出熔核范围（图7-5）。

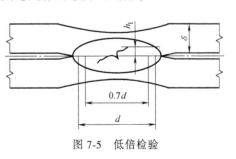

图7-5 低倍检验

低倍检验中所用腐蚀液见表7-10。

表7-10 低倍检验中所用腐蚀液

受检材料	铝合金	铜合金	钛合金	低碳钢 低合金钢	不锈钢 高温合金
腐蚀液成分	HCl　　15 HNO$_3$　15 HF　　20 水　　50 （体积分数%）	过硫酸铵　10 水　　　　90 （体积分数%）	HF　　　1 HCl　　1.5 HNO$_3$　2.5 水　　　95 （体积分数%）	HNO$_3$　　2 酒精　　98 （体积分数%）	CuSO$_4$　4g HCl　　20mL 酒精　　20mL

第四节　电阻焊接头检验方法

电阻焊接头的质量检验，分为破坏性检验和无损检验两类。

一、破坏性检验

破坏性检验主要用于焊接参数调试，生产过程中的自检（操作人员自行检验）和抽验（检验人员按工艺文件规定的比例进行抽查检验）。破坏性检验实际上只能给予参考性的信息、由模拟而来的信息，因为实际工作的接头往往是未经检验的。但是由于该类检验方法简单和检验结果的直观性，在实际生产中仍然获得了广泛使用。

1. 撕破检验

用简单工具在现场对点、缝焊工艺试片进行剥离、旋铰、扭转和压缩（图7-6）等，可获得焊点直径、焊缝宽度、强度等大致定量概念，但不能得到较准确的性能数值。有时在断口上能观察到气孔、内喷溅等缺陷。

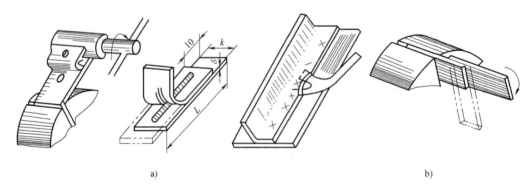

a)   b)

图 7-6　撕破检验

a）剥离　b）扭转

2. 低倍检验

对点、缝焊工艺试片做低倍磨片腐蚀后，在 10～20 倍读数放大镜下观察、计算可获得有关熔核直径、焊缝宽度、焊透率和重叠量等准确数值。同时，也能观察到气孔、缩孔、喷溅和内部裂纹等缺陷。低倍检验在铝合金等重要结构的点、缝焊接头的现场试验中具有重要作用。

3. 金相检验

对点、缝、对焊接头均可采用金相检验，目的是了解接头各部分金属组织的变化情况以及观察裂纹、未焊透、气孔和夹杂等几乎所有内部缺陷情况，以便为改进工艺和制定焊后热处理规范提供依据。

4. 断口分析

基本同金相检验，多采用扫描电子显微镜。

5. 力学性能试验

用以鉴定电阻焊接头的强度、塑性和韧性等是否满足相应的力学性能指标要求，常采用的试验方法见表 7-8。

各试验方法所用试件及原理参见本章第三节中提到过的相关标准，力学性能指标可查阅有关专业标准的规定。

应该指出，力学性能试验有时并不采用标准试样和标准试验方法，而是根据产品的使用条件和要求，采用与接头部位结构相仿的模拟试件或直接用结构本身做试验。这种试验往往同时反映出接头强度、塑性等多种性能指标的综合。当然，这种试验所能反映客观要求的准确性，应当在产品大量使用过程中受到考验。

例如：矿用圆环链 $\phi18mm \times 64mm$ 的弯曲试验（图 7-7），以其弯曲变形达到规定的挠度值 $f<16mm$，链环不应有开裂和链环受弯后的破断载荷不能小于规定链环最小破断载荷的 50%（表 7-7），以此来反映高强圆环链闪光对焊接头的强韧性好坏。

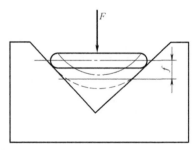

图 7-7 矿用圆环链弯曲试验

二、无损检验

对电阻焊接头进行无损检验有两类方法：其一是目视检验、密封性检验以及施加规定载荷下的接头强度检验等；其二是一些物理检验方法，即 X 射线检验、超声波探伤、涡流探伤、热图像法检验和磁粉检验等。

1. 目视检验

用观察（允许用不大于 20 倍的放大镜）和实测法检查几何形状上的缺陷，以及可观察到外部裂纹、表面烧伤、烧穿、喷溅和边缘胀裂等缺陷。

2. 密封性检验

密封性检验主要用于气密、油密和水密的缝焊接头。通常可用气压法（0.1～0.2MPa）枕形试件（图 7-8）或结构本身在水中进行，也可用液压法、氦气指示法、氦质谱法及卤素检漏法等。其中氦质谱法精度最高，可查出 $2.4\times10^{-4} mm^3/h$ 最小泄漏容积。

3. 施加规定载荷下的接头强度检验

这种检验方法是根据产品要求、生产特点

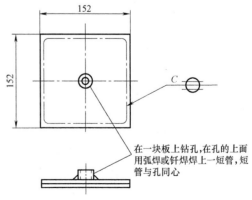

图 7-8 缝焊焊缝枕形抗漏试验

和条件而确定的。例如：闪光对焊汽车轮辋后需要扩胀机做扩口试验，这既检验了接头质量，又代替了整形工序，一举两得。

4. X射线检验

接头内部缩孔、气孔、裂纹和板间缝隙内的喷溅（点、缝焊）可在X射线透射时发现。同时，对有区域偏析的焊点，可以检测出熔核尺寸和未焊透缺陷。例如：2A12铝合金焊点，由于枝晶偏析使熔核边缘部位形成富铝贫铜区，对X射线吸收减弱，因而在透视底片上呈现暗色圆环（黑环）；又由于塑性环所造成的金属增厚及合金成分的聚集（强化相），使这里吸收X射线较强，因而透视底片上呈现亮晕（白环），2A12在有包铝层时以上现象更为显著（图7-9）。因此，可用黑环直径确定出熔核尺寸。

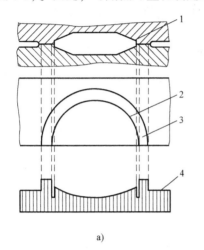 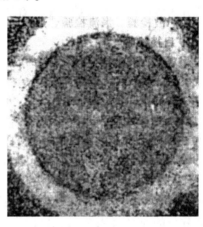

a)　　　　　　　　　　　　　　　　　　b)

图7-9　X射线检验2A12-T4点焊接头

a）在X射线底片上造成亮暗对比景象原理图　b）X射线底片

1—铝聚集处　2—黑环　3—白环　4—X射线强度衰减程度分布曲线

点焊镁合金时，因核心周围形成富锰区吸收X射线较多，故以白环显现于X射线底片上，由此也可判断焊点尺寸和未焊透。

应该注意，以上情况仅局限在几种铝合金、镁合金中（2A12、2A16、7A04、7A09、MB8等）。但是，对于其他金属材料，可以通过焊前在焊件表面特意加入X射线对比层（PKC）后进行X射线透视（PKC一般由与母材金属对X射线吸收系数相差很大的金属粉、箔制成），根据PKC分布状态，可以准确判断出融化区尺寸和未焊透缺陷。

5. 超声波探伤

超声波探伤能够确定完全未焊透（当焊件之间有间隙时）、气孔、缩孔和裂纹。但对"黏着"（未焊透一种）却有困难，这主要因为形成"黏着"的氧化膜厚度较超声波探伤仪所能检测的尺寸小得多。

6. 涡流探伤

涡流探伤可以检验熔核尺寸及未焊透缺陷，其原理是利用熔核直径的大小与焊接区导电性之间已确定的关系来进行比较。例如：铝合金点焊熔核为正常尺寸时，焊接区的导电性比母材金属降低10%~15%，而发生未焊透时只降低5%~7%。工作时，探头放在焊点表面上，产生的交变磁场在焊件中感应出涡流，涡流的大小取决于熔核尺寸。如果熔核减小，金属导电性便提高，也就引起探头-焊件系统的电参数变化，造成输出电压相位的改变，因而使测量仪表指针做相应偏摆。

7．无损检验新技术

电阻焊是一种机械化、自动化程度颇高的高效先进焊接方法，焊接接头质量在线自动检测技术始终是其发展方向和研究热点。

（1）点焊接头的射线实时成像法自动检测 在航空航天产品上，很多结构采用铝合金点焊，对焊点的质量要求很高。由于点焊焊点内部组织的特点，通过射线照相可以在底片上发现焊点内部的缺陷；但是其检测效率很低且周期长。若采用实时成像的方法可以较好地解决这一问题。图7-10a所示为2A12-T4铝合金的焊点原始数字图像，图中灰度较高的环形影像是所谓的亮环，亮环内部灰度较低的圆形部分是焊后形成的熔核，中心部位灰度更低且不规则的条纹等是裂纹、夹渣和气孔等缺陷。图7-10b所示为计算机处理后输出图像，其圆形边界为计算机处理的区域，从图中可以清晰地看到二值化缺陷图像，经识别诊断程序的进一步处理，可实现质量的自动评价。

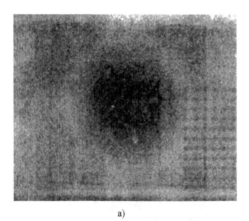 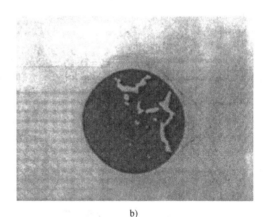

a) b)

图7-10 铝合金焊点质量射线自动检测

a）焊点原始数字图像 b）计算机处理后输出图像

（2）点焊接头的自动超声波检测 近年来，国内出现的便携式焊接接头全自动超声波检测仪（型号：JLU-WJ-001，吉林大学研制），如图7-11所示，实现了探头在非水浸的情况下对点焊（焊缝）接头表面自适应扫描检测及实时信号采集、C扫描图像自动生成、熔核直径（焊缝熔宽）的定量计算等功能。

检测仪由工业计算机、超声波检测模块和机械扫描运动模块等组成。

1）工业计算机。它具有稳定性好、抗干扰性强、易于扩展等普通计算机不具备的优点，是超声波检测系统的核心部分，其功能是协调控制超声波检测模块及机械扫描运动模块工作、完成超声波检测数据的自动分析处理及C扫描图像自动生成、检测数据信息存储、为超声波检测系统提供人机交互

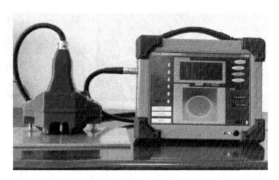

图7-11 JLU-WJ-001检测仪（机械扫描）

界面等。

2）超声波检测模块。它是超声波检测系统的重要组成部分，包括超声波发射/接收电路模块及超声波探头。它的工作原理是：超声波发射电路向超声波探头发射高压电脉冲激励信号，通过超声波探头换能晶片产生超声波，超声波入射到被检测试件内部，经反射、折射、散射及衰减等过程后，部分含有试件内部结构信息的超声波反射回探头，又经超声波探头换能晶片逆向转换为电信号，该电信号经超声波接收电路限幅、放大、滤波及 A/D 模数转换处理后，通过通信总线传输到计算机进行后续处理。超声波探头选择的聚焦探头，其超声波对微小结构及缺陷的识别能力强，适用于焊接接头超声检测。

3）机械扫描运动模块。它是超声波检测仪实现焊接接头定量化检测的关键部件，由二维扫描运动机构及电动机驱动模块组成。步进电动机驱动的扫描运动步距在 0.02～1.6mm 的范围内可调，以满足不同的扫描检测精度要求。同时，设计了超声波探头在垂直于扫描平面方向自动适应被检测试件表面变化的随动机构，降低了对被测试件表面水平度的要求。计算机通过电动机驱动模块控制超声波探头的扫描运动，并协同控制超声波检测模块实现对焊接接头的步进式定位扫描超声波检测。

利用超声波检测系统开发的超声波检测数据存储管理功能，其界面如图 7-12 所示，可以将扫描过程中超声回波信号及检测结果进行存储，为点焊质量评定及后期数据浏览与查询提供依据，实现点焊质量的信息化管理，同时为对超声扫描检测数据进行人工分析提供高效辅助手段。其中，人工分析模块是为了方便后续的数据分析而设立，如图 7-13 所示。扫描检测结束后，操作人员可以通过此功能轻松便捷地对整个检测过程进行逐点回放，分析 C 扫描图像每个扫描节点所对应的超声 A 回波信号，加深对 C 扫描图像细节的理解。

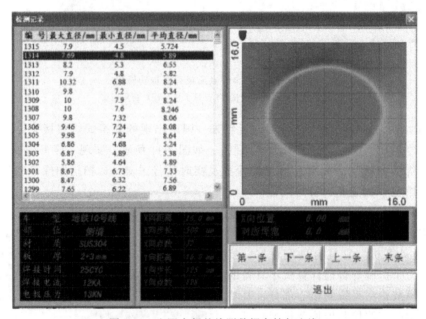

图 7-12　电阻点焊的检测数据存储与查询

国际市场上，类似产品，如东芝的三维超声检测系统（3D Ultrasonic Inspection System，即 Matrixeye™），也可方便检测熔核尺寸并评定，如图 7-14 和图 7-15 所示。

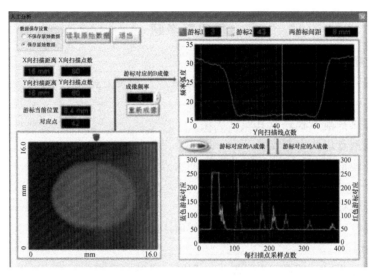

图 7-13　电阻点焊人工分析界面

图 7-14　Matrixeye^{TM} 三维超声检测系统（手工扫描）

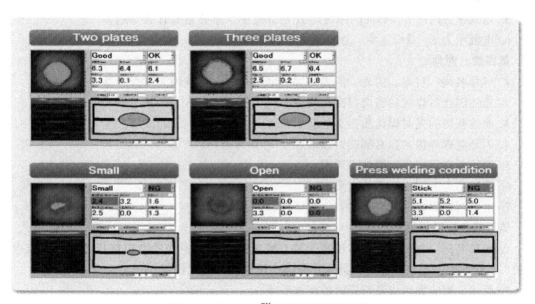

图 7-15　Matrixeye^{TM} 系统检测熔核屏幕

复习思考题

第一章 点焊

1. 解释名词：点焊、熔核、塑性环、边缘效应、分流、点焊硬规范、点焊软规范、喷溅临界曲线。

2. 写出点焊热平衡方程式及其实际应用。

3. 简述低碳钢点焊技术要点。

4. 简述可淬硬钢点焊技术要点和多脉冲回火点焊工艺的意义。

5. 简述铝合金点焊技术要点。

6. 简述镀层钢板点焊技术要点。

7. 试分析板厚 1mm+1mm 的低碳钢板点焊时工艺的选择。

第二章 凸焊

1. 解释名词：凸焊、环焊、T 形焊、滚凸焊、线材交叉焊。

2. 简述凸焊接头的结合特点。

3. 简述凸焊工艺特点。

4. 简述凸焊焊接参数选择特点（与点焊比较）。

5. 综合分析低碳钢单点凸焊技术要点。

6. 镀层钢板的凸焊为何比点焊容易？

第三章 缝焊

1. 解释名词：缝焊、连续缝焊、断续缝焊、步进缝焊、铜线缝焊、焊透率、重叠量。

2. 简述缝焊接头形成过程特点。

3. 工频交流断续缝焊焊接参数有哪些？选择有什么特点（与点焊比）？对焊透率、重叠量有什么影响？

4. 焊接电流 I 对焊透率、重叠量有什么影响？

5. 电流脉冲时间 t 和脉冲间隔时间 t_0 对焊透率、重叠量有什么影响？

6. 电极压力 F_w 对焊透率、重叠量有什么影响？

第四章 对焊

1. 解释名词：对焊、闪光、闪光对焊、电阻对焊、连续闪光对焊、脉冲闪光对焊。

2. 简述闪光对焊时动态电阻变化规律。

3. 简述获得闪光对焊优质接头的基本条件。

4. 闪光对焊焊接参数有哪些？顶锻速度 v_u 如何选择？

5. 简述低碳钢闪光对焊技术要点。

6. 简述铝合金闪光对焊技术要点。

7. 电阻对焊焊接参数有哪些？

第五章 电阻焊设备

1. 解释名词：电阻焊设备、单相工频交流电阻焊机、逆变式电阻焊机、二次整流电阻焊机、焊接回路、电极、点焊机器人、分离式焊钳、一体式焊钳。

2. 简述机械装置组成及选择时的注意事项。

3. 简述供电装置组成及特点。

4. 简述控制装置主要功能及基本组成。

5. 简述电极功用及其材料要求。

6. 各种电阻焊机分别适用于哪些材料焊接？

7. 点焊工艺对机器人的基本要求是什么？举实例说明其应用。

第六章　电阻焊技术新发展

1. 简述点焊熔核孕育处理研究取得的成果及意义。

2. 为何研究点焊过程机理可以用数值模拟技术？

3. 何谓精密脉冲电阻对焊？

4. 简述 LB-HFRW 在高频焊管中的应用。

5. 激光束-电阻缝焊复合焊接的特点有哪些？

6. 常用的电阻焊质量控制方法有哪些？请简述智能点焊质量调节技术（IQR）。

7. 现代点焊机器人特点是什么？

第七章　电阻焊质量管理与检验

1. 电阻焊全面质量管理内容主要有哪些？

2. 简述点、缝、对焊接头的质量要求。

3. 焊接缺欠与焊接缺陷含义有何不同？

4. 破坏性检验有哪些？

5. 无损检验有哪些？

6. 简述全自动超声波检测仪（型号：JLU-WJ-001）组成及功能。

第二篇

固相焊方法及设备

固相焊（Solid Phase Welding，SPW）又称为固相连接（Solid Phase Bonding，SPB），是在压力作用下，待连接表面材料发生弹塑性变形，使界面原子活化并结合的焊接方法统称，属压焊。它的主要特征：在焊接接头区的母材不熔化，一般不需要添加材料，在固相焊接过程中，被连接的材料表面受热，温度低于母材熔点，在一定的压力作用下待焊表面的氧化膜分解或被金属的塑性变形破碎清除，界面空隙消失，从而形成永久性焊接接头。焊接接头区组织多为锻态组织，固相接头的力学性能优于其他焊接方法所形成的接头的力学性能。在固相焊接头区没有像熔焊接头中的各种缺陷，也没有熔焊冶金过程导致的接头材料损伤和冶金组织的严重不均匀性。同时，采用固相焊方法还可以完成一些用常规方法不能完成的特殊材料和特殊异种材料的连接，如高强度铝合金、高强度钢、耐高温材料（粉末合金、单晶材料等）、金属基复合材料等。

固相焊方法主要有（图 0-2）摩擦焊、扩散焊、高频焊、超声波焊、爆炸焊、变形焊、气压焊、磁（力）脉冲焊、螺柱焊、旋弧焊等。本篇将较系统地介绍摩擦焊、扩散焊等重要方法。在此之前，对目前应用不广，但能解决某些特殊问题的气压焊、磁（力）脉冲焊、螺柱焊、旋弧焊等做如下简介。

气压焊（Gas Pressure Welding，GPW）是用气体火焰加热接合区并加压使整个接合面焊接的方法，可分为塑性气压焊（图 0-2-1a）和熔化气压焊（图 0-2-1b）。工作原理如图 0-2-1 所示，主要应用于钢筋、钢轨等的现场焊接，如图 0-2-2 所示。

磁（力）脉冲焊（Magnetic-Pulse Welding，MPW）是依靠焊件之间脉冲磁场相互作用而产生冲击的结果，来实现金属之间连接的方法。它的作用原理，即当磁场线圈瞬间流过电容器组放电电流 i_1 时，线圈内所放置的待焊管材将产生感应电流 i_2。i_2 与 i_1 产生的磁场 H 垂直相交，并在 H 的作用下管材在径向产生作用力 F，使管材以极大速度（可达 300m/s）向管内侧装配的管材或棒材冲撞，实现焊接，如图 0-2-3 所示。磁力脉冲焊可以焊接薄壁管材、异种金属铜-铝、铝-不锈钢、铜-不锈钢、锆-不锈钢等。

螺柱焊（Stud Welding，SW）是将螺柱（或其他类似紧固件）一端与板件（或管件、曲面及斜面工件）表面间通过电弧，使待焊两表面熔化并施加给螺柱一定压力完成的焊接方法。由于螺柱焊具有熔焊和压焊双重特征，属于一种压力熔焊。在参考文献中，将其归入熔焊；而在 GB/T 6417.2—2005《金属压力焊接头缺欠分类及说明》中将其归入压焊并分为电弧螺柱焊和电阻螺柱焊两类；ISO 4063—2011《焊接及相关工艺方法 焊接方法名称和代号》按照工艺过程不同将螺柱焊做以下分类：其一为电容放电尖端引燃螺柱焊，由直接接

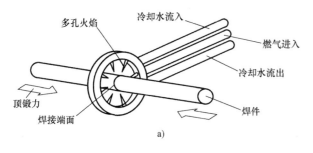

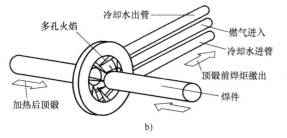

图 0-2-1 气压焊方法示意图

a) 塑性气压焊 b) 熔化气压焊

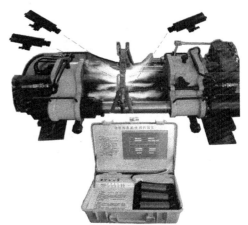

图 0-2-2 钢轨气压焊现场照片

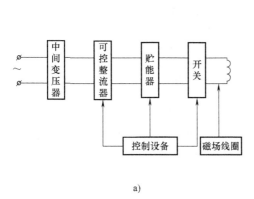

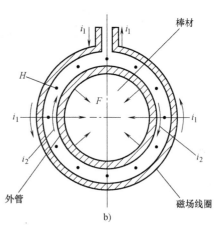

图 0-2-3 磁(力)脉冲焊原理

a) 电气框图 b) 管材焊接

触式电容放电尖端引燃螺柱焊和预留间隙式电容放电尖端引燃螺柱焊两种组成;其二为拉弧式螺柱焊,由用瓷环或气体保护拉弧式螺柱焊、短周期拉弧式螺柱焊、电容放电拉弧式螺柱焊三种组成。下面仅简述预留间隙式电容放电尖端引燃螺柱焊工艺过程,如图 0-2-4 所示。

1)螺柱对准焊件,两者间留有一定间隙(图 0-2-4a)。

2)间隙间加上空载电压(电容器充电电压),通电并使螺柱冲向焊件,接触瞬间电容器放电(图 0-2-4b)。

3)大电流使小凸台熔化而引燃电弧,电弧使两待焊面熔化(图 0-2-4c)。

4)螺柱插入焊件,电弧熄灭而完成焊接(图 0-2-4d)。

预留间隙式电容放电尖端引燃螺柱焊技术参数:螺柱直径 $\phi2 \sim \phi8mm$,峰值电流

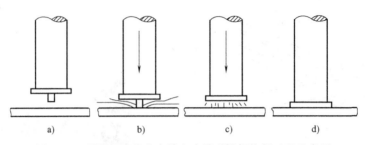

图 0-2-4 预留间隙式电容放电尖端引燃螺柱焊过程示意图

10000A，焊接时间 1~3ms，生产率 2~15 个/min；螺柱材料可为低碳钢、不锈钢、铝（贮能焊用焊接螺柱 GB/T 902.3/ISO 13918-PT）等，最小板厚可达 0.5mm。

螺柱焊主要用在汽车、家电工业、管道支架及其他钢结构等，如图 0-2-5 所示。

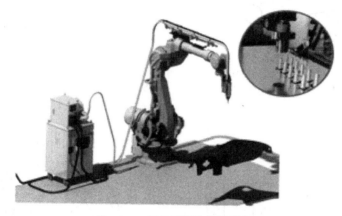

图 0-2-5 汽车用螺柱焊机器人

旋弧焊又称为旋弧压力焊（Rotating Arc Pressure Welding），是将产生于两焊件对接端面之间的电弧，在磁场控制下做高速旋转运动，电弧的高温使端面加热熔化并使其邻近区域达到足够的塑性状态，迅速加压顶锻形成牢固的固相接头的一种压焊方法，主要应用在壁厚 ≤5mm 的管件上，由于各种原因目前已很少应用。

第八章

摩擦焊

摩擦焊（Friction Welding，FW）是利用焊件与焊件或搅拌头与焊件相对摩擦运动产生的热量来实现材料可靠连接的一种压焊方法，其焊接过程是在压力的作用下，相对运动的待焊材料（或搅拌头与焊件）之间产生摩擦，使界面及其附近温度升高并达到热塑性状态，氧化膜及其污染层破碎、净化，材料发生塑性变形与流动，通过界面元素扩散及再结晶冶金反应而形成接头。由于摩擦焊接头是在被焊金属熔点以下形成的，所以属于固态焊接方法。

根据焊件与焊件或搅拌头与焊件的相对运动和工艺特点，将摩擦焊进行分类，如图 8-1 所示。在实际生产中，连续驱动摩擦焊、搅拌摩擦焊应用较广。

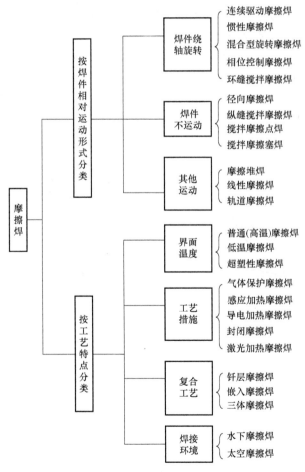

图 8-1　摩擦焊方法及分类

第一节 连续驱动摩擦焊

一、连续驱动摩擦焊基本原理

1. 连续驱动摩擦焊焊接过程

连续驱动摩擦焊又称为传统摩擦焊，将待焊件两端分别固定在旋转夹具和移动夹具内，夹紧后，移动夹具随滑台一起向旋转端移动，至一定距离后，旋转端焊件开始旋转，焊件接触并开始摩擦加热。此后，则可进行不同的控制，如时间控制或摩擦缩短量（又称为摩擦变形量）控制，当达到设定值时，旋转停止，顶锻开始，通常施加较大的顶锻力并维持一段时间，然后，旋转夹具松开，滑台后退，返回到原位置时，移动夹具松开，取出焊件，至此，焊接过程结束。这一过程可简化为旋转、摩擦、焊接、顶锻、保持等连续过程，如图 8-2 所示。

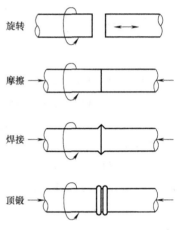

连续驱动摩擦焊时，接头形成可参见【阅读材料 2-8-1】。

图 8-2 连续驱动摩擦焊过程示意图

【阅读材料 2-8-1】 连续驱动摩擦焊接头形成过程

直径 16mm 的 45 钢，在转速 2000r/min、摩擦压力 8.6MPa、摩擦时间 0.7s 和顶锻压力 161MPa 下，其接头形成过程如图 2-8-1 所示。一个周期可由摩擦加热过程和顶锻焊接过程两部分组成。前者含有初始摩擦、不稳定摩擦、稳定摩擦和停车四个阶段。后者由纯顶锻和顶锻维持两个阶段组成。

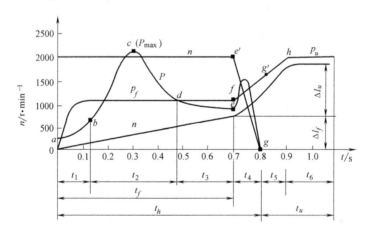

图 2-8-1 摩擦焊接过程示意图（φ16mm，45 钢）

n—工作转速 p_f—摩擦压力 p_u—顶锻压力 Δl_f—摩擦变形量 Δl_u—顶锻变形量 P—摩擦加热功率 P_{max}—摩擦加热功率峰值 t—时间 t_f—摩擦时间 t_h—实际摩擦加热时间 t_u—实际顶锻时间

（1）初始摩擦阶段（t_1） 由两个焊件开始接触的 a 点起，到摩擦加热功率显著增大的 b 点止。摩擦开始时，由于焊件待焊接表面不平，以及存在氧化膜、铁锈、油脂、灰尘和吸附气体等，使得摩擦系数很大。随着摩擦压力的逐渐增大，凸凹不平的表面迅速产生塑性变形和机械挖掘现象。塑性变形破坏了界面的金属晶粒，形成一晶粒细小的变形层，摩擦加热功率也慢慢增加，最后摩擦焊接表面温度将升到200～300℃。同时，在压力和速度的综合影响下，摩擦表面的加热往往从距圆心2/3半径左右的地方首先开始。

（2）不稳定摩擦阶段（t_2） 该阶段是摩擦加热过程的一个主要阶段，从b点起到功率峰值c点，到功率稳定值d点止。由于摩擦压力较初始摩擦阶段增大，相对摩擦破坏了焊接金属表面，使纯净的金属直接接触。随着摩擦焊接表面的温度升高，金属的强度有所降低，而塑性和韧性却有很大的提高，增大了摩擦焊接表面的实际接触面积，这些因素都使材料的摩擦系数增大，摩擦加热功率和摩擦力矩迅速提高，c点呈现出最大值，此时摩擦表面温度达600～700℃。当温度继续升高时，金属的塑性增高，而强度和韧性都显著下降，摩擦加热功率也迅速降低到稳定值d点，此时待焊表面的温度升高到1200～1300℃。摩擦表面的机械挖掘现象减少，振动降低，表面逐渐平整，开始产生金属的粘结现象。高温塑性状态的局部金属表面互相焊合后，又被焊件旋转的力矩剪断，并彼此过渡，接触良好的塑性金属封闭了整个摩擦面，并使之与空气隔开。

（3）稳定摩擦阶段（t_3） 稳定摩擦阶段也是摩擦加热过程的主要阶段，从d点起，到接头形成最佳温度分布的e点止。这里的e点也是焊机主轴开始停车的时间点（可称为e′点），也是顶锻压力开始上升的点（图2-8-1所示f点）以及顶锻变形量的开始点。在稳定摩擦阶段中，焊件摩擦表面的温度继续升高，并达到1300℃左右。这时金属的黏结现象减少，分子作用现象增强。稳定摩擦阶段的金属强度极低，塑性很大，摩擦系数很小，摩擦加热功率也基本上稳定在一个很低的数值。此外，其他连接参数的变化也趋于稳定，只有摩擦变形量不断增大，变形层金属在摩擦力距的轴向压力作用下，从摩擦表面挤出形成飞边，同时，界面附近的高温金属不断补充，始终处于动平衡状态，只是接头的飞边不断增大，接头的热影响区变宽。

（4）停车阶段（t_4） 停车阶段是摩擦加热过程转入顶锻焊接过程的过渡阶段，是从主轴和焊件一起开始停车减速的e′点起，到主轴停止转动的g点止。从图2-8-1可知，实际摩擦加热时间从a点开始，到g点结束，即 $t_h = t_1 + t_2 + t_3 + t_4$。尽管顶锻压力从f点施加，但由于焊件并未完全停止旋转，所以g′点以前的压力，实质上还是属于摩擦压力。顶锻开始后，随着轴向压力的增大，转速降低，摩擦力矩增大，并再次出现峰值（后峰值力矩）。同时，在顶锻力的作用下，接头中的高温金属被大量挤出，焊件的变形量也增大。因此，停车阶段是摩擦焊的重要过程，直接影响焊接接头的质量，要严格控制。

（5）纯顶锻阶段（t_5） 从g（或g′）点起，到顶锻压力上升至最大值的h点止。应施加足够大的顶锻压力，精确控制顶锻变形量和顶锻速度，以保证获得优异的焊接质量。

（6）顶锻维持阶段（t_6） 从h点起，到接头温度冷却到低于规定值为止。在顶锻维持阶段，顶锻时间、顶锻压力和顶锻速度应相互配合，以获得合适的摩擦变形量 Δl_f 和顶锻变形量 Δl_u。在实际计算时，摩擦变形速度一般采用平均摩擦变形速度（$\Delta l_f / t_f$），顶锻变形速度也采用其平均值 $[\Delta l_u / (t_4 + t_5)]$。

总之，在整个摩擦焊接过程中，待焊的金属表面经历了从低温到高温摩擦加热，连续发生了塑性变形、机械挖掘、粘接和分子连接的过程变化，形成了一个存在于全过程的高速摩擦塑性变形层，摩擦焊接时的产热、变形和扩散现象都集中在变形层中。在停车阶段和顶锻焊接过程中，摩擦表面的变形层和高温区金属被部分挤碎排出，焊缝金属经受锻造，形成了质量良好的焊接接头。

2. 连续驱动摩擦焊的产热

摩擦焊接过程中，两焊件摩擦表面的金属质点，在摩擦压力和摩擦力矩的作用下，沿焊件径向与切向力的合成方向做相对高速摩擦运动，在界面形成了塑性变形层。该变形层是把摩擦的机械功转变成热能的发热层。它的温度高、能量集中，具有很高的加热效率。

1）**摩擦加热功率**。摩擦加热功率的大小及其随摩擦时间的变化，决定了焊接温度及其温度场分布，直接影响接头的加热过程、焊接生产率和焊接质量，同时也关系到摩擦焊机的设计与制造。摩擦加热功率就是焊接热源的功率，其计算与分布如下。

对圆形焊件，假设沿摩擦表面径向的摩擦压力 p_f 和摩擦系数 μ 为常数。为了求出功率分布，在摩擦表面上取一半径为 r 的圆环，该环的宽度为 dr（图8-3），其面积为 dA，则 $dA = 2\pi r dr$，则作用在圆环上的摩擦力

$$dF = p_f \mu dA = 2\pi p_f \mu r dr \tag{8-1}$$

以 O 点为圆心的摩擦力距为

$$dM = r dF = 2\pi p_f \mu r^2 dr \tag{8-2}$$

圆环上的摩擦加热功率为

$$dP \approx 1.02 dM \times 10^{-3} n \tag{8-3}$$

从图8-3可知，加热功率在圆心处为零，在外边缘最大。

将式（8-2）、式（8-3）积分，可以得到摩擦焊接表面上总的摩擦力距和加热功率为

$$M = 2\pi p_f \mu R^3 / 3 \tag{8-4}$$

$$P = 2 \times 10^{-3} \pi p_f n \mu R^3 / 3 \tag{8-5}$$

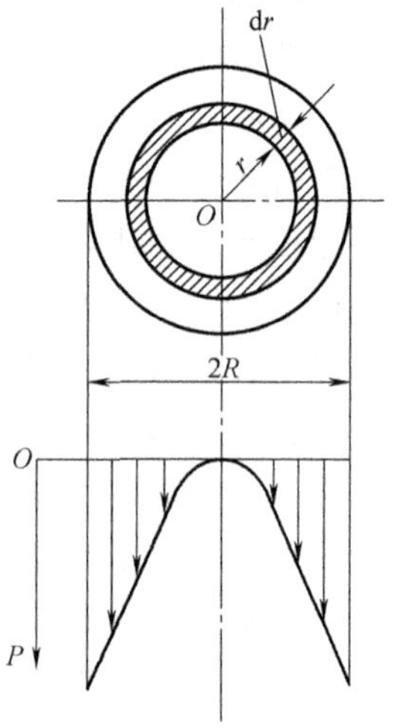

图8-3 摩擦加热功率分布图

式中　M——摩擦力矩；

　　　P——摩擦加热功率；

　　　p_f——摩擦压力；

　　　n——焊件转速；

　　　μ——摩擦系数；

　　　R——焊件半径。

实际上 $p_f(r)$ 不是常数，在初始摩擦阶段和不稳定摩擦阶段的前期，摩擦表面还没有全面产生塑性变形，主要是弹性接触，摩擦压力中心高、外边缘低。因此沿摩擦焊接表面半径 R 的摩擦加热功率最大值不在外圆，而在距圆心2/3半径左右的地方，这一点不仅符合计算结果，也被试验所证实。在稳定摩擦阶段，摩擦表面全部产生塑性变形，成为塑性接触时，$p_f(r)$ 才可以认为等于常数。此外，$\mu(r)$ 在初始摩擦阶段和不稳定摩擦阶段也不是常数，由高温金属组成的高速塑性变形层热源，在距圆心1/3～1/2半径处形成环状加热带，随着摩擦加热的进行，环状加热带向圆心和外边缘迅速展开，当进入稳定摩擦阶段时，摩擦表面的温度才趋于平衡，此时可以认为 $\mu(r)$ 是常数。

摩擦表面上总的加热热量为

$$Q = \int_{t_0}^{t_h} P\mathrm{d}t = k\int_{t_0}^{t_h} Mn\mathrm{d}t \tag{8-6}$$

式中　Q——接合面总的摩擦加热热量；

t——摩擦时间；

t_0——摩擦加热开始时间（设 $t_0 = 0$）；

t_h——实际摩擦加热时间；

k——常数。

图 2-8-1 显示出总摩擦加热功率 P 随摩擦加热时间 t 的变化规律，从此图中可知，$P(t) \neq$ 常数，也表明 $M(t) \neq$ 常数。但是，由于在整个加热过程中焊件半径 R、主轴转速 n 和摩擦压力 p_f 基本不变，仅摩擦系数发生了变化，其变化规律与加热规律随加热时间的变化相类似。在钢的摩擦加热过程中，摩擦系数由小到大，达到最大值后又逐渐变小，其变化规律与摩擦焊接界面的升温有关，在常温下钢的摩擦系数很小，$600 \sim 700℃$ 最大，$1200 \sim 1300℃$ 又变小。

2）摩擦焊接表面温度。摩擦焊接表面的温度直接影响接头的加热温度、温度分布、摩擦系数、接头金属的变形与扩散。加热面的温度由摩擦加热功率和散热条件所决定。

在焊接圆断面件时，摩擦焊接热源被认为是一个线性传播的连续均布的面状热源。如果不考虑向周围空间的散热，根据雷卡林的焊接热过程计算公式，同种金属摩擦焊接表面的温度为

$$T(0,t) = q_2\sqrt{t}/\sqrt{\pi\lambda c} \tag{8-7}$$

式中　$T(0, t)$——摩擦焊接表面温度（$x = 0$ 表面热源中心，t 是摩擦加热时间）；

q_2——单位面积上的加热热量；

λ——焊件热导率；

c——焊件比热容。

在式（8-7）中，如果选定焊接所需要的温度为 T_w，热源温度升高到 T_w 所需要的摩擦加热时间为 t'_f，则该式可写成

$$t'_f q_2{}^2 = c\pi\lambda T_w^2 = 常数 \tag{8-8}$$

从式（8-8）可以看出，当 T_w 和 t'_f 确定以后，能够计算出 q_2 的数值，并可以根据 q_2 的要求选择焊接规范。式（8-7）和式（8-8）适合于计算以稳定摩擦阶段为主的摩擦加热过程。

实际上，不论何种材料的摩擦焊接，摩擦表面的最高温度是有限制的，不能超过材料的熔点，此外，在采用式（8-7）和式（8-8）进行计算时，还应该考虑到摩擦焊接表面温度和加热功率之间的内在联系、相互制约及摩擦加热功率随摩擦时间变化的特殊规律。

二、连续驱动摩擦焊工艺

1. 工艺特点

1）焊接施工时间短，生产率高。例如：发动机排气门双头自动摩擦焊机的生产率可达 $800 \sim 1200$ 件/h；对于外径 $\phi127\mathrm{mm}$、内径 $\phi95\mathrm{mm}$ 的石油钻杆与接头的焊接，连续驱动摩擦焊仅需要十几秒钟。

2）焊接热循环引起的焊接变形小。焊后尺寸精度高，不用焊后矫形和消除应力。用摩

擦焊生产的柴油发动机预燃烧室，全长误差为±0.1mm；专用焊机可保证焊后的长度误差为±0.2mm，偏心度为0.2mm。

3）机械化、自动化程度高，焊接质量稳定。给定焊接条件后，操作简单，不需要特殊的焊接技术人员。

4）适合各类异种材料的焊接。常规熔化不能焊接的铝-钢、铝-铜、钛-铜、金属间化合物-钢等都可以进行焊接。

5）可实现棒材-棒材、管材-管材、棒材-管材、棒材-板材及管材-板材的可靠连接。

6）焊接时不产生烟雾、弧光以及有害气体等，不污染环境。同时，与闪光焊相比，电能节约5~10倍。

但是，摩擦焊也具有如下缺点与局限性。

1）对非圆形截面焊接较困难，所需设备复杂；对盘状薄零件和薄壁管件，由于不易夹固，施焊比较困难。

2）对形状及组装位置已经确定的构件，很难实现摩擦焊接。

3）接头容易产生飞边，焊后必须进行机械加工。

4）夹紧部位容易产生划伤或夹持痕迹。

2. 接头形式设计

连续驱动摩擦焊接合面形状对获得高质量的接头非常重要，图8-4所示为连续驱动摩擦焊接头的基本形式。图8-4a所示的接头形式具有相同形状的接合面，如果是同种材料，两者的产热及散热均相同，温度场对称，可以获得较宽的焊接规范和得到可靠性高的接头，如果是异种材料连接，因材料的物理性能不同，产热及散热不一样，温度场不对称，需要在寻找合适的焊接规范和质量控制上下功夫。生产实际中类似图8-4b所示的接头形式较多，两个待焊件的直径不同，此时需将直径大的材料进行焊前加工出凸台，使接合部位的形状相同。为了节省焊前加工的生产成本，可以采用图8-4c所示的接头形式直接进行焊接，但应保持使大直径的接合面不产生倾斜；同时，要增大摩擦压力，必须在短时间内停止相对运动，要求设备要有好的刚性。薄板和棒材的摩擦焊接头形式如图8-4d所示，对设备的同心度要求高，如果是异种材料连接，高温强度好的母材应采用较小的直径。图8-4e所示为具有一定斜度的接头形式，主要用于机械设备中齿轮的摩擦焊。图8-4f所示的接头允许一定量的飞边存在，主要用于柴油机燃烧室喷嘴、推土机下部齿轮的制造。

连续驱动摩擦焊接头形式在设计时主要遵循以下原则。

1）在旋转式摩擦焊的两个焊件中，至少要有一个焊件具有回转断面。

2）焊件应具有较大的刚度，夹紧方便、牢固，要尽量避免采用薄管和薄板接头。

3）同种材料的两个焊件断面尺寸应尽量相同，以保证焊接温度分布均匀和变形层厚度相同。

4）一般倾斜接头应与中心线成30°~45°的斜面。

5）锻压温度或热导率相差较大的异种材料焊接时，为了使两个焊件的锻压和顶锻相对平衡，应调整界面的相对尺寸；为了防止高温下强度低的焊件端面金属产生过多的变形流失，需要采用模子封闭接头金属。

6）为了增大焊缝面积，可以把焊缝设计成搭接或锥形接头。

7）焊接大断面接头时，为了降低加热功率峰值，可以采用将焊接端面倒角的方法，使

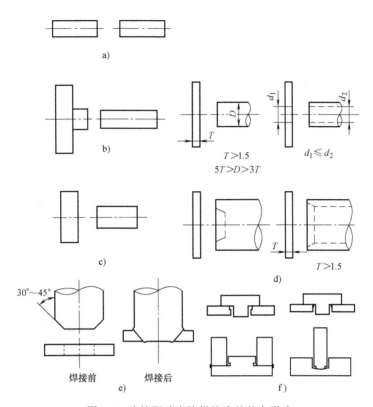

图 8-4　连续驱动摩擦焊接头的基本形式

a）相同直径　b）不同直径（有凸台）　c）不同直径（无凸台）

d）薄板与棒（或管）　e）倾斜接头　f）带飞边槽的接头

摩擦面积逐渐增大。

8）对于棒-棒和棒-板接头，中心部位材料被挤出形成飞边时，要消耗更多的能量，而焊缝中心部位对力矩和弯曲应力的承担又很少，所以，如果焊件条件允许，可将一个或两个焊件加工成具有中心孔洞，这样，既可用较小功率的焊机，又可提高生产率。

9）待焊表面应避免渗氮、渗碳等。

10）设计接头形式的同时，还应注意焊件的长度、直径公差，焊接端面的垂直度、平面度和表面粗糙度。

3. 连续驱动摩擦焊焊接参数及选择

连续驱动摩擦焊焊接参数主要有转速、摩擦压力、摩擦延时、摩擦变形量、停车时间、顶锻延时、顶锻压力、顶锻变形量、顶锻速度等，其中，摩擦变形量和顶锻变形量（总和为缩短量）是其他参数的综合反映。

1）转速和摩擦压力。转速和摩擦压力直接影响摩擦力矩、摩擦加热功率、接头温度场、塑性层厚度以及摩擦变形速度等。转速和摩擦压力的选择范围很宽，它们不同的组合可得到不同的规范，常用的组合有强规范和弱规范。强规范时，转速较低，摩擦压力较大，摩擦时间短。弱规范时，转速较高，摩擦压力较小，摩擦时间长。

2）摩擦时间。摩擦时间影响接头的温度、温度场和质量。如果时间短，则界面加热不充分，接头温度和温度场不能满足焊接要求。如果时间长，则消耗能量多，热影响区大，高温区金属易过热，变形大，飞边也大，消耗的材料多。碳钢件的摩擦时间一般在 1~40s 范围内。

3）摩擦变形量。摩擦变形量与转速、摩擦压力、摩擦时间、材质的状态和变形抗力有关，要得到牢靠的接头，必须有一定的摩擦变形量，通常选取的范围为 1~10mm。

4）停车时间和顶锻延时。停车时间是转速由给定值下降到零所对应的时间，直接影响接头的变形层厚度和焊接质量，当变形层较厚时，停车时间要短；当变形层较薄而且希望在停车阶段增加变形层厚度时，则可加长停车时间，其选取范围为 0.1~1s。顶锻延时是为了调整摩擦力矩后峰值和变形层厚度。在停车前施加顶锻压力或者停车时不制动都会使变形层厚度增大，但也可能会引起后峰值力矩过大和金属组织扭曲。

5）顶锻压力、顶锻变形量和顶锻速度。顶锻压力的作用是挤出摩擦塑性变形层中的氧化物和其他有害杂质，并使焊缝得到锻压，结合牢靠，晶粒细化。顶锻压力的选择与材质、接头温度、变形层厚度以及摩擦力有关。材料的高温强度高时，顶锻压力要大；温度高、变形层厚度小时，顶锻压力要小（较小的顶锻压力就可得到所需要的顶锻变形量）。摩擦压力大时，相应的顶锻压力要小一些。顶锻变形量是顶锻压力作用结果的具体反映。顶锻变形量一般选取 1~6mm。顶锻速度对焊接质量影响很大，如顶锻速度慢，则达不到要求的顶锻变形量，顶锻速度一般为 10~40mm/min。

【阅读材料 2-8-2】 低碳钢连续驱动摩擦焊参数对接头质量的影响

（1）转速和摩擦压力 它们是最主要的焊接参数。对直径一定的焊件，其达到焊接温度时的转速称为临界摩擦速度（0.3m/s），为使界面的变形层加热到焊接温度，转速必须高于临界摩擦速度。因此，低碳钢的平均摩擦速度的范围为 0.6~3m/s。

在稳定摩擦阶段，转速与变形层厚度、深塑区位置和飞边的关系如图 2-8-2 所示。当转速为 1000r/min 时，由于外圆的摩擦速度大，外侧金属的温度升高，此时，摩擦表面的温度比高速摩擦时低，摩擦力矩和摩擦变形速度增大，并移向外圆，因此外圆的变形层较中心厚。这时变形层金属非常容易流出摩擦表面之外，形成不对称的肥大飞边（图 2-8-2a）。这种接头的温度分布梯度大，变形层金属容易被大量挤出，焊缝金属迅速更新，能够有效地防止氧化。

当转速升高时，摩擦表面温度升高，摩擦力矩和摩擦变形速度小，深塑区移向圆心（图 2-8-2b）。当变形层中的高温黏滞金属，在摩擦压力和摩擦力矩的作用下向外流动时，受到较大的阻碍，形成了对称的小薄翅状飞边，如图 2-8-2c 所示。这种接头由于力矩小，挤出的金属少，所以接头的温度分布较宽，变形层金属也容易氧化。

摩擦压力对焊接接头的质量也有很大影响，为了产生足够的摩擦加热功率，保证摩擦表面的全面接触，摩擦压力不能太小。在稳定摩擦阶段，当摩擦压力增大时，摩擦力矩增大，摩擦加热功率升高，摩擦变形速度增大，变形层加厚，深塑区增宽并向外圆移动，在压力的作用下，形成粗大而不对称的飞边。摩擦压力大时，接头的温度分布梯度大，变形层金属不容易氧化。在摩擦加热过程中，摩擦压力一般为定值，但是为了满足焊接工艺的特殊要求，摩擦压力也可以不断上升，或采用两级或三级加压。

不同的转速和摩擦压力的组合，可以得到不同的焊接加热规范。摩擦焊接可选用的规范很宽，而常用的组合方式有两种，一种是强规范，即转速较低，摩擦压力大，摩擦时间短；

另一种是弱规范，即转速较高，摩擦压力较小，摩擦时间长。

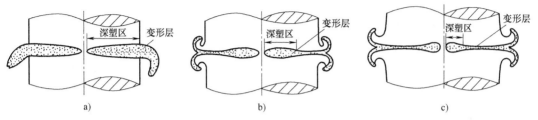

图 2-8-2 转速与变形层厚度、深塑区位置和飞边的关系（φ19mm 低碳钢棒，摩擦压力 86MPa）

a) 1000r/min b) 2000r/min c) 4000r/min

（2）摩擦时间和摩擦变形量　摩擦时间决定了接头摩擦加热过程，直接影响接头的加热温度、温度分布和焊接质量。摩擦时间短时，焊接表面加热不完全，不能形成完整的塑性变形层，接头上的温度和温度分布不能满足焊接质量要求。摩擦时间过长，接头温度分布宽，高温区金属容易过热，摩擦变形量大，飞边大，消耗的加热能量多。选择摩擦时间时，一般希望在摩擦终了的瞬间，接头上有较厚的变形层或较宽的高温金属区，接头有较小的飞边。而在顶锻焊接过程中产生较大的顶锻变形量，使变形层的面积沿焊件径向有很大的扩展，将变形层中的高温金属挤碎、挤出、产生一定的飞边。这样整个飞边的尺寸不大，但形状封闭圆滑，有利于改善接头的焊接质量。因此，碳钢在强规范焊接时，当摩擦加热功率越过极值，下降到稳定值左右时，就应立即停车，并进行顶锻焊接。在弱规范焊接时，通过一段较长时间的稳定摩擦以后，才能停车顶锻焊接。连续驱动摩擦焊的摩擦时间常常在 1~40s 之内。

当摩擦变形速度一定时，摩擦变形量和摩擦时间成正比，因此常常用摩擦变形量代替摩擦时间来控制摩擦加热过程。在焊接低碳钢时，摩擦变形量可在 1~10mm 的范围内选择。

（3）停车时间　图 2-8-3 所示为停车时间和后摩擦峰值力矩的关系。由于停车时间对摩擦力距、变形层厚度和焊接质量有很大影响，因此应根据变形层厚度正确选择该参数。当摩擦表面的变形层很厚时，停车时间要短；当摩擦表面的变形层比较薄时，为在停车阶段能产生较厚的变形层，停车时间可以延长。有时为了改善焊接质量，消除焊缝中的氧化物或脆性化合物层，必须增大停车时的变形层厚度。一般在停车前就施加顶锻压力，或停车时不制动。但是，要防止过大的后摩擦峰值力矩使接头金属产生扭曲组织，通常停车时间选择范围为 0.1~1s。

（4）顶锻压力和顶锻变形量　顶锻压力的作用是挤碎和挤出变形层中的氧化金属及其他有害杂质，并使接头金属在压力作用下得到锻造，促进晶粒细化，从而提高接头力学性能。顶锻变形量是顶锻压力作用的结果，如果顶锻压力太小，焊接质量低；如果顶锻压力过大，会使接头变形量增加，飞边增大，严重时在焊缝金属中形成低温横向流动的弯曲组织，使接

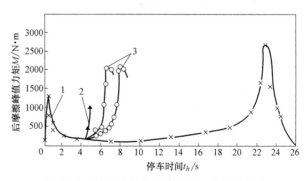

图 2-8-3　停车时间和后摩擦峰值力矩的关系

头的疲劳强度降低。

顶锻压力的大小取决于焊件的材料、接头的温度大小及分布、变形层的厚度，此外还决定于摩擦压力的大小。如果焊接材料的高温强度高，就需要大的顶锻压力。如果接头的温度高，变形层较厚，就必须采用较小的顶锻压力。此外，在顶锻压力确定以后，为了得到一定要求的顶锻变形量，对顶锻压力的施加速度也有要求。如果不在一定的高温下进行顶锻，将得不到合适的顶锻变形量。

三、典型材料的摩擦焊

1. 材料的摩擦焊焊接性

材料的摩擦焊焊接性是指材料在摩擦焊接过程中形成优质接头的能力。优质接头一般是指和母材等强度及等塑性，所涉及的材料有金属材料、陶瓷材料、复合材料、塑料等。

影响材料摩擦焊焊接性的因素主要有以下方面。

1）材料的互溶性。同种材料或互溶性好的异种材料容易进行摩擦焊接，有限互溶、不能相互溶接和扩散的两种材料，很难进行摩擦焊接。

2）材料表面的氧化膜。金属表面上的氧化膜如果容易破碎，则接合就比较容易，如低碳钢的摩擦焊焊接性比不锈钢好。

3）材料的力学性能。高温强度高、塑性低、导热性好的材料不容易焊接，力学性能差别大的异种材料不容易焊接。

4）合金的碳当量。碳当量高、淬硬性好的合金材料焊接比较困难。

5）高温氧化性。一些活性金属及高温氧化性大的材料难以焊接。

6）生成的脆性相。凡是能形成脆性化合物层的异种材料，很难获得高可靠性的焊接接头，对这类材料，在焊接过程中，必须设法降低焊接温度或减少焊接时间，以控制脆性化合物层的长大，或者添加过渡金属层进行摩擦焊接。

7）摩擦系数。摩擦系数低的材料，加热功率低，得到的焊接温度低，就不容易保证接头的质量，如焊接黄铜、铸铁等就比较困难。

8）材料的脆性。大多数金属材料都具有很好的摩擦焊接性能，对于焊接性不好的陶瓷材料及异种材料，为了提高接头性能，摩擦焊接时应选用合适的过渡金属层。

图 8-5 所示为同种和异种材料组合的摩擦焊焊接性。应注意，某些摩擦焊焊接性能不好的材料，随着摩擦焊工艺的发展和设备改进有可能成为可焊材料。

2. 典型材料的连续驱动摩擦焊

一般来讲，碳钢的连续驱动摩擦焊焊接参数选择范围为：摩擦速度 0.6~3m/s，摩擦压力 20~100MPa，摩擦时间 1~40s，摩擦变形量 1~10mm，停车时间 0.1~1s，顶锻压力 100~200MPa，顶锻变形量 1~6mm，顶锻速度 10~40mm/s；中碳钢、高碳钢、低合金钢及其组合的异种钢焊接时，其焊接参数选择可以参考低碳钢的焊接规范。为了防止中碳钢、高碳钢和低合金钢焊缝中的淬火组织，减少焊后回火处理工序，应选用较弱的焊接规范。应注意，焊接高温强度差的高合金钢时，需要增大摩擦压力和顶锻压力，适当延长摩擦时间；焊接管子时，为了减少内飞边，在保证焊接质量的前提下，应尽量减小摩擦变形量和顶锻变形量。

焊接高温强度差别比较大的异种钢或某些不产生脆性化合物的异种金属时，除了在高温强度低的材料一方加模子以外，还要适当延长摩擦时间，提高摩擦压力和顶锻压力。焊接容

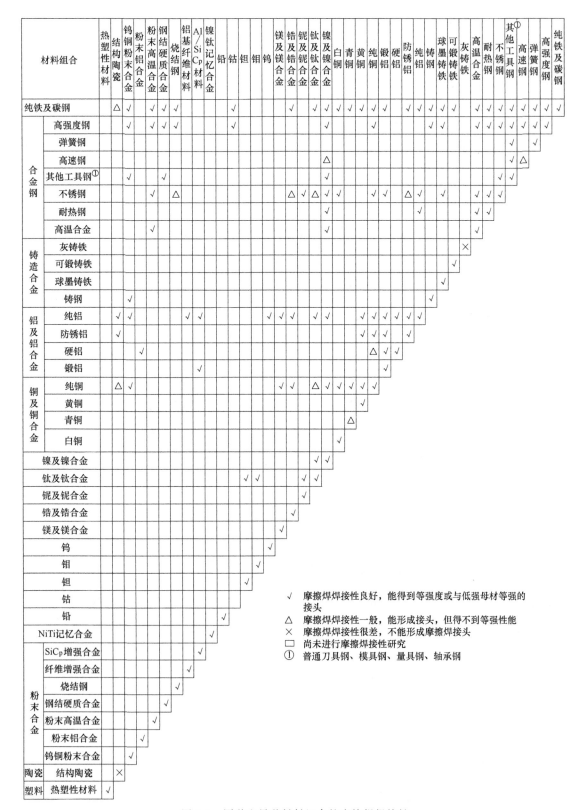

√ 摩擦焊焊接性良好，能得到等强度或与低强母材等强的接头
△ 摩擦焊焊接性一般，能形成接头，但得不到等强性能
× 摩擦焊焊接性很差，不能形成摩擦焊接头
□ 尚未进行摩擦焊焊接性研究
① 普通刀具钢、模具钢、量具钢、轴承钢

图 8-5 同种和异种材料组合的摩擦焊焊接性

易产生脆性化合物的异种金属时，需要采用一定的模具封闭接头金属，降低焊接速度，增大摩擦压力和顶锻压力。

焊接大直径焊件时，在摩擦速度不变的情况下，应相应地降低转速。焊件直径越大，摩擦压力在摩擦表面上的分布越不均匀，摩擦变形阻力越大，变形层的扩展也需要较长的时间。焊接不等端面的碳钢和低合金钢时，由于导热条件不同，在接头上的温度分布和变形层的厚度也不同，为了保证焊接质量，应该采用强规范焊接。

目前在生产中所采用的焊接规范，都需要通过试验方法确定，还很难采用计算的方法进行参数优化和确定。

表 8-1 列出了部分材料的连续驱动摩擦焊焊接参数，表 8-2 列出了部分焊件的连续驱动摩擦焊焊接参数。

表 8-1　部分材料的连续驱动摩擦焊焊接参数

序号	焊接材料	接头直径/mm	焊接参数				备注
			转速/r·min⁻¹	摩擦压力/MPa	摩擦时间/s	顶锻压力/MPa	
1	45 钢+45 钢	16	2000	60	1.5	120	—
2	45 钢+45 钢	25	2000	60	4	120	—
3	45 钢+45 钢	60	1000	60	20	120	—
4	不锈钢+不锈钢	25	2000	80	10	200	—
5	高速钢+45 钢	25	2000	120	13	240	采用模子
6	铜+不锈钢	25	1750	34	40	240	采用模子
7	铝+不锈钢	25	1000	50	3	100	采用模子
8	铝+铜	25	208	280	6	400	采用模子
9	铝+铜，端面锥角 60°～120°	8～50	1360～3000	20～100	3～10	150～200	两端采用模子
10	GH4169	20	2370	90	10	125	
11	40CrMnSnMoVA	20	2370	35	3	78	

表 8-2　部分焊件的连续驱动摩擦焊焊接参数

焊件名称	材料组合	直径/mm	焊接参数					
			主轴转速/r·min⁻¹	摩擦压力/N·mm⁻²	摩擦时间/s	顶锻压强/N·mm⁻²	顶锻保压时间/s	顶锻延时/s
汽车后桥管	45 钢+45 钢	外径 70 内径 50	99	55～60	14～18	110～130	6～8	0.2～0.3
汽车排气阀	5Cr21Ni4Mn9N+40Cr	10.5	焊 2500 切边 1250	140	4	300	3	0.2～0.3
柴油机增压器叶轮	731 等耐热合金+40Cr	27	1350	70(1)② 100(2)	3(1) 12(2)	300	7	0～0.1
汽车后桥壳	16Mn+45 钢或 40Mn	152	585	30(1) 50～60(2)	5(1) 20～25(2)	100～120	10	—
石油钻杆	40Cr 或 42SiMn35CrMo	外径 63～140，壁厚 10～17	585	30(1) 50～60(2)	6～8(1) 24～30(2)	120	10～20	—

（续）

焊件名称	材料组合	直径/mm	焊接参数					
			主轴转速 /r·min⁻¹	摩擦压力 /N·mm⁻²	摩擦时间 /s	顶锻压强 /N·mm⁻²	顶锻保压 时间/s	顶锻延时 /s
刀具柄①	高速钢+45钢	14	2000	120	10	240	—	—
铝铜管	Al+Cu	—	1500	40	2.5	250	5	—

① 焊后立即在750℃炉中保温、退火。
② 括号内数字为摩擦级数。

【阅读材料2-8-3】 连续驱动摩擦焊举例

（1）铝-铜金具连续驱动摩擦焊 对于 $\phi8\sim\phi50mm$ 铝-铜过渡接头（铝-铜金具），摩擦焊焊接参数见表8-1中序号9。为了防止铝在焊接过程中的流失，以及铝、铜试件由于受压失去稳定而产生弯曲变形，采用图2-8-4所示模子进行封闭加热。接头的力学性能表明，静载拉伸断裂在铝母材一侧，并可以弯曲成180°角。但是，如果焊接加热温度过高或焊接加热时间过长，摩擦焊焊接表面的温度超过铝-铜共晶温度（548℃），甚至达到铝的熔点，在高温下容易形成大量的脆性化合物层，使接头发生脆性断裂。

为了获得优质接头，可采用低温摩擦焊工艺，其焊接参数见表8-1中序号8。该工艺的特点是转速低，顶锻压力大，可增大后峰摩擦力矩、增加接头的变形量，以达到破坏摩擦表面上的脆性合金薄层和氧化膜的目的。低温摩擦焊工艺可以控制摩擦表面的温度在460~480℃范围内，保证摩擦表面金属能充分发生塑性变形和促进铝-铜原子之间的充分扩散，不产生脆性金属间化合物，接头力学性能高，热稳定性能也好。

（2）高速钢-45钢连续驱动摩擦焊 高速钢和45钢焊接时，由于高速钢的高温强度高而热导率低，而45钢的高温强度差，为了控制45钢的变形和流失，提高摩擦压力，增大摩擦加热功率和保证接头外圆焊透，必须采用合适的模子，如图2-8-5所示。将45钢进行封闭加压，按照表2-8-1选择焊接参数。在摩擦加热过程中，随着摩擦加热时间的延长，接头温度升高，高速摩擦塑性变形层由高速钢和45钢的交界处向高速钢内部移动，形成了高速钢与高速钢的摩擦过程。因此，为了使接头产生足够的塑性变形和足够大的加热功率，必须提高摩擦压力和顶锻压力。应注意，为了防止接头的焊接热裂纹，材料尽量选择不产生碳化物严重偏析的高速钢，焊前应将高速钢进行完全退火，焊接时接头要均匀加热，使温度分布较宽，摩擦时间不能太短。焊接后应进行缓冷，并立即在750℃进行炉中保温，然后再进行退火。

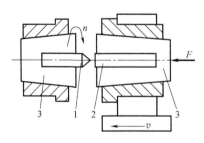

图 2-8-4 铝-铜金具连续驱动摩擦焊示意图
1—铜焊件 2—铝焊件 3—模子 n—铜焊件转速
F—轴向力 v—移动夹头进给速度

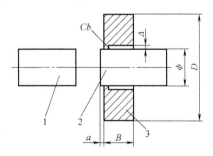

图 2-8-5 高速钢-45钢连续驱动摩擦焊示意图
1—高速钢 2—45钢 3—模子

表 2-8-1　高速钢-45 钢连续驱动摩擦焊焊接参数

接头直径/mm	转速/r·min⁻¹	摩擦压力/MPa	顶锻时间/s	顶锻压力/MPa	备注
14	2000	120	10	240	采用模子
30	2000	120	14	240	采用模子
40	1500	120	16	240	采用模子
60	1000	120	20	240	采用模子

（3）锅炉蛇形管连续驱动摩擦焊　锅炉制造中，为了节省能量，采用材料为 20 钢、直径为 32mm、壁厚为 4mm 的蛇形管制造，在摩擦焊接时，由于管子长达 12m 左右，需要解决长管的平稳旋转、焊接质量稳定和减少内毛刺等问题。表 2-8-2 列出了蛇形管连续驱动摩擦焊焊接参数，焊接过程采用功率极值控制，最后快速停车、快速顶锻。采用上述焊接规范的接头内飞边小，内外飞边形状短粗，平整圆滑，抗拉强度达 510~550MPa，全部断在母材上，弯曲角达到 130°。接头的金相组织表明，焊缝区为细晶粒索氏体和铁素体组织，没有发现任何缺陷，提高了接头寿命。用摩擦焊连续焊接了数十万个接头，每批以 3% 抽样进行破坏性检验，质量全部合格。

表 2-8-2　蛇形管连续驱动摩擦焊焊接参数（直径为 32mm，壁厚为 4mm）

转速/r·min⁻¹	摩擦压力/MPa	摩擦时间/s	顶锻压力/MPa	接头变形量/mm	备注
1430	100	0.82	200	2.3~2.4	采用功率极值控制

（4）石油钻杆连续驱动摩擦焊　石油钻杆是石油钻探中的重要工具，其由带螺纹的工具接头与管体焊接而成。工具接头的材料为 35CrMo 钢，管体材料为 40Mn2 钢。常用钻杆的焊接断面为 φ140mm×20mm、φ127mm×10mm。由于焊接面积大，焊接管体长，需要采用大型焊机。为了降低摩擦加热功率（特别是峰值功率），需采用表 2-8-3 中的弱规范焊接。为消除焊后的内应力，改善焊缝的金属组织和提高接头性能，必须进行焊后热处理。热处理规范选择为 500℃ 回火处理、850℃ 正火+650℃ 回火处理或 840℃ 淬火+650℃ 回火处理，其力学性能见表 2-8-4。连续驱动摩擦焊制造的石油钻杆如图 2-8-6 所示。

表 2-8-3　石油钻杆连续驱动摩擦焊焊接参数（直径 140mm 和 127mm）

转速/r·min⁻¹	摩擦压力/MPa	摩擦时间/s	顶锻压力/MPa	接头变形量/mm	备注
530	5~6	30~50	12~14	摩擦变形量 12mm 顶锻变形量 8~10mm	钻杆工具接头焊接端面倒角

表 2-8-4　石油钻杆连续驱动摩擦焊接头力学性能

接头直径 /mm	抗拉强度 /MPa	伸长率 （%）	断面收缩率 （%）	冲击韧度 /J·cm⁻²	弯曲角 /（°）	焊后热处理规范
127	770	18.5	69	57	113	500℃ 工频回火
140	697	23.8	66.5	45	96	850℃ 正火+650℃ 回火，空冷

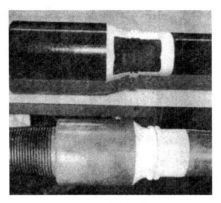

图 2-8-6　连续驱动摩擦焊制造的石油钻杆

第二节　搅拌摩擦焊

一、搅拌摩擦焊基本原理

1. 搅拌摩擦焊焊接过程

搅拌摩擦焊焊接过程可简化为由搅拌头扎入阶段、搅拌头沿焊缝方向行走阶段、搅拌头提起阶段等组成，如图 8-6 所示。

1）搅拌头扎入阶段。起动搅拌头（轴肩和搅拌针组成）旋转，缓慢挤压插入到两被焊材料连接的边缘处、延时（仅用在大厚度或高温材料连接）。

2）搅拌头沿焊缝方向行走阶段。搅拌头高速旋转，在两焊件连接边缘产生大量的摩擦热，从而在连接处产生金属塑性软化区（即待焊区材料处于热塑化状态），该塑性软化区在搅拌头的作用下受到搅拌、混合、挤压，并随着搅拌头的旋转由前向后流动，形成塑性金属流，进而扩散和再结晶，并受到挤压而最后形成固相焊接接头。

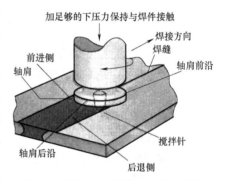

图 8-6　搅拌摩擦焊焊接过程示意图

3）搅拌头提起阶段。搅拌头与焊件界面间的摩擦热输入不断降低，因而热循环最高温度降低。搅拌头离开焊件后，在焊缝的终端形成一个匙孔。

此外，在某些过程中尚有开关惰性保护气（焊接铜合金、钛合金及钢铁等高温材料）、预热、搅拌头制冷和焊材制冷等步骤。

这里应注意，在图 8-6 中，材料流动与搅拌头移动（焊接）方向一致的一侧，称为前进侧，材料流动与搅拌头移动方向相反的一侧，称为后退侧，轴肩搅拌区和搅拌针搅拌区共同组成焊缝。

2. 搅拌摩擦焊的产热

搅拌摩擦焊过程中形成了大量的生成热，这些生成热主要来源于轴肩与焊件材料上表面、搅拌针与接合面间的摩擦以及搅拌针附近被焊材料的塑性变形流动产生的热，其中摩擦热是焊接产热的主体。目前，还不能对搅拌摩擦焊的产热进行精确计算，产热机制的解释和计算方法也有很多种，如下面一种计算焊接热输入（Q_{Total}）方法，分别计算由轴肩、搅拌针侧面、搅拌针底面所产生的热量，这里考虑了焊接状态下被焊材料屈服强度、搅拌头和被焊材料接触状态以及搅拌头几何尺寸等参数。

$$Q_{\text{Total}} = \frac{2}{3}\pi\left[\delta\tau_{\text{yield}} + (1-\delta)\mu p\right]\omega\left[\left(R_{\text{Shoulder}}^3 - R_{\text{Pin}}^3\right)(1+\tan\alpha) + R_{\text{Pin}}^3 + 3R_{\text{Pin}}^3 H_{\text{Pin}}\right] \qquad (8-9)$$

式中　　　　δ——轴肩与被焊金属接触状态参数，$0<\delta<1$；

　　　　　　τ_{yield}——焊接温度下被焊材料屈服强度；

　　　　　　μ——摩擦系数；

　　　　　　p——接触表面的均匀压力；

　　　　　　ω——搅拌头旋转角速度；

R_{Shoulder} 和 R_{Pin}——分别为搅拌头轴肩和搅拌针半径；

　　　　　　H_{Pin}——搅拌针长度；

　　　　　　α——搅拌头轴肩表面与水平面夹角。

正是由于搅拌摩擦焊是一个机械-热物理冶金过程，对其热源的精确模拟需要将机械变形和热物理过程耦合起来，并考虑各种环境条件。

3. 搅拌摩擦焊的塑性变形流动

被焊金属在搅拌摩擦焊过程中的流动是一个非常复杂的过程。图8-7所示为标记材料显示搅拌摩擦焊过程中金属的流动，试验中采用与母材不同的铝合金作为标记材料，镶嵌在待焊铝合金母材中，搅拌头跨过标记材料完成焊接过程。当然，也可用分析模型、数字模型、热-机耦合模型等进行仿真模拟。

由于高温和塑性变形的双重作用，焊缝区的动态重结晶和微观结构演变是搅拌摩擦焊过程的又一主要特征，常见的机制包括连续动态再结晶、断续动态再结晶、几何动态再结晶等。

4. 搅拌摩擦焊的接头及组织

搅拌摩擦焊接头一般呈四个组织明显不同的区域，如图8-8和图8-9所示：焊核区 D（Weld Nugget Zone，WNZ）位于焊缝中心靠近搅拌针扎入的位置，由细小的等

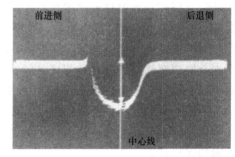

图 8-7　标记材料显示搅拌摩擦焊过程中金属的流动
（白色为标记材料，焊接方向是由下而上进行的）

轴再结晶组织构成；热机影响区 C（Thermal-Mechanically Affected Zone，TMAZ）位于焊核区两侧，该区的材料发生程度较小的变形；热影响区 B（Heat-Affected Zone，HAZ）的组织仅受到热循环作用，而未受到搅拌头搅拌作用的影响；第四个区域 A 为母材的一部分。D、C、B 不同区域所形成的最终组织与焊接过程中的局部热、机械搅拌的循环历史有关，并且经历了差异较大的塑性流动和热载荷，导致应变、应变率和温度存在较大的差异。

（1）焊核区　焊核区的塑性流动是非对称性的，该区经历了高温、大应变后，焊核的中心发生了强烈的变形，大应变导致焊核区在焊接过程中发生了动态再结晶。铝-锂合金的晶粒尺寸一般为 $1\sim4\mu m$，并导致该区出现高密度的沉淀相（尺寸为 $1\sim3\mu m$，与亚晶粒的尺

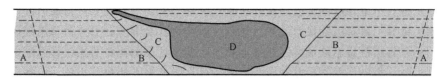

图 8-8 搅拌摩擦焊接头
A—母材　B—热影响区　C—热机影响区　D—焊核区

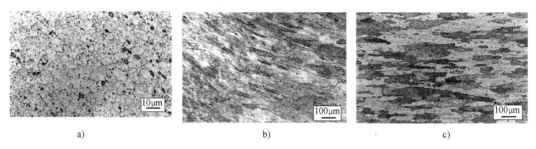

a)　　　　　　　　　　b)　　　　　　　　　　c)

图 8-9 搅拌摩擦焊接头各区金相微观组织
a) 焊核区　b) 热机影响区　c) 热影响区

寸相似），从而有利于抑制焊接过程中晶粒的长大。同时，在焊接过程中，材料与搅拌针之间的相互作用导致焊核区出现同心环（洋葱环组织）。

（2）热机影响区（又称热-力影响区）　热机影响区是一个过渡区域，虽然也经历了连续的温度变化和机械搅拌，但该区的局部应变较焊核区小，明显导致初始拉长晶粒的旋转变形。对 6061-T651 铝合金搅拌摩擦焊接头热机影响区的组织分析表明，该区内的晶界大多为小角晶界（尺寸为 $10 \sim 20 \mu m$，是亚晶界），同时，大部分晶粒内部存在高密度的网状位错。

（3）热影响区　热影响区在焊接过程中经历了沉淀相的溶解、回复、再结晶和晶粒长大，具体发生何种的变化与合金种类、合金的初始热处理状态和距焊缝中心的距离有关。热影响区的晶粒尺寸与母材相近，铝合金母材的平均晶粒尺寸为 $20 \sim 62 \mu m$，而热影响区的平均晶粒尺寸为 $17 \sim 60 \mu m$。焊缝前进侧和后退侧的热影响区宽度不同，AA6081-T6 接头前进侧热影响区的宽度为 $13 \sim 16 mm$，后退侧热影响区的宽度为 $20 mm$ 左右。前进侧和后退侧分别对应于旋转的搅拌头在焊缝方向的切线速度与搅拌头行进方向相同和相反的侧面。

（4）母材一部分　目前所开展的搅拌摩擦焊（FSW）研究主要集中在铝合金、镁合金以及纯铜等软质、易于成形的材料上，对钛合金、不锈钢、铝基复合材料也有少量研究。

【阅读材料 2-8-4】　焊核区组织形成过程

在搅拌摩擦焊过程中，焊核区的形成与搅拌过程中的塑性流动有关，当软化层内的塑性材料发生流动时，其流动质点的速度和方向随位置和时间不断变化，因而其流动形式属于非稳态流场。同时，软化层内不同塑性流层间存在速度梯度，由于软化层具有一定的黏度，因而流速不同的流层界面处产生黏性摩擦剪切力 f_{ij}。以软化流层 i 为分析对象（图 2-8-7a），两侧界面处存在剪切力 $f_{i-1,i}$ 和 $f_{i+1,i}$，两作用力的方向相反，从而导致层 i 处的板条组织受到拉伸而伸长，如图 2-8-7b 所示。由于受到搅拌头的搅拌作用，软化层内板条组织在伸长的同时还发生弯曲变形，如图 2-8-7c 所示。拉长的弯曲板条组织在热循环作用下发生再结晶而在板条内形成细小的再结晶晶粒，如图 2-8-7d 所示。再结晶晶粒在整体上仍具有方向性，沿板条取向分布。由于焊缝中部受到搅拌头强烈搅拌作用，导致发生再结晶的弯曲板条组织发生更大程度变形。然而板条组织晶界所能承受的弯曲程度有限，当弯曲程度超过了晶界弯曲上限时，原有的板条晶界被破坏，导致晶粒间的整体板条取向不明显，在微观下呈无序状排列，如图 2-8-7e 所示。图 2-8-7f 所示为晶界被破坏后所形成的组织形貌。局部放大后的再结晶晶粒表现出一种无序、无方向性的特点，如图 2-8-7g 所示。

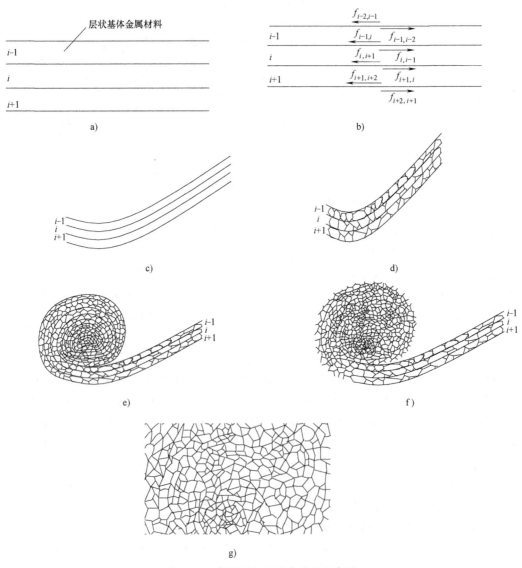

图 2-8-7　焊核区组织形成过程示意图

a）母材内板条组织　b）软化材料内形成黏性摩擦剪切力　c）被拉长、发生弯曲的板条组织　d）板条组织发生再结晶
e）弯曲程度较大的再结晶组织　f）板条晶界消失　g）无序状排列的再结晶晶粒

5. 接头力学性能

搅拌摩擦焊过程中，接头不同区域发生了软化，其软化程度的差异，导致了接头硬度分布呈"W"形。图 8-10 所示的 6063-T5 铝合金搅拌摩擦焊接头的显微硬度分布（其他型号的铝合金也具有相同的趋势）表明，WNZ/TMAZ 界面两侧的硬度值相差较小；HAZ/TMAZ

界面两侧的硬度值则相差较大。这种硬度差异将导致冷却过程中热影响区和热机影响区界面两侧材料的收缩程度不同，即两者的变形协调性较差，因而界面处易形成较大的残余应力集中，使该部位成为整个接头中强度最弱的区域。

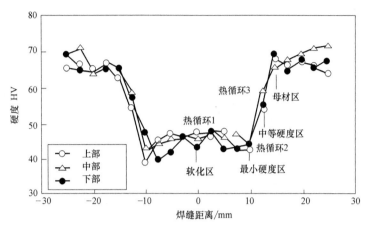

图 8-10　6063-T5 铝合金搅拌摩擦焊接头的显微硬度分布

目前，无论哪种材料，在合适的 FSW 焊接参数下，其接头的抗拉强度均能达到母材的70%以上，对于 5083-O 铝合金和 304 不锈钢的 FSW，甚至可以得到与母材等强的接头。表 8-3 是 FSW 接头/母材的力学性能比较。

表 8-3　FSW 接头/母材的力学性能比较

母材	抗拉强度(接头/母材)R_m/MPa	屈服强度 $R_{p0.2}$/MPa	伸长率 $A(\%)$
2024-T3	432/497	304/424	7.6/14.9
5083-O	271/275	125/124	23/24
6013-T6	322/398	292/349	—
7020-T6	325/385	242/326	4.5/13.6
AZ31	201/288	127/219	3.5/6.5
AZ61	285/300	100/140	17/25
Cu	220/250	—	—
6061+20%B_4C	210/248	137/124	4/12
S355	535/545	342/346	19/31.5
DH36	559/483	469/345	8.6/21
304	740/740	300/280	68/68
HSLA65	654/579	537/537	24/28

二、搅拌摩擦焊工艺

1. 工艺特点

与传统摩擦焊及其他焊接方法相比，搅拌摩擦焊有以下优点。

1）焊接接头质量高，不易产生缺陷。固相焊接避免了熔焊过程中易产生裂纹、气孔等缺陷，尤其对裂纹敏感性强的 7000、2000 系列铝合金的高质量连接十分有利。

2）不受轴类零件的限制，可进行平板的对接和搭接，可焊接直焊缝、角焊缝及环焊缝，可进行大型框架结构及大型筒体制造等。

3）便于机械化、自动化操作，且质量比较稳定，重复性高。

4）焊接成本较低，不用填充材料，一般也不用保护气体。厚焊接件边缘不用加工坡口。焊接铝材不用去氧化膜，只需去除油污即可。对接时允许留一定间隙，不苛求装配精度。

5）焊件有刚性固定，加热温度较低，焊件不易变形。对较薄铝合金结构（如船舱板、小板拼成大板）的焊接极为有利，这是熔焊方法难以做到的。

6）安全、无污染、无熔化、无飞溅、无烟尘、无辐射、无噪声、没有严重的电磁干扰及有害物质的产生，是一种环保型连接方法。

搅拌摩擦焊本身也存在如下缺点。

1）不同的结构需要不同的工装夹具，设备的灵活性差。

2）如不采用专门的搅拌头，焊接结束后搅拌针退出时在焊缝末端将产生孔洞，需要用其他焊接方法补焊。

3）目前焊接速度不高。

4）焊缝背面需要有垫板，在封闭结构中垫板的取出比较困难。

2. 接头形式设计

搅拌摩擦焊可以实现棒材-棒材、管材-管材、板材-板材的可靠连接，接头形式可以设计为对接、搭接、角接，可进行直焊缝、角焊缝及环焊缝的焊接（图 8-11）。

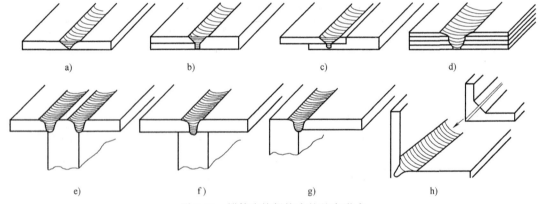

图 8-11　搅拌摩擦焊接头的基本形式
a）直口对接　b）对搭混合　c）单搭接　d）多搭接　e）三片 T 形对接　f）双片 T 形对接　g）边缘对接　h）角接

3. 搅拌摩擦焊焊接参数及选择

搅拌摩擦焊焊接参数主要包括焊接速度、搅拌头转速、搅拌头仰角、轴肩压力和焊接深度。

（1）焊接速度（搅拌头沿焊缝方向的行走速度）　图 8-12 所示为焊接速度对铝-锂合金搅拌摩擦焊接头抗拉强度的影响。由此图可见，接头强度随焊接速度的提高，曲线呈凸向上变化，当焊接速度小于 160mm/min 时，接头强度随焊接速度的提高而增大，并于 $v =$ 160mm/min 时达到最大值 381MPa。从焊接热输入可知，当转速为定值，焊接速度较低时，搅拌头/焊件界面的整体摩擦热输入较高。如果焊接速度过高，将使塑性软化材料填充搅拌针行走所形成的空腔的能力变弱，软化材料填充空腔能力不足，焊缝内易形成一条狭长且平行于焊接方向的疏松孔洞缺陷，严重时焊缝表面形成一条狭长且平行于焊接方向的隧道沟，导致接头强度大幅降低，在 $v=180\mathrm{mm/min}$ 时，焊核区和热机影响区界面处形成较大的孔洞缺陷，接头强度仅为 336MPa。

（2）搅拌头转速 图 8-13 所示为搅拌头转速对铝-锂合金搅拌摩擦焊接头抗拉强度的影响。由此图可见，当 $n\leqslant800\mathrm{r/min}$ 时，接头强度随着转速的提高而增加，并于 $n=800\mathrm{r/min}$ 时达到 381MPa 的最大值；当 $n>800\mathrm{r/min}$ 时，接头强度随着转速的提高而迅速降低，在 $n=1100\mathrm{r/min}$ 时，接头强度仅为 202MPa。

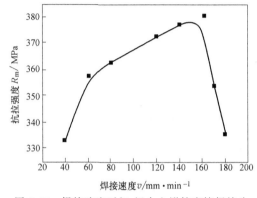

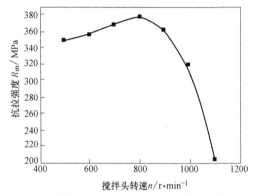

图 8-12 焊接速度对铝-锂合金搅拌摩擦焊接头抗拉强度的影响（$n=800\mathrm{r/min}$，$\theta=2°$）

图 8-13 搅拌头转速对铝-锂合金搅拌摩擦焊接头抗拉强度的影响（$v=160\mathrm{mm/min}$，$\theta=2°$）

搅拌头转速也是通过影响焊接热输入和软化材料流动影响接头微观结构。转速较低时（如 $n=500\mathrm{r/min}$），焊接热输入较低，搅拌头前方不能形成足够的软化材料填充搅拌针后方所形成的空腔，使焊核区和热机影响区界面处易形成较大的孔洞缺陷（图 8-14a），从而弱化接头强度。而在一定范围内提高转速，可使热输入增加，焊接峰值温度增大，有利于提高软化材料填充空腔的能力，避免接头内缺陷的形成，当搅拌头转速提高到 $n=800\mathrm{r/min}$ 时，接头内将无缺陷（图 8-14b）。

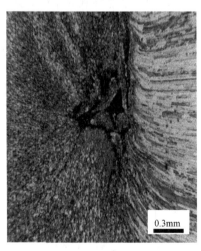

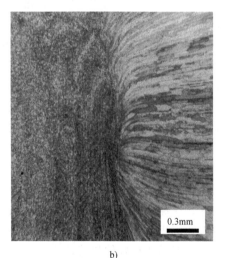

a)

b)

图 8-14 搅拌头转速对接头缺陷的影响（$v=160\mathrm{mm/min}$，$\theta=2°$）

a）$n=500\mathrm{r/min}$ b）$n=800\mathrm{r/min}$

搅拌头转速和焊接速度的比值 n/v 对接头性能也有一定影响。$n = 1000\mathrm{r/min}$ 时，不同 n/v 比值对抗拉强度的影响如图8-15所示，试验材料为含质量分数5%Mg的铝合金。从此图可知，随着 n/v 值的增加，强度和塑性都增加，最大值的抗拉强度达到310MPa，与母材的实测值相同，伸长率为17%，是母材实测值的63%。在达到最大强度值后，继续增加 n/v 的数值，强度和塑性反而下降。

（3）搅拌头仰角（又称为搅拌头倾角）　它是指搅拌头与焊件法线的夹角（图8-16），其表示向后倾斜的程度（一般为0°~5°），倾斜的搅拌头在焊接过程中会转移后退侧的热塑化金属材料并施加向前、向下的顶锻力，这个力是保证焊接成功的关键。搅拌头倾斜角度的大小与搅拌头轴肩的大小以及焊件的厚度有关。

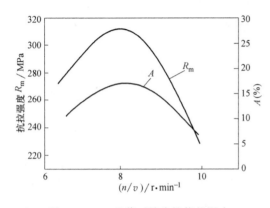

图8-15　n/v 比值对接头性能的影响

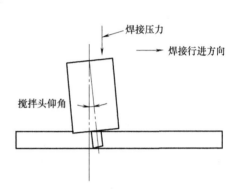

图8-16　搅拌头仰角示意图

图8-17所示为搅拌头仰角对接头强度的影响。由此图可见，仰角 $\theta = 1°$ 时，接头抗拉强度为293.3MPa；当 $1° \leqslant \theta \leqslant 2°$ 时，随着仰角的增加接头强度迅速上升；当 $2° \leqslant \theta \leqslant 5°$ 时，随着仰角继续增加接头强度呈缓慢上升的趋势，并于 $\theta = 5°$ 时达到411MPa最大值；当 $\theta > 5°$ 时，随着仰角的增加接头强度反而迅速降低。

仰角主要是通过影响接头致密性、软化材料填充能力、热循环和残余应力来影响接头性能。如果仰角较低，由于轴肩压入量不足，轴肩下方软化材料填充空腔的能力就较弱，焊核区/热机影响区界面处易形成孔洞缺陷，导致接头强度较低。同时，仰角增大，搅拌头轴肩和焊件的摩擦力增大，焊接热作用程度增大。

（4）轴肩压力　轴肩压力除了影响搅拌摩擦产热以外，还对搅拌后的塑性金属施加压紧力。试验表明，轴肩压力主要影响焊缝成形。压紧程度偏小时，热塑性金属"上浮"溢出焊缝表面，焊缝内部则由于缺少金属填充而形成孔洞。如果压紧程度偏大，轴肩与焊件的摩擦力增大，摩擦热容易使轴肩平台发生黏附现象，焊缝两侧出现飞边和毛刺，焊缝中心下凹量较大，不能形成良好的焊接接头。关于压力对接头性能的定量影响，还有待于深入研究。

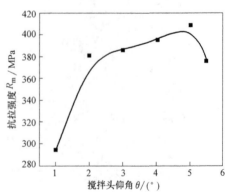

图8-17　搅拌头仰角对接头强度的影响

（$n = 800\mathrm{r/min}$，$v = 160\mathrm{mm/min}$）

（5）焊接深度　搅拌摩擦焊的焊接深度一般等于搅拌针的长度，对于对接搅拌摩擦焊，搅拌针的长度略小于焊件的厚度（一般为9/10板厚），如果搅拌针的长度太长，搅拌头就会扎入底部焊接垫板，使搅拌针的寿命缩短；如果搅拌针的长度太短，会造成底部材料未焊透，造成焊接缺陷，所以搅拌摩擦焊的焊接深度由搅拌针的长度决定。

三、典型材料的搅拌摩擦焊

1. 铝合金的焊接

搅拌摩擦焊铝合金（尤其是高强度铝合金）可以克服熔焊时产生气孔、裂纹等缺陷，大大提高其接头强度，因此，可焊接所有系列的铝合金。表8-4列出了部分铝合金搅拌摩擦焊焊接参数。

表8-4　部分铝合金搅拌摩擦焊焊接参数

材料	板厚/mm	焊接参数		
		转速 /r·min⁻¹	焊接速度 /mm·min⁻¹	仰角 /(°)
1050	6.3 5	400 560~1840	— 155	— —
1100	3	500	720	3
2024-T3	6 6.4	— 215~360	80 77~267	— —
2095	1.6	1000	246	—
5052-O	2	2000	40	—
5182	1.5	—	100	—
6061-T6	6.3 6.5 4	800 400~1200 600	120 60 —	
6081-T4	5.8	1000	350	
6061铝基复合材料	4	1500	500	
7075-T6	4	1000	300	

【示例2-8-1】 高速列车车体铝合金搅拌摩擦焊

6082-T6铝合金具有中等强度、优异的成形性和耐蚀性，是高速列车车体应用量最大的材料，10mm厚6082-T6铝合金在型号为FSW-LM-5025搅拌摩擦焊机上进行焊接。

焊接参数：焊接速度为50mm/min、转速为700r/min、搅拌头仰角为2.5°、下压量为0.1mm。

接头/母材力学性能：抗拉强度为218/275MPa、屈服强度为172/218.1MPa、伸长率为9.8%/14.2%。

6082-T6铝合金FSW接头如图（示例）2-8-1所示。由此图可见，FSW接头组织致密、无宏观缺陷，其硬度分布不均匀：母材（BM）的硬度最高（115HV），焊核区的平均硬度值为86.2HV，硬度最小值（60HV）位于靠近焊缝中心的HAZ内。

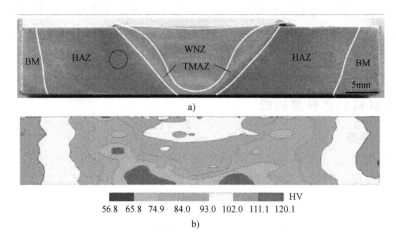

图（示例）2-8-1　6082-T6 铝合金 FSW 接头

a）横截面形貌　b）显微硬度分布云图

2. 镁合金的焊接

采用搅拌摩擦焊方法焊接的镁合金主要有 AZ31、ZK61、AZ91、MB3 等。一般来说，镁合金的 FSW 应选用较高的搅拌头转速，并随着转速增加，所匹配的焊接速度也应适当增加。但对于 MB3 镁合金，随搅拌头转速和焊接速度提高，接头强度呈凸形曲线变化。例如：对于 3mm 厚的 MB3 镁合金板（强度 245MPa、伸长率 6%），焊接速度为 48mm/min 时，强度上升到最高值（达到母材强度的 90%~98%），进一步增加焊接速度，强度反而下降。

表 8-5 列出了部分镁合金搅拌摩擦焊焊接参数。

表 8-5　部分镁合金搅拌摩擦焊焊接参数

被焊材料	厚度/mm	轴肩特征	轴肩直径/mm	搅拌针特征	搅拌针直径/mm	焊接倾角/(°)	搅拌头转速/r·min⁻¹	焊接速度/mm·min⁻¹
AZ31	2	平整渐开线，凹型	10、13	圆柱体+螺纹	4、5	N/A	1000、1200、1400	200
	2	平整渐开线，凹型	10、13	圆柱体+螺纹	4、5	N/A	1400、1600、1800	400
	6.3	N/A	18、20 和 24	圆柱体+螺纹	8	2.8	800	100
AMX602	4	凹型	15	圆柱体+螺纹	5	3	1100	200~400
AE42	4	平整	18	螺纹	6	3.8	1120	125

注：N/A 表示文献未提及该参数的具体数值。

3. 铜合金的焊接

搅拌摩擦焊接铜合金，可以消除熔焊时的焊缝成形能力差、热裂倾向大、难以熔合、未焊透、表面成形差等外观缺陷和焊缝及热影响区热裂纹、气孔等内部缺陷。在轴肩压力基本恒定的条件下，当 $4 < (n/v) < 8$ 时，焊缝外观成形良好，焊缝内部无缺陷；当 $n/v < 4$ 时，由于单位长度焊缝上的热输入量过小，容易产生孔洞等缺陷；当 $n/v > 8$ 时，焊接区温度过高，焊缝表面由于过热而氧化成暗褐色。当选用尺寸合适的锥形螺纹形搅拌针时，螺纹槽能改善热塑性材料的流动，从而有利于形成致密的焊缝，焊缝成形良好。例如：厚 6mm 的 T2 纯铜板，最佳焊接规范为：搅拌头转速 600~950r/min，焊接速度 75~150mm/min，接头强度超过 242MPa，达到母材的 88%，接头的伸长率超过 12%，最高为 14%，是母材伸长率的

77%。表 8-6 列出了部分铜合金搅拌摩擦焊焊接参数。

表 8-6　部分铜合金搅拌摩擦焊焊接参数

被焊材料	厚度/mm	搅拌头材料	轴肩特征	轴肩直径/mm	搅拌针特征	搅拌针直径/mm	焊接倾角/(°)	搅拌头转速/r·min⁻¹	焊接速度/mm·min⁻¹
60Cu40Zn	2	N/A	N/A	12	N/A	4	3	1000	500、1000、1500、2000
	2	N/A	N/A	12	N/A	4	3	1500	500、1000、1500、2000
Cu	50	焊针：Nimonic105 轴肩：Demsimet	凹型平整渐开线，凸型渐开线，凹凸型渐开线	MX. 三螺纹旋槽	圆柱状	≈ 30	凹型轴肩：3.0 和 2.6，其余：0	36～440	60～100
工业纯 Cu	3	高速钢	凹型	12	圆柱体+螺纹	3	N/A	300、400、600、800、1000	100

4. 钛合金的焊接

搅拌摩擦焊接钛合金，接头明显没有热机影响区，即焊核区与热影响区之间没有变形晶粒的过渡。表 8-7 列出了部分钛合金搅拌摩擦焊焊接参数。

表 8-7　部分钛合金搅拌摩擦焊焊接参数

被焊材料	厚度/mm	搅拌头材料	轴肩特征	轴肩直径/mm	搅拌针特征	搅拌针直径/mm	焊接倾角/(°)	搅拌头转速/r·min⁻¹	焊接速度/mm·min⁻¹	其他
TC4	3	钼合金	凸型	15	圆台体	3～5.1	N/A	500	60	—
	3	W-La	平整	20	圆台体	8(细端)	N/A	300	50～130	搅拌头内部强制冷却
	6	W-La	平整	25	圆台体	10(细端)	N/A	250～320	45～100	搅拌头内部强制冷却
	10.3	W-La	平整	25	N/A	N/A	N/A	120、150、200、400、800	50.8、50.8、50.8、101.6、203.2	
Ti5111	12.7	钨合金	平整	32	圆台体	9.5～25.4	N/A	140	51	

5. 钢的焊接

目前，对钢的搅拌摩擦焊研究越来越多，主要有 DH36、316L、304L、DP590、HSLA-65 和 AISI1010 等。搅拌摩擦焊接钢，其接头同样存在焊核区、热机影响区和热影响区。表 8-8 列出了部分钢铁合金搅拌摩擦焊焊接参数。

表 8-8　部分钢铁合金搅拌摩擦焊焊接参数

被焊材料	厚度/mm	搅拌头材料	轴肩特征	轴肩直径/mm	搅拌针特征	搅拌针直径/mm	焊接倾角/(°)	搅拌头转速/r·min⁻¹	焊接速度/mm·min⁻¹
304L 不锈钢	3.2	W-Re	平整	19	N/A	N/A	N/A	300、500	101.6
DH36	6.4	W-Re	平整	19	圆台状	7.6	2.5	350、525、788	203.2、304.8、457.2

（续）

被焊材料	厚度 /mm	搅拌头 材料	轴肩特征	轴肩直径 /mm	搅拌针 特征	搅拌针直径 /mm	焊接倾角 /(°)	搅拌头转速 /r·min⁻¹	焊接速度 /mm·min⁻¹
409L 不锈钢	3	Si_3N_4	凸型	20	圆台状	根部 5 顶部 3	1	700	60
AISI1018 低碳钢	6.35	钨-铼合金	N/A	19	N/A	N/A	N/A	450~650	25.4~101.6
JISS70C 高碳钢	1.6	钨合金	N/A	12	圆柱状	4	3	100~800	25~400

6. 铝基复合材料的焊接

目前，采用搅拌摩擦焊方法焊接的复合材料主要有 6061+20%Al_2O_3、AA2014+20%Al_2O_3、Al359+20%SiC、6061+20%B_4C 等。

通过对铝基复合材料 6061+20%B_4C 的接头微观组织分析可知，焊核区的微观组织和母材区的微观组织非常接近，在整个接头上很难区分出焊缝区和母材区。接头的拉伸性能测试结果表明，搅拌摩擦焊接头的力学性能优于钨极气体保护（TIG）焊，并且与母材性能很接近，当母材的增强相分布不均匀时，搅拌摩擦焊接头的强度比母材高。同时，增强相对搅拌头有较大的摩擦作用，这种磨损使搅拌头产生很大的损耗，损耗的 Fe 元素最终沉积到焊缝前进侧和焊缝区金属一起形成接头。因此，急需开发耐磨性好的搅拌头。

四、搅拌摩擦焊新技术

近年来，与搅拌摩擦焊有关的新技术及其应用研究比较多，如搅拌摩擦点焊、双轴肩搅拌摩擦焊、搅拌摩擦表面改性技术、超细晶材料制备、搅拌摩擦焊接修复、搅拌摩擦-激光复合焊接技术和搅拌摩擦焊接机器人技术等。

1. 搅拌摩擦点焊

搅拌摩擦点焊原理如图 8-18 所示。旋转的搅拌头在上部顶锻压力的作用下，压入焊件（扎入阶段），保持一定的时间后（一般为几秒钟，搅拌阶段），将搅拌头回抽提起（回抽阶段），完成搅拌摩擦点焊。与传统的点焊方法相比，搅拌摩擦点焊具有变形小、无须进行表面清理、焊具无损耗等特点，既可以实现高质、高效的目标，又可以节约成本。它的缺点是焊点部位产生凹坑（图 8-19）。

通过对 2mm 厚 6061-T4 铝合金薄板进行搅拌摩擦点焊，发现接头的结合强度不仅与焊接参数有关，而且与搅拌头的形貌尺寸密切相关，焊接时间一般均小于 1s，同时，较少的焊接时间可以提高接合强度；在实现高强度钢的点焊连接时，焊接时间为 3s，而且采用聚晶立方氮化硼（PCBN）材料制得的搅拌头在点焊了 100 多个焊点后也未见明显磨损迹象。

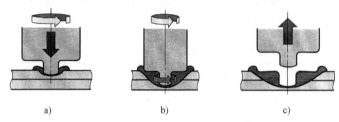

a)   b)   c)

图 8-18 搅拌摩擦点焊原理

a) 扎入 b) 搅拌 c) 回抽

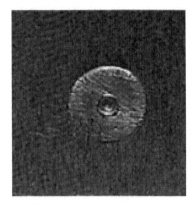

图 8-19　焊点表面留下的凹坑

目前，已可通过对搅拌头进行特殊设计做到消除焊点部位产生的凹坑（退出孔），工作过程如图 8-20 所示。

阶段 1：固定夹具（该套筒夹具可上下运动，但不旋转）。

阶段 2：搅拌针和轴肩旋转插入被焊材料，但轴肩并不下压到被焊材料上表面，而是给搅拌针挤出的金属留出空间。

阶段 3：当旋转的搅拌针达到预定位置后往回抽，同时轴肩继续往下压，直到把塑性状态金属挤压回焊缝区并将其填满。

阶段 4：搅拌头上行和被焊材料脱离，形成焊点。

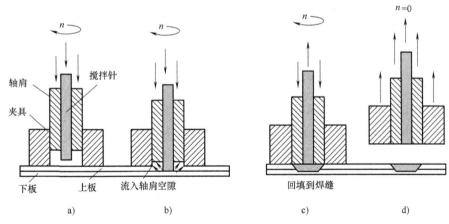

图 8-20　消除退出孔的搅拌摩擦点焊工作过程

a）阶段 1　b）阶段 2　c）阶段 3　d）阶段 4

2. 双轴肩搅拌摩擦焊

双轴肩搅拌摩擦焊原理如图 8-21 所示，搅拌头由上、下轴肩和共用的搅拌针构成，搅拌针通过螺纹与轴肩连接。焊接时上、下轴肩分别与焊件的上、下表面接触摩擦。同时，下轴肩的另一个重要作用是对被焊材料在背部施加刚性支撑，这一特点使得双轴肩搅拌焊比单轴肩搅拌焊具有更好的焊接适应性，提高了对曲线、双曲率、狭小空腔及筒体等复杂结构件搅拌摩擦焊的可操作性，也节省了制造刚性支撑装置的成本。双轴肩搅拌摩擦焊另外一个重

要特点是能够从根本上消除焊缝未焊透或根部弱连接等缺陷。目前,该技术已经成功完成
3~30mm厚铝合金部件的焊接。

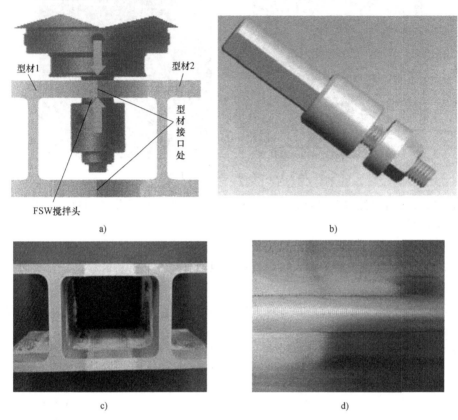

图 8-21 双轴肩搅拌摩擦焊原理

a) 工作原理 b) 搅拌头 c) 接头横截面宏观形貌 d) 焊缝表面宏观形貌

【示例 2-8-2】 6005A-T6 铝合金型材双轴肩搅拌摩擦焊

板厚 6.0mm 的 6005A-T6 铝合金型材双轴肩搅拌摩擦焊的焊接参数:转速为 800r/min、预热焊接速度为 30mm/min、焊接速度为 150mm/min。焊态接头平均抗拉强度为 203MPa,达到母材强度的 64%,均断于前进侧热影响区的硬度软化区间;焊后热处理使接头抗拉强度提高到 292MPa,达到母材的 92%。原因是,焊态接头在 32mm 的区域内,显微硬度出现了不同程度下降,且分布呈"W"形,焊后热处理通过改变强化相的形貌、尺寸和分布,使焊态"W"形显微硬度分布规律消失,焊缝区显微硬度趋于相同。

3. 表面改性

(1) 直接表面改性强化 图 8-22 所示为搅拌摩擦表面改性的原理。与搅拌摩擦焊技术相比,用于表面改性的搅拌头只有轴肩而没有搅拌针。这样,搅拌头所经过的区域即形成了一道表面改性层,多道搭接即可实现表面改性的目的。铸造铝合金采用熔焊的方法改性处理时(如激光、等离子、TIG 等)会产生晶间液化裂纹、气孔等缺陷。通过搅拌摩擦改性工艺处理,不仅可以实现表面改性的目的,而且可以避免由于熔焊所带来的焊接缺陷问题。从铸造铝合金搅拌摩擦表面改性后的微观组织可以看出,在基体上表面形成了一层改性层。与基体组织相比,改性层的微观组织得到了细化,而且 Si 粒子被打碎且均匀分布在改性层中。

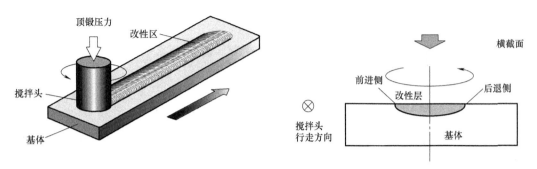

图 8-22 搅拌摩擦表面改性的原理

（2）制备复合材料表面改性层 复合材料具有高强度、高弹性模量、耐磨性好、抗蠕变和抗疲劳性能优异等特点，但由于陶瓷增强相的加入，使得复合材料延展性、韧性显著降低，通过表面改性可以克服此缺点。表面熔化改性的方法无法避免脆性相的生成，使得改性层容易开裂或与母材剥离。搅拌摩擦表面制备复合材料改性层，可以解决这些问题。制备过程是先在 5083 铝合金表面预涂 SiC 粉，然后采用搅拌摩擦加工工艺获得表面为复合材料的改性层。如图 8-23 所示，SiC 颗粒在铝基体上分布均匀，而且通过控制预涂粉末的厚度、搅拌摩擦工艺等参数可以获得强化相含量不同的复合材料表面改性层。

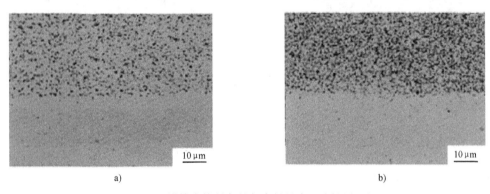

图 8-23 搅拌摩擦制备的复合材料表面改性层组织

a）SiC 含量（质量分数）13% b）SiC 含量（质量分数）27%

4. 制造超细晶材料

超细晶材料由于具有异常优异的力学性能而受到人们广泛关注（如强度高、韧性好、高温和低温具有超塑性等特点）。超细晶材料制备通常采用强烈塑性变形（SPD）和等径弯曲通道变形（ECAP）的方法，这两种手段适合于中等强度的材料，而对于难变形、延性差的材料则相对困难，而且也很难获得大面积的超细晶材料。搅拌摩擦加工工艺由于在高温下完成，因此可以实现在常温下难变形材料的细晶制备工艺。另外，通过多道搭接的方法可以制造出大面积的超细晶材料。

对 7075 铝合金采用搅拌摩擦加工处理制备出超细晶材料，晶粒得到了很好的细化，晶粒平均尺寸达到了亚微米级（约 250nm）。图 8-24a 所示为 7075 铝合金的母材，经过搅拌摩擦加工工艺处理，原始母材板条状的微观组织转变为细化的等轴晶粒（图 8-24b），等轴晶粒在高温下退火有长大现象（图 8-24c）。图 8-25 所示为超细晶铝合金 723K 冲压成形试验结果, 母材在冲压行程为 18.5mm 时已经不能很好地成形 (图 8-25a)。而对于超细晶材料在冲压行程为 28.5mm 时, 仍然能成形完好 (图 8-25c)。

a)   b)   c)

图 8-24   7075 铝合金微观组织

a) 母材   b) 搅拌摩擦制备的超细晶材料   c) 超细晶材料 723K 退火 1h

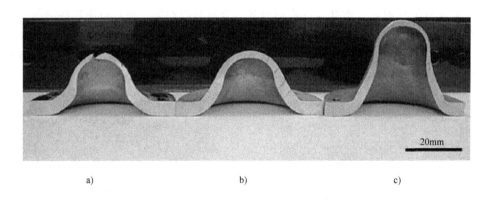

a)   b)   c)

图 8-25   超细晶铝合金 723K 冲压成形试验结果

a) 母材冲压行程 18.5mm   b) 超细晶材料冲压行程 18.5mm   c) 超细晶材料冲压行程 28.5mm

5. 搅拌摩擦焊接修复

通过在原始焊缝上开槽的方式模拟了搅拌摩擦焊的修复过程, 首先用尺寸略大于缺口的铝合金塞块对其进行封孔, 用相同尺寸的搅拌头对其进行两次修复, 两道焊缝中间有一个偏移量, 其目的是消除由于塞块的加入产生的两个新界面。通过采用这种两道焊缝搭接的方法, 完全可以实现搅拌摩擦焊接头的有效修复。

搅拌摩擦焊接修复技术在航空修理领域中有广阔的应用前景, 如英国的空中客车公司利用该技术, 对在役商用客机的具有裂纹、破孔、缺口、断裂等损伤形式的构件进行修理。

裂纹是航空修理中极为常见的损伤形式, 主要发生在蒙皮、发动机叶片等承受交变载荷及应力集中的构件中。传统的修理方法是采用在裂纹的尖端钻止裂孔、铆接加强片等方法, 但降低了构件的性能和使用寿命。FWS 修补技术可消除机翼裂纹修理时的高应力集中, 其蒙皮表面需要的首次安全检验时间推迟了 3.5 倍, 同时也减少了随后的检验次数。在对框、肋裂纹进行搅拌摩擦焊修理时, 通过优化焊接参数, 搅拌头沿裂纹方向进行焊接修补, 不仅可消除裂纹, 而且焊缝力学性能优良, 减少了大量铆钉和衬片, 消除铆接修补时引起的内应力, 提高了修理速度和修理质量, 而且不会增加额外的修理重量。

破孔是军用飞机特有的一种损伤形式，当蒙皮出现破孔损伤时，以前主要采用堵盖法、贴补法、胶螺等方法进行修补，这些方法均存在不同程度的缺陷。搅拌摩擦焊接修补时，先将破孔切割成规则形状（如圆形、矩形等），然后用 FSW 方法焊上一个与破孔形状和尺寸相同的补片，接头形式应采用斜面对接，以免影响飞机的气动性能。

6. 搅拌摩擦-激光复合焊接技术

激光辅助搅拌摩擦焊（LB-FSW）是最新提出的搅拌摩擦焊技术。在搅拌摩擦焊中，焊接所需的热量来自搅拌头和焊件之间摩擦，需要很大的压力和夹紧力，这就导致了搅拌摩擦焊设备笨重、价格昂贵、搅拌头磨损率高。激光辅助搅拌摩擦焊使用激光作为辅助能源加热焊件，可以降低搅拌摩擦焊的焊接成本，同时简化焊接设备。激光辅助搅拌摩擦焊原理图（图 0-4）及其说明参见绪论的相关部分，这里不再赘述。

第三节 其他摩擦焊

一、惯性摩擦焊

惯性摩擦焊（Inertia Friction Welding，IFW）是利用焊机主轴上的飞轮储存的能量进行摩擦焊接的方法。

惯性摩擦焊原理如图 8-26 所示。焊件的旋转端被夹持在飞轮里，焊接过程开始时，首先将飞轮和焊件的旋转端加速到一定的转速，然后飞轮与主电动机脱开，同时，焊件的移动端向前移动，焊件接触后，开始摩擦加热。在摩擦焊加热过程中，飞轮受摩擦力矩的制动作用，转速逐渐降低，当转速为零时，焊接过程结束。惯性摩擦焊的飞轮储存的能量 A 与飞轮转动惯量 J 和飞轮角速度 ω 的关系为

$$A = \frac{J\omega^2}{2} \tag{8-10}$$

对实心飞轮

$$J = \frac{GR^2}{2g} \tag{8-11}$$

式中　G——飞轮重量；

　　　R——飞轮半径；

　　　g——重力加速度；

　　　A——飞轮储存的能量；

　　　J——飞轮转动惯量；

　　　ω——飞轮角速度。

惯性摩擦焊的主要特点是恒压、变速，其将连续驱动摩擦焊的加热和顶锻结合在一起。在实际生产中，可通过更换飞轮或不同尺寸飞轮的组合来改变飞轮的转动惯量，从而改变加热功率。

惯性摩擦焊主要的参数有起始转速、转动惯量和轴向压力。起始转速、转动

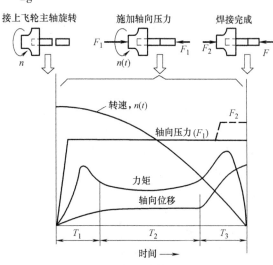

图 8-26　惯性摩擦焊原理

207

惯量均影响焊接能量，在能量相同的情况下，大而转速慢的飞轮产生顶锻变形量较小，而转速快的飞轮产生较大的顶锻变形量。轴向压力对焊缝深度和形貌的影响几乎与起始转速的影响相反，压力过大时，飞边量增大。部分材料和焊件的惯性摩擦焊焊接参数见表 8-9 和表 8-10。

表 8-9　部分材料的惯性摩擦焊焊接参数

材料	转速/r·min⁻¹	转动惯量/kg·m²	轴向压力/kN
20 钢	5730	0.23	69
45 钢	5530	0.29	83
合金钢 20CrA	5530	0.27	110
不锈钢 Cr17Ni4Cu3Nb	3820	0.73	138
超高速钢 40CrNi2SiMoVA	3820	0.73	18.6
纯钛	9550	0.06	20.7
镍基合金 GH600	4800	0.60	206.9
GH141	2300	2.89	206.9
镁合金 MB5	3060~11500	0.02~0.22	40.0

表 8-10　部分焊件的惯性摩擦焊焊接参数

材料	形式	焊件直径 d/mm	主轴转速 n/r·min⁻¹	轴向压力 F/MPa	总惯量 l/kg·m²	飞轮能量 E/kJ
20+20	棒-棒	25	4600	82	0.282	32.6
45+45	棒-棒	50	2950	211	2.486	118.3
40CrMo+40CrMo	棒-棒	20	2500	159	0.674	23.0
1Cr18Ni9Ti+1Cr18Ni9Ti	棒-棒	25	3500	124	0.591	39.6
45+45	棒-板	25	1850	19	0.059	118
40Cr+45	棒-板	φ50×6	3500	188	6.33	101.6
40Mn2+40Mn2	管-管	φ73×5	2500	301	2.486	85

异种铝合金 7A04/6061 惯性摩擦焊接头宏观形貌如图 8-27 所示。

二、线性摩擦焊

线性摩擦焊（Linearity Friction Welding, LFW）是利用摩擦焊接面的往复直线运动产生的热机械激活而实现焊接的摩擦焊接方法。

线性摩擦焊原理如图 8-28 所示。待焊的两个焊件在轴向力的作用下，紧密接触在一起，其中，一个固定不动，另一个以一定的频率和振幅做往复运动，或两个焊件做相对往复运动，在压力的作用下，两焊件的界面摩擦产生热量，从而实现焊接。该方法的主要优点是不管焊件是否对称，

图 8-27　异种铝合金 7A04/6061 惯性摩擦焊接头宏观形貌

均可进行焊接。近年来，它主要用于飞机发动机涡轮盘和叶片的焊接，还用于大型塑料管道的现场焊接安装。

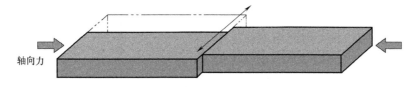

图 8-28　线性摩擦焊原理

线性摩擦焊的主要焊接参数有焊件振幅、焊件振动频率、摩擦压力、摩擦时间、顶锻压力等。部分材料的线性摩擦焊焊接参数见表 8-11。

表 8-11　部分材料的线性摩擦焊焊接参数

材料	焊件尺寸（宽/mm×厚/mm×长/mm）	振动频率/Hz	振幅/mm	摩擦压力/MPa	摩擦时间/s	顶锻压力/MPa	焊接时间/s	焊件缩短量/mm	其他
45 钢	17×10×45	33	4	80.5	0.5、1、1.5、2、3、4	80.5	—	0.45、0.75、1.94、3.73、6.64、11.04	—
TC4	10×17×45	33	4	105.3	8	216.5	12		—
2024-T4	15×36	50	2	157.4	—	157.4			
SiC 增强的 2124-T4 铝基复合材料+2024-T4	15×36×80	50	2	130、157、185				2	

SiC 增强的 2124-T4 铝基复合材料与 2024-T4 铝合金线性摩擦焊接头宏观形貌，如图 8-29 所示。

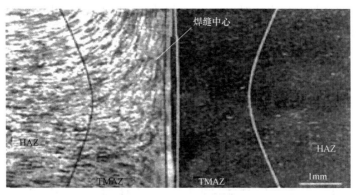

图 8-29　SiC 增强的 2124-T4 铝基复合材料与 2024-T4 铝合金
线性摩擦焊接头宏观形貌

三、径向摩擦焊

径向摩擦焊（Radial Friction Welding，RFW）是将一内壁为斜面的圆环，在一对开坡口的管子端面间旋转，并在径向施加压力以实现焊接的摩擦焊接方法。

径向摩擦焊原理如图 8-30 所示。待焊的管子 2 开有坡口，管内套有芯棒，然后装上带有斜面的圆环 1，焊接时圆环旋转并向两个管子施加径向压力 p，当摩擦加热过程结束时，圆环停止旋转，并向圆环施加顶锻压力 p_0。由于被焊接的管子本身不转动，管子内部不产生飞边，全部焊接过程大约需要 10s，因此它主要应用于军工弹体与弹带的异种材料间焊接，以及应用于石油及天然气长输管线的现场装配焊接。

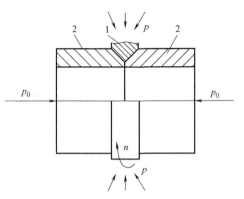

图 8-30　径向摩擦焊原理

1—圆环　2—管子　n—圆环速度

p_0—顶锻压力　p—径向压力

四、相位摩擦焊

相位摩擦焊（Phase Friction Welding，PFW）主要用于相对位置有要求的焊件，如六方钢、八方钢、汽车操纵杆等，要求焊件焊后棱边对齐、方向对正或相位满足要求。在实际应用中，它主要有机械同步相位摩擦焊、插销配合摩擦焊和同步驱动摩擦焊等。

现以插销配合摩擦焊为例，原理如图 8-31 所示。相位确定机构由插销、插销孔和控制系统组成。插销位于尾座主轴上，尾座主轴可自由转动，摩擦加热过程中，制动器 B 将其固定。加热过程结束时，使主轴制动，当计算机检测到主轴进入最后一转时，给出信号，使插销进入插销孔，与此同时，松开尾座主轴的制动器 B，使尾座主轴能与主轴一起转动，这样，即可保证相位，又可防止插销进入插销孔时引起冲击。

五、摩擦堆焊

摩擦堆焊（Friction Surfacing，FS）原理如图 8-32 所示。堆焊时，堆焊金属圆棒 1 以高速 n_1 旋转，堆焊件（母材）也同时以转速 n_2 旋转，在压力 p 的作用下，圆棒和母材摩擦生热。由于待堆焊的母材体积大，导热性好，冷却速度快，使堆焊金属过渡到母材上，当母材相对于堆焊金属圆棒转动或移动时形成堆焊焊缝。

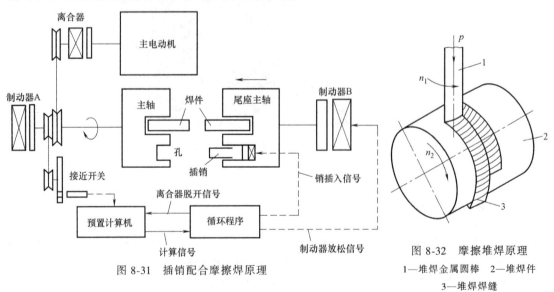

图 8-31　插销配合摩擦焊原理

图 8-32　摩擦堆焊原理

1—堆焊金属圆棒　2—堆焊件

3—堆焊焊缝

第四节 摩擦焊设备

一、连续驱动摩擦焊机

摩擦焊的机械化程度较高,焊接质量对设备的依赖性很大,要求设备要有适当的主轴转速,有足够大的主轴电动机功率、轴向压力和夹紧力,还要求设备同轴度好、刚度大。根据生产需要,还需配备如自动送料、卸料、切除飞边等装置。

1. 设备组成及要求

普通型连续驱动摩擦焊机主要由主轴系统、加压系统、机身、夹头、检测与控制系统以及辅助装置六部分组成。

1)主轴系统。它主要由主轴电动机、传动带、离合器、制动器、轴承和主轴等组成,主要作用是传送焊接所需要的功率,承受摩擦力矩。

2)加压系统。它主要包括加压机构和受力机构。加压机构的核心是液压系统,液压系统分为夹紧油路、滑台快进油路、滑台工进油路、顶锻保压油路以及滑台快退油路五个部分。夹紧油路主要通过对离合器的压紧与松开完成主轴的起动、制动以及焊件的夹紧、松开等任务。当焊件装夹完成之后,滑台快进;为了避免两焊件发生撞击,当接近到一定程度时,通过油路的切换,滑台由快进转变为工进。焊件摩擦时,提供摩擦压力,依靠顶锻油路调节顶锻力和顶锻速度的大小;当顶锻保压结束后,又通过油路的切换实现滑台快退,达到原位后停止运动,一个焊接循环结束。

受力机构的作用是平衡轴向力(摩擦压力、顶锻压力)和摩擦力矩以及防止焊机变形,保持主轴系统和加压系统的同心度。力矩的平衡常用装在机身上的导轨来实现。轴向力的平衡可采用单拉杆或双拉杆结构,即以焊件为中心,在机身中心位置设置单拉杆或以焊件为中心对称设置双拉杆。

3)机身。机身一般为卧式,少数为立式。为防止变形和振动,应有足够的强度和刚度。主轴箱、导轨、拉杆、夹头都装在机身上。

4)夹头。夹头分为旋转和固定两种。旋转夹头又有自定心弹簧夹头和三爪夹头之分,自定心弹簧夹头适宜于直径变化不大的焊件,三爪夹头适宜于直径变化较大的焊件。为了使夹持牢靠,不出现打滑旋转、后退、振动等,夹头与焊件的接触部分硬度要高、耐磨性要好。

5)检测与控制系统。参数检测主要涉及时间(摩擦时间、制动时间、顶锻上升时间、顶锻维持时间)、加热功率、摩擦压力(一次压力和二次压力)、顶锻压力、变形量、力矩、转速、温度、特征信号(如摩擦开始时刻、功率峰值及所对应的时刻)等。

控制系统包括程序控制和参数控制,程序控制用来完成上料、夹紧、滑台快进、滑台工进、主轴旋转、摩擦加热、离合器松开、制动、顶锻保证、车除飞边、滑台后退、焊件退出等顺序动作及其联锁保护等。焊接参数控制则根据方案进行相应的诸如时间控制、功率峰值控制、变形量控制、温度控制、变参数复合控制等。

6)辅助装置。它主要包括自动送料、卸料以及自动切除飞边装置等。

【阅读材料 2-8-5】 焊接参数检测及控制

1. 焊接参数检测

摩擦焊接参数大体上可以分为独立参数和非独立参数。独立参数可以单独设定和控制，主要包括主轴转速、摩擦压力、摩擦时间、顶锻压力、顶锻维持时间。非独立参数就是该参数需要由两个或两个以上的独立参数以及材料的性质所决定，主要包括摩擦焊力矩、焊接温度、摩擦变形量、顶锻变形量等。

1) 摩擦开始信号的判定。连续驱动摩擦焊时，无论检测摩擦时间或检测摩擦变形量，都涉及摩擦开始时刻的判定问题。实际中应用的主要方法有功率极值判定法、压力判定法、主机电流比较法。功率极值判定法是以摩擦加热功率达到峰值的时刻作为摩擦时间的起点，需要注意的是，大截面焊件摩擦焊时，在不稳定摩擦阶段存在功率的多峰值现象；压力判定法是当焊件接触、开始摩擦时，作用在焊件上的压力逐渐升高，以压力继电器动作的时刻作为摩擦时间的开始；主机电流比较法是焊件摩擦开始后，以主机电流上升到某一给定值所对应的时刻作为摩擦计时的始点。这三类检测方法都可以通过硬件或软件实现开始信号的检测和判定。

2) 变形量的测量。变形量的测量比较简单，常采用电感式位移传感器（含差动式）、光栅位移传感器等。摩擦焊接时，将传感器的输出信号输入到计算机中，取出对应于各阶段的特征值（如摩擦开始、顶锻开始、顶锻维持结束等时刻），将这些特征值作为计算相应阶段变形量的相对零点。

3) 主轴转速和压力的测量。主轴转速测量常采用磁通感应式转速计、光电式转速计以及测速发电机等。压力测量除通常采用压力表外，还采用电阻丝应变片和半导体应变片等。

4) 焊接温度的测量。焊接温度测量一般采用热电偶或红外测温仪两种方法。采用热电偶可以测量摩擦焊焊件的内部温度，为了解决焊件在转动时的测量问题，可将布置在旋转焊件上的热电偶通过补偿导线连接到引电器上，焊接时，引电器的内环随焊件一起旋转，各输入端则始终与相应内环的输入端相连。红外测温属非接触测量，用于测量焊件的表面温度场。

5) 摩擦力矩的测量。摩擦力矩综合反映了轴向压力、焊件转速、界面温度、材质特性及它们之间的相互影响，是连续驱动摩擦焊的一个重要参数。该参数变化速度快、变化范围大，主要测量方法有电阻应变片法（将电阻应变片贴在焊件上，好处是灵敏度高，不足之处是不适宜生产现场，当主轴刚度大、被焊面积小且采用弱规范时误差较大）、磁弹转矩传感器法（利用铁磁材料受机械力作用时导磁性能发生变化的磁弹现象，测量误差较大）、轮辐射转矩传感器法（测主电动机的输出转矩，是一种近似测量法）和主电动机定子电压电流法。

目前，可采用计算机实现主电动机定子电压电流以及摩擦转速的实时同步检测和计算出摩擦焊过程的动态力矩。

6) Mt 控制。该方法是通过摩擦力矩 M 对摩擦时间 t 的积分运算实现焊接能量控制。具体方法是从功率达到最大值的 t_0 时刻起计算摩擦热量，在摩擦热量达到 Q_0 时的 t_n 时刻停止摩擦加热过程而进入顶锻过程，从而实现焊接过程的能量控制。

2. 摩擦焊过程的微机控制

当焊接材料、接头形式和焊接参数确定后，摩擦焊接头的质量主要取决于控制工艺过程和焊接参数的稳定。对于连续驱动摩擦焊，可采用变参数复合控制。该方法主要针对大截面焊件的摩擦焊，其核心是不同阶段采用不同的控制方案。在一级摩擦阶段，同时进行时间控制和压力控制（时间和压力复合控制），在二级摩擦阶段同时进行变形量和变形速度控制（变形量和变形速度复合控制），在顶锻阶段同时进行压力控制和时间控制（时间和压力复合控制）。图 2-8-8 所示为复合控制流程框图，可较好地控制整个焊接过程，包括液压系统控制、摩擦开始点和焊接参数检测、焊接参数复合控制和参数记录、输出等。

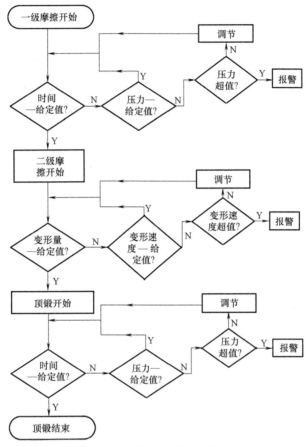

图 2-8-8　复合控制流程框图

2. 典型设备的技术参数

表 8-12 和表 8-13 是部分国内连续驱动摩擦焊机和混合式摩擦焊机的型号及技术参数，表 8-14 是部分国外摩擦焊机的型号及技术参数，国内连续驱动摩擦焊机如图 8-33 所示。

表 8-12　部分国内连续驱动摩擦焊机的型号及技术参数

产品型号	主要技术参数					
	顶锻力/kN	焊接直径/mm	旋转夹具夹持焊件长度/mm	移动夹具夹持焊件长度/mm	转速/r·min⁻¹	功率/kW
MCH-4 型	20~40	4~16	20~300	100~500	2500	11
MCH-63 型	630	35~65	100~380	250~1400	1200	55

（续）

产品型号	主要技术参数					
	顶锻力/kN	焊接直径/mm	旋转夹具夹持焊件长度/mm	移动夹具夹持焊件长度/mm	转速/r·min⁻¹	功率/kW
C-0.5A	5	4~6.5	—	—	6000	1.5
C-20	200	12~35	—	—	1500	22.5
C-80A	800	40~75	100~380	250~1400	850	176.3
C-132	1320	50~100	100~350	8000~12500	580	200
RS45	450	20~70	—	—	1500	

表 8-13　部分国内混合式摩擦焊机的型号及技术参数

可焊焊件规格		型号						
		HAMM-(轴向推力,kN)						
		50	100	150	280	400	800	1200
低碳钢焊接最大直径/mm	空心管	φ20×4	φ38×4	φ43×5	φ75×6	φ90×10	φ110×10	φ140×16
	实心棒	φ18	φ25	φ30	φ45	φ55	φ80	φ95
焊件长度/mm	旋转夹具	50~140	55~200	50~200	50~300	50~300	80~300	100~500
	移动夹具	100~500	100~不限	100~不限	100~不限	120~不限	300~不限	200~不限

表 8-14　部分国外摩擦焊机的型号及技术参数

生产厂家	产品型号	主要技术参数			
		主轴转速/r·min⁻¹	最大轴向力/4.4N	焊接直径/25.4mm	最大管面积/645.1mm²
Inertia Friction Welding, Inc	7.5 ton	3000	15000	1.0	1.0
	60 ton	1500	120000	2.375	8.0
	100 ton	1000	200000	3.5	14.0
	150 ton	1000	300000	4.5	20.0
ETA	FW 10/250	—	—	—	—

图 8-33　国内连续驱动摩擦焊机

二、搅拌摩擦焊设备

1. 设备组成及典型设备的技术参数

搅拌摩擦焊设备种类很多，有台式、静龙门、动龙门、悬臂、机器人、多轴联动等系列产品，其突破了压力控制、焊缝跟踪等关键技术，集成轻触式对刀、激光焊缝跟踪、柔性工艺控制技术、无匙孔回填式技术和全数控空间三维焊接技术等先进工业技术，成为先进、智能、一体化的焊接设备。国内某公司2012年，已向南车集团交付4台大型动龙门搅拌摩擦焊设备，用于车体大部件焊接。其中52m长动龙门搅拌摩擦焊设备成为当年世界搅拌摩擦焊设备长度之最。

搅拌摩擦焊设备的部件很多，从设备功能结构上可以把搅拌摩擦焊机分为搅拌头、机械转动部分、行走部分、控制部分等。表8-15列出了部分搅拌摩擦焊机的型号及技术参数。国内部分搅拌摩擦焊机如图8-34所示。

表 8-15 部分搅拌摩擦焊机的型号及技术参数

型号	主要技术参数					
	转速 /r·min^{-1}	焊接速度 /mm·min^{-1}	下压力 /kN	焊接距离 /mm	最大功率 /kW	焊接厚度 /mm
FSW 5UT	—	2000	100	1000	22	35
FSW 6UT	—	2000	25	1000	45	60
FSW 6U	—	2000	150	1000	45	60
P-stir315	2000	10000	50	1000	15	—
DB 系列		500		2200		20
C 系列	—	1200	—	—	—	15
LM 系列		800		1500		20

2. 搅拌头

搅拌头是搅拌摩擦焊的关键部件，主要由轴肩和搅拌针两部分构成，如图8-35所示，上部较细的部分为搅拌针（也称为搅拌棒），可以具有多种类型，其几何形状和尺寸不仅决定着焊接过程的热输入方式和焊接质量及效率，还影响焊接过程中搅拌头附近塑性软化材料的流动形式。

1）轴肩。轴肩在焊接过程中通过与焊件表面间的摩擦提供焊接热源，并形成一个封闭的焊接环境，以阻止高塑性软化材料从轴肩溢出。常见的轴肩形式是在搅拌针和轴肩的交界处中间凹入。在焊接过程中，这种设计形式可保证轴肩端部下方的软化材料受到向内的作用力，从而有利于将轴肩端部下方的软化材料收集到轴肩端面的中心，以填充搅拌针后方所形成的空腔，同时可减少焊接过程中搅拌头内部的应力集中。

2）搅拌针。搅拌针主要有锥形螺纹搅拌针、三槽锥形螺纹搅拌针、偏心圆搅拌针、偏心圆螺纹搅拌针、非对称搅拌针、柱形光头和柱形螺纹搅拌针、可伸缩式搅拌针等多种形式。

锥形螺纹搅拌针（Whorl^{TM}）和三槽锥形螺纹搅拌针（MX-Triflute^{TM}）是英国焊接研究所淘汰柱形搅拌针后设计出的两种搅拌针形貌。它们的共同之处是呈平截头体状（或玻璃杯状），而且都带有螺纹。根据计算，锥形螺纹搅拌针所切削的材料只有柱形搅拌针的60%，而三槽锥形螺纹搅拌针所切削的材料也只有柱形的70%。另外，搅拌针上的螺纹能促进搅拌头附近的塑性软化材料具有向上运动的趋势。为了改善软化材料的流动路径，增强其行为，还在搅拌针上设计出平台或沟槽，如图8-36所示。对于三槽锥形螺纹搅拌针，锥面

a)

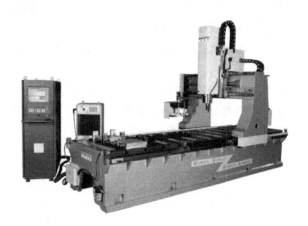

b)

c)

d)

e)

f)

图 8-34　国内部分搅拌摩擦焊机

a）台式搅拌摩擦焊机　b）静龙门搅拌摩擦焊机　c）动龙门搅拌摩擦焊机　d）悬臂搅拌摩擦焊机

e）搅拌摩擦焊机器人　f）特种搅拌摩擦焊机

上开有三个螺旋形的槽，以减小搅拌针的体积，增加软化材料的流动性，可以焊接较厚的材料，同时破坏并分散附着于焊件表面上的氧化物。

偏心圆搅拌针（Trivex^{TM}）和偏心圆螺纹搅拌针（MX-Trivex^{TM}）的外形是根据搅拌摩擦焊的动态模拟得出的（图8-37）。计算结果表明，当搅拌针最小的纵截面与搅拌针旋转起来扫过的纵截面面积比在70%～80%之间时，焊接方向的压力最小。偏心圆螺纹搅拌针与

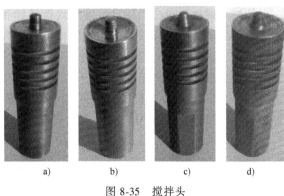

图 8-35　搅拌头

a）柱形光面　b）柱形螺纹面　c）锥形光面　d）锥形螺纹面

偏心圆搅拌针相比，由于包含螺纹，从而更有利于粉碎焊件表面上的氧化膜，有利于获得高强度的接头。

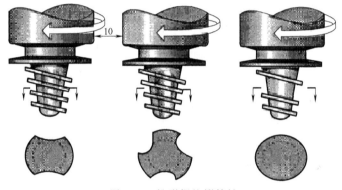

图 8-36　锥形螺纹搅拌针

图 8-37　偏心圆搅拌针和偏心圆螺纹搅拌针照片

a）偏心圆搅拌针　b）偏心圆螺纹搅拌针

非对称搅拌针（Skew-stir^{TM}）与传统搅拌针差异较大，搅拌针中心轴与设备的中心轴存在一个偏角。采用非对称搅拌针焊接可提高搅拌针周围塑性软化区的范围，同时这种搅拌针的搅拌动作可以提高搅拌针的动态与静态体积比。

可伸缩式搅拌针可分为手动可伸缩式搅拌针和自动可伸缩式搅拌针。手动可伸缩式搅拌针可以通过调节针长来焊接不同厚度的材料和实现变厚度板材间的连接。自动可伸缩式搅拌针不仅具有手动可伸缩式搅拌针的功能，还可在焊接即将结束时将搅拌针逐渐缩回到轴肩内，从而避免形成匙孔缺陷。

应该注意，在FSM过程中，搅拌头处在高温状态下，承受动态转矩和弯矩作用，并与被焊材料直接接触相互作用，所以应具有高的室温和高温强度、断裂韧度、抗疲劳失效能力、耐磨性以及高温化学稳定性等。搅拌头材料的选择见表8-16。

表8-16　搅拌头材料的选择（美国牌号）

被焊材料	搅拌头材料				
	工具钢	高温合金	难熔金属	碳化物和陶瓷	超硬材料
铝合金	H13,01, D2,SKD61	MP159	—	WC-Co	—
镁合金	H13,01, D2,SKD61	—	WC-Re	WC-Co	—
铜合金	—	Nunibuc105, Inconel718, Waspalloy	Densimet 轴肩, Mo,W-Re	WC-Co	PCBN
钛合金	—	—	Mo,W,W-Re, W-LaO$_2$,Mo-Re-HfC	WC-Co	—
低合金钢	—	—	Mo,W,W-Re, Mo-Re-HfC	—	—
不锈钢	—	Co(Al,W)$_3$	Mo,W,W-Re, Mo-Re-HfC	—	—
镍基高温合金	—	—	—	WC-Co	—
金属基复合材料	—	—	—	—	PCD
热塑性塑料	H13,01, D2,SKD61	—	—	—	—

三、惯性摩擦焊机

惯性摩擦焊机由电动机、主轴、飞轮、夹盘、移动夹具、液压缸等组成，均可配备自动装卸、除飞边装置和质量控制检测器，转速可由0调节到最大。表8-17列出了部分国内惯性摩擦焊机的型号及技术参数，表8-18列出了美国MTI公司惯性摩擦焊机的型号及技术参数，国内惯性摩擦焊机如图8-38所示。

表8-17　部分国内惯性摩擦焊机的型号及技术参数

型　　号	最高转速 $n/r \cdot min^{-1}$	最大转动惯量 $J/kg \cdot m^2$	最大顶锻力 F/kN	最大焊接面积 S/mm^2
CG-6.3	5000	0.15	63	400
CG-200	1000	622	2000	15000
CG-400	1000	10600	4000	22000
HSMZ-200	1000	560	2000	15000

表 8-18　美国 MTI 公司惯性摩擦焊机的型号及技术参数

型号	最大转速 /r·min⁻¹(转速可调)	最大转动惯量 /lb·ft²(kg·m²)	最大焊接力 /lbf(kN)	最大管形焊缝面积 /in²(mm²)	变型
40	45000/60000	0.015(0.00063)	500(222)	0.07(45.2)	B,D,V
220	6000	600(25.3)	130000(578.2)	6.5(4194)	B,BX,T,V
480	1000	250000(10535)	850000(3780.8)	42(27097)	B,BX
800	500	1000000(42140)	4500000(20000)	225(145161)	B,BX

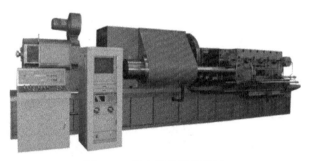

图 8-38　国内惯性摩擦焊机

四、线性摩擦焊机

线性摩擦焊机运动部件产生直线运动或振动（如典型正弦波），振动频率和振幅是两个重要参数，轴向力（顶锻力）也是一个重要指标。国内北京机械工业自动化研究所生产的液压振动线性摩擦焊机，最大轴向顶锻力 250kN、700kN。表 8-19 列出了线性摩擦焊机的型号和技术参数（英国 Tompson 公司），国内线性摩擦焊机如图 8-39 所示。

表 8-19　线性摩擦焊机的型号和技术参数（英国 Tompson 公司）

型号	E20	E100	型号	E20	E100
轴向力/kN	200	1200	振动幅值/mm	5	5
振动频率/Hz	10~70	20~100	焊接面积/mm²	3000	10000

图 8-39　国内线性摩擦焊机

五、径向摩擦焊机

径向摩擦焊技术及装备研究起源于 20 世纪 90 年代，与传统的熔焊、钎焊及机械连接等诸多工艺方法相比，径向摩擦焊具有优质、高效、节能、无污染、接头性能高等优点，对焊接接头质量的提高是一次突破性的进步。目前，国内已生产出最大顶锻力为 1300kN 的惯性轴-径向摩擦焊机。国内径向摩擦焊机如图 8-40 所示。

图 8-40　国内径向摩擦焊机

相位摩擦焊和摩擦堆焊设备这里不做叙述。

第九章

扩散连接

扩散连接（Diffusion Bonding，DB）也称为扩散焊（Diffusion Welding）是指相互接触的材料表面，在温度和压力的作用下相互靠近，局部发生塑性变形或通过产生的微量液相，扩大待焊表面的物理接触，原子间产生相互扩散，在界面处形成了新的扩散层，从而实现可靠连接。

扩散连接可以分为直接扩散连接和添加中间层的扩散连接；从是否产生液相方面又可分为固相扩散连接和液相扩散连接；从连接环境上还可分为真空扩散连接和保护气氛环境下的扩散连接，如图9-1所示。

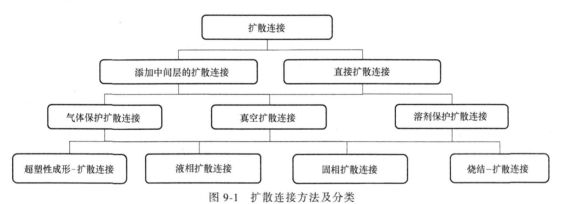

图 9-1　扩散连接方法及分类

第一节　扩散连接基本原理

一、固相扩散连接基本原理

1. 接头形成过程

固相扩散连接基本原理和接头形成，如图9-2（三阶段模型）所示。

第一阶段是物理接触阶段（图9-2a、b）。第二阶段是相互扩散和反应阶段（图9-2c），在温度和压力的作用下，紧密接触的界面上发生元素扩散、晶界迁移和化学反应，使微孔逐渐消除和形成新的反应相，并在界面形成结合层。第三阶段是结合层的成长阶段（图9-2d），该阶段主要是结合层逐渐向体积方向发展，微孔消除并形成可靠的连接接头。这里，三阶段过程是连续进行的，但在沿着整个连接界面，上述过程相互交叉进行，最终形成可靠的连接接头。

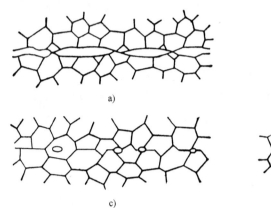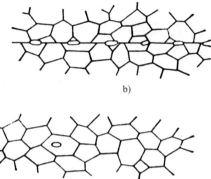

图 9-2　扩散连接的三阶段模型

a）凹凸不平的初始接触　b）变形和形成部分界面阶段

c）元素相互扩散和反应阶段　d）体积扩散及微孔消除阶段

2. 材料连接时的物理接触过程

在扩散连接的第一阶段，必须使高温下微观不平的表面，在外加压力的作用下，局部接触点首先达到塑性变形，在持续压力作用下，接触面积逐渐扩大，最终使整个结合面达到可靠接触。同时，还必须从被连接表面上清除掉吸附层和氧化膜，才能形成被连接表面的物理接触，又称为实际接触。真空加热时，油脂、吸附的蒸气和各种气体分子很容易被清除掉。但化学吸附气体和氧化膜则难以从表面上清除。

（1）氧化膜去除

1）解吸。扩散连接加热条件下，Ag、Cu、Ni 等金属的氧化物可以解吸下来，因为加热使金属表面的氧化物结构发生变化，提高真空度可使氧化物解吸的温度下降。

2）蒸发及升华。当氧化物的饱和蒸气压高于该氧化物在气相中的蒸气分压时，在真空中的氧化膜可升华，当被连接材料加热到接近金属熔点的高温时，能发生强烈的蒸发。但两种材料相互接触时，升华及蒸发的可能性会大大下降。

3）溶解。由于界面间的相互作用，金属表面的氧化膜向基体中溶解，或利用母材中所含的合金元素发生还原反应。氧化膜在基体金属中的溶解速度取决于温度和氧在该金属中的溶解度与扩散速度，如在扩散连接钛及钛合金时，氧在钛中的扩散速度和溶解度都特别大，比铁、铝等金属要大 1~2 个数量级，可以利用这一优点来消除钛表面的氧化膜。

4）表面变形去膜。在被连接界面已经接触的条件下，如果金属与其氧化物的塑性、硬度、热膨胀系数相差很大，即使极其微小的变形也会破坏氧化膜的整体性而龟裂成碎片被除去。

在一般真空度条件下，钛镍型材料扩散连接时，氧化膜（$0.003 \sim 0.008 \mu m$）的去除主要是靠在母材中产生溶解，不会对扩散连接接头造成影响；钢铁型材料扩散连接时，由于氧在基体中溶解量较少，会形成氧化膜的集聚，在空隙内或结合面上形成夹杂物（Al、Si、Mn 等元素的氧化物和硫化物）；铝合金型材料扩散连接时，致密的氧化膜在基体中的溶解度很小，去除方法主要是在扩散连接过程中，通过微观区域的塑性变形使氧化膜破碎，或在真空室中含有很强的还原元素（如镁等），将铝表面的氧化膜还原。

（2）化学吸附气体去除 真空系统中残留的 H_2O、CO_2、H_2、O_2 等化学活性气体，会与被连接材料的表面发生氧化还原反应，因此除要求有较高的真空度外，还应严格控制真空介质成分（可用化学反应的平衡常数作为活性因素来确定）等。

（3）物理接触的形成 连接表面的物理接触（使表面接近到原子间力的作用范围之内，是形成连接接头的必要条件）是依靠一种（或两种）被连接金属在接触处的塑性变形来实现的。例如：加压初期，只在个别点上产生接触，接触面积还不到总面积的 1%~2%，经过几秒钟的加压后，这时接触区内的塑性变形取决于温度和压力，实际接触面积可以达到名义接触面积的 40%~75%。实际接触面积的继续增长与外力场作用下，应力、温度、结晶组织中的缺陷密度、杂质和合金元素对材料的流动速度有很大影响。同时，形成实际接触的时间与温度和压力有关，约为 1 到几十分钟，这时可能使实际接触面积达到总面积的 90%~95%。剩余下来5%~10%的孔隙将在扩散过程中被填满。图 9-3 所示为钛接头中物理接触面积与温度及时间的关系。值

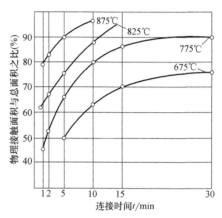

图 9-3 钛接头中物理接触面积与温度
及时间的关系

得注意的是，使实际接触面积增大的压力 P 虽然不随时间变化，但因接触面积逐渐变大，相对压强下降，蠕变速度变慢，从而使物理接触过程变慢。

3. 扩散连接时的化学反应

（1）原子的相互作用 在扩散连接前期，接触面形成时，所产生的结合力不足以产生表面原子间的牢固连接（即形成金属键、共价键、离子键），为了获得牢固连接，就必须激活表面上的原子，物理吸附和化学吸附比较重要。

因此，在外界压力作用下，连接界面的元素应首先靠近并达到一定距离［离子间距 $R_1 \approx 2 \sim 4nm$，能量 $E_1 \approx (0.04 \sim 0.4) kJ/mol$］，才会形成范德华力作用的物理吸附，而化学吸附时 $R_2 \approx 0.1 \sim 0.3nm$，$E_2 \approx (2 \sim 3) \times 10^2 kJ/mol$。研究表明，是否能在异种金属间形成原子键，首先取决于异种金属中较硬金属表面的激活程度，也取决于所施加压力的大小。其次，也应考虑材料间相互作用的物理化学特性、晶格类型、原子和离子半径的差别、互溶性、弹性模量比值等。虽然这些因素不会妨碍建立原子键，但对连接过程的发展变化有影响，会使表层的原子产生应力。

（2）扩散时的化学反应 异种材料特别是金属与非金属材料连接时，界面将发生化学反应，首先在局部形成反应源，而后向整个连接界面上扩展，当整个界面都发生反应时，则形成良好的连接。产生局部反应源与连接参数（温度、压力和时间）有密切关系。连接压力对反应源的数量起决定性影响，压力越大，反应源的数量越多。连接温度和时间则主要影响反应源的扩散程度，而对反应源数量的增长影响不大。

1）反应类型。界面进行的化学反应主要有 $AO+BO = ABO_2$ 的化合反应和 $AO+B = BO+A$ 的置换反应。化合反应开始由局部发生，而后逐渐扩展到整个表面，并形成一定的化合物层，有时在界面上可能形成一个很宽的难熔化合物层。当一种反应层在反应界面之间形成时，反应过程将受到产物层中各元素扩散速度的影响，可以形成固溶体、氧化物和某一反应

剂的还原物。置换反应与化合反应不同，当活性金属铝、镁、铍、钛、锆、铬等及其合金与玻璃或陶瓷材料连接时，则按一定的反应速度形成置换反应，当在界面上形成大面积反应区时，反应速度并不减缓。因反应物可以逐渐溶解在被结合的金属中，反应产物会逐渐集聚，如果金属零件的尺寸有限，则被溶解的物质可能达到饱和浓度而析出和分解后形成新相。例如：以铝做中间层连接石英玻璃，铝置换石英（二氧化硅）中的硅，生成 Al_2O_3 和 Si，生成的硅在铝中溶解和集聚。当中间层的厚度很小时，则硅在铝中的溶解达到饱和浓度而析出，最终在界面上会析出硅和氧化铝两个新相。由于硅和氧化铝的塑性较低，界面新相与母材的线膨胀系数不匹配，造成接头内存在热应力，而使接头力学性能显著下降。

2）反应的热力学计算。在扩散连接条件下，局部化学反应的进行可以用热力学来分析。以陶瓷与金属的扩散连接为例，在扩散过程中，各相之间的化学反应在吉布斯自由能为负值时能够进行，可以用吉布斯-泽尔曼方程进行计算，即

$$\Delta G^0_{298} = \Delta H^0_{298} - T\Delta S^0_{298} \tag{9-1}$$

式中　ΔH^0_{298} 和 ΔS^0_{298} ——反应的原始产物和最终产物的标准生成热和标准熵的变化，在已知材料热容量变化 ΔC_p 的条件下，可按式（9-2）和式（9-3）计算，而高温下的吉布斯-泽尔曼热力势可用式（9-4）求解。

$$H^0_T = H^0_{298} + \int^T_{298} \Delta C_p \mathrm{d}T \tag{9-2}$$

$$S^0_T = S^0_{298} + \int^T_{298} \frac{\Delta C_p}{T} \mathrm{d}T \tag{9-3}$$

$$\Delta G^0_T = \Delta H^0_{298} - T\Delta S^0_{298} + \int^T_{298} \Delta C_p \mathrm{d}T - \int^T_{298} \frac{\Delta C_p}{T} \mathrm{d}T \tag{9-4}$$

3）反应产物。无论是化合反应还是置换反应，界面大多生成无限固溶体、有限固溶体和反应层。对于异种金属来说，反应层一般为金属间化合物，而对于陶瓷和金属来讲，反应产物比较复杂，可生成各类化合物。

① 无限固溶体。扩散连接具有无限互溶性的金属（如钢与镍）时，在界面上会产生成分不定的固溶区，固溶区的宽度与连接温度和时间有关。均质的固溶体塑性很高，强度也高于基体金属。

② 有限固溶体。具有有限互溶的金属（通常随着温度的上升，溶解度也相应变大，如铜与铁）扩散连接时，界面将产生浓度不同的固溶体区域。该区域的厚度由连接规范参数（温度、时间及压力）决定，当接头中形成较厚的共晶体脆性层时，接头的塑性和强度下降。

③ 金属间化合物。某些异种金属在扩散连接时（如钢与铝、钛与铝、铜与钛、锆与铁、锆与镍等），过渡区中元素很容易达到极限溶解度，此时界面将生成金属间化合物。金属间化合物形成的初期，由于元素沿着晶粒边缘的扩散系数要比体扩散系数大得多（有时甚至大几个数量级），沿晶界扩散元素的浓度比平均浓度高，固溶体先在晶界的局部地区产生过饱和，从而产生新相（金属间化合物）的"核"。随着扩散的进行，新相的核不断扩大，变成间断的块状金属间化合物，当进一步扩大连成一体时，形成连续的新相层。金属间化合物很脆，使接头性能大为降低，因此，必须对金属间化合物的种类、存在形态及厚度进行控制。

④ 陶瓷与金属界面的脆性化合物。陶瓷与金属扩散连接时，由于两种材料的物理性质和化学性质差别非常大，界面容易产生化学反应，形成由二元化合物（碳化物、硅化物、氮化物、硼化物等）、三元化合物和多元化合物组成的脆性层，其反应过程详见本章陶瓷与金属的扩散连接部分。

二、液相扩散连接基本原理

液相扩散连接又称为瞬时液相扩散连接（Transient Liquit Phase，TLP）。该方法采用比母材熔点低的材料作为中间夹层，当加热到连接温度时，中间层熔化，在结合面上形成瞬间液膜，并在保温过程中，随着低熔点组元向母材扩散，液膜厚度减小直至消失，再经一定时间的保温而使成分均匀化，形成可靠扩散连接接头，如图9-4所示。

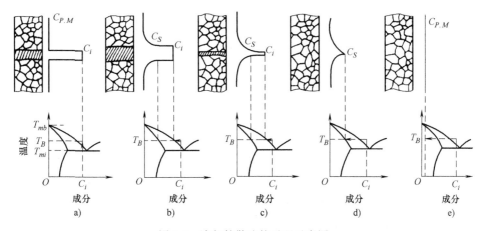

图 9-4 液相扩散连接过程示意图

a）形成液相 b）低熔点元素向母材扩散 c）等温凝固 d）等温凝固结束 e）成分均匀化

图9-4中 C_i 为中间层成分，$C_{P.M}$ 为母材成分，C_S 为固相线成分，T_{mi} 为中间层熔点，T_{mb} 为母材熔点，T_B 为连接温度，$C'_{P.M}$ 为接头成分。与一般的固相扩散连接相比，液体金属原子的运动较为自由，且易于在母材表面形成稳定的原子排列而凝固，使界面的紧密接触变得容易，可大幅度降低连接压力。

液相扩散连接可分为以下3个阶段。

（1）液相的生成 将中间扩散夹层材料夹在被连接表面之间，施加一定的压力（0.1MPa左右），或依靠焊件自重使其相互接触。然后在无氧化或无污染的条件下加热，当加热到连接温度 T_B 时，形成共晶液相，如图9-4a所示。

（2）等温凝固过程 液相形成并充满整个焊缝缝隙后，开始保温使液-固相之间进行充分的扩散，由于液相中使熔点降低的元素大量扩散至母材内（图9-4b），母材中某些元素向液相中溶解，使液相的熔点逐渐升高而凝固，凝固界面从两侧向中间推进（图9-4c）。随着保温时间的延长，接头中的液相逐渐减少，最后形成接头（图9-4d）。

等温凝固过程实际上是液相向母材迁移或两侧固相向中间液相夹层迁移的过程，等温凝固所需的时间 t_F 可以通过式（9-5）计算求得。

$$t_F = \frac{h^2}{4D\beta^2} \tag{9-5}$$

$$\frac{C_S - C_B}{C_L - C_S} = -\sqrt{\pi}\beta\exp\beta^2\,\mathrm{erfc}(\beta) \tag{9-6}$$

式中　t_F——等温凝固时间（s）；

$\quad\quad D$——扩散系数（$\mathrm{mm^2/s}$）；

$\quad\quad h$——液相厚度（mm）；

$\quad\quad \beta$——液固界面向中间层迁移速率常数，其和 C_S 及 C_L 有关，可由式（9-6）确定；

$\quad\quad C_L$——液相线时的成分浓度（%）；

$\quad\quad C_S$——固相线时的成分浓度（%）；

$\quad\quad C_B$——成分均匀化后的浓度（%）；

（3）成分均匀化　等温凝固形成的接头，成分和组织很不均匀，需要继续保温扩散（图9-4e），也可以在冷却后另行加热分段完成。均匀化过程的温度与时间可根据对接头性能的要求选定。成分均匀化过程的浓度变化如图9-5所示，任意时刻的成分 C_P 由解析式（9-7）给出，

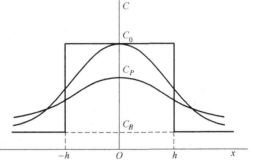

图 9-5　成分均匀化过程的浓度变化

其边界条件为 $C(x,t) = C_0\,(x \leqslant |h|)$，$C(x,O) = C_B\,(x \geqslant |h|)$，$C(\infty,t) = C_B$。

$$C_P = (C_0 - C_B)\,\mathrm{erfc}\left(\frac{h}{2\sqrt{Dt}}\right) + C_B \tag{9-7}$$

【阅读材料 2-9-1】　超塑性成形-扩散连接基本原理

超塑性是指在一定的温度下，对于等轴细晶粒组织，当晶粒尺寸、材料的变形速率小于某一数值时（如钛合金晶粒尺寸小于 $3\mu\mathrm{m}$、变形速率小于 $10^{-5} \sim 10^{-3}\mathrm{s}^{-1}$），拉伸变形可以超过 100%、甚至达到数千倍，这种行为称为材料的超塑性行为。材料的超塑性成形和扩散连接的温度在同一温度区间，因此可以把成形与连接放在一起进行，而构成超塑性成形-扩散连接工艺（Superplastic Forming Diffusion Bonding，SPF/DB）。用这种新的热加工方法可以制造钛合金薄壁复杂结构件（飞机大型壁板、翼梁、舱门、发动机叶片等），并已经在航天、航空领域得到应用，如波音747飞机上有70多个钛合金结构件就是应用这种方法制造的。用这种方法制成的结构件，质量小，刚度大，可减小质量30%，降低成本50%，提高加工效率20倍。

超塑性成形-扩散连接的典型结构如图2-9-1所示。图2-9-1a所示为单层加强结构，即在超塑性成形件5上用扩散连接方法连接加强板3，以增加结构刚度和强度。图2-9-1b所示为整体加强结构，内层板坯8是超塑性成形件，6为外层超塑性成形板坯，在超塑性成形的地方可以出现扩散连接，这种方法可以先成形而后再进行连接，也可以先连接而后再向6~8之间通入惰性气体，通过均匀的气压使其超塑成形，而形成具有两层结构的构件。图2-9-1c所示为多层夹层结构，10为中间层板坯，11为超塑性成形的三层结构件，这种结构常用作飞机翼面、机身、壁板等。

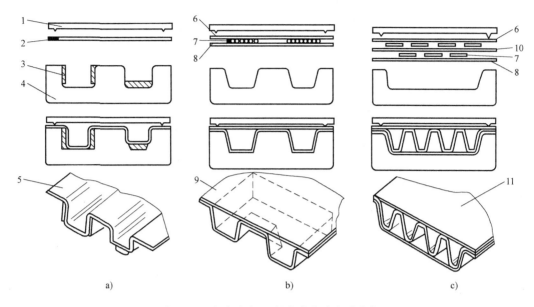

图 2-9-1　超塑性成形-扩散连接的典型结构

a）单层加强结构（一层）　b）整体加强结构（两层）　c）多层夹层结构（三层）

1—上模密封压板　2—超塑性成形板坯　3—加强板　4—下成形模具　5—超塑性成形件　6—外层超塑性成形板坯

7—不连接涂层区（钇基或氮化硼）　8—内层板坯　9—超塑性成形的两层结构件

10—中间层板坯　11—超塑性成形的三层结构件

第二节　扩散连接一般工艺

一、扩散连接的工艺特点

1. 工艺特点

与其他焊接方法相比，扩散连接技术有以下几方面的优点。

1）结合区域无凝固（铸造）组织，不生成气孔、宏观裂纹等熔焊时的缺陷。

2）同种材料结合时，可获得与母材性能相同的接头，几乎不存在残余应力。

3）可以实现难焊材料连接。对于塑性差或熔点高的同种材料、互相不溶解或在熔焊时会产生脆性金属间化合物的异种材料（包括金属与陶瓷），扩散连接是可靠的连接方法之一。

4）精度高，变形小，精密结合。

5）可以进行大面积板及圆柱的连接。

6）采用中间层可减少残余应力。

扩散连接技术的缺点如下。

1）无法进行连续式批量生产。

2）时间长，成本高。

3）结合表面要求严格。

4）设备一次性投资较大，且连接焊件的尺寸受到设备的限制。

2. 接头形式设计

1）一般接头的基本形式。扩散连接的接头形式比熔焊类型多，可进行复杂形状的结合。平板、圆管、管、中空、T形及蜂窝结构均可进行扩散连接。扩散连接的基本接头形式如图9-6所示。

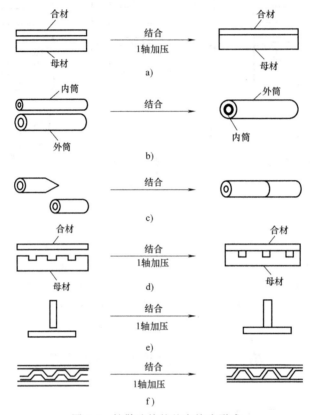

图9-6　扩散连接的基本接头形式

2）扩散连接制造复合材料及其接头形式。在纤维增强复合材料的制造过程中，常用的加工方法之一是扩散连接，如图9-7所示。

二、扩散连接参数及选择

扩散连接参数主要有温度、压力、时间、气氛环境和试件的表面状态等。这些因素之间相互影响、相互制约，在选择焊接参数时应统筹考虑，此外，扩散连接时还应考虑中间层材料的选用。

1. 连接温度

连接温度 T 越高，扩散系数越大，金属的塑性变形能力越好，连接表面达到紧密接触所需的压力越小。但是，加热温度受到再结晶、低熔共晶和金属间化合物生成等因素的影响。因此，不同材料组合的连接温度，应根据具体情况，通过试验来选定。从大量试验结果看，连接温度大都在（ $0.5 \sim 0.8$ ） T_m （母材熔化温度）范围内，最适合的温度一般为 $T \approx 0.7 T_m$ 。对瞬时液相扩散连接温度的选择，常在可生成液相的最低温度附近，温度过高将引起母材的过量溶解。

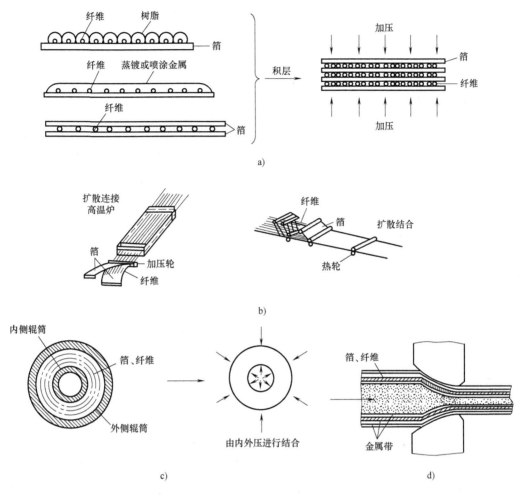

图 9-7 扩散连接制造纤维增强复合材料

a）积层扩散结合法 b）热辗压扩散法 c）热等静压法 d）拉伸法

固相扩散连接时，元素之间的互扩散引起化学反应，温度越高，反应越激烈，生成反应相的种类也越多。同时，在其他条件相同时，随着温度的增加，反应层厚度越厚。图 9-8 所示为 SiC/Ti 反应层厚度与温度及时间的关系。从此图中可知，连接时间相同时，提高温度可以大幅度增加接头反应层厚度。

接头强度是多方面因素综合的结果，是由各反应层本身的强度、各反应层间界面强度以及反应层与母材之间的界面强度所决定。

在其他条件一定时，连接温度与接头强度存在最佳值。例如：图 9-9 所示为连接温度对锡青铜/Ti 接头强度的影响，温度在 1073K（800℃）以下，由于温度过低，界面处于活化状态的原子少，无法形成良

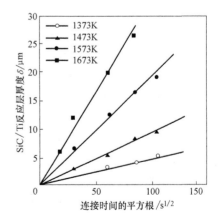

图 9-8 SiC/Ti 反应层厚度与温度及时间的关系

好的结合界面，即使施加很大的压力，接头强度仍然很低。以后接头强度随温度的上升而增加，在1093K时达到165MPa的最大强度值，连接温度进一步增加，接头强度逐渐下降。断口分析可知，结合界面出现了脆性的金属间化合物，该化合物层随温度增加而变厚，从而降低了接头强度。

2. 连接时间

连接时间 t（也称为保温时间）主要决定原子扩散和界面反应的程度，同时也对所连接金属的蠕变产生影响。连接时间不同，所形成的界面产物和界面结构就不同，当要求接头成分均匀化程度越高，连接时间就将以二次方的速度增长，可从几分钟到几小时，甚至达到几十小时。但从提高生产率考虑，连接时间越短越好，为缩短连接时间，必须相应提高温度与压力。

在其他条件一定时，接头强度（塑性，伸长率和冲击韧度）一般是随时间的增加而升高，而后逐渐趋于稳定。例如：图9-10所示为连接时间对铜/钢接头性能的影响，在连接时间为20min时得到最大值，当添加镍中间层时，接头强度有所提高，但变化趋势相同。

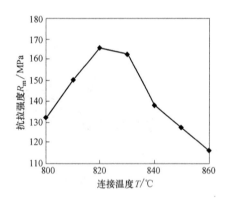

图9-9 连接温度对锡青铜/Ti接头强度的影响

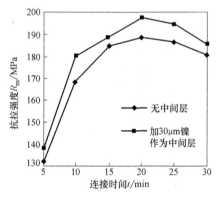

图9-10 连接时间对铜/钢接头性能的影响

与金属之间的连接相比，陶瓷与金属扩散连接所用的时间较长。连接时间的选择必须考虑到连接温度的高低。在连接温度一定时，连接时间越长，反应层越厚。图9-11所示为SiC/Ti接头的反应层厚度与连接时间的关系，随着连接时间的增加，界面各反应层厚度也增加。同时，受反应层厚度的影响，接头性能也随连接时间的增加发生变化。如图9-12所示，SiC/Ti扩散连接接头在反应层厚度为5μm时接头抗剪强度达到160MPa的最大值；而对于SiC/Cr接头，反应层厚度为2μm时接头强度最大。SiC/Nb和SiC/Ta的接头强度也随反应层厚度而变化，但没有出现明显的下降。

3. 连接压力

扩散连接时单位面积上的压力 p 的主要作用是促使连接表面产生塑性变形及达到紧密接触状态，使界面区原子激活，加速扩散与界面孔洞的弥合、消失及防止扩散孔洞的产生。压力越大，温度越高，紧密接触的面积也越多。但不管压力多大，在扩散连接的初期不可能使连接表面达到100%的紧密接触状态，总有一小部分演变成界面孔洞。目前，扩散连接规范中应用的压力范围很宽，最小只有0.04MPa（瞬时液相扩散连接），最大可达350MPa（热等静压扩散连接），一般压力约为10~30MPa。

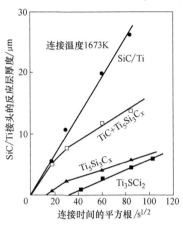

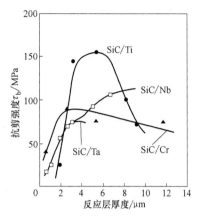

图 9-11 SiC/Ti 接头的反应层厚度与
连接时间的关系

图 9-12 SiC-金属界面的反应层厚度与
接头强度的关系

压力较小时，增大压力可以使接头强度提高和伸长率增大，图 9-13 所示为压力对接头强度的影响与连接温度和时间的影响一样，压力也存在最佳值，在其他规范参数不变的条件下，最佳压力时接头可以获得最佳强度。另外，压力的影响还与材料的类型、厚度以及表面氧化状态有关。

4．环境气氛

扩散连接一般在真空、不活性气体（Ar、N_2）或大气气氛环境下进行。一般来说，真空扩散连接的接头强度高于在不活性气体和大气中连接的接头强度。真空中的材料在温度升高时，气体会从焊件和真空室内壁中析出，计算和试验结果表明，真空室内的真空度在常用的规范范围内 $[1.33 \sim (1.33 \times 10^{-3}) \text{Pa}]$，就足以保证连接表面达到一定的清洁度，从而确保实现可靠连接。

图 9-14 所示为连接环境对 $Si_3N_4/Al/Si_3N_4$ 接头抗弯强度的影响。真空连接接头的强度最高，抗弯强度超过 500MPa，接头呈交叉状断在 Al 层和陶瓷中，Al 层中的断口为塑性，陶瓷中的断口为脆性。在氩气保护下的接头强度虽然分散度较大（330～500MPa），但平均强度超过 400MPa。而在大气中连接时强度低，只有 100MPa 左右，断口分析发现，接头沿 Al/ Si_3N_4 界面脆性断裂，是因为连接时界面发生氧化反应，生成 Al_2O_3 氧化膜，使接头强度降低。

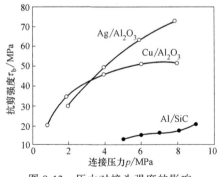

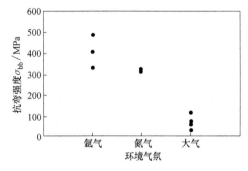

图 9-13 压力对接头强度的影响

图 9-14 连接环境对 $Si_3N_4/Al/Si_3N_4$
接头抗弯强度的影响

另外，在 1773K 的高温下直接扩散连接 Si_3N_4 陶瓷时，由于高温下在空气中 Si_3N_4 陶瓷容易分解形成孔洞，接头强度很低，因此在氮气中连接可以限制陶瓷的分解，氮气压力高时接头抗弯强度较高。例如：在 1MPa 氮气中连接的接头抗弯强度在 380MPa 左右，而在 0.1MPa 氮气中连接的接头，抗弯强度下降了 1/3，只有 220MPa。

5. 表面状态

扩散连接材料的表面应光滑平整，一般应先进行机械加工，然后去除加工表面的油、锈及表面氧化物。

（1）表面粗糙度的影响　几乎所有的焊件都需要由机械加工制成，不同的机械加工方法，获得的粗糙等级不同。扩散连接的试件一般要求表面粗糙度值应达到 Ra 在 $2.5\mu m$ 以上，同时，高温下不易变形的材料，连接时的塑性变形小，则要求表面粗糙度要高一些，Ra 在 $0.63\mu m$ 左右，而耐热合金与耐热钢的扩散连接，Ra 在 $0.32\mu m$ 以上。表面加工质量越高，即表面粗糙度值越小，越有利于结合面之间的紧密结合。图 9-15 所示为镍基合金接头抗弯强度与表面粗糙度及横向膨胀率的关系（连接压力 $p=20MPa$），磨削加工比车削加工能够获得更高的接头强度，同时，适当增加扩散连接时材料的横向膨胀率，也使接头强度增加。

Si_3N_4 陶瓷与金属连接时，表面粗糙度对接头强度的影响十分显著，粗糙的表面会在陶瓷中产生局部应力集中而容易引起脆性破坏。Si_3N_4-Al 接头表面粗糙度对接头抗弯强度的影响如图 9-16 所示（试件的连接温度 $T=1073K$，压力 $p=0.05MPa$，连接时间 $t=10min$）。从此图中可知，表面粗糙度值为 $0.1\mu m$ 时，接头强度比母材强度稍低，当表面粗糙度值由 $0.1\mu m$ 变为 $0.3\mu m$ 时，接头抗弯强度从 470MPa 降低到 270MPa。

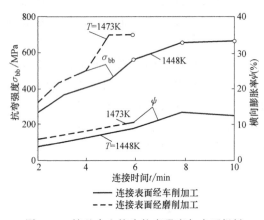

图 9-15　镍基合金接头抗弯强度与表面粗糙度及横向膨胀率的关系

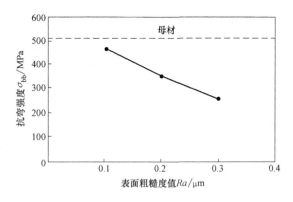

图 9-16　Si_3N_4-Al 接头表面粗糙度对接头抗弯强度的影响

机械去膜是去除表面氧化物和锈蚀的最简单的方法，除机械加工外，还可用锉刀、刮刀和砂布打磨，也可用金属丝刷、金属丝轮和砂轮去膜。对形状复杂或表面大的部件，可用喷砂或喷丸去膜。喷砂后的焊件，还应做去除砂粒的补充处理。

（2）表面清理　待连接焊件在扩散连接前的加工和存放过程中，被连接表面不可避免地形成氧化物、覆盖着油脂和灰尘等。在连接前需经过脱脂、去除氧化物及气体处理等工艺过程。

1）有机溶剂脱脂。常用的有机溶剂有乙醇、丙酮、汽油、四氯化碳、三氯乙烯、二氯乙烷和三氯乙烷等。液态浸洗常以汽油为溶剂，用于小件和油污严重的情况，适合于单件和小批生产。蒸气清洗常以三氯乙烯为溶剂，用于大件和油污较轻的情况，适合于大批量生产。

2）碱液脱脂。在碱液中清洗脱脂具有过程简单、成本低及效果好的优点。它的缺点是溶液要求加热、用后难以再生以及对某些金属具有腐蚀作用。还可用电解法和超声波等方法进行脱脂处理。

3）化学腐蚀去膜。常用的去膜液有硫酸、盐酸、硝酸、氢氟酸及其它们的混合物的水溶液和氢氧化钠的水溶液等。

4）离子轰击及表面改性技术去膜。表面改性技术可以用于清理及活化表面，具体过程是在低压惰性气体中用离子轰击的办法去除表面杂质，可以改善表面的凹凸不平状况。也可以用其他表面改性技术，如喷涂、电镀、蒸镀、PVC、离子镀、离子注入等。对氧化性强的材料，最好是清理后直接进行扩散连接。如需长时间放置，则应对连接表面加以保护，如置于真空或保护气氛中。

6．中间层选择

扩散连接时，中间层材料非常主要，除了能够无限互溶的材料以外，异种材料、陶瓷、金属间化合物等材料多采用中间夹层进行扩散连接。中间层材料不仅在固相扩散连接时使用，在液相扩散连接中应用的也比较广泛。

（1）中间层的作用　中间层在扩散连接时主要起以下作用。

1）改善表面接触，减小扩散连接时的压力。例如：对于难变形材料，扩散连接时采用软质金属或合金作为中间层，利用中间层的塑性变形和塑性流动，使结合界面达到紧密接触，提高物理接触效果和减少达到紧密接触所需的时间。同时，中间层材料的加入，使界面的浓度梯度变大，促进元素的扩散，加速扩散空洞的消失。

2）可以抑制夹杂物的形成，促进其破碎或分解。例如：Al 合金表面易形成一层稳定的 Al_2O_3 氧化物层，扩散连接时该层不向母材中溶解。可以采用 Si 作为中间层，利用 Al-Si 共晶反应形成液膜，促进 Al_2O_3 层破碎。镍基合金表面也容易形成氧化膜，扩散连接时，由于微量氧的存在，可在连接界面促进碳化物和氮化物的形成，影响接头性能。采用镍箔作为中间层进行扩散连接，可以对这些化合物的生成起抑制作用。

3）改善冶金反应，避免或减少形成脆性金属间化合物和有害的共晶组织。异种金属材料扩散连接时，最好选用和母材不形成金属间化合物的第三种材料，以便通过控制界面反应，改善材料的连接性。例如：Fe 和 Ti 扩散连接时，除形成 Fe-Ti 化合物以外，Fe 中的 C 元素和 Ti 反应形成 TiC，采用 Ni 作为中间层进行扩散连接，可以抑制 TiC 脆性相的出现，而且，在 Ni 与 Ti 的界面上，形成 Ni-Ti 化合物后，接头强度比形成 TiC 时高。

4）可以降低连接温度，减少扩散连接时间。例如：Mo 直接扩散连接时，连接温度为 1260℃，而采用 Ti 箔作为中间层，连接温度只需要 930℃。

5）控制接头应力，提高接头强度。例如：异种材料连接时，由于材料物理化学性能的突变，特别是因热膨胀系数不同，接头易产生很大的热应力。选取兼有两种母材性能的材料作为中间层，形成梯度接头，避免或减少界面的热应力，从而提高接头强度。

（2）中间层的选择　中间层选择应遵循以下原则。

1）容易塑性变形，熔点比母材低。

2）物理化学性能与母材的差异比被连接材料之间的差异小。

3）不与母材产生不良的冶金反应，如避免产生脆性相或不希望出现的共晶相。

4）不引起接头的电化学腐蚀。

中间层可采用多种方式添加，如薄金属垫片、非晶态箔片、粉末（对难以制成薄片的脆性材料）和表面镀膜（如蒸镀、PVD、电镀、离子镀、化学镀、喷镀、离子注入等）。

（3）固相扩散连接中间层材料　在固相扩散连接中多用软质纯金属材料作为中间层，常用的材料为 Ti、Ni、Cu、Al、Ag、Au 及不锈钢。例如：Ni 基超合金扩散连接时采用 Ni 箔，Ti 基合金扩散连接时采用 Ti 箔。固相扩散连接时的中间层材料及连接参数见表 9-1。

表 9-1　固相扩散连接时的中间层材料及连接参数

连接母材	中间层材料	连接参数			
		压力/MPa	温度/℃	时间/min	保护气氛
Al/Al	Si	7~15	580	1	真空
Be/Be	Ag 箔	70	705	10	真空
Mo/Mo	Ti 箔	70	930	120	氩气
Ta/Ta	Ti 箔	70	870	10	真空
Ta-10W/Ta-10W	Ta 箔	70~140	1430	0.3	氩气
Cu-20Ni/钢	Ni 箔	30	600	10	真空
Al-Ti	Ag 箔	1	550~600	1.8	真空
Al-钢	Ti 箔	0.4	610~635	30	真空

在陶瓷与金属的扩散连接中，活性金属中间层可选择 V、Ti、Nb、Zr、Hf、Ni-Cr 及 Cu-Ti 等。为缓解陶瓷和金属接头的残余应力，中间层的选择可分为三种类型。单一的金属中间层，通常采用软金属，如 Cu、Ni、Al 及 Al-Si 合金等，通过中间层的塑性变形和蠕变变形来缓解接头的残余应力。例如：在进行 Si_3N_4 与钢的连接中发现，当不采用中间层时，接头中的最大残余应力为 350MPa，当分别采用 1.5mm 厚的 Cu 和 Mo 中间层时，接头最大残余应力的数值分别降至 180MPa 和 250MPa。采用多层金属中间层降低接头残余应力的效果更好，一般在陶瓷一侧施加低热膨胀系数、高弹性模量的金属，如 W、Mo 等，而在金属一侧施加塑性好的软金属，如 Ni、Cu 等。梯度金属中间层是按弹性模量或热膨胀系数逐渐变化设计的，整个中间层表现为在陶瓷一侧的部分热膨胀系数低、弹性模量高，而在金属一侧的部分热膨胀系数高、塑性好。也就是说，从陶瓷一侧过渡到金属一侧，梯度金属中间层的弹性模量逐渐降低，而热膨胀系数逐渐增高，这样能更有效地降低陶瓷/金属接头的残余应力，提高接头的性能。

（4）液相扩散连接中间层　液相扩散连接时，除了要求中间层（钎料）具有上述性能以外，还要求与母材润湿性好、凝固时间短、含有加速扩散的元素（如硼、铍、硅等）。对于 Ti 基合金，可以使用含有 Cu、Ni、Zr 等元素的 Ti 基中间层。对 Al 及其 Al 合金，可使用含有 Cu、Si、Ag 等元素的 Al 基中间层。对于 Ni 基超合金液相扩散连接用钎料，中间层必须含有 B、Si 等元素，见表 9-2。

7. 止焊剂

扩散连接时为了防止压头与焊件或焊件间某些特定区域被焊在一起，需要加止焊剂（又称为阻焊剂，片状或粉状），其应具有以下要求。

表 9-2　Ni 基超合金液相扩散连接用钎料

钎料	化学成分(质量分数)(%)								熔化温度/℃	钎焊温度/℃
	Ni	Cr	B	Si	Fe	C	W	Co		
BNi92SiB	余量	—	2.75~3.50	4~5	0.5	0.06	—	—	980~1010	1010~1175
BNi68CrWB	余量	9.5~10.5	2.2~2.8	3~4	2~3	0.06	11.5~12.5	—	970~1095	1150~1200
170	余量	11.5	2.5	3.25	3.5	0.55	16	—	970~1160	1150~1200
200	余量	7.0	3.2	3.50	3.00	0.10	6	—	975~1040	1065~1175
BCol①	16~18	18~20	0.7~0.9	7.5~8.5	1.0	0.35~0.45	3.5~4.5	余量	1121~1149	1149~1232

① BCol 是铬基钎料。

1）高于焊接温度的熔点或软化点。

2）有较好的高温化学稳定性，高温下不与焊件、夹具、压头发生化学反应。

3）不应释放出有害气体污染待焊表面，不破坏保护气氛或真空度。

例如：钢扩散焊时可用人造云母片隔离压头等。

第三节　常用材料的扩散连接

一、镍基高温合金的扩散连接

镍基高温合金的热强性好、变形阻力大，扩散连接时要实现可靠的物理接触，必须提高连接温度或增大连接压力（Ni 本身为立方晶格，原子排列密集，自由扩散能力差）。特别是镍基高温合金表面含有 Ti 和 Al 的氧化膜，而且 Ni 在高温下也容易生成 NiO，这些氧化膜性能都比较稳定，增加了扩散连接的难度。

1. 直接扩散连接

经过磨光、清洗的表面，可在真空中直接进行扩散连接，合适的扩散连接参数，见表 9-3（上半部），镍基合金 GH3044 扩散连接参数对接头力学性能的影响，如图 9-17 所示，随温度（1173~1473K）、压力（5~25MPa）和时间（10~30min）的增加，接头性能（伸长率 A、变形率 ε、抗拉强度 R_m）逐渐提高。

表 9-3　高温合金的扩散连接参数

材　料	温度/K	压力/MPa	时间/min	真空度/Pa
Ni	1273	15	10	10^{-2}
GH3044	1473	20	6	1.33×10^{-2}
XH75MoNbTiAl	1423~1448	20~30	6	1.33×10^{-2}
ЭИ99	1423~1448	35~40	6	1.33×10^{-2}
ТЭ-Ni(Co 合金中间层)	1366	135	120	1.33×10^{-2}
XH75MoNbTiAl+ЭИ99(蒸镀 Mg)	1473	10~15	6	1.3×10^{-2}
XH73MoNbTiAl（ЭИ99 中间层）	1423~1448	10~15	6	1.3×10^{-2}

注：ЭИ99—俄罗斯，镍占50%，添加元素为钼、钨、钴、钛、铝等。

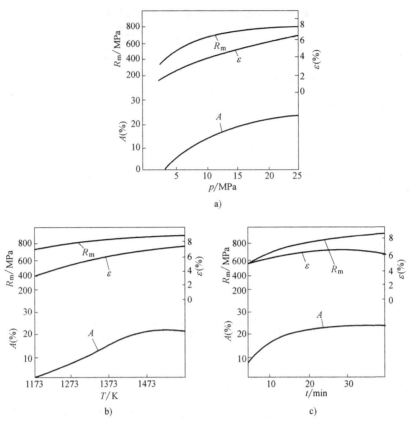

图 9-17 镍基合金 GH3044 扩散连接参数对接头力学性能的影响

a）压力 b）温度 c）时间

2. 加中间层的扩散连接

镍基合金在扩散连接时，为了实现良好的接触和提高接头性能，常在结合界面处添加中间层（表 9-3 下半部），研究表明，接头性能除了受扩散连接参数的影响外，中间层相对厚度对接头性能也有影响，如图 9-18 所示。其中，GH130 在连接压力为 20MPa、连接时间 15min 条件下，接头强度与中间层相对厚度 x（中间层绝对厚度和试件直径的比值）随连接温度升高而变化的关系。在连接温度 1363K 时（图 9-18a 中曲线 2），$x=0.05$ 可以认为是厚度的临界值，中间层会有很大的塑性变形，破断发生在母材上。小于此值将产生脆性破断，并产生在界面上，此时要提高接头强度必须提高连接温度 T（图 9-18a 中曲线 3）或连接压力 p（图 9-18 b）。

当连接压力提高到 40MPa 时，所有温度下各种厚度的中间层都提高了接头强度，说明连接过程中物理接触变好，在 $x=0.02\sim0.05$ 范围内，断裂均在母材上发生。

3. 液相扩散连接

液相扩散连接是高温合金最常采用的一种连接方法，通过选择 B、P、C、Si、Ti、Al 等元素活化表面和降低连接温度，实现等温凝固和成分均匀化，得到与母材基本相同的组织成分。同时，可以得到变形小、强度高的接头。

液相扩散连接时施加压力是为了保持焊件配合面的良好接触，一般选 $0\sim0.01$MPa。如果要求接头与母材等强，并且要求加热温度不影响母材性能，则应采用 $T\geqslant1423$K 的高连接温度，结合时间可选 8~24h。如果接头质量要求不高，或者母材不能经受太高的热循环，则温度范围为 1373~1423K，结合时间为 1~8h。例如：Inconel 713C 合金（K18），液相扩散连接的一般规范为 1368K 和 4h。

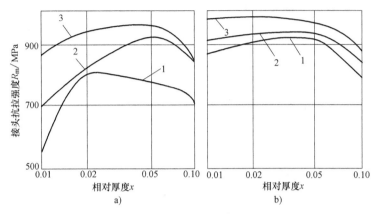

图 9-18　接头强度与中间层相对厚度的关系

a）$p=20MPa$　b）$p=40MPa$

1—1323K　2—1363K　3—1403K

【阅读材料 2-9-2】　定向凝固镍基高温合金的过渡液相扩散连接

近年来，定向凝固镍基合金发展很快，在飞机发动机及地面燃气轮机制造领域具有广阔的应用前景。

采用 0.04mm 厚的非晶态箔带（将 DZ22 合金中的 Al、Ti 去掉后加入质量分数为 3.0%~5.0% 的 B 元素）对 DZ22 定向凝固高温合金进行液相扩散连接，经 36h 保温后，接头中的 γ+γ′基体与母材基体之间无明显界线。对 1483K、24h 条件下的连接接头进行了高温持久强度试验，试验温度 1253K、试验载荷 186MPa，其持续时间为 80~116h，接头的持久强度相当于母材的 90%，其原因是非晶态中间层成分均匀，厚度较薄，接头中液相很少，再加上元素 B 的总量很少，大大减少了接头的脆性。

定向凝固的高温合金，母材及接头有一定的方向性，沿结晶方向强度高，而与结晶方向垂直的强度较低。图 2-9-2 所示为定向凝固 MA754（20Cr-0.5Ti-0.3Al-0.6Y2O3-Ni 基）合金接头的高温强度与破断时间的关系，连接温度 1473K、连接时间 1h、压力 0.98MPa、高温

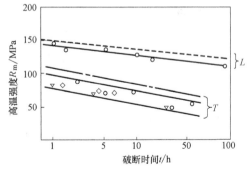

图 2-9-2　定向凝固 MA754 合金接头的高温强度与破断时间的关系

试验温度 1255K。此图中的 L 为沿结晶方向的抗拉强度，T 为垂直结晶方向的抗拉强度。

二、钛合金及其钛铝金属间化合物的扩散连接

1. 钛合金的扩散连接

钛合金是一种优良的金属材料（高比强度、高耐蚀性、高耐久性等），扩散连接时，表

面氧化膜高温下可以溶解在母材中（5MPa 气压下，可溶解 TiO_2 达 30%），故氧化膜不妨碍扩散连接的进行，但钛合金能吸收大量的 O_2、H_2 和 N_2 等气体，不宜在 H_2 和 N_2 气氛中进行扩散连接，应在真空状态或氩气保护下进行。对于大面积钛合金扩散连接，可采用加中间层进行扩散钎焊，中间层主要采用 Ag 基钎料、Ag-Cu 钎料、Ti 基钎料。由于 Cu 基钎料和 Ni 基钎料容易和 Ti 发生反应形成金属间化合物，一般不作为中间层或钎料使用。

典型钛合金 TC4 的扩散连接参数规范比较宽，温度范围为 850~930℃，压力为 1~3MPa，连接时间为 30~90min，真空度为 $1.33×10^{-3}Pa$ 或氩气保护下连接，接头强度可达母材的 90% 以上。

钛合金应用最普遍的连接方法是超塑性成形-扩散连接，所选择的连接温度与通常扩散连接所用的温度一致，但变形速率应小于一定数值，所加压力也比较小，同时压力与时间有一定的联系，如图 9-19 所示。实线以上为能够获得可靠连接的区域，在虚线以下不能获得良好的接头质量，接头连接率小于 50%。同时，原始晶粒度对扩散连接质量也有影响，原始晶粒越细，获得良好扩散连接接头所需要的时间越短、施加的压力也越小，因此，超塑性成形-扩散连接工艺要求钛合金母材必须具有细晶组织。

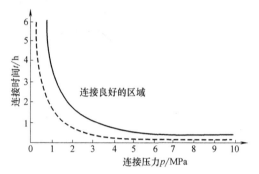

图 9-19　超塑性成形-扩散连接接头质量与压力及时间的关系

（T = 1212K，真空度小于 $1.33×10^{-3}Pa$）

2. Ti₃Al 金属间化合物的扩散连接

Ti_3Al 具有良好的高温性能（1073~1123K），与镍基高温合金相比可减小质量 40%。

（1）连接温度对接头抗剪强度的影响　在连接压力为 9MPa、连接时间 30min 条件下，1068~1098K 温度范围内，接头抗剪强度较低且变化缓慢，连接温度超过 1098K 时，接头抗剪强度迅速提高，在 1213K 时达到 751MPa（该点未画出），如图 9-20 所示。

（2）连接时间对接头抗剪强度的影响　在连接压力为 12MPa、连接温度 1263K 条件下，7.5min 提高到 22.5min，接头的抗剪强度迅速提高，连接时间超过 22.5min 之后，接头强度的上升速度变慢，在 70min 时，接头强度接近母材，如图 9-21 所示。

（3）接头组织分析　在连接温度 1083~1143K、压力 6MPa 时，由于 Ti_3Al 金属间化合物的高温屈服强度高，材料表面很难微屈服和接触紧密，因而结合界面处存在许多空洞等缺陷。随着连接温度的升高，材料的高温屈服强度下降，界面处产生的空洞明显减少，1213K 连接温度时，几乎未见空洞的存在。当连接温度为 1263K、连接时间提高到 70min 时，两侧的母材晶粒向界面长大，由于产生再结晶过程和晶界迁移而使界面明显消失。

（4）表面的粗糙度　Ti_3Al 合金表面粗糙度不同，扩散连接时所需的临界压力也不同，在同样连接温度和时间下，表面粗糙度值 Ra = 0.2μm 的试件，完全焊合所需的压力比 Ra = 1μm 试件所需的压力要低。而在同样压力下，达到完全焊合时，表面粗糙度值越大，所需的温度就较高。而且 Ra 越小，其完全焊合区就越大，越易于进行扩散连接。当主要工艺条件 p、T 中的一个参数一定时，Ra 越小可以适当降低另一个的参数值。因此，在进行 Ti_3Al 的扩散连接时，应尽量降低 Ra 值。

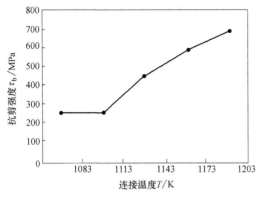

图 9-20 连接温度对接头抗剪强度的影响

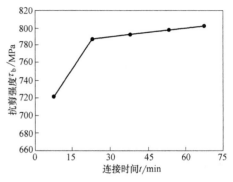

图 9-21 连接时间对接头抗剪强度的影响

（5）超塑性成形-扩散连接 Ti$_3$Al 合金的超塑性成形-扩散连接温度范围通常在 1273K 左右，所需的连接时间根据连接温度而定。图 9-22 所示为 Ti$_3$Al 扩散连接时间与连接温度的关系，从图中可以看出，在压力不变的情况下，随着温度的升高可适当减少扩散连接时间。图 9-23 所示为 Ti$_3$Al 扩散连接时间与连接压力的关系，其连接条件为 $T = 1253K$、$Ra = 0.2\mu m$。曲线的右上方为完全焊合区，左下方区间内的连接规范不能获得完全焊合的接头。从此图中可以看出，提高扩散连接压力能显著缩短扩散连接时间，并且只要压力选的很高，扩散连接时间可以很短，但压力太大容易对扩散连接带来许多不利影响，因此在实际中一般不采用这种连接规范。

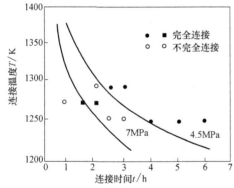

图 9-22 Ti$_3$Al 扩散连接时间与连接温度的关系

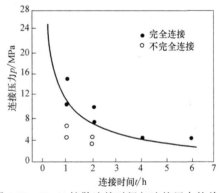

图 9-23 Ti$_3$Al 扩散连接时间与连接压力的关系

3. TiAl 金属间化合物的扩散连接

TiAl 扩散连接能够得到与母材组织和性能基本相同的接头。

（1）TiAl 铸造合金扩散连接 当对 Ti-52%Al（摩尔分数）铸造合金直接进行扩散连接时，发现连接界面处产生细小晶粒的 γ 单相组织和（$\gamma+\alpha_2$）双相组织；采用 25μm 厚的金属钒（V）中间层进行扩散连接时，发现在 V/γ 的界面处形成 Al$_3$V 相，如果 V 层很薄，能够全部溶入 TiAl 中，从而会使 Al$_3$V 仅仅成为一个中间过渡相而最后不再存在。

连接温度对接头强度有很大影响，当温度较低或连接时间较短时，界面处存在显微孔洞和 TiO$_2$ 及 Al$_2$TiO$_5$ 薄膜，而当扩散连接在 1473K 及 3.84ks 条件下进行时，以上微孔和氧化膜均不存在，接头的室温性能最好，抗拉强度达 225MPa，如图 9-24 所示，断裂发生在母材上。但当连接温度为 1073K 和 1273K 时，由于界面上元素扩散及迁移不充分，接头的抗拉强度比母材低约40MPa。

（2）TiAl锻造合金扩散连接 对（$\gamma+\alpha_2$）层片状组织的TiAl锻造合金（含Al摩尔分数47%，还含少量的Cr、Mn、Nb、Si和B）在连接温度1198~1373K范围内进行扩散连接。在温度较低时，可以观察到原始的连接界面，接头的抗拉强度和伸长率较低，断裂发生在界面处。随着温度升高，原始的连接界面处发生动态再结晶，形成等轴的γ晶粒，界面线消失。母材的原始晶粒尺寸对扩散连接影响很大，晶粒粗大时，界面处形成与母材组织不同的再结晶细晶组织，且存在显微孔洞，抗拉强度和伸长率都低；当粗晶的TiAl合金与细晶双态组织的TiAl合金进行连接时，形成镶嵌式的界面结构，从而使接头的抗拉强度和伸长率提高。当细晶的TiAl合金进行连接时，可得到与母材基本一致的显微组织，接头达到530MPa的抗拉强度和较高的伸长率，断裂发生在母材上。

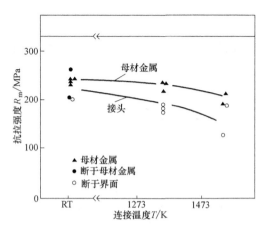

图9-24　不同温度下TiAl接头和母材的抗拉强度

（连接条件：$t=3.84ks$，$p=15MPa$，

真空度 $2.6\times10^{-2}Pa$）

真空度对接头高温抗拉强度有一定的影响，因此在其他条件不变的前提下，TiAl金属间化合物应尽量采用较高的真空度进行扩散连接。此外，扩散连接接头经过真空热处理后，晶粒发生长大现象。

三、异种金属材料的扩散连接

1. 常用异种金属的扩散连接

（1）连接工艺 为获得某些功能或减轻构件重量，经常需将异种金属进行连接，由于异种材料在物理、化学性能上差异很大，界面反应复杂，如铝与不锈钢连接时，界面会生成FeAl、$FeAl_3$和Fe_2Al_5等金属间化合物。因此，异种金属常常采用扩散连接，扩散连接参数见表9-4。

表9-4　常用异种金属扩散连接参数

序号	被焊材料	连接温度 /℃	连接压力/MPa	连接时间 /min	真空度 /$\times10^{-3}Pa$
1	Al + Cu	500	9.8	10	6.67
2	5A06铝合金+不锈钢	550	13.7	15	13.3
3	Al +钢	460	1.9	15	13.3
4	Cu +低碳钢	850	4.9	10	—
5	QSn10-10 +低碳钢	720	4.9	10	—
6	可伐合金+青铜	950	6.8	10	1.33

（2）铝合金与不锈钢的热压扩散连接 在航天器、制氧机设备中常常要求把铝合金管与不锈钢（或钛合金）管连接在一起，常用的接头形式如图9-25所示。

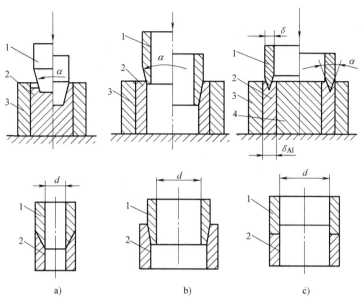

图 9-25 铝合金与不锈钢管热压扩散连接示意图

a）直径<20mm b）直径>20mm c）直径>50mm

1—不锈钢（或钛合金） 2—铝合金 3—夹具 4—垫块

不锈钢的连接部分被加工成带有一定角度的楔形，在真空或在空气中加热铝合金和不锈钢毛坯，然后将不锈钢压入铝合金中，而后冷却并加工成需要尺寸的构件或管接头。在空气中加热铝合金与不锈钢时，由于两个毛坯加热的温度不一样，必须分别加热。如果在空气炉中提高不锈钢的加热温度，则不锈钢表面变色，说明有明显的氧化，从而影响接头的强度，最好在真空中加热。铝合金的合适加热温度较高，铝合金加热温度对接头性能的影响如图 9-26 所示，图中 a_B 和 a_K 分别表示接头的悬臂静弯韧度和悬臂冲击韧度。

不锈钢件压入速度对接头性能有一定的影响，压入速度一般在 45 ~ 50mm/min 范围

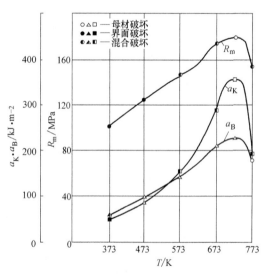

图 9-26 铝合金加热温度对接头性能的影响

（不锈钢在空气加热到 573K）

内可以得到好的结果。试验结果可知，对 5A03 铝合金与不锈钢（12Cr18Ni9Ti）接头在 723K、保温 48h 后才出现铝-铁金属间化合物；在 773K、保温 2h 就可以出现铝-铁金属间化合物；在 823K、保温 15min 即出现金属间化合物；在 848K、保温 180s 出现金属间化合物。只有金属间化合物的厚度达到一定的数值，才对接头性能造成明显的影响。

（3）铜与钢的扩散连接 飞机发动机的精密摩擦副、止动盘等构件要求将锡青铜和钢连在一起，该类材料采用熔焊容易产生气孔，采用钎焊方法会降低接头的抗腐蚀性能，因

此，常常采用扩散连接。

图 9-27 所示为接头强度与连接温度的关系。连接温度在 800℃ 以下时，即使施加很大的压力，接头强度仍然很低，主要是连接温度过低，界面处于活化的原子少，不能进行良好的扩散。830~850℃ 接头强度比较稳定，接头断口的金相照片显示出均匀分布的韧窝。当温度达到 860℃ 时，由于锡青铜中锡、铅等低熔点合金元素产生了烧蚀，再加上不同元素的扩散速度不同，加大了金属间化合物层的长大，从而使接头强度降低。试验表明，锡青铜与钢的合适规范为：连接温度 820~850℃、连接压力 1~2MPa、连接时间 15~25min。

2. TiAl 与金属的扩散连接

（1）TiAl 与 40Cr 钢的扩散连接　$T = 1323K$、$t = 30min$ 时，TiAl/40Cr 接头的金相照片如图 9-28 所示。由此图可见，界面出现了三个明显的反应层，即靠近 TiAl 侧 I 层，中间亮白色的 II 层和靠近 40Cr 侧 III 层。元素成分分析表明，I 层主要以 Ti、Fe、Al 元素为主，II 层为高 Ti 和高 C 层，III 层为高 Fe 层。由 X-射线衍射结果并结合能谱分析、EPMA 元素线分析可知，界面处生成了 Ti_3Al 及 $FeAl$、$FeAl_2$、TiC 四种化合物，可判断出 I 层为 $Ti_3Al + FeAl + FeAl_2$ 的混合层；II 层为 TiC 层，是由从 40Cr 中扩散过来的 C 和从 TiAl 侧扩散过来的 Ti 原子相结合而形成的；III 层为溶解有少量 Al 的铁基脱碳固溶层。

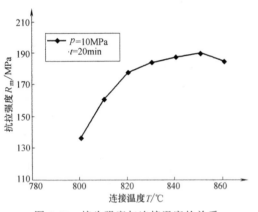

图 9-27　接头强度与连接温度的关系

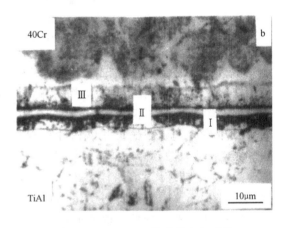

图 9-28　TiAl/40Cr 接头的金相照片

（$T = 1323K$、$t = 30min$）

在连接温度 1373 K 条件下，各反应层厚度随着连接时间增长，出现不同程度的长大，如图 9-29 所示。在三个反应层形成及长大初期，以脱碳固溶层的长大速度为最快，这主要是 C 向 TiAl 侧优先快速扩散的结果。随结合时间的增长，特别是在扩散连接的中后期，TiC 的成长受到 C 及 Ti 来源的限制，即 40Cr 中的 C 必须先通过脱碳固溶层才能到达 TiC 区参与反应，而从 TiAl 侧扩散来的 Ti 元素，也必须先通过 $Ti_3Al + FeAl + FeAl_2$ 层到达 TiC 区的另一侧，由于它们的扩散系数发生了变化，使 TiC 的成长发生变化，成长曲线出现了转折，成长速度减慢。同理，脱碳固溶层的成长速度也发生了类似的变化。而最后出现的 $Ti_3Al + FeAl_2$ 层的长大速度没发生变化。不同连接温度下，TiAl/40Cr 界面总反应层厚度随时间的变化如图 9-30 所示。

脆性化合物层即 $TiC + (Ti_3Al + FeAl + FeAl_2)$ 厚度对接头性能的影响，如图 9-31 所示。接头的抗拉强度随脆性化合物层厚度的增长呈山形变化，在厚度为 3μm 时强度最高，并且所

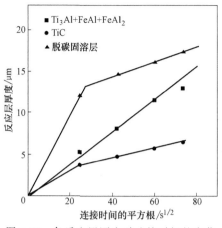

图 9-29 各反应层厚度随连接时间的变化

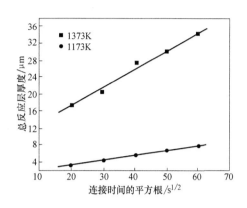

图 9-30 TiAl/40Cr 界面总反应层厚度
随连接时间的变化

有断裂均发生在接头部位，属脆性断裂。对
1223K 结合温度下、不同结合时间的断口分析
可知，在连接初期，界面处局部的微观凸起优
先接触而发生塑性变形，由于有效接触面积较
小，界面结合强度低，此时反应物还没有形
成，接头的强度主要由低强度的界面所决定。
随着连接时间的增长，界面处的塑性变形逐渐
增大，从而使有效接触面积增大，结合率提
高，界面强度比较高。同时 TiC 反应层也比较
薄，因而使接头达到了较高的连接强度，断裂
发生在 TiC 层和脱碳固溶层的连接界面。当厚

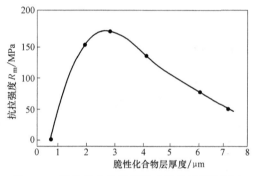

图 9-31 脆性化合物层厚度对接头性能的影响
（$T = 1223K$，$p = 20MPa$）

度超过 3μm 以后，反应进行比较充分，界面强度虽然很高，但脆性反应层显著变厚而成为
接头的薄弱部位，再加上接头的应力分布变得更加复杂，从而使接头强度降低。此时断裂发
生在 TiC 层中。

（2）TiAl 与 Ti 的扩散连接　在连接温度 $T = 1123K$、连接压力 $p = 5MPa$ 不变的条件下，
对 TiAl/Ti 进行扩散连接。在 $t = 0.9ks$ 时，Al、Ti 元素在界面处发生相互扩散，元素线分布
曲线在界面处分别为平滑的升、降斜线，说明在界面处出现了扩散固溶层，并没有金属间化
合物生成或生成的数量极少。随着连接时间的增长，当 $t = 5.4ks$ 时，界面反应层的厚度明显
加宽，元素线分析可知，在界面处形成了两个扩散区域。通过进行断口能谱及断口 X-衍射
分析，TiAl 侧的反应区确定为金属间化合物（$Ti_3Al + TiAl$）层，Ti 侧的反应区为 Ti 和 Al 的
固溶层。

$p = 20MPa$、$t = 30min$ 时，连接温度对接头抗拉强度及反应层厚度的影响如图 9-32 所示，
其中抗拉强度的数值为每一个连接参数条件下五次拉伸试验的平均值。从此图中可以看出，
虽然连接温度的不同导致了界面反应层厚度的不同，但这些不同对扩散连接接头的抗拉强度
值影响不大，并且接头的最高抗拉强度值接近于 TiAl 母材强度。

界面反应层厚度对接头强度也有一定的影响，随着连接温度的提高，接头的物理接触更加

紧密，原子的扩散程度加大，在 TiAl/Ti 界面处形成 Ti_3Al 的数量不断增多，导致（Ti_3Al+ TiAl）双相层的增厚，并由于生成相 Ti_3Al 的强度高于金属间化合物 TiAl，且（$\alpha_2+\gamma$）的双相组织的强度更高，因此（Ti_3Al+TiAl）双相层的形成对提高 TiAl/Ti 接头强度有利，并随着连接温度的提高，TiAl/Ti 接头的抗拉强度基本接近母材。

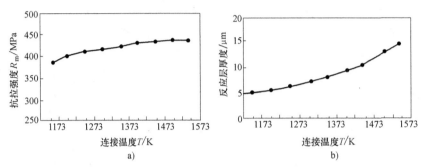

图 9-32　连接温度对接头抗拉强度及反应层厚度的影响

a）对抗拉强度的影响　b）对反应层厚度的影响

四、陶瓷材料的扩散连接

1. 陶瓷扩散连接的主要问题

（1）界面存在很大的热应力　陶瓷与金属材料连接时，由于陶瓷与金属材料的线膨胀系数差别很大，在扩散连接或使用过程中，加热和冷却时必然产生热应力，由于热应力的分布极不均匀，使结合界面产生应力集中，造成接头的承载性能下降。影响接头热应力的主要因素有材料因素（线膨胀系数、弹性系数、泊松比、孔隙率、屈服强度以及加工硬化系数等）、接头形状因素（板厚、板宽、长度、连接材料的层数、层排列顺序、结合面形状和结合面的粗糙度）和温度分布的影响（加热方式、加热温度和速度及冷却速度等）。

（2）容易生成脆性化合物　由于陶瓷和金属的物理化学性能差别很大，连接时除存在着键型转换以外，还容易发生各种化学反应，在界面生成各种碳化物、氮化物、硅化物、氧化物以及多元化合物。这些化合物硬度高、脆性大，是造成接头脆性断裂的主要原因。在陶瓷与金属的界面反应中，生成何种产物主要取决于陶瓷与金属（包括中间层）的种类。例如：SiC 与 Zr 的反应生成 ZrC、Zr_2Si 和三元化合物 $Zr_5Si_3C_x$；Si_3N_4 与 Ni-20Cr 合金反应生成 Cr_2N、CrN 和 Ni_5Si_2，但与 Fe、Ni 及 Fe-Ni 合金则不生成化合物；Al_2O_3 与 Ti 反应生成 TiO 和 $TiAl_x$；ZrO_2 与 Ni 的反应生成 NiO_{1-x}、Ni_5Zr 和 Ni_7Zr_2。此外，生成化合物的类型也与连接温度和连接时间以及连接环境气氛有关。例如：在对 Si_3N_4 与 Ti 的高温反应研究中发现，当分别采用 N_2 和 Ar 作为保护气氛时，即使采用相同的连接温度和连接时间，所得到的反应产物也不相同。

（3）界面化合物很难进行定量分析　在确定界面化合物时，由于一些轻元素（C、N、B 等）的定量分析误差较大，需制备多种标准试件进行标定。对于多元化合物的相结构确定，一般利用 X 射线衍射标准图谱进行对比，但一些新化合物相没有标准，给相的确定带来了很大困难。

（4）缺少数值模拟的基本数据　由于陶瓷和金属钎焊及扩散连接时，界面容易出现多层化合物，这些化合物层很薄，对接头性能影响很大。在进行反应相成长规律、应力分布等计算模拟时，由于缺少这些相的数据，给模拟计算带来很大困难。

2. SiC 陶瓷的扩散连接

（1）采用 Ti 中间层扩散连接 SiC 陶瓷　SiC 和中间层 Ti 在扩散连接时发生了化学反应，在反应的初期阶段，界面生成了 TiC 和 $Ti_5Si_3C_x$，因 C 的扩散比较快，TiC 在 Ti 侧优先成长，而 $Ti_5Si_3C_x$ 则在 SiC 侧形成（图 9-33）。在反应的中期阶段，由于 Si 和 C 元素在 SiC/$Ti_5Si_3C_x$ 界面上聚集，形成了六方晶的 Ti_3SiC_2 相，界面层排列变为 SiC/Ti_3SiC_2/$Ti_5Si_3C_x$+TiC/TiC/Ti。进一步延长连接时间，反应进入后期阶段，Ti 全部参与反应并在界面上消失掉，由于两侧的 Si 和 C 的扩散，$Ti_5Si_3C_x$+Ti 混合相也全部消失，Ti_3SiC_2 层中及 Ti_3SiC_2/$Ti_5Si_3C_x$ 界面形成了斜方晶体的 $TiSi_2$ 化合物。由 Ti-Si-C 三元相图可知，达到相平衡时界面呈现出 Ti_3SiC_2 和 $TiSi_2$ 组成的混合组织。

图 9-34 所示为 SiC/Ti 界面的反应生成物随连接时间与温度的关系曲线。从低温侧开始的第一条线是单相 $Ti_5Si_3C_x$ 的产生曲线，在该线以下的区，界面反应产物是 TiC 和 $Ti_5Si_3C_x$，形成块状的 TiC 和 TiC+$Ti_5Si_3C_x$ 的混合组织，达到该线所需的连接温度及时间时形成层状的 $Ti_5Si_3C_x$。随着温度升高或连接时间的延长，界面出现了 Ti_3SiC_2 相，此时 SiC 和 Ti 界面反应的扩散路径完全形成，如前所述，界面结构呈现为 SiC/Ti_3SiC_2/$Ti_5Si_3C_x$/$Ti_5Si_3C_x$+TiC/TiC+Ti/Ti。进一步增加连接温度或延长时间，比较稳定的硅化物 $TiSi_2$ 在界面出现。该图给出了各反应物形成的条件（连接温度及时间），其作用是根据连接条件可以预测界面产生化合物的种类，也可以根据想要获得的化合物种类确定连接条件。

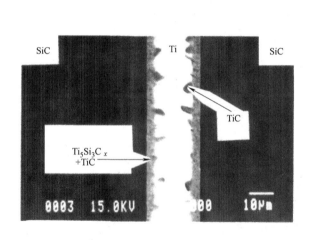

图 9-33　SiC/Ti/SiC 接头组织

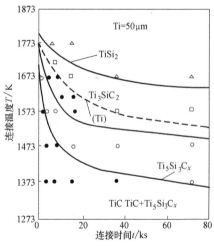

图 9-34　SiC/Ti 界面的反应生成物随连接
时间与温度的关系曲线

具有各种界面的接头抗剪试验结果如图 9-35 所示，接头强度在 1373K 约为 44MPa，到 1474K 时上升到 153MPa。从 1473K 开始再升高温度到 1573K，接头强度反而下降到 54MPa。连接温度进一步提高，接头强度又开始上升，到 1773K 时达到了 250MPa 的最大值。从断裂发生的部位可知，1473K 以下的温度区间，断裂发生在 SiC/$Ti_5Si_3C_x$+TiC 的界面上。1573K 的接头，断裂虽然也发生在界面，但横穿反应层向另一侧发展。1673K 以上的接头，断裂发生在靠近结合层的 SiC 母材上，并在 SiC 内沿结合面方向发展。从断面组织分析可知，1373K 的断面非常平坦；1473K 的断面凹凸较多，SiC 断面上黏有较多的块状反应相

$Ti_5Si_3C_x$+TiC。所有 Ti 的化合物中 TiC 最硬，而且 TiC 和 SiC 的热膨胀系数之差最小，两者在结晶学上也有很好的对应关系，故可推测出 SiC/TiC 的界面强度高。但在 1473K 的界面上，TiC 和 SiC 直接接触的面积比较少，难以使接头强度提高。1573K 的界面，SiC 和 $Ti_5Si_3C_x$ 单相层直接相连，SiC/TiC 的界面全部消失，再加上 $Ti_5Si_3C_x$ 相本身强度不高，和 SiC 的热膨胀系数之差也变大，从而使接头强度大大下降。获得最大强度的（1773K）界面上，SiC 和 Ti_3SiC_2 直接相连，两者也有很好的结晶对应关系，虽然脆性相 $TiSi_2$ 存在，但弥散分布于 Ti_3SiC_2 中，故接头表现出高的结合强度。

选取 1773K、3.36ks、7.26MPa 的最佳连接条件进行结合，测量接头的高温抗剪强度。如图 9-36 所示，接头的高温强度可保持到 1000K 左右，其强度值比室温稍高，显示出好的耐高温特性，破断位置和室温时相同，也是发生在接头附近的 SiC 母材上。

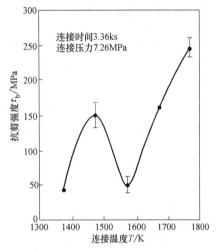

图 9-35　具有各种界面的接头抗剪试验结果

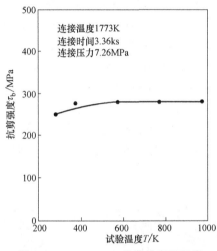

图 9-36　SiC/Ti/SiC 接头的高温强度

（2）采用 Nb 中间层扩散连接 SiC 陶瓷　在 1116K、30min 的扩散连接条件下，SiC 和 Nb 的界面发生了相互扩散，可以观察到不连续的反应区。在 1790K、14.4ks 的连接条件下，界面反应物明显地分为两层，SiC 侧的反应层比较厚，界面整齐，元素成分分析和 X 射线衍射结果证明是 $Nb_5Si_3C_x$（$0<x\leqslant1$）三元化合物，而靠近 Nb 侧的反应层厚度不均匀，是六方晶的 Nb_2C。当长时间进行扩散连接时，Nb 在界面上消失，由于 C 从外部向内扩散，Nb_2C 全部变成了 NbC，同时在 Si 的富集区形成了 $NbSi_2$ 相，随着 NbC 和 $NbSi_2$ 两相的成长，$Nb_5Si_3C_x$ 相也逐渐消失，界面化合物只剩下 $NbSi_2$ 和 TiC 相。

图 9-37 所示为连接时间和接头室温抗剪强度的关系曲线。短时间结合的试件，接头强度不高，主要原因是界面反应不充分，有效结合面积少。

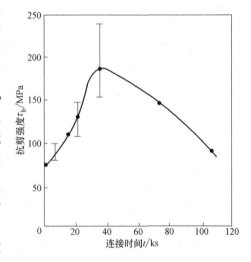

图 9-37　连接时间和接头室温抗剪强度
的关系曲线

在 7.2～36ks 时，接头的抗剪强度随连接时间的增加而上升，在 36ks 时达到了 187MPa 的最高值。再增加连接时间，接头强度反而下降，108ks 的结合强度只有 87MPa。断裂位置观察发现，36ks 以下的短时间结合的试件，破断从 SiC 和反应层的界面发生，在扩张过程中横穿整个反应层后，又沿另一侧的 SiC/反应层界面扩展。36ks 的接头，断在靠近结合界面的 SiC 母材中，而 108ks 的接头，断裂在反应层内部。

（3）SiC 和 TiAl 的扩散连接　在连接温度 $T=1573K$、连接时间 $t=1.8ks$ 的条件下，连接压力对 SiC/TiAl 接头室温抗剪强度的影响如图 9-38 所示。由此图可见，当连接压力较小时，接头强度较低。随着连接压力的增大，接头强度逐渐提高。当连接压力达到 $p=25MPa$ 时，接头强度达到最大值。而后再增加连接压力，接头强度维持不变。接头强度随连接压力产生这种变化的实质是由连接表面的紧密接触程度及反应状况决定的。当连接压力较小时，由于 SiC 和 TiAl 合金难于变形而使待连接表面只有较少部分能够达到紧密接触，并通过界面反应实现局部连接，因而接头强度较低。随着连接压力的增大，表面紧密接触面积增加，即接头有效结合面积增加，因而接头强度提高。当连接压力增加到一定值时，待连接表面已完

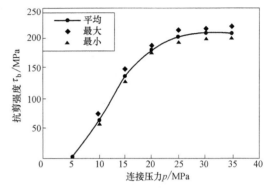

图 9-38　连接压力对 SiC/TiAl 接头室温抗剪强度的影响

全达到紧密接触，形成了反应层，有效结合面积也达到极限，接头强度也达到最大值。而后，再增加连接压力，界面反应层的厚度变厚，接头强度也基本不变。在连接温度为 1573K 时，连接压力值可选 25～30MPa。

在连接温度 $T=1573K$、连接压力 $p=30MPa$ 的条件下，当连接时间小于 0.9ks 时，接头强度随连接时间的增加急剧增加，并在连接时间 $t=0.9ks$ 时迅速达到 240MPa 的最大值。当连接时间大于 0.9ks 时，接头强度又随连接时间的增加而降低，而且开始时下降速度较快，而后趋缓。

3. Al_2O_3 陶瓷与金属的扩散连接

（1）Al_2O_3 陶瓷的扩散连接　Al_2O_3 陶瓷扩散连接时，多采用金属中间层进行连接，常用中间层有 Al、钢、Ti、Ni 和 Cu。表 9-5 列出了 Al_2O_3 陶瓷扩散连接参数与接头抗拉强度。

表 9-5　Al_2O_3 陶瓷扩散连接参数及接头抗拉强度

中间层材料	连接温度/℃	连接压力/MPa	抗拉强度/MPa
Al	400	200	<1.0
Al	700	50	20（熔化）
Al	600	20	104
Ti	1000	200	2.0
Ti	1250	200	>65
钢	750	200	1.0
钢	1100	50	40
钢	1300	50	150

（2）Al_2O_3 陶瓷与 Al 的扩散连接　在电子行业中，需要将电子元器件的陶瓷基板与 Al 散热器连在一起，由于 Al_2O_3 陶瓷和 Al 的熔点相差太大，因此采用共晶烧结 Cu 工艺将 Al_2O_3 陶瓷表面预先金属化，然后进行扩散连接。

图 9-39 所示为 Al_2O_3/Cu/Al 连接温度对接头强度的影响，在 763K 时接头获得最大抗拉强度 114MPa，在 788K 时获得最大抗剪强度 47MPa，可见获得最大抗剪强度值的温度滞后于获得最大抗拉强度值的温度。

图 9-40 所示为 Al_2O_3/Cu/Al 连接时间对接头强度的影响，当 $t=15min$ 时，抗拉强度达到了最大值，而抗剪强度仍在一定的时间范围内处于上升趋势。这是由于在 Al_2O_3/Cu/Al 扩散连接工艺中，Al/Cu 界面处材料间发生相互扩散后，在界面处形成了金属间化合物，当金属间化合物以颗粒状分布于界面时，将增加界面抗剪强度，但降低了界面抗拉强度。随着连接时间的增长，金属间化合物不断长大，由颗粒状逐渐转变为片状时，接头的抗剪强度和抗拉强度均大幅下降。从此图中可看出，当连接时间 $t \geqslant 25min$ 后，接头抗拉强度与抗剪强度均明显下降，这说明在 $t=25min$ 时金属间化合物已由颗粒状变为片状，金属间化合物对强度的负影响作用显著增高。

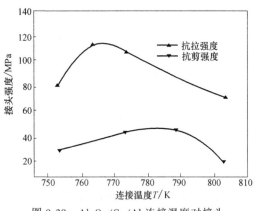

图 9-39　Al_2O_3/Cu/Al 连接温度对接头
强度的影响（$t=1226s$）

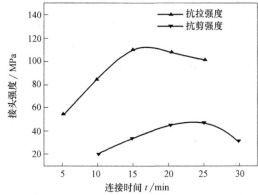

图 9-40　Al_2O_3/Cu/Al 连接时间对接头
强度的影响（$T=773K$）

（3）Al_2O_3 陶瓷和 Pt 的连接　Al_2O_3 陶瓷和 Pt 直接扩散连接时，除了连接温度对接头性能有影响以外，连接压力的影响如图 9-41 所示。从此图中可知，随着连接压力的增加，接头的抗弯强度逐渐增加，当压力达到 7MPa 时，接头强度为 200MPa，再增加压力，接头强度基本不再增加。这说明连接压力较小时，增加连接压力有利于增加界面的物理接触，可以促进扩散的进行。

4. Si_3N_4 陶瓷与金属的扩散连接

（1）接头的界面反应相　Si_3N_4 陶瓷和金属连接时，界面发生化学反应，生成各种反应相。研究表明，氮化物陶瓷与金属扩散连接时，采用真空

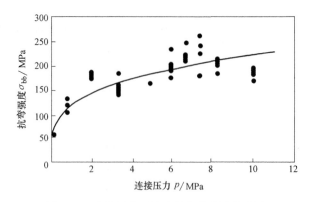

图 9-41　连接压力对接头的抗弯强度的影响

（或 Ar 气保护）和 N$_2$ 气保护所得到的界面反应产物不同，例如：在 N$_2$ 气下 Si$_3$N$_4$ 和 Nb 反应时，界面没有硅化物生成，只生成了氮化物，质量测定分析发现，混合物的质量不随温度和反应时间变化，说明没有 N$_2$ 逸出。在 Ar 气下进行的反应不仅生成了氮化物，同时也出现了 Nb$_5$Si$_3$ 和 NbSi$_2$ 硅化物。Si$_3$N$_4$ 陶瓷与金属连接接头的反应产物见表 9-6，反应产物或界面结构均是在夹层没有耗尽的情况下得到的。

表 9-6　Si$_3$N$_4$ 陶瓷与金属连接接头的反应产物

连接材料	温度/K	时间/ks	压力/MPa	保护气氛	反 应 产 物
Si$_3$N$_4$/Ni-20Cr/Si$_3$N$_4$	1473	3.6	50	真空	CrN,Cr$_2$N,Ni$_5$Si$_2$
Si$_3$N$_4$/Ti	1073	7.2	0	N$_2$	TiN+Ti$_2$N
Si$_3$N$_4$/Ti	1323	7.2	0	Ar	TiN+Ti$_2$N+Ti$_5$Si$_3$
Si$_3$N$_4$/Mo	1473	3.6	0	Ar	Mo$_3$Si,Mo$_5$Si$_3$,MoSi$_2$
Si$_3$N$_4$/Nb	1473	3.6	0	N$_2$	NbN,Nb$_4$N$_3$,Nb$_{4.62}$N$_{2.14}$
Si$_3$N$_4$/V/Mo	1523	5.4	20	低真空	V$_3$Si,V$_5$Si$_3$
Si$_3$N$_4$/AISI316	1273	86.4	7	真空	α-Fe 固溶体,γ-Fe 固溶体

（2）接头强度　对于直接扩散连接的圆柱状 Si$_3$N$_4$/S45C（45 钢）接头，利用弹性有限元法进行了应力分布计算，当接头从 1273K 冷却到室温时，计算结果如图 9-42 所示。在结合界面附近的 Si$_3$N$_4$ 母材侧，拉应力值最大，其方向几乎与界面垂直，在拉伸试验和弯曲试验时，该应力与载荷叠加，使接头的强度下降。

为了降低接头的热应力和提高接头强度，常采用多层中间层（也称为复合中间层）进行扩散连接。图 9-43 所示为采用 Fe/W 和 Nb/W 中间层连接时的接头强度，图中 SN 为陶瓷，M 为金属，扩散连接温度范围为 1473～1673K，压力为 100MPa，扩散连接时间为 30min。从此图中可知，在相同的扩散连接规范下，采用 Fe/W 中间层可以获得比较高的抗拉强度。表 9-7 列出了 Si$_3$N$_4$ 陶瓷与金属扩散连接参数和接头的室温强度。

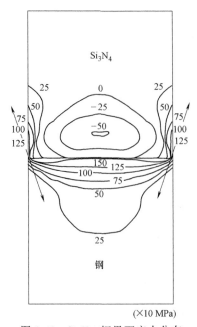

图 9-42　Si$_3$N$_4$/钢界面应力分布

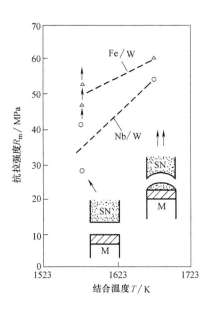

图 9-43　采用 Fe/W 和 Nb/W 中间层连接时的接头强度

表 9-7　Si_3N_4 陶瓷与金属扩散连接参数及接头的室温强度

母材与中间层组配	夹层厚度 /μm	界面尺寸 /mm	连接温度 /K	连接时间 /ks	连接压力 /MPa	真空度 /Pa	强度 /MPa	评定方法
Si_3N_4/Ni-20Cr/Si_3N_4	125	15×15	1473	3.6	100	$1.4×10^{-4}$	100	弯曲
Si_3N_4/V/Mo	25	φ10	1328	5.4	20	$5×10^{-3}$	118	剪切
Si_3N_4/AISI316	—	φ10	1373	10.8	7	$1×10^{-3}$	37	剪切
Si_3N_4/Ni-Cr/Si_3N_4	200	15×15	1423	3.6	22	Ar 保护	160	弯曲
Si_3N_4/Ni+Ni-Cr+Ni+ Ni-Cr+Ni/Si_3N_4	10+60+60+ 60+10	15×15	1423	3.6	22	Ar 保护	391	弯曲
Si_3N_4/Cu-Ti-B+Mo+ Ni/40Cr	50+100+ 1000	φ14	1173	2.4	30	$6×10^{-3}$	180	剪切

五、复合材料的扩散连接

复合材料具有比强度高、比模量高、耐疲劳性能好、热膨胀系数小、高温性能好和良好的耐磨、减振等性能，在航空航天、汽车、交通、机械、化工、船舶等领域有广阔的应用前景。例如：复合材料代替 2024 铝合金制造战斗机机身下垂尾，刚度增加 50%，寿命提高约 17 倍，用于导弹发动机的制造，使部件的重量减轻 40%、燃料消耗降低 30%～50%；利用复合材料制造的人造卫星，不仅减重 40%～75%，而且使有效载荷的在轨振动减轻 90%，提高了控制精度和照片的拍摄、传输精度，从而提高了卫星的整体性能。

1. 金属基复合材料的扩散连接

金属基复合材料扩散连接时在接触面上将出现基体-基体、基体-增强相、增强相-增强相三种微接触形式，其中基体与基体之间较容易实现结合，基体与增强相之间较难实现结合，而增强相与增强相之间几乎不可能实现扩散结合。同时，材料表面有一层致密的氧化膜，用机械或化学方法清理后，其又立刻生成，因此控制结合界面氧化膜的行为及增强相的接触状态，是复合材料扩散连接的难点。

Al_2O_3 短纤维增强 6063 铝基复合材料固相扩散连接时，表面应进行电解处理，使增强相纤维凸出基体表面，在连接过程中使纤维插入另一侧母材中，可显著提高接头强度。铝基复合材料对扩散连接的参数非常敏感，在一定范围内，可得到最佳的接头强度，此时当连接温度变化 10K 或连接压力变化 1MPa 时，都会引起接头强度的明显变化，如图 9-44 所示，图中 P_w 表示扩散连接压力。

采用与母材形成低熔点共晶物的 Cu、Ag 作为中间夹层，在扩散连接时界面出现液相共晶物，并可获得高强度接头（表 9-8）。通过组织观察发现，采用铝合金作为中间层时，接头区域不可避免出现无纤维强化层，以 Cu、Ag 作为中间夹层时，在结合面处发现大量的折

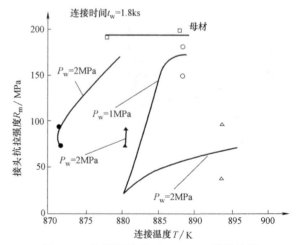

图 9-44　连接温度对 Al_2O_3/6063 扩散连接接头强度的影响

断纤维。

扩散连接 SiC 晶须增强铝基复合材料 SiC$_w$/6061Al（18%～20%体积分数）时，其工艺规程为：在 280$^#$砂纸表面打磨、真空度 0.1Pa、连接温度 600℃、连接压力 4MPa、保温时间 30min。直接或以 Al 作为中间夹层进行扩散连接时，接头强度为 270MPa，接近母材强度；而以 Cu 作为中间夹层时得到的接头强度仅为 50～60MPa。

表 9-8　中间层金属对接头抗拉强度与断裂位置的影响

中间层材料及厚度	连接温度/K	连接压力/MPa	抗拉强度/MPa	断裂位置
无中间层	873	2	98、97	连接界面
2017/75μm	883	1	161	连接界面
	873	2	184	母材
	873	1	173	连接界面
Ag/16μm	873	2	188、145	连接界面
Cu/15μm	883	1	125	连接界面
	873	2	179、181	母材、连接界面
	873	1	162	连接界面

采用 Al-Cu-Mg 系合金作为中间层对 SiC 纤维增强铝基复合材料与纯 Al 进行扩散连接，当中间层液相体积分数为 1%～5%时，接头强度较为稳定，但微观组织分析表明，此时也只是复合材料基体与铝合金中间层结合良好，而 SiC 纤维与中间层铝合金未获得良好结合，此时接头强度低于母材强度，如图 9-45 所示。

试验表明，在铝基复合材料液、固相温度区间存在一个"临界温度区域"，在该温度区域内扩散连接时，结合界面形成液相，接头强度可显著提高（图 9-46）。采用透射电镜对比分析铝基复合材料母材以及扩散连接接头区域基体与增强相的界面状态时可知，基体与增强相的界面出现微量界面反应物，但未明显改变增强相形貌。

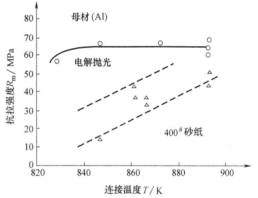

图 9-45　扩散连接 SiC/Al-Al 合金扩散连接接头的强度（2017 铝合金夹层）

2. SiC 纤维增强与 TiAl 基复合材料的扩散连接

图 9-47 所示为压力 98MPa、连接时间 14.4ks 条件下，SiC 纤维和 TiAl（Ti-45Al-5Cr）接头组织随连接温度的

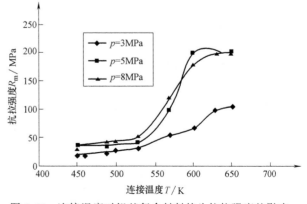

图 9-46　连接温度对铝基复合材料接头抗拉强度的影响

变化情况。950℃温度下的界面，由于 TiAl 的变形小，SiC 纤维周围存在空隙，结合不好。温度上升到 1000℃时，结合界面的空隙全部消失，几乎观察不到界面的反应层。增加温度到 1050℃，由于反应更加充分，SiC 纤维周围出现了环状的反应层，但 TiAl 母材组织没有变化。进一步增加温度到 1100℃，过度的界面反应使反应层发生了变化，出现了黑色块状的新反应相。从接头的室温抗拉强度可知，1000℃时达到 630MPa 的最大值，1100℃时，由于过度的反应，接头的抗拉强度下降到 300MPa 以下。

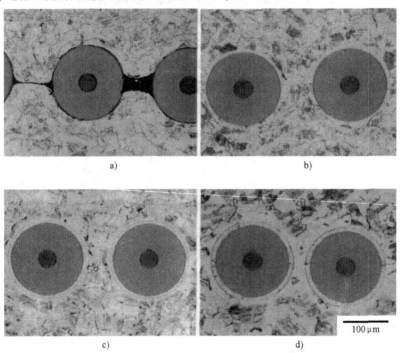

图 9-47　SiC 纤维和 TiAl（Ti-45Al-5Cr）接头组织随连接温度的变化情况
a）950℃　b）1000℃　c）1050℃　d）1100℃

对于含 SiC 纤维体积分数 22% 的 SiC/TiAl 复合材料，进行了比强度分析试验，结果如图 9-48 所示，在试验温度 700℃时，TiAl 的比强度和 Ni 基合金的比强度相同，但 SiC/TiAl 材料的比强度提高了 1.3 倍。

3. C/C 复合材料的连接

C/C 复合材料一般采用加中间层进行扩散连接，中间层材料可以用石墨、B、Ti 或 $TiSi_2$ 等。不管哪种方法，都是通过中间层与 C 的反应，形成化合物或晶体而达到连接的目的。

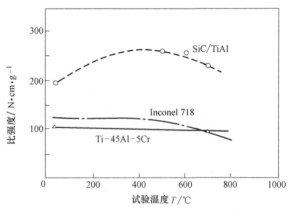

图 9-48　SiC/TiAl 的试验温度和比强度的关系

用 B 或 B+C 中间层扩散连接 C/C 复合材料时，B 与 C 在高温下发生化学反应，形成硼的碳化物。图 9-49 所示为接头抗剪强度与连接温度的关系。所用试件的尺寸为 25.4mm×

12.7mm×6.3mm，三维纤维增强。由此图中可知，扩散连接温度低于 2095℃ 时，B 中间层的接头强度比 B+C 中间层的接头强度高，而温度超过 2095℃ 以后，由于 B 的蒸发损失，使接头强度急剧下降。扩散连接压力对接头抗剪强度也有很大影响，在 1995℃ 连接温度下，扩散连接压力由 3.1MPa 增加到 7.38MPa 时，接头在 1575℃ 的抗拉强度由 6.9MPa 增加到 9.7MPa。

用 TiSi$_2$ 作为中间层扩散连接 C/C 复合材料时，接头中出现了液相，具有固相扩散和液相扩散连接的特点。连接时，将纯度为 99.4% 的 TiSi$_2$ 粉放在试件中间，试件尺寸仍然为 25.4mm×12.7mm×6.3mm。采用变温度的方法进行扩散连接，先在 0.69MPa 压力下升温到 1310K，然后去掉压力升温到 1490K，在该温度下连接时间为 2~15min。图 9-50 所示为连接温度对 C/C 复合材料接头抗剪强度的影响。从此图中可知，在 1150~1300K 的连接温度下接头具有较高的强度，其最大值可达 40MPa 以上。

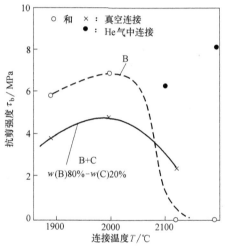

图 9-49　接头抗剪强度与连接温度的关系

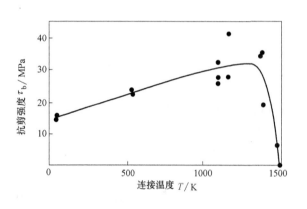

图 9-50　连接温度对 C/C 复合材料接头抗剪强度的影响
（TiSi$_2$ 中间层）

第四节　扩散连接设备

一、扩散连接设备的分类

（1）按照真空度分类　根据工作空间所能达到的真空度或极限真空度，可以把扩散连接设备分为四类，即低真空（0.1Pa 以上）、中真空（10^{-3}~0.1Pa）、高真空（<10^{-5}Pa）焊机和低压或高压保护气体扩散焊机。根据连接焊件在真空中所处的情况，可分为焊件全部处在真空中的焊机和部分或局部真空焊机。局部真空扩散焊机仅对焊接区域进行保护，主要用来连接大型焊件（如轴、管等）。

（2）按照热源类型和加热方式分类　进行扩散连接时，加热热源的选择取决于连接温度、焊件的结构形状及大小。根据扩散连接时所应用的加热热源和加热方式，可以把焊机分为感应加热、辐射加热、接触加热、电子束加热、辉光放电加热、激光加热、光束加热等。

实际中应用最广的是电阻辐射加热和高频感应加热两种方式。

（3）其他分类方法　根据真空室的数量，可以将扩散连接设备分为单室和多室两大类；根据真空连接的工位数（传力杆的数量），又可分为单工位和多工位焊机。根据自动化程度，可分为手动、半自动和自动程序控制三类。

二、扩散连接设备的组成

不论何种加热类型的扩散连接设备，均由以下全部或其中的几部分组成。

（1）真空系统　真空系统包括真空室、机械泵、扩散泵、管路、切换阀门和真空计。真空室的大小应根据焊件的尺寸确定。对于确定的机械泵和扩散泵，真空室越大，抽到 10^{-3}Pa 所需的时间就越长。在一般情况下，机械泵能达到的真空度为 10^{-1}Pa，扩散泵可以达到 $10^{-5} \sim 10^{-3}$Pa 真空度。为了加快抽真空的时间，一般还要在机械泵和扩散泵之间增加一级增压泵（也称为罗斯泵）。

（2）加热系统　高频感应扩散焊接设备采用高频电源加热，工作频率为 $60 \sim 500$kHz，由于趋肤效应的作用，该类频率区间的设备只能加热较小的焊件。对于较大或较厚的焊件，为了缩短感应加热时间，最好选用 $500 \sim 1000$Hz 的低频焊接设备。感应线圈由铜管制成，内通冷却水，其形状可根据焊件的形状进行设计，但一般为环状，线圈可选用 1 匝或多匝。在焊接非导电的陶瓷等材料时，应采用间接加热的方法，可在焊件和感应线圈之间加圆筒状石墨导体，利用石墨导体产生的热量进行焊接加热。

电阻加热真空扩散连接设备采用辐射加热的方法进行连接，加热体可选用钨、钼或石墨材料。真空室中应有耐高温材料（一般用多层钼箔）围成的均匀加热区，以便保持温度均匀。

（3）加压系统　为了使被连接件之间达到密切接触，扩散连接时要施加一定的压力。对于一般的金属材料，在合适的扩散连接温度下，采用的压力范围为 $1 \sim 100$MPa。对于陶瓷、高温合金等难变形的材料，或加工表面粗糙度较大，或当扩散连接温度较低时，才采用较高的压力。扩散连接设备一般采用液压或机械加压系统，在自动控制压力的扩散连接设备上，一般装有压力传感器，以此实现对压力的测量和控制。

（4）控制系统　控制系统主要实现温度、压力、真空度及连接时间的控制，少数设备还可以实现位移测量及控制。温度测量采用镍铬-镍铝、钨-铼、铂-铂铑等热电偶，测量范围为 $293 \sim 2573$K，控制精度范围为 $\pm(5 \sim 10)$K。采用压力传感器测量施加的压力，并通过和给定压力比较进行调节。控制系统多采用计算机编程自动控制，可以实现连接参数显示、存储、打印等功能。

（5）冷却系统　为了防止设备在高温下损坏，对扩散泵、感应加热线圈、电阻加热电极、辐射加热的炉体等应按照要求通水冷却。

三、典型扩散连接设备及工作原理

1. 电阻辐射加热真空扩散连接设备

真空扩散焊机是最常用的扩散连接设备，结构原理如图 9-51 所示。真空室内的压头或平台要承受高温和一定的压力，因而常用钼或其他耐热、耐压材料制成。加压系统一般采用液压，对小型焊机也可用机械加压方式。加压系统应保证压力均匀可调且可靠性高。

表9-9是Workhorse Ⅱ -3033-1350-30T型和Centorr6-1650-15T型真空扩散连接设备的主要性能指标。设备照片如图0-6所示。该类设备的主要特点是采用Leybold系列D40B真空机械泵的全自动真空系统；加热、加压和冷却采用Honeywell DCP-550仪表数字程序控制，包括99级程序，能自动调节，有计算机接口；由Honeywell UDC-2000数字指示仪控制过热温度指示；由Honeywell UDC-3000控制柱塞行程，并进行数字显示。

2. 感应加热扩散连接设备

图9-52所示为感应加热扩散焊机示意图，由高频电源和感应线圈构成加热系统，机械泵、扩散泵和真空室构成真空系统。对于非导电材料如陶瓷等，可以采用高频加热石墨等导体，然后把焊件放在石墨管中进行间接辐射加热。图9-53所示为高频感应加热扩散连接设备照片。

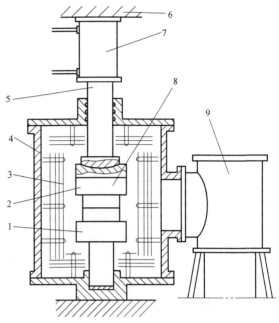

图 9-51 真空扩散焊机结构原理

1—下压头 2—上压头 3—加热器 4—真空炉体
5—传力杆 6—机架 7—液压系统
8—焊件 9—真空系统

表 9-9 真空扩散连接设备的主要性能指标

型 号	主要性能指标						
	极限真空度/Pa	最高温度/℃	最大压力/tf①	炉膛尺寸/mm×mm×mm	加热功率/kVA	工作电压/V	保护气体
3033-1350-30T	$5×10^{-4}$	1350	30	304×304×457	45	380	N₂、Ar、真空
6-1650-15T	$5×10^{-4}$	1650	15	200×300×450	75	380	N₂、Ar、真空

① 1tf = $9.8×10^3$ N。

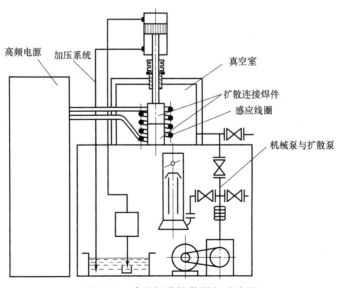

图 9-52 感应加热扩散焊机示意图

图 9-53　高频感应加热扩散连接设备照片

3. 超塑性成形-扩散连接设备

此类设备是由压力机和专用加热炉组成，可分为两大类。一类是由普通液压机与专门设计的加热平台构成。加热平台由陶瓷耐火材料制成，安装于压力机的金属台面上。超塑性成形-扩散用模具及焊件置于两陶瓷平台之间，可以将待连接焊件密封在真空容器内进行加热。

另一种是压力机的平台置于加热炉内，如图 9-54 所示，其平台由耐高温的合金制成，为加速升温，平台内也可安装加热元件。这种设备有一套抽真空供气系统，用单台机械泵抽真空，利用反复抽真空-充氩方式降低待焊表面及周围气氛中的氧分压。

高压氩气经气体调压阀，向装有焊件的模腔内或袋式毛坯内供气，以获得均匀可调的扩散连接压力和超塑性成形压力。

4. 热等静压扩散连接设备

近年来，为了制备致密性高的陶瓷及精密形状的构件，热等静压（简称为 HIP）设备受到人们的重视。在加高温的同时，对焊件施加很高的压力，以增加致密性或获得所需的构件形状。一般采用全方位加压，压力最高可达 200MPa。该设备可用于粉末冶金、铸件缺陷的愈合、复合材料制备、陶瓷烧结及精密复杂构件的扩散连接等。图 9-55 所示为 HIP-1605 型热等静压扩散连接设备系统示意图。

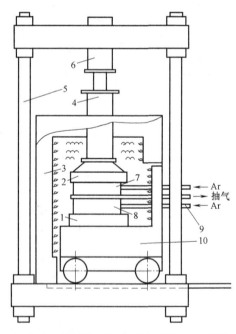

图 9-54　超塑性成形-扩散连接设备示意图

1—下金属平台　2—上金属平台　3—炉壳
4—导筒　5—立柱　6—液压缸　7—上模具
8—下模具　9—气管　10—活动炉底

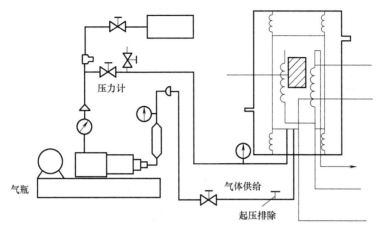

图 9-55　HIP-1605 型热等静压扩散连接设备系统示意图

第十章

其他固相焊方法

第一节 高 频 焊

高频焊（High-Frequency Welding，HFW）这里主要是指高频电阻焊（High-Frequency Resistance Welding，HFRW），即利用 10~500kHz 的高频电流进行焊接的方法，又称为高频对接缝焊。它主要应用在机械化或自动化程度颇高的管材、型材生产线中，其焊接速度可高达 200m/min。焊件材质可为钢、有色金属，管径 6~1420mm、壁厚 0.15~20mm。小径管多为直焊缝；大径管多为螺旋焊缝。

一、高频焊基本原理

1. 高频焊基本类型

根据高频电能导入方式，高频焊可分为高频电阻焊和高频感应焊两类。

（1）高频电阻焊　带材成形为管坯，并在挤压辊作用下使对口两端面呈 V 形，即构成 V 形焊接区，V 形顶点称为会合点。高频电阻焊时电流从电极直接输入（图 10-1a），由于趋肤效应$^{\ominus}$和邻近效应$^{\ominus}$的作用，使电流主要集中于 V 形焊接区端面表层，并在邻近会合点处电流密度最大，因而焊透性极好。同时，为集中 V 形回路磁场、增大管坯内表面感抗而减小分流（沿管坯内、外圆周表面构成两个分流回路），需在管坯内安置铁氧体磁心阻抗器。

（2）高频感应焊　焊接时，感应器通过高频电流而在管坯中产生高频感应电流，可分为两部分：一部分流过 V 形焊接区为焊接电流 I；另一部分 I' 则从管坯外周表面流向内周表面形成循环电流（图 10-1b）并引起较大的能量损失。同理，在管坯内需安置一种成组的簇式阻抗器（铝质集管）。

2. 高频焊的加热特点

（1）高频焊的热源　高频焊接电流 I 流过 V 形焊接区所析出的电阻热，即是高频焊的热源。

（2）焊接区的温度分布　V 形焊接区如图 10-2 所示。其中①~⑤为加热区间；⑤~⑦（或⑧）为挤压顶锻区间。A—A 剖切面的中层面上电流密度 j 与温度 T 分布，如图 10-3 所

$\ominus$　趋肤效应。当导体通以交流电流时，导体断面上出现的电流分布不均匀，电流密度由导体中心向表面逐渐增加，大部分电流仅沿导体表层流动的一种物理现象。导体的电阻率越低、磁导率越大、电流的频率越高，其趋肤效应越显著。

$\ominus$　邻近效应（Proximity Effect）。两个有高频电流流过的导体，如果彼此相距很近，则高频电流仅沿两导体相邻的一面（当两导体里电流方向相反）或相距较远的一面（当两导体里电流方向相同）流动的性质。

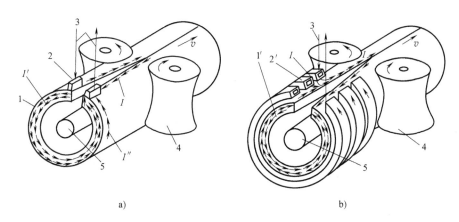

图 10-1　高频焊原理

a) 高频电阻焊　b) 高频感应焊

1—管坯　2—电极　2′—感应器　3—接高频电源　4—挤压辊　5—阻抗器

I—焊接电流　I'、I''—分流　v—焊接速度

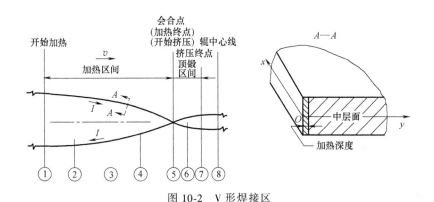

图 10-2　V 形焊接区

示。曲线表明，由于趋肤效应和邻近效应的强烈作用，越靠近对口端面表层电流密度越大，加热强度越大，因而该处温度也越高。在加热区间沿指向会合点方向的不同位置上（中层面 x 方向上）温度分布如图 10-4a 所示，曲线表明，由于管坯对口端面形成 V 形回路使邻近效应逐渐加强，电流密度逐渐增大而使加热强度增大，因而该位置上温度也越高，加热深度也越大。会合点及其邻近区域温度已超过金属熔点，于是形成液态金属层，此时往往出现连续喷射的细滴火花——闪光（与连续闪光焊时的闪光相似，但较弱），这就使坡口获得了需要的焊接温度，为挤压顶锻焊接创造了条件。应该指出，管坯对口沿厚度加热温度是否均匀，即管坯对口内、外圆

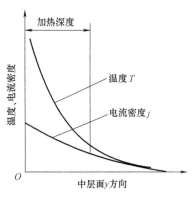

图 10-3　A—A 剖切面的中层面上电流密度 j 与温度 T 分布

周表面温度是否达到相同，将直接影响焊接质量。同时，管坯对口形成焊缝前的每一点的温度变化，实际上都要经历加热区间中①~⑤各位置所处的温度。

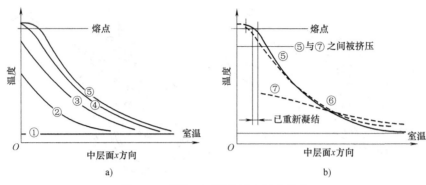

图 10-4 焊接区不同位置上温度分布

a）加热区间不同位置上温度分布　　b）挤压顶锻区间不同位置上温度分布

3. 挤压顶锻焊接

挤压顶锻区间的温度分布如图 10-4b 所示。此时，在挤压辊产生的挤压力（焊接压力）作用下，将熔化金属及氧化夹杂挤出，并使坡口受到强烈顶锻（管坯周长挤去一定挤压量），促使形成共同晶粒获得牢固对接接头，其实质仍属于塑性状态下的固相焊接。

二、高频焊一般工艺

1. 高频焊主要特点

（1）高频焊主要特点

1）焊接速度高。这是由于电能高度集中，焊接区加热速度极快，焊接速度高达 150～200m/min 时仍不会产生"跳焊"现象。

2）热影响区小。这是因焊接速度高，焊件自冷作用强，故热影响区窄且不易发生氧化，从而可获得良好组织与性能的焊缝。

3）待焊处表面可不必进行焊前清理。

（2）高频感应焊管与高频电阻焊管相比的优点

1）焊管表面光滑，特别是焊道内表面较平整。

2）感应线圈不与管壁接触，故对管坯接头及表面质量要求比较低，也不会像高频电阻焊时那样可能引起管子表面烧伤。

3）因不存在电极（滑动触头）压力，故不会引起管坯局部失稳变形，也不会引起管坯表面镀层擦伤，因此能适宜于制造薄壁管和涂层管。

4）不用电极，因而省料省时，也不存在电极脱离焊件造成功率传输不稳而影响焊接质量等问题。

但是，高频感应焊能量损失较大，在使用相同功率焊制同种规格管子时，其焊接速度仅为电阻法的 1/3～1/2，因而对中、大径管的制造仍以选用电阻法为宜。

2. 高频焊焊接参数及选择

高频焊优质接头的获得，主要取决于能否建立理想焊接状态以及是否能将氧化物及其他杂质挤出对口焊缝区，其关键是在焊接区的板内、外边缘获得一致的温度，并使挤压量与加热温度有适当的匹配。除材质因素外，主要影响因素有电源频率、管坯坡口形状、会合角、电极和感应线圈及阻抗器的安放位置、输入功率、焊接速度、焊接压力等。

（1）电源频率　频率的提高有利于趋肤效应和邻近效应的发挥，提高焊接效率，但要获得优质焊缝，频率选择主要取决于管坯材质及其壁厚。一般焊有色金属管的频率要比焊碳钢管时高，这主要因有色金属管的热导率高所致。同时，为能保证对口两边加热宽度适中，又能保证厚度方向加热均匀，通常焊薄壁管时选择频率高些，焊厚壁管时选频率低些。例如：焊制碳钢管多采用350~450kHz的频率，而在制造特别厚壁管时，采用50kHz频率。

（2）管坯坡口形状　通常采用I形坡口，可使沿厚度方向加热均匀，而且坡口准备容易。但当管坯厚度很大时，I形坡口将使坡口横断面的中心部分加热不足，而其上、下边缘加热过度，这时可选用双V形坡口以使横断面加热均匀，焊后接头硬度也趋向一致。

（3）会合角　会合角α的大小对高频焊闪光过程的稳定性、焊缝质量、焊接效率均有很大影响。通常取2°~6°比较适宜（图10-5）。会合角过小，将使闪光过程不稳定，焊缝中易产生火口、针孔等缺陷；会合角过大，将使邻近效应减弱，功耗增加。同时，形成过大α角度也较困难和易引起管坯边缘产生折皱。

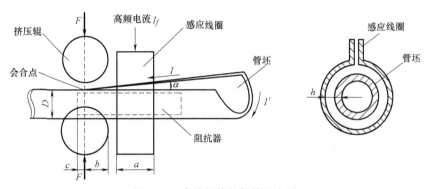

图 10-5　直缝钢管的焊接示意图

（4）电极、感应线圈及阻抗器安放位置

1）电极位置。在高频电阻焊中，电极安放位置应尽可能靠近挤压辊，与其中心线距离取 20~150mm，焊铝管时取下限，焊壁厚10mm以上低碳钢管时取上限，见表10-1。

2）感应线圈位置。在高频感应焊中，感应线圈应与管子同心放置（图10-5），其距两挤压辊中心连线也应尽可能靠近（表10-2）。同时，应注意感应线圈宽度a与管坯直径D关系为 $a=(1.0~1.2)D$；感应线圈内径与管坯表面间隙 $h\approx3~5mm$（图10-5）。

表 10-1　电极位置（低碳钢）

管外径 D/mm	16	19	25	50	106
至两挤压辊中心连线距离 L/mm	25	25	30	30	32

表 10-2　感应线圈位置（低碳钢）

管外径 D/mm	25	50	75	100	125	150	175
至两挤压辊中心连线距离 L/mm	40	55	65	80	90	100	110

3）阻抗器安装位置。阻抗器应与管坯同轴安放，移动阻抗器、感应线圈的前后位置，均可加强或减弱对口边缘加热，调节板厚方向内外温度至接近一致。通常阻抗器前端可超出两挤压辊中心线 $c=3~4mm$，如图10-6所示。但可能使拖走阻抗器的次数增加，影响焊接生

产正常进行，所以在保证质量条件下，c 也可以选为零值或不到该中心线 $10 \sim 20$mm。同时，阻抗器（磁棒）的截面积应约为管坯内圆截面积的 75%，且与管坯内壁之间间隙为 $6 \sim 15$mm。

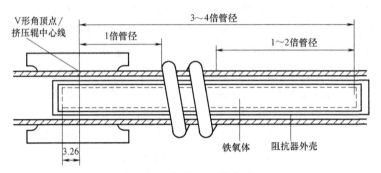

图 10-6　阻抗器安装位置

（5）输入功率　生产上用振荡器输入功率来度量输出给焊缝的加热功率。输入功率小时，因管坯坡口面加热不足，达不到焊接温度而产生未焊透缺陷；输入功率过大，将使坡口面加热温度过高而引起过热或过烧，甚至使焊缝击穿，造成熔化金属严重喷溅而形成针孔或夹渣缺陷。

（6）焊接速度　焊接速度是主要焊接参数。随着焊接速度提高，管坯坡口面挤压速度会随着提高，这有利于将焊接区液态金属层和氧化物挤出去，得到优质固相连接。然而，在输入功率一定情况下，焊接速度不可能无限制提高，否则将达不到理想的焊接温度。焊接速度可用式（10-1）估算。

$$v = P / K_1 K_2 \delta b \ （\mathrm{m/min}） \tag{10-1}$$

式中　P——高频振荡器输入功率（kW）；

　　　K_1——与管坯材质有关的经验系数，见表 10-3；

　　　K_2——与管径有关的修正系数，高频电阻焊取 1，高频感应焊时见表 10-4；

　　　δ——管坯壁厚（mm）；

　　　b——坡口两边加热区宽度（cm），一般设 $b = 10$mm。

表 10-3　K_1 值

材料种类	K_1	材料种类	K_1
低碳钢	$0.8 \sim 1.0$	18-8 不锈钢	$1.0 \sim 1.2$
铝	$0.5 \sim 0.7$	铜	$1.4 \sim 1.6$

表 10-4　高频感应焊时的 K_2 值

管外径		K_2	管外径		K_2
mm	in		mm	in	
25	1	1.00	100	4	1.43
50	2	1.11	125	5	1.67
75	3	1.25	150	6	2.00

（7）焊接压力　焊接压力是高频焊主要焊接参数，一般以 $100 \sim 300$MPa 为宜，生产上

以管坯被挤压的量来表示。它是通过改变挤压辊间距来调节的。挤压量也常用挤压辊前后管材的周长差 ΔL 来表示，其具体值随管壁厚度不同而异，见表 10-5。

表 10-5　挤压量的经验值

管壁厚 δ/mm	≤1.0	1.0~4.0	4.0~6.0
周长差 $\Delta L/mm$	δ	$\dfrac{2}{3}\delta$	$\dfrac{1}{2}\delta$

3. 高频直缝焊管

（1）低合金高强度钢管纵缝高频焊　碳当量 $CE<0.2\%$ 的碳钢管，其高频焊焊接性良好，焊后可不必进行热处理。但低合金高强度钢管的 CE 通常在 $0.2\%\sim0.65\%$，在高频焊过程中，由于趋肤效应、邻近效应和热传导的共同作用，造成了管坯边缘附近的温度分布梯度、形成了熔化区、部分熔化区、过热组织区、正火区、不完全正火区、回火区等特殊区域。其中过热组织区由于焊接温度在 1373K 以上，奥氏体晶粒急剧长大，冷却后晶粒粗大，在一定化学成分和冷速条件下还会形成淬硬组织。此外，由于温度分布梯度的存在也会产生焊接应力，作为综合结果，接头力学性能将低于母材，所以必须进行焊后热处理，即所谓"焊缝物理无缝化处理"。主要有两种方法：①焊缝局部常化处理——切除钢管外毛刺后，在通水冷却和定径之前，用中频感应加热装置（图 10-7）将焊缝热影响区加热至约 1200K，然后空冷至 811K 以下，这是一种在线正火热处理，适用于较大管径的钢管（外径 200mm 以上）；②整体常化处理——对于直径较小的钢

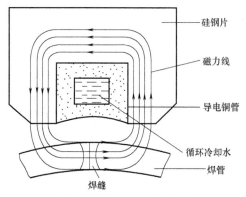

图 10-7　中频感应加热焊缝

硅钢片
磁力线
导电铜管
循环冷却水
焊管
焊缝

管，可以采用中频感应或火焰加热方法将管坯加热到 1173K 以上，然后空冷或在带有可控气氛的冷却室中冷却下来。当焊接含有易生成难熔氧化物元素（如 Cr）的管坯时，为减少焊缝中的氧化夹杂，可在高频焊接装置处和管坯内部喷送中性气体流（N_2）进行气体保护。

（2）不锈钢管纵缝的高频焊　不锈钢的导热性差，电阻率高，可用较低的输入功率和较高的焊接速度焊接，其 V 形角角度推荐为 $5°\sim7°$。由于不锈钢高温强度大，需要增大焊接压力，一般要比焊低碳钢管大 40~50MPa。同时，不锈钢管纵缝高频焊主要问题是焊接热影响区由于碳化物析出使耐蚀性降低。采用焊前固溶处理、高的焊接速度，并紧接着焊后使管材通过冷却器进行急冷等措施，在不用惰性气体保护下就可得到耐蚀性良好的接头。

（3）铝合金管纵缝的高频焊　铝合金管纵缝高频焊的关键是必须将对口中难熔氧化物 Al_2O_3 挤出焊缝，这就要求提高焊接速度，约为焊制钢管的 2 倍，只有这样才可缩短在液态温度下的停留时间，减少散热所引起的温度降低，并可增加挤压速度，促进氧化物的挤出。其 V 形角角度推荐为 $5°\sim7°$。当 V 形角角度较小时，易产生冷焊和夹杂缺陷。同时，铝合金是非导磁体，高频电流穿透深度较大，要求高频电源的电压和功率应具有较高的稳定度及较小的波纹系数（小于1%），并应选取较高的电源频率。

4. 高频螺旋缝焊管

高频螺旋缝焊管简称为高频螺旋焊管，除能使用较窄的带钢（卷带）焊出直径很大

的管子外，还能用同一宽度的带钢焊成不同直径的管材。焊接时，将带钢连续地送入成形轧机，使其螺旋地绕心轴弯曲成圆筒状，并使其边缘间相互形成对接缝（图10-8a）或搭接缝（图10-8b），同时又构成相应的V形会合角，然后再用高频电阻法进行连续焊接。对接缝一般用于制造厚壁管；搭接缝则用于生产薄壁管。为避免对接端面出现不均匀加热，接头两边应加工呈 60°~70° 角的坡口。搭接缝的搭接量可随管坯厚度的不同在 2~5mm 范围内选取。用 200kW 高频电源可制造壁厚 6~14mm、直径达 1024mm 的大直径螺旋接缝管，焊接速度可达 30~90m/min。由于螺旋管比直缝管承载能力大，多用于石油、天然气管道。

综上所述，高频焊可焊接低碳钢、低合金高强度钢、不锈钢、铝及铝合金、钛及钛合金（需用惰性气体保护）、铜及铜合金（黄铜件要使用焊剂）、镍、锆等金属材料；可焊接薄壁管、电缆套管、直缝管、螺旋缝管、鳍片管、结构型材（T形、I形、H形等）、板（带）材等。

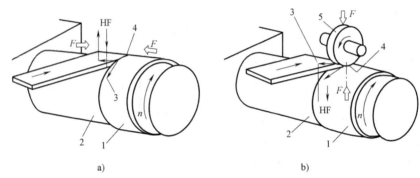

图 10-8　高频螺旋缝焊管示意图

a）对接螺旋缝　　b）搭接螺旋缝

1—成品管　2—心轴　3—电极位置　4—焊合点　5—挤压辊

HF—高频电源　F—挤压力　n—管子旋转方向

三、高频焊设备的选择

高频焊设备主要用于制管，由水平导向辊 1、高频发生器及其输出装置（输出变压器）2、挤压辊 3、外毛刺清除器 4、磨光辊 5、机身 6 以及一些辅助机构、工具等部分组成，如图 10-9 所示。国产 GH89 高频焊管机组照片如图 10-10 所示。下面仅对与焊管质量和生产率关系密切的几部分予以介绍。

1. 高频发生器

制管用的高频发生器有两种，即电子管高频振荡器和固态变频器。

电子管高频振荡器频率可高达 100~500kHz，如图 10-11 所示。电网经电路开关 1、接触器 2、晶闸管调压器 3 向升压变压器 4 和整流器 5 供电，输出高压直流电供给振荡器 8（为保证电压脉动系数小于 1%，必须在高压整流器的输出端加设滤波器装置 6），振荡器将高压直流电转变为高压高频电供给输出变压器 7。最后输出变压器再将高电压小电流的高频电转变为低电压大电流的高频电，并直接输给电极（滑动触头）或感应线圈。调整高频振荡器输出功率的方法有自耦变压器法、闸流管法、晶闸管法、饱和电抗器法四种。

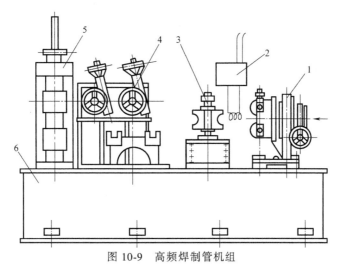

图 10-9　高频焊制管机组

1—水平导向辊　2—高频发生器及其输出装置（输出变压器）　3—挤压辊　4—外毛刺清除器　5—磨光辊　6—机身

图 10-10　国产 GH89 高频焊管机组照片

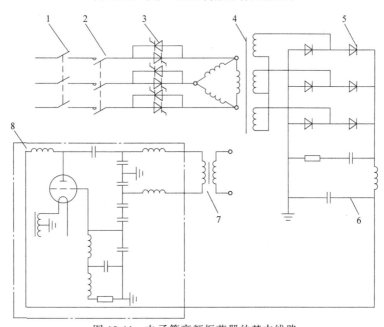

图 10-11　电子管高频振荡器的基本线路

1—电路开关　2—接触器　3—晶闸管调压器　4—升压变压器　5—整流器　6—滤波器装置　7—输出变压器　8—振荡器

固态变频器频率可高达 800kHz，如图 10-12 所示，其由 MOSFET 管组成，一般采用电流反馈电路。与真空振荡管高频电源相比，固态高频电源有以下特点。

1）效率高。转换效率达 80% 以上，比电子管电源节能 30% 以上。

2）可靠性高，寿命长。单元式结构，使用寿命 100000h 以上。

3）安全。输出电压低，小于 500V。

4）装置体积小，安装空间仅是电子管时 1/3。

5）输出频率高（800kHz），脉动小（功率脉动小于 0.2%），对焊接高导热性的有色金属非常有利。

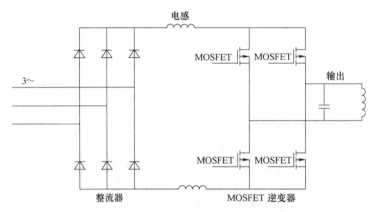

图 10-12 固态变频器

2. 电极

滑动触头作为电极，向管坯馈电。由于要在高温下和与管壁发生高速滑动摩擦的条件下传导高频电流，通常选用铜钨、银钨和锆钨等合金材料并可制成复合结构（图 10-13），即用银钎焊将触头块焊到由铜或钢制的触头座 1 上。触头块尺寸：宽 4~7mm、高 6.5~7mm、长 15~20mm。它可传导的焊接电流 500~5000A，对管壁的压力为 22~220N。

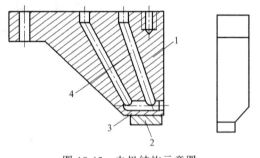

图 10-13 电极结构示意图
1—触头座 2—触头块 3—钎焊缝 4—冷却水孔

3. 感应线圈

感应线圈又称为感应器，是高频感应焊制管机的重要组件，其结构形式及尺寸大小对能量转换和效率影响很大，典型结构如图 10-14 所示。材质选用纯铜，内通冷却水，外缠绝缘玻璃丝带并浇注环氧树脂以确保匝间绝缘。

同时，应该注意，电子管和 MOSFET 管高频电源有许多不同，前者输出为高电压、小电流，后者为低电压、相对高电流等，因此对感应线圈要求也不同，表 10-6 和表 10-7 可作为选择时参考。

4. 阻抗器

阻抗器是高频焊时的一个重要辅助装置，其主要元件是磁心，作用是增加管壁背面的感抗，即增加内壁回路的阻抗，以迫使电流沿待焊边缘流动，从而减少无效电流、增加焊接有

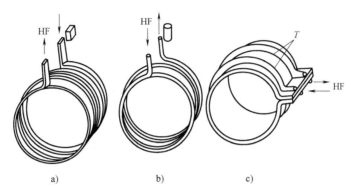

图 10-14 典型的感应线圈结构

a）方管多匝 b）圆管多匝 c）板制单匝

HF—高频电源 T—冷却水管

表 10-6 电子管高频焊机感应线圈推荐尺寸 （单位：mm）

管外径	感应线圈内径	管外径	感应线圈内径	管外径	感应线圈内径
12.700	15.875	38.100	50.800	88.900	101.6
19.050	25.400	50.800	63.500	101.600	114.3
25.400	31.750	63.500	76.200	127.000	152.4
28.575	44.450	76.200	88.900	152.400	177.8

表 10-7 固态高频焊机标准感应线圈（功率 50~350kW）

管外径/mm	感应线圈内径/mm	感应线圈长度/mm	感应线圈结构	感应线圈圈数	铜管外径/mm
13	19	25	多匝结构	2	6.35
29	42	64	多匝加箍结构	2	9.50
38	51	76	多匝加箍结构	2	9.50
51	65	112	多匝加箍结构	2	9.50
64	80	47	单匝加箍结构	1	9.50
79	95	47	单匝加箍结构	1	9.50
89	105	47	单匝加箍结构	1	9.50
114	140	76	单匝加箍结构	1	9.50

效电流、提高焊接速度。磁心采用高居里点、高磁导率的铁氧体材料（如 MXO 或 NXO 型）。圆形断面阻抗器的结构如图 10-15 所示。磁心由直径为 $\phi 10mm$ 的磁棒组成，外壳为夹布胶木或玻璃钢，在易于发生损坏的场合也可采用不锈钢和铝等，阻抗器内部应能通水冷却，以免焊时发热而影响导磁性能。阻抗器长度要与管材直径相适应：焊接 1.5″（1″=25.4mm）以下管子时，长度为 150~200mm；焊接 2″~3″管子时，长度为 250~300mm；而焊接 4″~6″管子时，长度为 300~400mm。

这里应注意，高频焊管生产线除高频焊制管机组外，尚有其他相关设备（如开卷机、直头机、矫平机、活套、矫直机、铣头倒棱机、飞锯机、剪切对焊机等）共同组成，在设备选用时应一并考虑。

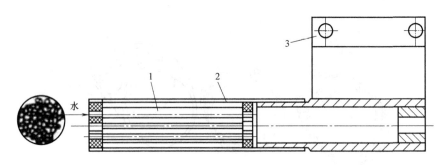

图 10-15　圆形断面阻抗器的结构

1—磁棒　2—外壳　3—固定板

目前，国内生产的金属管焊接用高频感应加热设备主要技术参数如下：功率档次（60kW、100kW、200kW、300kW、400kW、600kW、700kW、800kW、1000kW、1200kW、1400kW、1600kW、1800kW）；频率档次（100～150 kHz、200～300kHz、400kHz、600kHz、1～2MHz），功率越大，频率越低；焊管直径（$\phi8～\phi48mm$、$\phi20～\phi45mm$、$\phi20～\phi76mm$、$\phi60～\phi114mm$、$\phi90～\phi219mm$、$\phi114～\phi273mm$、…、$\phi325～\phi610mm$）；焊管壁厚（0.5～1.0mm、1.25～2.75mm、2.75～4mm、3.5～12mm、…、4.0～20.0mm）；焊接方式（直缝焊、螺旋缝焊、感应焊、接触焊）。例如：GP400-0.2-H21（钢管高频缝焊、400kW、200kHz、新型三回路、FU-914-S 振荡管）；GGP1800-0.15-H（钢管高频缝焊、1800kW、100～150 kHz、采用 MOSFET 管高频电源）。

四、高频焊应用实例

1. 螺旋翅片管高频焊

由于翅片管传热面积大、效率高和压降小，使以其为核心元件的各种换热设备在电力、化肥、化工和炼油装置中得到日益广泛应用。

（1）焊接原理　翅片管是在无缝钢管外圆上按一定螺距缠绕钢带，钢带垂直于钢管外圆的表面，以高频电流作为热源局部加热接触面及待焊区，同时在翅片管外侧施加顶锻力，实现接触面的固相焊接，如图 10-16 所示。

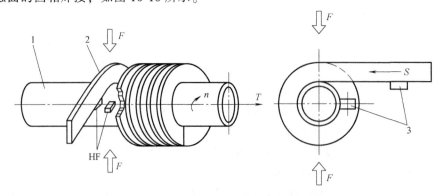

图 10-16　螺旋翅片管焊接原理

HF—高频焊电源　n—管子转动方向　S—翅片送料方向　F—顶锻力　T—管子移动方向

1—管子　2—翅片　3—触头

这里仅就翅片管中焊接难度较大的 SA335P91 耐热钢管（日本产；相当国内 9Cr-1Mo 钢）对 06Cr13（山西太钢产）钢带的高频焊进行简单介绍。

（2）焊前准备 管料表面应不得有明显凹坑并进行喷砂清理，以去除油、锈等污物；顶锻轮的制备要保证其对钢带的夹持在圆周方向上松紧均匀适度（约有 0.1~0.2mm 余量），内件相对转动轻松自如；电极极身与触头间的焊接牢固可靠，冷却顺畅，无泄漏。

（3）焊接参数 翅片管焊接接头的抗拉强度及焊合（着）率等主要质量指标必须达到《高频电阻焊螺旋翅片管技术条件》部颁标准（Q/SH.MM.25—2000）和国外（API 标准）的专业标准。而对 P91-06Cr13 翅片管坡口金相分析表明（图 10-17），翅片管的交界处还有清晰的分界线，并可看到焊道翅片两旁钢带焊渣的堆积现象。这主要因为：①高频焊属于固相连接；②翅片与钢管为异质材料；③不对称钢体焊接存在一根本性问题：钢带上电流集中，容易达到焊接温度，而钢管上电流太分散，不容易集中，钢管温度往往低于钢带的温度，影响焊接质量及焊接效率；④顶锻轮的分流和触头电极位置偏离等。因此，翅片管焊接参数的优化和监控至关重要，具体焊接参数见表 10-8。

图 10-17 坡口金相图

表 10-8 焊接参数

钢管	钢带	阳极电压 U/kV	阳极电流 I/A	栅极电流 I/A	栅极电压 U/kV	转速 n/m·min^{-1}	顶锻轮直径 D/mm	焊头高度 h/mm	螺距 d/mm
材质规格 /mm	材质规格 /mm								
P91 $\phi73\times9.56$	06Cr13 17.5×1.5	9.5×10.5	14~17	3~4	85~100	7.5~9	60~63	18~23	6

（4）焊接检验

1）外观检查。焊后进行外观检验，见表 10-9，结果满足标准要求。

2）焊合（着）率检验。将翅片管剥开 2~3 圈，每 120° 测 1 次，依据焊合（着）率 = 实际焊缝宽度/钢带名义厚度，检测结果若为 97%~106%，则满足标准要求。

3）金相检验。管侧从结合面起，金相组织依次为：淬火+回火组织（回火马氏体 $M_{回}$），不完全正火组织（原组织铁素体 F+正火铁素体 F'+正火珠光体 P'）及原正火组织（铁素体 F+珠光体 P），同时，未发现夹渣、未熔合和裂纹等宏观缺陷，如图 10-18 所示。

表 10-9 翅片管外观检测表

检查项目	外观尺寸	排 渣	塑性增厚	刮声检查
状况描述	翅片高度 14.8~15.4mm，螺距 5.95~6.05mm，翅片倾斜度 0°~4°	主要分布于直线推进方向反面，粒状，均匀稳定	塑性增厚集于根部，翅片片身直立无变形	清脆悦耳，没有浊音

应该指出，淬火区的马氏体实际上已发生回火转变，因此焊后不再需要进行热处理。因为管子淬火冷却后在随后的翅片焊接中又受到重复受热，相当于回火处理。因此淬火组织已完全转变成回火组织，消除了淬硬裂纹产生的可能性，因此没有必要再重复进行回火处理。

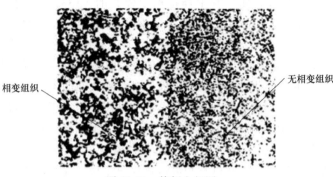

相变组织　　　　无相变组织

图 10-18　管侧金相图

4）力学性能检验。根据产品制造技术要求和 Q/SH. MM. 25—2000 标准对翅片管焊接接头进行抗拉强度、抗冲击性能、水压（12MPa）试验，试验结果均可满足要求。

2. 轻型 H 型钢高频焊生产线

H 型钢又称为宽翼缘工字钢，是现代建筑、桥梁和机械设备中广泛应用的一种型钢。由于用量大，各国都已规格化和系列化进行定型大量生产。

国外某公司用高频电阻焊（接触法）方法生产的不同断面（图 10-19）的轻型 H 型钢，材质为普通碳素钢和高强度钢。H 型钢高度为 101～609.6mm，翼缘宽度为 38.1～305mm，腹板厚度为 1.6～12.7mm，翼缘厚度为 2.4～19mm。它可以是对称断面，也可以是非对称断面；可以是同质材料，也可以是异质钢材。高频焊机发生器的频率为 960Hz、3000Hz 和 10000Hz；焊接高度为 305mm 的 H 型钢的焊机功率为 280kW；焊接高度为 533mm 的 H 型钢，高频焊机功率为 560kW。

不同钢种　　　不等宽翼缘　　　超高腹板　　　特厚翼缘　　　不等厚翼缘

图 10-19　不同断面类型的轻型 H 型钢

焊接是利用高频电流流经焊接区加热，同时加压后完成的。图 10-20 所示为焊接电流导流图。焊接时，通过滑动触头（电极）1 将电压为 50～200V、频率为 450kHz 的高频电流传递给一个翼缘板，该电流沿着翼缘板和腹板端面 V 形区（开角 4°～7°）流过，然后通过在腹板上的导流滑动触头（辅助电极）2 流经腹板另一端面 V 形区后由滑动触头（电极）3 流出，形成焊接回路。注意，由于翼缘板较厚，调整触头位置以使热量分布合适是很重要的。同时，焊前必须对腹板的边缘进行冷镦粗处理，只有冷镦粗才能保证 T 形焊缝处腹板全厚和翼缘板焊合良好，去毛刺后可得到全焊透的合格接头（图 10-21b）。而没有进行冷镦粗处理时，则只能焊合腹板厚度的 80%～85%（图 10-21a）。

高频电阻焊 H 型钢机组如图 10-22 所示，生产过程如下：上翼缘板、腹板和下翼缘板的卷钢坯料分别在 1 所指三处开卷，然后用闪光对焊机接料（仅在前卷钢坯料快用完时）；对于腹板尚需在腹板边缘镦粗机 3 处预镦粗两边缘，然后与经过翼缘板校直机 4 后的上、下翼

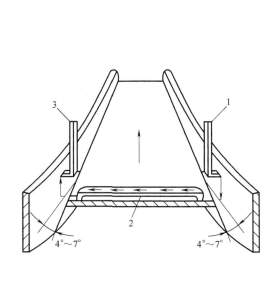

图 10-20 焊接电流导流图

1、3—滑动触头 2—导流滑动触头

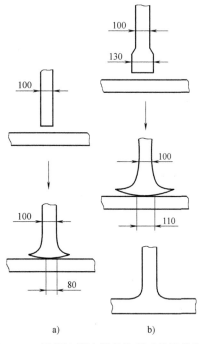

a) b)

图 10-21 腹板边缘冷镦粗处理对焊透的影响

a) 焊前未冷镦粗 b) 焊前经冷镦粗处理

缘板一起送入高频电阻焊机 5 处进行焊接；焊后立即在 6 处去毛刺整形，经 7 处冷却后进入 8 处进行纵向校直及翼缘校直，经 9 处无损检验焊缝质量，最后按所需长度在飞锯 10 处切断即得成品

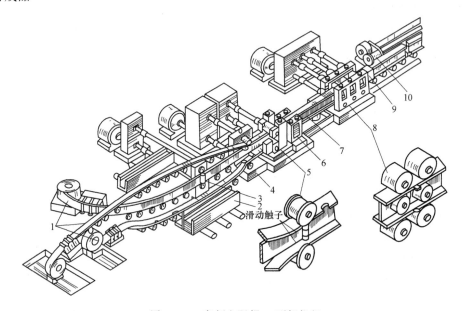

图 10-22 高频电阻焊 H 型钢机组

1—卷钢开卷机 2—翼缘板毛坯输送装置 3—腹板边缘镦粗机 4—翼缘板校直机 5—高频电阻焊机
6—去毛刺整形 7—冷却 8—校直 9—无损检验 10—飞锯

该公司轻型 H 型钢焊接生产线平面布置如图 10-23 所示，从进料到出成品整个加工过程都是机械连续不断地自动进行，生产率很高。

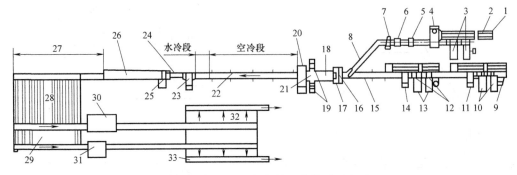

图 10-23 轻型 H 型钢焊接生产线平面布置

1—三个钢带卷用的承载平台 2—带卷运输车 3—腹板开卷机 4—腹板校直机 5—翼缘板剪切机 6—腹板对焊机
7—腹板活套装置 8—腹板定向台 9—液压装置 10—上翼缘板开卷机 11—上翼缘板校直机 12—卸卷装置
13—下翼缘板开卷机 14—下翼缘板校直机 15—输送机 16—镦粗辊机 17—腹板镦粗装置 18—焊机架
19—焊机 20—拉伸传动机架 21—整形去毛刺装置 22—输送机 23—翼缘板校直机 24—无损检测设备
25—H 型钢锯断长度测量装置 26—飞锯 27—输出轨道 28—拖运机机架 29—拖运机
30—大型 H 型钢校直机 31—轻型 H 型钢校直机 32—成品检验台 33—输出机

第二节　超声波焊

超声波焊（Ultrasonic Welding，UW）是利用超声波的高频振动，在静压力的作用下，将弹性振动能量转变为焊件间的摩擦功和形变能，对焊件进行局部清理和加热焊接的一种压焊方法。它主要用于连接同种或异种金属、半导体、塑料及金属陶瓷等材料。

一、超声波焊基本原理

1. 焊接原理

超声波焊的基本原理如图 10-24 所示，焊件 8 被夹持在上声极 7 和下声极 9 之间，并施加一定的压力进行焊接。所需的焊接热能是通过一系列能量转换及传递环节而获得的。发生器 1 是一个变频装置，它将工频电流转变为超声频率（15～60kHz）的振荡电流。换能器 2 则利用逆压电效应转换成弹性机械振动能。传振杆 3、聚能器 4 用来放大振幅，并通过耦合杆 5、上声极传递到焊件。换能器、传振杆、聚能器、耦合杆及上声极构成一个整体，称为声学系统。声学系统各个组元的自振频率，将按同一个频率设计。当发生器的振荡电流频率与声学系统的自振

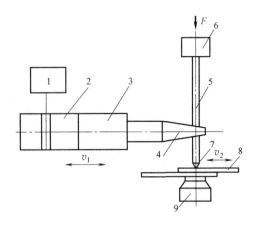

图 10-24 超声波焊的基本原理

1—发生器 2—换能器 3—传振杆 4—聚能器
5—耦合杆 6—静载 7—上声极 8—焊件 9—下声极
F—静压力 v_1—纵向振动方向 v_2—弯曲振动方向

频率一致时，系统即产生了谐振（共振），并向焊件输出弹性振动能。

超声波焊时，发生器产生每秒几万次的高频振动，通过换能器、传振杆、聚能器和耦合杆向焊件输入超声波频率的弹性振动能。两焊件的接触界面在静压力和弹性振动能量的共同作用下，通过摩擦、温升和变形，使氧化膜或其他表面附着物被破坏，并使纯净界面之间的金属原子无限接近，实现可靠连接。当金属构件焊接时，伴随界面的物理冶金过程，原子产生结合与扩散，整个焊接过程没有电流流经焊件，也没有火焰或电弧等热源的作用，而是一种特殊的焊接过程，具有摩擦焊、扩散焊或冷压焊的某些特征。当塑料材料进行连接时，由于两焊件界面处的声阻大，产生局部高温，致使接触面迅速熔化，在压力的作用下使其融合为一体；当超声波停止作用后，让压力持续几秒钟，使其凝固定型，形成坚固的分子链，达到焊接的目的，其接头强度和母材相近。

2. 接头形成机理

（1）接头形成过程　超声波焊过程与电阻焊类似，由"预压""焊接"和"维持"3个步骤形成一个焊接循环。从接头形成的微观机理上分析，超声波焊经历了以下三个阶段。

1）振动摩擦阶段。超声波焊的第一个过程主要是摩擦过程，其相对摩擦速度与摩擦焊相近，只是振幅仅仅为几十微米。这一过程的主要作用是排除焊件表面的油污、氧化物等杂质，使纯净的金属表面暴露出来。焊接时，由于上声极的超声振动，使其与上焊件之间产生摩擦而造成暂时的连接，然后通过它们直接将超声振动能传递到焊件间的接触表面上，在此产生剧烈的相对摩擦，由初期个别凸点之间的摩擦，逐渐扩大摩擦面，同时破坏、排挤和分散表面的氧化膜及其他附着物。

2）温度升高阶段。在继续的超声波往复摩擦过程中，接触表面温度升高（焊接区的温度约为金属熔点的35%~50%），变形抗力下降，在静压力和弹性机械振动引起的交变切应力的共同作用下，焊件间接触表面的塑性流动不断进行，使已被破碎的氧化膜继续分散甚至深入到被焊材料内部，促使纯金属表面的原子无限接近到原子间发生引力作用的范围内，出现原子扩散及相互结合，形成共同的晶粒或出现再结晶现象。

3）固相结合阶段。随着摩擦过程的进行，微观接触面积越来越大，接触部分的塑性变形也不断增加，焊接区内甚至形成涡流状的塑性流动层（图10-25），出现焊件间的机械咬合。焊接初期咬合点较少，咬合面积也较小，结合强度不高，很快被超声振动所引起的切应力所破坏。随着焊接过程的进行，咬合点数和咬合面积逐渐增加，当焊件之间的结合力超过上声极与上焊件之间的结合力时，切向振动不能切断焊件之间的结合，形成牢固的接头。

超声波焊接头的形成主要由振动剪切力、静压力和焊接区的温升三个因素所决定，它们之间相互影响，相互制约，并和焊件的厚度、表面状态及其常温性能有关。

（2）接头组织特征　超声波焊接头呈现出复杂的组织结构，通过光学显微镜和电子显微镜观察可知，界面组织发生了相变、再结晶、扩散以及金属间的键合等冶金现象，是一种固相焊接过程，可以从四个方面分析接头的形成机理。

1）机械嵌合。超声波焊接头中常见到两焊

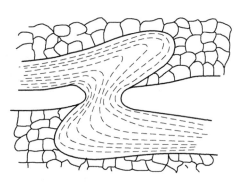

图10-25　超声波焊接区的涡流状塑性流动层

件接触处形成塑性流动层，并呈现犬牙交错的机械嵌合，这种结合对连接强度起到有利的作用，但并不是金属的连接，在金属与非金属之间的超声波焊时，这种机械嵌合作用占主导地位。

2）金属原子间的键合。在超声波焊接头中，焊接界面之间存在大量被歪扭的晶粒，这些晶粒是跨越界面的"公共晶粒"，其尺寸与母材金属的晶粒无明显差别，接头不存在明显的界面，两材料之间通过金属原子的键合而连在一起。可以认为，在焊接开始时，待焊材料在摩擦功的作用下发生强烈的变形和塑性流动，特别是氧化膜去除或破碎以后，为纯净金属表面之间的接触创造了条件，而继续的超声弹性机械振动以及温升，又进一步造成金属晶格上的原子处于受激状态，当金属原子相互接近到 $0.1\sim0.3nm$ 时，就有可能出现原子间相互作用的反应区，形成金属键。

3）金属间的物理冶金过程。超声波焊中还存在着由于摩擦生热所引起的再结晶、扩散、相变以及金属间化合物形成等冶金过程。到目前为止，该方面的研究较少，缺乏必要的证据，特别是短时间焊接时，接头中不一定出现再结晶组织或相变，但仍然能够形成接头，由此可知，再结晶、扩散和相变不是形成接头的必要条件。

4）界面微区的熔化现象。超声波焊时，微区焊接温度很难精确测量，不能排除微区中出现局部熔化现象。用高倍透射电子显微镜对 0.4mm 厚的各种 Al 和 Cu 接头进行了微观组织分析，发现同种材料的焊缝厚度在 μm 范围内，焊缝区的晶粒尺寸只有 $0.05\sim0.2\mu m$，而轧制母材的晶粒为 $5\sim50\mu m$。如果用一般的方法将母材经过塑性变形和低于熔点的不同温度退火，此时再结晶形成的晶粒均$>3\mu m$，而没有发现更细小的晶粒。当 Al 和 Cu 进行超声波焊时，也同样发现连接区有焊时新形成的微细晶粒，而且都是等轴晶粒，电镜分析中还观察到连接区微细晶粒边界的转角处有非熔化质点存在，这正是含有非熔化质点的金属加热熔化后发生凝固的特点。可以认为，超声波焊时，界面薄层或局部发生了短时熔化及随后的高速冷却过程。

二、超声波焊工艺

1. 工艺特点

超声波焊的焊点应有高的结合强度和合格的表面质量，除了表面不能有明显的挤压坑和焊点边缘的凸出以外，还应注意和上声极接触处的焊点表面情况，不允许有裂纹和局部未熔合，因此，超声波焊的形式选择、接头设计和焊接参数选择非常重要。

（1）超声波焊特点

1）可焊的材料范围广。可用于同种金属材料、特别是高导电、高导热性的材料（如金、银、铜、铝等）和一些难熔金属，也可用于性能（如导热、硬度、熔点等）相差悬殊的异种金属材料、金属与非金属、塑料等材料的焊接，还可以实现厚度相差悬殊以及多层箔片等特殊结构的焊接。

2）焊件不必通电，也不需要外加热源。接头中不出现宏观的气孔等缺陷，不生成脆性金属间化合物，不发生像电阻焊时易出现的熔融金属的喷溅等问题。

3）焊缝金属的物理和力学性能不发生宏观变化，其焊接接头的静载强度和疲劳强度都比电阻焊接头的强度高，且稳定性好。

4）被焊金属表面氧化膜或涂层对焊接质量影响较小，焊前表面准备工作比较简单。

5）形成接头所需电能少，仅为电阻焊的5%；焊件变形小。

6）不需要添加任何黏结剂、填料或溶剂，具有操作简便，焊接速度快、接头强度高、生产率高等优点。

超声波焊的主要缺点是受现有设备功率的限制，因而与上声极接触的焊件厚度不能太厚，接头形式只能采用搭接接头，对接接头还无法应用。

（2）超声波焊分类　按照超声波弹性振动能量传入焊件的方向，超声波焊的基本类型可以分为两类（图10-26）：一类是振动能由切向传递到焊件表面而使焊接界面产生相

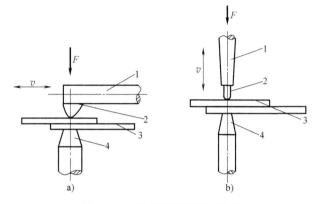

图10-26　超声波焊的两种类型

a）切向传递　b）垂直传递

v—振动方向　1—聚能器　2—上声极　3—焊件　4—下声极

对摩擦，适用于金属材料的焊接；另一类是振动能由垂直于焊件表面的方向传入焊件，主要是用于塑料材料的焊接。

常见的金属超声波焊可分为点焊、环焊、缝焊及线焊；近年来，双振动系统的焊接和超声波对焊也有一定的应用。

1）点焊。点焊是应用最广的一种焊形式，根据振动能量的传递方式，可以分为单侧式、平行两侧式和垂直两侧式。振动系统根据上声极的振动方向也可以分为纵向振动系统、弯曲振动系统以及介于两者之间的轻型弯曲振动系统（图10-27）。功率500W以下的小功率焊机多采用轻型结构的纵向振动；千瓦以上的大功率焊机多采用重型结构的弯曲振动系统；而轻型弯曲振动系统适用于中小功率焊机，其兼有两种振动系统的优点。

2）环焊。超声波环焊的工作原理如图10-28所示，主要用于一次成形的封闭形焊缝，能量传递采用扭转振动系统。焊接时，耦合杆4带动上声极5做扭转振动，振幅相对于声极轴线呈对称分布，轴心区振幅为零，边缘位置振幅最大。该类焊接方法最适合于微电子器件的封装工艺，有时环焊也用于对气密要求特别高的直线焊缝的场合，用来代替缝焊。由于环焊的一次焊缝的面积较大，需要有较大的功率输入，因此常常采用多个换能器的反向同步驱动方式。

3）缝焊。和电阻焊中的缝焊类似，超声波缝焊实质上是由局部相互重叠的焊点形成一条连续焊缝。缝焊机的振动系统按其滚轮振动状态可分为纵向振动、弯曲振动以及扭转振动三种形式（图10-29）。其中最常见的是纵向振动形式，只是滚轮的尺寸受到驱动功率的限制。缝焊可以获得密封的连续焊缝，通常焊件被夹持在上下滚轮之间，在特殊情况下可采用平板式下声级。

4）线焊。图10-30所示为超声波线焊示意图，其是点焊方法的一种延伸，利用线状上声极，在一个焊接循环内形成一条狭窄的直线状焊缝，声极长度就是焊缝的长度，现在可以达到150mm长，这种方法最适用于金属薄箔的封口。

5）双振动系统的点焊。图10-31所示为采用两个振动系统的超声波点焊示意图，上下两个振动系统的频率分别为27kHz和20kHz（或15kHz），上、下振动系统的振动方向相互

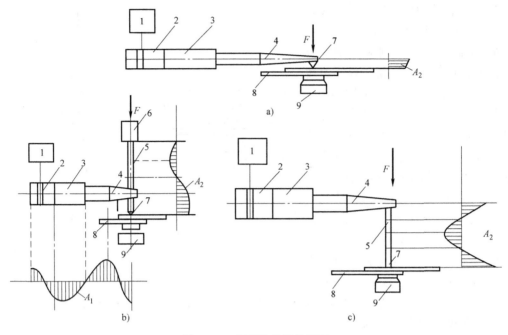

图 10-27　超声波点焊的类型

a）纵向振动系统　b）弯曲振动系统　c）轻型弯曲振动系统

（图中数字号码同图 10-24，A—振幅分布　A_1.—纵向振动振幅分布　A_2.—弯曲振动振幅分布）

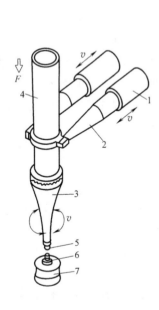

图 10-28　超声波环焊的工作原理

1—换能器　2、3—聚能器　4—耦合杆

5—上声极　6—焊件　7—下声极

F—静压力　v—振动方向

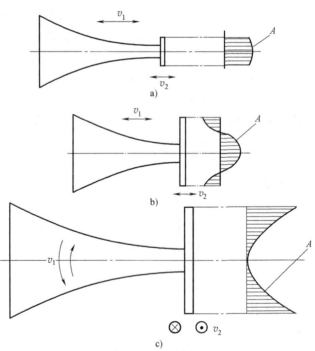

图 10-29　超声波缝焊的振动形式

a）纵向振动　b）弯曲振动　c）扭转振动

A—滚轮上振幅分布　v_1—聚能器上振动方向　v_2—焊点上的振动方向

$\odot$—垂直于纸面（向外）　$\otimes$—垂直于纸面（向里）

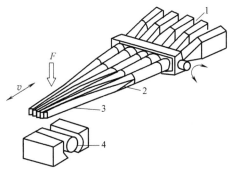

图 10-30　超声波线焊示意图

1—换能器　2—聚能器　3—125mm 长焊接声极头

4—周围绕放罐型坯料的心轴

v—振动方向　F—静压力

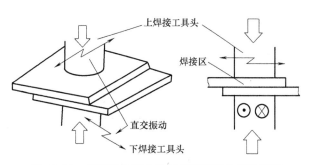

图 10-31　采用两个振动系统的超声波点焊示意图

垂直，焊接时两者做直交振动。当上下振动系统的电源各为 3kW 时，可焊铝件的厚度达 10mm，焊点强度达到材料本身的强度。

双振动系统多用于集成电路和晶体管细导线的焊接，虽然焊接方法与点焊基本相同，但焊接设备复杂，要求设备的控制精度高，以便实现焊点的高质量和高可靠性焊接。用两个频率相同（60kHz）或不同（40kHz 和 60kHz）的纵向振动系统共同激励一弯曲振动棒而组成的细导线超声波焊装置示意图，如图 10-32 所示。两个纵向振动系统互相垂直安装，控制两个不同频率振动系统的振幅或控制两个同频率振动系统的相位，焊头可以得到各种各样的振动轨迹。用这种方法焊细铝线所需的振幅小，焊接时间更短。

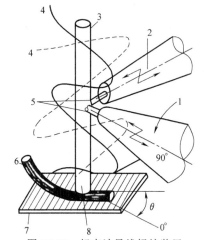

图 10-32　超声波导线焊接装置

1—40kHz 纵向振动系统　2—60kHz 纵向振动系统

3—细棒　4—细棒中横振动分布曲线

5—λ/4 振动棒　6—铝线　7—铜板　8—焊头

6）超声波对焊。超声对焊主要用于金属的对接，是近年来开发的一种新方法，如图 10-33 所示。焊接设备由上、下振动系统以及提供接触压力的液压源和焊件夹持装置等部分组成。左边焊件的一端由夹具固定，另一端夹在上、下振动系统之间做超声波振动；右边焊件端面与左端面对接，并由夹具夹紧，接触压力加在右边焊件上。焊接时，在超声振动的作用下即可把两个焊件在端面焊接在一起。应注意，焊接装置的上、下振动系统的振动相位必须相反，上振动系统可以是无源的。采用频率为 27kHz 的该类焊接装置可以焊接 6~10mm 厚的铝板、焊接 6mm 厚的铜板和铝板。目前可以实现 6mm 厚、100~400mm 宽铝板的对接。

2. 超声波焊接头设计

（1）焊点设计　超声波焊时，要求焊点强度必须达到一定的要求，需要设计出一种合理的焊点结构，同时还要保持外形尽可能美观。焊点分布如图 10-34 所示，对焊点与板材边缘的距离没有限制，可以沿边缘布置焊点，焊点之间的距离可以任意选定，可以重叠和重复焊接（修补），每行之间的距离也可以根据需要任选，不存在电阻点焊时的分流问题。

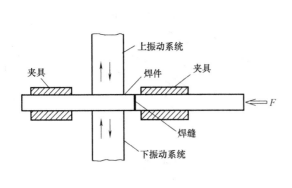

图 10-33 超声波对焊示意图

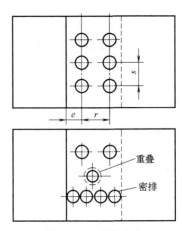

图 10-34 焊点分布
e—边距 r—行距 s—点距

（2）焊接界面设计 为了在焊接过程中使能量集中，缩短焊接时间，提高焊接质量，焊接界面的设计非常重要，主要有以下几种形式。

1）导能三角形焊面。如图 10-35 所示，在两块塑料接面的一边，沿着焊面，加一条小三角形凸缘，将超声波振动聚集在三角的尖端，由此减小焊件的接触面积，而形成集中的超声波能量。焊接后，熔解的塑料均匀地流满结合面，并产生较强的结合力。应注意，材料的壁厚应小于 2.5 mm，凸缘的高度应为板宽 w 的十分之一左右。

2）台阶式焊面。为了提高焊接力，可设计成如图 10-36 所示的台阶式焊面（W 为板宽），三角形凸缘可以使凸缘材料熔化之后，流入预留的孔隙，能产生较大的切应力及拉力强度，这种设计还可以避免外表面上产生的焊接痕迹。

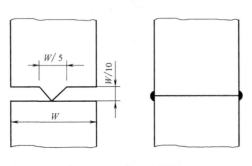

图 10-35 导能三角形焊面

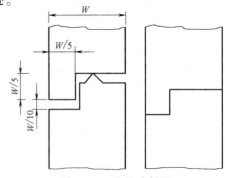

图 10-36 台阶式焊面

3）凹凸插接式焊面。如图 10-37 所示，待焊材料设计成带有三角形凸缘的凹凸形式，两焊件之间应留有间隙，凸形焊件应有一定的角度，以容许塑料件容易拼合，同时让熔融的材料有流动的空间，不致溢出外面。

4）剪切式焊面。不论矩形或圆形焊件，剪切式焊面都有高度密封效果。由于大量材料需要流动，要求超声波焊接设备具有高振幅及高输出能量，在焊面间应预留凹孔，以容纳适量的熔融塑料。如图 10-38 所示，两塑料件沿壁垂直相挤的结果，彻底消除缺口或缝隙，此种焊面特别适用于结晶组织而且有瞬熔特性的材料。当焊接深度等于壁厚的 1.25 倍时，接头强度最高。

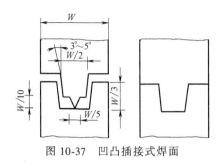

图 10-37 凹凸插接式焊面

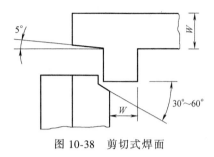

图 10-38 剪切式焊面

在超声波焊的接头设计中应注意控制焊件的谐振问题。当上声极向焊件引入超声波振动时，如果焊件沿振动方向的自振频率与引入的超声波振动频率相等或相近，就有可能引起焊件的谐振，其结果往往造成已焊焊点的脱落，严重时可导致焊件的疲劳断裂，解决上述问题的简单方法就是改变焊件与声学系统振动方向的相对位置或者改变焊件的自振频率。

3. 超声波焊参数选择

超声波焊的主要参数有振动频率 f、振幅 A、静压力 F 及焊接时间 t，此外还应考虑超声波功率的选择以及各参数之间的相互影响。在超声波焊中，点焊应用的最普遍，下面就以点焊为例讨论各参数对焊接质量的影响。

（1）超声波振动频率 f 振动频率主要是指谐振频率的数值和谐振频率精度。振动频率一般在 15~75kHz 之间，频率的选择应考虑被焊材料的物理性能和厚度，焊件较薄时选用比较高的振动频率，焊件较厚、焊接材料的硬度及屈服强度较低时选用较低的振动频率。这是由于在维持声功能不变的前提下，提高振动频率可以降低振幅，因而可降低薄件因交变应力引起的疲劳破坏。

振动频率与焊点抗剪力的关系，如图 10-39 所示，材料越硬、厚度越大时，频率的影响越明显。应注意，随着频率的提高，高频振荡能量在声学系统中的损耗将增大，因此大功率超声波点焊机的频率比较低，一般在 15~20kHz 范围内。

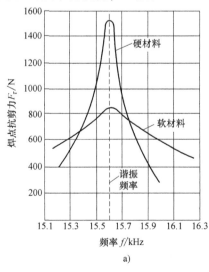

a)

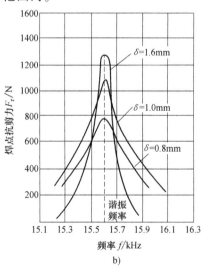

b)

图 10-39 振动频率与焊点抗剪力的关系

a) 不同硬度的影响 b) 不同厚度的影响

谐振频率精度是保证焊点质量稳定的重要因素，由于超声波焊过程中机械负荷的多变性，会出现随机的失谐现象，造成焊接质量不稳定。

（2）振幅 A 振幅是超声波焊工艺中基本的参数之一。它决定着摩擦功率的大小，关系到焊接面氧化膜的去除、结合面的摩擦产热、塑性变形区域的大小及塑性流动层的状况等。因此，根据被焊材料的性质及其厚度正确选择振幅的数值是获得高可靠接头的前提。振幅的选用范围一般为 5~25μm。小功率超声波焊机一般具有高的振动频率，但振幅范围较低。低硬度的焊接材料或较薄的焊件应选用较低的振幅，随着材料硬度及厚度的提高，所选用的振幅也应相应提高。这是因为振幅的大小对应着焊件接触表面相对移动速度的大小，而焊接区的温度、塑性流动以及摩擦功的大小又由该相对移动速度所确定。

对于具体的焊件，存在一个合适的振幅范围，图 10-40 所示为铝镁合金在不同振幅值下焊点抗剪力的试验结果。当振幅 A 为 17μm 时，焊点抗剪力最大，振幅减小，抗剪力随之降低。当振幅小于 6μm 时，已经不能形成接头，即使增加振动作用的时间也无效果，这是因为振幅值过小，焊件间相对移动速度过小所致。当振幅值超过 17μm 时，焊点抗剪力反而下降，这主要与金属材料内部及表面的疲劳破坏有关，因为振幅过大，由上声极传递到焊件的振动剪力超过了它们之间的摩擦力，声极与焊件之间发生相对的滑动摩擦，并产生大量的热和塑性变形，导致上声极嵌入焊件，使有效结合截面减少。

超声波焊机的换能器材料和聚能器结构决定焊机振幅的大小，当它们确定以后，要改变振幅，一般是通过调节超声波发生器的电参数来实现。此外，振幅值的选择与其他参数有关，应综合考虑。必须指出，在合适的振幅范围内，采用偏大的振幅可大大缩短焊接时间，提高焊接生产率。

（3）静压力 F 静压力的作用是通过声极使超声波振动有效地传递给焊件，超声波焊时所需静压力的大小根据材料的类型而不同，静压力和焊点抗剪力之间的关系如图 10-41 所示。

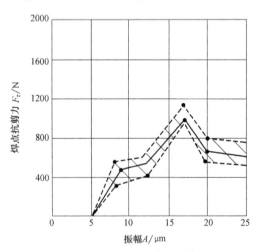

图 10-40 铝镁合金在不同振幅值下焊点
抗剪力的试验结果

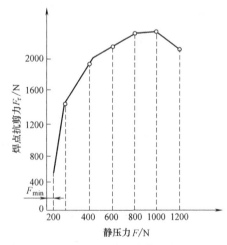

图 10-41 静压力和焊点抗剪力之间的关系
（退火态硬铝 1.2mm）

当静压力过低时，由于超声波几乎没有被传递到焊件，不足以在焊件界面产生一定的摩擦功，超声波能量几乎全部损耗在上声极与焊件之间的表面滑动方面，因此不可能形成有效的连接。随着静压力的增加，改善了振动的传递条件，使焊接区温度升高，材料的变形抗力下降，塑性流动的程度逐渐加剧，另外由于压应力的增加，接触处塑性变形的面积及连接面积增加，因而接头的强度增加。当静压力达到一定数值后，再增加压力，接头强度不再提高或反而下降，这是因为当静压力过大时，振动能量不能合理地利用，使摩擦力过大，造成焊件间的相对摩擦运动减弱，甚至会使振幅值有所降低，导致了焊件间的连接面积不再增加或有所减小，加之材料压溃造成接头的实际结合截面减少，使焊点强度降低。

在其他焊接条件不变的情况下，选用偏高的静压力，可以在较短的焊接时间内得到同样强度的焊点，这是因为偏高的静压力能在振动早期较低的温度下产生塑性变形。同时，选用偏高的静压力，能在较短的时间内达到最高的温度，缩短了焊接时间。

（4）焊接时间 t　焊接时间对接头质量有很大影响，焊接时间太短时，表面的氧化膜来不及被破坏，只形成几个凸点间的接触，则接头强度过低，甚至不能形成接头。随着焊接时间的延长，焊点抗剪力迅速提高（图 10-42），在一定的焊接时间内强度值不降低。但当超声波焊时间超过一定值以后，焊点抗剪力反而下降，这是由于焊件的热输入量过大，塑性区扩大，上声极陷入焊件，除了降低焊点的截面积以外，还容易引起焊点表面和内部产生裂纹。从图 10-42 中还可以看出，

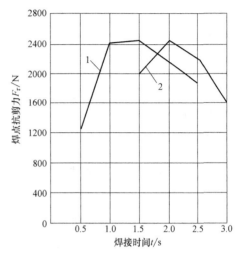

图 10-42　焊接时间对焊点抗剪力的影响
1—静压力 1200N，振幅 23μm
2—静压力 1000N，振幅 23μm

对于不同的静压力，获得接头最佳强度所需的焊接时间不同，增大静压力的数值，可在某种程度上缩短焊接时间。

（5）焊接功率 P　超声波焊时，功率的选择主要取决于焊件的厚度和材料的硬度，由于在实际应用中超声波功率的测量尚有困难，因此常常用振幅来表示功率的大小，超声波功率与振幅的关系可用下式确定。

$$P = \mu S F v = \mu S F 2 A \omega / \pi = 4 \mu S F A f \tag{10-2}$$

式中　P——超声波功率；

F——静压力；

S——焊点面积；

v——相对速度；

A——振幅；

μ——摩擦系数；

ω——角频率（$\omega = 2\pi f$）；

f——振动频率。

超声波焊时，振幅的选取范围为 $5 \sim 25 \mu m$，当换能器材料、结构及其功率选定后，振幅值大小还与聚能器的放大系数有关。

通常在确定上述各种焊接参数的相互影响时，可以通过绘制临界曲线来达到，图 10-43

所示为静压力与功率的临界曲线。一般选用最小可用功率时的静压力和比最小可用功率稍高一点的功率值进行实际焊接。

上述几个焊接参数之间并不是孤立的，而是相互影响、相互关联，应统筹考虑。例如：塑料材料的超声波焊时，接头质量的好坏取决于换能器的振幅、所加压力及焊接时间等因素的相互配合。焊接时间 t 和静压力 F 是可以调节的，振幅由换能器和变幅杆决定，这三个量相互有最佳选择值。焊接能量超过合适值时，材料的溶解量大，产生较大的变形。若焊接能量太小，则不易焊牢。

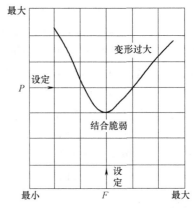

图 10-43 静压力与功率的临界曲线

P—功率 F—静压力

除了焊接参数以外，上声极材料、形状尺寸及其表面状态等因素也对焊接质量有影响。

三、常用材料的超声波焊

1. 塑料焊接

由于各种热塑性塑料的型号及性质不同，造成超声波塑料焊接的相容性和适应性存在较大差异表 10-10 中对各类塑料材料的焊接性进行了比较，黑方块表示两种塑料的焊接性好，容易进行超声波焊，圆圈表示在某些情况下可以实现焊接，空格表示两种塑料焊接性差，不宜进行焊接。表中所列仅作为参考，因为树脂成分的变化可导致焊接结果产生差异。

表 10-10 塑料的超声波焊接性比较

塑料类型	ABS	ABS／聚碳酸酯合金（赛柯乐800）	聚甲醛	聚丙腈	丙烯酸系多元共聚物	丁二烯-苯乙烯	纤维素（CA，CAB，CAP）	氟聚合物	尼龙	亚苯基氧化物为主的树脂（诺里尔）	聚酰胺酰亚胺（托朗）	聚碳酸酯	热塑性聚酯	聚乙烯	聚甲基戊烯	聚苯硫	聚丙烯	聚苯乙烯	聚砜	聚氯乙烯	SAN，NAS，ASA
ABS	■	■		■	○															○	○
ABS/聚碳酸酯合金（赛柯乐800）	■	■		○							■										
聚甲醛			■																		
聚丙腈	■	○		■						○		○									○
丙烯酸系多元共聚物	○			○	■														○		○
丁二烯-苯乙烯						■													○		
纤维素（CA，CAB，CAP）							■														

（续）

塑料类型	ABS	ABS／聚碳酸酯合金（赛柯乐800）	聚甲醛	聚丙腈	丙烯酸系多元共聚物	丁二烯-苯乙烯	纤维素（CA，CAB，CAP）	氟聚合物	尼龙	亚苯基-氧化物为主的树脂（诺里尔）	聚酰胺-酰亚胺（托朗）	聚碳酸酯	热塑性聚酯	聚乙烯	聚甲基戊烯	聚苯硫	聚丙烯	聚苯乙烯	聚砜	聚氯乙烯	SAN-NAS-ASA
氟聚合物								■													
尼龙									■												
亚苯基-氧化物为主的树脂（诺里尔）				○						■	○							■		○	
聚酰胺-酰亚胺（托朗）											■										
聚碳酸酯		■		○						○		■								○	
热塑性聚酯													■								
聚乙烯														■							
聚甲基戊烯															■						
聚苯硫																■					
聚丙烯																	■				
聚苯乙烯				○		○				■								■			○
聚砜											○								■		
聚氯乙烯	○																			■	
SAN-NAS-ASA	○			○	○					○								○			■

超声波塑料焊接一般采用如图 10-44 所示的几种方法。

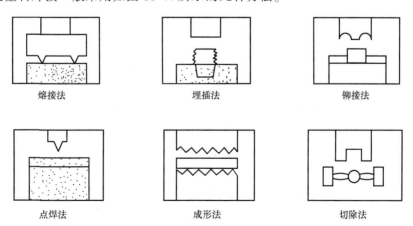

熔接法　　　埋插法　　　铆接法

点焊法　　　成形法　　　切除法

图 10-44　超声波塑料焊接常用的几种方法

1）熔接法。超声波振动随焊头将超声波传导至焊件，由于两焊件处声阻大，因此产生局部高温，使焊件交界面熔化，在一定压力下，使两焊件达到美观、快速、坚固的熔接效果。

2）埋插法。该方法可以将螺母或其他金属件插入塑胶焊件内，首先将超声波传至金属（或螺母），经高速振动，使金属物（螺母）直接埋入成形塑胶内，同时将塑胶熔化，其固化后完成埋插。

3）铆接法。将金属和塑料或两块性质不同的塑料结合时可利用超声铆接法，与热熔法相比，焊件不易脆化，外表美观。

4）点焊法。利用小型焊头将两块大型塑料制品分点焊接，或整排齿状的焊头直接压于两件塑料焊件上，实现超声波焊。

5）成形法。利用超声波将塑料焊件瞬间熔化成形。

6）切除法。利用特殊设计的焊头及底座，当塑料焊件注射成形时，直接压于塑料的切除部位，通过超声波传导而达到切除效果。

2．金属材料焊接

超声波焊可以实现同种金属材料和异种金属材料的可靠连接，根据国内外资料介绍，能够进行超声波焊的纯金属组合如图10-45所示。超声波焊接金属材料时，最常用的方法是点焊。利用超声波焊接不同厚度的组合焊件时，超声波振动应从比较薄的焊件一方导入，焊接参数也是根据薄焊件的厚度来确定。

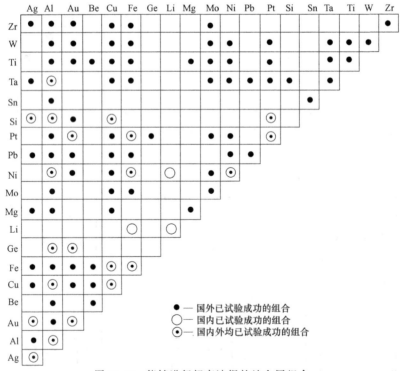

图10-45　能够进行超声波焊的纯金属组合

（1）同种材料的焊接

1）铝及铝合金的超声波焊焊接参数见表10-11（超声波振动频率的变化范围为19.5~

20.0kHz，振动头的球形半径均为10mm），接头的抗剪力见表10-12，表中焊点的平均直径等于4mm。

表 10-11　铝及铝合金的超声波焊焊接参数

材　料	厚度 /mm	规范参数			振动头 的材料	振动头材料 的硬度 HV
		静压力 F/N	时间 t/s	振幅 A/μm		
Al	0.3~0.7	200~300	0.5~1.0	14~16	45 钢	—
	0.8~1.2	350~500	1.0~1.5	14~16	45 钢	160~180
	1.3~1.5	500~700	1.5~2.0	14~16	45 钢	—
5A06	0.3~0.5	300~500	1.0~1.5	17~19	45 钢	160~180
2024-O	0.3~0.7	300~600	0.5~1.0	18~20	Cr15	330~350
	1.4~1.6	1100~1200	2.5~3.5	18~20	—	—
2024-T6	0.3~0.7	500~800	1.0~2.0	20~22	Cr15	330~350
	1.4~1.6	1300~1600	3.0~4.0	20~22	—	—
经过阳极化 处理的 2024	0.4	500	1.0	22~24	Cr15	330~350
	1.0	1000	2.0	22~24	—	—

表 10-12　铝及铝合金超声波点焊接头的抗剪力

牌号	厚度/mm	抗剪力 $F_τ$/N			试验件数量	接头的破 坏特点
		最小	最大	平均		
Al	0.5	430	550	530	15	断裂
	1.0	970	1080	1030	9	断裂
	1.5	1300	1650	1500	10	断裂
5A06	0.5	970	1200	1090	5	断裂
2024-O	0.5	620	800	720	9	断裂
	1.5	2140	2560	2360	6	断裂
2024-T6	0.8	1400	1540	1460	5	断裂
	1.5	1600	1720	1700	4	断裂
经过阳极化 处理的 2024	0.4	470	680	590	6	断裂
	1.0	1720	2010	1860	7	剪断

图 10-46 所示为纯铝焊点的金相组织，接头中显示出强烈的塑性流动组织，原因是通过金属界面间摩擦所破坏的氧化铝膜以旋涡状被排除在焊点的四周，在结合面上没有熔化迹象，只是出现了局部的再结晶现象。

从铝合金焊点的疲劳强度来看，超声波焊的接头比电阻焊的接头优良，如图 10-47 所示，对于铝铜合金来讲约提高了 30%。但是，对于铸造组织的合金材料，超声波焊点的疲劳强度并不能得到显著改善。

2）铜及铜合金的焊接性好，焊前需要对表面进行清洗，去除油污，焊接参数和设备选择与铝合金相似，表 10-13 列出了铜 T2 的超声波焊焊接参数，接头的抗剪力见表 10-14，表中焊点的平均直径等于 4mm。在电动机制造尤其是微电动机制造中，超声波点焊方法正在逐步替代原来的钎焊及电阻焊方法，几乎所有的连接工序都可用超声波焊来完成，包括通用电枢的铜导线连接，换向器与漆包导线的连接，铝励磁线圈与铝导线的焊接以及编织导线与电刷之间的焊接等。

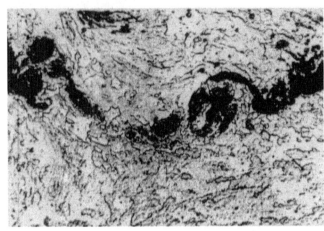

图 10-46 纯铝焊点的金相组织（500×）

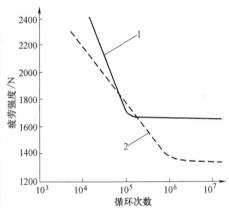

图 10-47 铝合金（2024-T3）焊点疲劳强度
1—超声波焊 2—电阻点焊

3）钛及钛合金和锆也都具有很好的焊接性，焊接参数选择范围比较宽，表 10-15 列出了钛、钛合金及锆的焊接参数与点焊接头的抗剪力。

4）纯镍和镍合金具有好的焊接性，不锈钢在冷作硬化或淬火状态下的超声波焊接性也比较好，表 10-16 列出了镍、不锈钢超声波点焊接头的抗剪强度。

5）高熔点钨、钼、钽等材料，由于其特殊的物理化学性能，超声波焊接性比较差，必须采用相应的措施，如振动头和工作台需用硬度较高和耐磨材料制造，选择的焊接参数也应适当偏高，特别是振幅值及施加的静压力应取高值，选取较短的焊接时间。高硬度金属材料之间的超声波焊或焊接性较差的金属材料之间的焊接，可通过添加中间层的方法实现超声波焊，中间层材料一般选取软金属箔片。例如：使用 0.062mm 的镍箔片作为中间层，将 0.62mm 的钼板与钼板之间进行焊接，接头的抗剪力可达 2400N；通过 0.025mm 厚的镍箔片作为中间层，可将 0.33mm 厚的镍基高温合金相互焊上，焊点抗剪力为 3500N。

表 10-13 铜 T2 的超声波焊焊接参数

厚度/mm	焊接参数				振动头	
	静压力 F/N	时间 t/s	振幅 A/μm	球形半径 r/mm	材料	硬度 HV
0.3~0.6	300~700	1.5~2	16~20	10~15	Cr45	160~180
0.7~1.0	800~1000	2~3	16~20	10~15	Cr45	160~180
1.1~1.3	1100~1300	3~4	16~20	10~15	Cr45	160~180

表 10-14 铜 T2 的超声波点焊接头的抗剪力

厚度/mm	抗剪力 F_τ/N			试验件数量	焊点的破坏特点
	最小	最大	平均		
0.5（单点）	1020	1220	1130	6	断裂
0.5（双点）	2600	2750	2670	4	两焊点全部断裂
1.0	2100	2360	2240	4	局部断裂

表 10-15　钛、钛合金及锆的焊接参数与点焊接头的抗剪力

| 焊件材料 | 厚度/mm | 焊接参数 | | | 振动头材料 | 焊点直径 d/mm | 抗剪力 F_τ/N | | | 试验件数量 | 接头的破坏特点 |
		静压力 F/N	时间 t/s	振幅 A/μm			最小	最大	平均		
AT3	0.2	400	0.3	16～18	HRC60[①]	2.5～3	680	820	760	5	断裂
AT4	0.25	400	0.25	16～18	HRC60[①]	2.5～3	690	990	810	4	断裂
AT4	0.5	600	1.0	18～20	HRC60[①]	2.5～3	1770	1930	1840	4	剪断
AT3	0.65	800	0.25	22～24	HRC60[①]	3～3.5	3960	4200	4100	4	断裂和剪断
TB1	0.5	800	0.5	20～22	BK-20	3	1930	2080	2000	4	断裂
TB1	1.8	900	1.5	22～24	HRC60[①]	3～3.5	3090	3440	3300	4	断裂和剪断
Zr	0.5	900	0.25	23～25	BK-20	3	600	840	700	12	断裂
TB1+Zr	0.5+0.5	900	0.25	23～25	BK-20	3	560	820	670	9	断裂

① 振动头上带有用 T590 焊条堆焊的硬质堆焊层。

表 10-16　镍、不锈钢超声波点焊接头的抗剪强度

材　　料	牌　　号	焊件厚度/mm	平均抗剪强度 σ_τ/MPa
镍	因康镍 X-750	0.8	67.6±4.5
	蒙乃尔 K-500	0.8	40.0±2.7
	钍弥散硬化型	0.64	40.5
不锈钢	AISI-1020	0.6	22.3±0.9
	A-286	0.3	30.3±3.1
	Am-355	0.2	16.9±1.8

（2）异种材料及新材料的焊接　对于不同性质的金属材料之间的超声波焊，取决于两材料的硬度。两种材料的硬度越接近，超声波焊就越好。硬度相差悬殊的两种材料焊接时，当其中一种材料的硬度较低、塑性较好时，可以形成高质量的接头。如果两种被焊材料的塑性都较低，可采用中间层进行焊接。不同硬度的金属材料焊接时，硬度低的材料置于上面，使其与上声极相接触，焊接所需焊接参数及焊机功率按照上焊件选取。不同厚度的金属材料也有很好的超声波焊接性，焊件的厚度比没有限制。例如：可将热电耦丝焊到被测温度的厚大物件上，对于厚度比为 1000 的 25μm 的铝箔与 25mm 的铝板之间的超声波焊也可以顺利实现，能够得到优质接头。异种金属焊接时，接头组织比较复杂，图 10-48 所示为镍与铜的超声波焊的接头组织，较软的铜以犬牙交错的形式嵌入了镍材中，并在界面形成了固相连接。

超声波焊可以在玻璃、陶瓷或硅片的热喷涂表面上连接金属箔及金属丝，把两种物理性能相差悬殊的材料制成双金属接头，以满足微电子器件等行业的需求，表 10-17 为超声波焊适用的双金属接头。

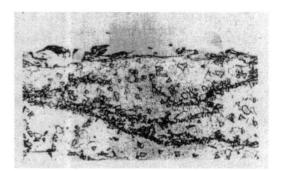

图 10-48　镍与铜的超声波焊的接头组织（250×）

表 10-17 超声波焊适用的双金属接头

材料 A	材料 B	材料 A	材料 B
铜	金、可伐(铁-镍-钴)合金、镍、铂、钢、锆	镍	可伐(铁-镍-钴)合金、钼
金	锗、可伐(铁-镍-钴)合金、镍、铂、硅	锆	钼
钢	钼、锆		

超声波焊广泛应用于电子工业中微电子器件的互连、晶体管芯的焊接、晶闸管控制极的焊接以及电子器件的封装等，最成功的应用是集成电路元件的互连。例如：在 $1mm^2$ 的硅片上，将有数百条直径为 $25\sim50\mu m$ 的 Al 或 Au 丝通过超声波焊将接点部位互连起来。互连质量及成品率是集成电路制造工艺中的一项关键，超声波焊和超声波与热压相结合的热声键合法逐步取代了早期应用的热键合方法（又称为金丝球法）。目前在装配线上应用的超声波点焊机的功率为 $0.02\sim2W$，频率 $60\sim80kHz$，压力 $0.2\sim2N$，焊接时间 $10\sim100ms$，焊接过程采用微机控制及图像识别系统，位置控制精度为每级 $2.5\sim50\mu m$，识别容量 $200\sim250$ 点，识别时间 $100\sim150\mu s$，成品率已高于 $90\%\sim95\%$。

超声波焊在电器工业中也获得广泛应用，如汽车电器中多种热电偶，钽（或铝）电介电容器、涤纶电容器的生产中采用超声波点焊使成品率提高到近 100%。图 10-49 所示为 ODFPS2-25000/500 型超高压变压器

图 10-49 超高压变压器的屏蔽构件制作现场

的屏蔽构件制作现场，共采用 500 个组件计有 50000 个焊点，结构中选用的铝屏蔽箔厚度 0.06mm，每个焊点的接地电阻值小于 0.7Ω。

超声波焊在新材料工业中也获得广泛应用，如超导材料之间以及超导材料与导电材料之间的焊接，在采用超声波焊及超声波浸润钎焊技术后，接头的电阻明显低于传统的软钎焊及加锡铂电阻焊，并已用于超导磁体的制作。

（3）接头力学性能评价　超声波焊接头的力学性能一般是通过抗剪或拉伸试验的断裂特征来进行测定和评价。很多情况下超声波焊的焊件是一些细丝、薄壁管、丝网等微型零件，因此，有时就像电阻焊一样用撕裂法来定性地判断其接头的力学性能。

超声波焊点的抗剪强度常与电阻点焊的抗剪强度进行比较，一般情况下超声波焊的抗剪强度比电阻点焊的最低标准高。此外，超声波焊点抗剪强度的重复性特别好，焊点的平均剪力变化值小于 10%，接头强度一般为母材强度的 $85\%\sim100\%$。

由于超声波焊接头的母材未发生熔化，因而焊点在抗介质腐蚀性能方面与母材几乎没有差别。

四、超声波焊设备

1. 焊机型号及主要指标

超声波焊机根据能够焊接的接头形式可分为点焊机、缝焊机、环焊机和线焊机，但焊机的组成基本相同，主要包括超声波发生器、声学系统、加压机构、程控装置四大部

分和附属部分（水冷系统、缝焊时的传动及变速机构等）。典型的焊机结构如图 10-50 所示，焊接设备外观照片如图 10-51 所示。表 10-18 列出了国产塑料超声波焊机的型号及其

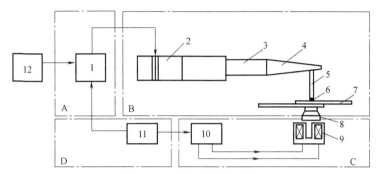

图 10-50　典型的焊机结构

A—超声波发生器　B—声学系统　C—加压机构　D—程控装置

1—超声波发生器　2—换能器　3—传振杆　4—聚能器　5—耦合杆　6—上声极　7—焊件　8—下声极

9—电磁加压装置　10—控制加压电源　11—程控器　12—电源

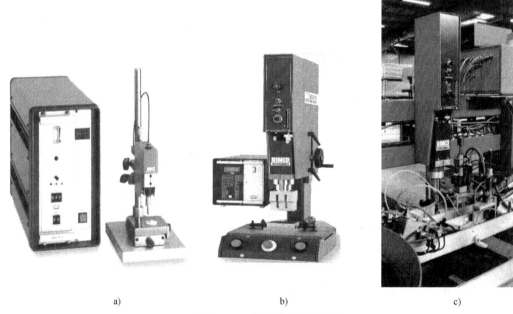

a)　　　　　　　　　　　　　b)　　　　　　　　　　　　c)

图 10-51　焊接设备外观照片

a) 微型超声波焊机　b) 计算机辅助超声波焊机　c) 超声波焊接生产线

表 10-18　国产塑料超声波焊机的型号及其技术参数

型号	规格						
	频率 /kHz	输出功率 /W	焊接时间 /s	延时时间 /s	保压时间 /s	气动压力 /MPa	气缸行程 /mm
SCHJ-150	20±1	150	0～5	—	—	0.3～0.6	—
SCHJ-1500	20±1	1500	0～5	0～5	0～5	0.3～0.6	75
SCHJ-500	40±1	500	0～5	0～5	0～5	0.3～0.6	50
SCHJ-2400	15±1	2400	0～5	0～5	0～5	0.3～0.6	100

注：中船重工集团公司第七二六研究所（上海船舶电子设备研究所）生产。

技术参数，表10-19列出了国外塑料超声波焊机的型号及其技术参数、表10-20列出了国产金属超声波焊机的型号及其技术参数、表10-21列出了国外金属超声波焊机的型号及其技术参数。

表 10-19 国外塑料超声波焊机的型号及其技术参数

型号	规格						
	频率/kHz	输出功率/W	焊接时间/s	延时时间/s	保压时间/s	最大压力/kN	气缸行程/mm
EM20-1	20	750	0.05~10	—	—	1.25	72
EM15-1	15	2000	0.05~10	—	—	2.8	100
8400	20	900	0.1~4	—	—	—	73
8915Advanced	15	2000	0.05~10	—	—	2.8	100

表 10-20 国产金属超声波焊机的型号及其技术参数

型号	发生器功率 P/W	振动频率 f/kHz	静压力 F/N	焊接时间 t/s	焊速 $v/m \cdot min^{-1}$	焊件厚度
CHJ-28 点焊机	0.5	45	15~120	0.1~0.3	—	30~120μm
KDS-80 点焊机	80	20	20~200	0.05~6.0	0.7~2.3	(0.06+0.06)mm
SD-0.25 缝焊机	250	19~21	15~100	0~1.5	—	(0.15+0.15)mm
CHF-3 缝焊机	3000	18~20	600	—	1~12	(0.6+0.6)mm
SD-5 点焊机	5000	17~18	4000	0.1~0.3	—	(1.5+1.5)mm

表 10-21 国外金属超声波焊机的型号及其技术参数

型号	功率 P/W	工作频率 f/kHz	工作行程 /mm	最大循环次数 /次·min^{-1}	输入电源 交流电压/V/ 交流电流/A	控制模式
BWe	800	40	20	80	220/6	能量/时间
BWt	800	40	20	80	220/6	时间
Ultraweld L20	3300,4000	20	20	120	220/20	时间/能量

2. 超声波焊设备构成及功能

（1）超声波发生器 超声波发生器用来将工频（50Hz）电流变换成超声频率（15~60kHz）的振荡电流，并通过输出变压器与换能器相匹配。

发生器有电子管放大式、晶体管放大式、晶闸管逆变式及晶体管逆变式等多种电路形式。其中电子管式性能稳定可靠，功率较大，但效率低，仅为30%~45%，已经逐步被晶体管放大式所代替。晶体管逆变式超声波发生器采用了大功率的 CMOS 器件和微计算机控制，体积小、可靠性高和控制灵活。

超声波发生器必须与声学系统相匹配，才能使系统处于最佳状态，获得高效率的输出功率。由于超声波焊时机械负载往往有很大变化，换能元件的发热也容易引起材料物理性能的变化，换能器的温度波动，容易引起振动频率的变化，从而影响焊接质量。因此，在超声波发生器作为焊接应用时，频率的自动跟踪是一个必备的功能，利用取自负载的反馈信号，构成发生器的自激状态，以确保自动跟踪和最优的负载匹配。有些发生器还装有恒幅控制器，以确保声学系统的机械振幅保持恒定。最近几年出现的晶体管逆变式发生器使超声波发生器的效率提高到95%以上，而设备的体积大幅度减小。

（2）声学系统　声学系统由换能器、传振杆、聚能器、耦合杆和声极组成。

1）换能器。换能器的作用是将超声波发生器的电磁振荡（电磁能）转变成相同频率的机械振动（机械能），其是焊机的机械振动源。常用的换能器分为压电式及磁致伸缩式。

石英、锆酸铅、锆钛酸铅等压电晶体，在一定的结晶面受到压力或拉力时将会出现电荷，称为压电效应；当在压电轴方向馈入交变电场时，晶体就会沿着一定方向发生同步的伸缩现象，即逆压电效应。压电式换能器就是利用压电晶片的逆压电效应制成的，其主要优点是效率高和使用方便，一般效率可达80%~90%。压电式换能器的缺点是比较脆弱，使用寿命较短。磁致伸缩式换能器是利用镍或铁铝合金等材料的磁致伸缩效应而工作的器件，其虽然工作稳定可靠，但由于效率仅为20%~40%，目前已被压电式换能器所取代。

2）传振杆。超声波焊的传振杆是与压电式换能器配套的声学器件，一般由45钢、30CrMnSi低合金或超硬铝合金制成，主要是用来调整输出负载、固定系统以及方便实际使用。传振杆通常选择放大倍数0.8、1、1.25等几种半波长阶梯形杆。

3）聚能器。聚能器又称为变幅杆，其作用是将换能器所转换成的高频弹性振动能量传递给焊件，以便调节换能器和负载的参数。此外，在声学系统中还具有放大换能器的输出振幅和集中能量的作用。

在设计聚能器时，主要应使其振动频率等于换能器的振动频率，并在结构上考虑合适的放大倍数、低的传动损耗以及自身具备的足够机械强度。图10-52所示为聚能器的结构形式。阶梯形的聚能器放大系数最大，而且加工方便，但其共振范围小，截面的突变处应力集中大，只能适用于小功率焊机。圆锥形聚能器有较宽的共振频率范围，但放大系数最小。指数形聚能器的放大系数小，机械强度大，加工简单，在超声波焊机中得到广泛应用。

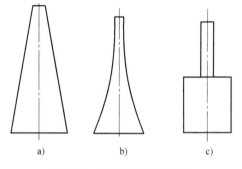

图10-52　聚能器的结构形式
a）圆锥形　b）指数形　c）阶梯形

聚能器工作在疲劳条件下，设计时应重点考虑结构的强度，特别应注意声学系统各个组元的连接部位。用来制造聚能器的材料应有高的抗疲劳强度及小的振动损耗，目前常用的材料有45钢、30CrMnSi低合金钢、高速钢、超硬铝合金及钛合金等。

4）耦合杆。耦合杆用于振动能量的传输及耦合，将聚能器输出的纵向振动改变为弯曲振动。耦合杆在结构上非常简单，通常都是一个圆柱杆，但其工作状态较为复杂，设计时除了根据谐振条件来设计耦合杆的自振频率外，还可以通过波长数的选择来调整振幅的分布，以获得最优的工艺效果。材料选择上应与制造聚能器的材料相同，两者用钎焊的方法连接起来。

5）声极。声极是直接与焊件接触的部件，分为上声极和下声极。声极的结构与焊机类型有关，对于超声波点焊机来说，可以用各种形式的声极与聚能器或耦合杆相连接；缝焊机的上、下声极应设计成一对滚盘；塑料用焊机的上声极，其形状可根据焊件的形状而改变。但是，无论是哪一种声极，在设计中的基本问题仍然是自振频率的设计。

通用超声波点焊机的上声极是一个简单的球面，其曲率半径约为焊件厚度的 50～100 倍。例如：对于可焊 1mm 焊件的焊机，其上声极端面的曲率半径可选 75mm。缝焊机的滚盘按其工作状态进行设计，选择弯曲振动状态时，滚盘的自振频率应设计成与聚能器频率一致。

与上声极相反，下声极在设计时应选择反谐振状态，从而使谐振能可以在下声极表面反射，以减少能量的损失。有时为了简化设计或受焊件条件限制也可选择大质量的下声极。

（3）加压机构　加压是形成焊接接头的必要条件，目前常用的加压方式主要有液压、气压、电磁加压及自重加压等。其中液压方式冲击力小、主要用于大功率焊机，小功率焊机多采用电磁加压或自重加压方式，这种方式可以匹配较快的控制程序。实际中的加压机构还可能包括焊件的夹持机构，如图 10-53 所示。

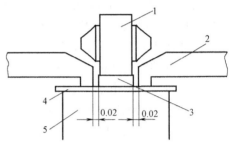

图 10-53　焊件的夹持结构
1—上声极　2—夹紧头　3—丝（焊件之一）
4—焊件　5—下声极

（4）程控装置　超声波焊机的程控装置（也称为焊接控制系统）主要是实现超声波的焊接过程控制，如加压及压力大小控制、焊接时间控制、维持压力的时间控制等。目前的焊接程控装置多采用微计算机或工控机进行控制。

第三节　爆　炸　焊

爆炸焊（Explosive Welding，EW）是以炸药作为能源，利用爆炸时产生的冲击力，使焊件发生剧烈碰撞、塑性变形、熔化及原子间相互扩散，从而实现连接的一种压焊方法。

一、爆炸焊基本原理

1．爆炸焊基本类型

1957 年，美国的弗立普杰克（V. Phllipchuk）第一次把爆炸焊技术引入到工程应用上，实现了铝与钢的爆炸焊接，1968 年大连造船厂陈火金等人试制成功国内第一块爆炸复合板。

爆炸焊主要用于金属复合板材、异种材料（异种金属、陶瓷与金属等）过渡接头以及爆炸压力成形加工等方面，一般采用接触爆炸，将炸药直接置于焊件的表面，有时为了保护表面的质量，可在炸药与焊件间加入一缓冲层。

爆炸焊主要有以下几种。

1）按接头形式不同，爆炸焊分为面爆炸焊、线爆炸焊和点爆炸焊，其中线爆炸焊和点爆炸焊实际中应用较少，面爆炸焊是爆炸焊的主要类型。

2）按装配方式不同，爆炸焊可分为平行法和角度法，如图 10-54 所示。平行法是将两焊件平行放置，预留一定的间距，爆炸焊时焊件随炸药爆炸的推进依次形成连接，接头各处的情况基本相同。角度法是使两焊件间存在一个夹角，由两焊件间距离较近处开始起焊，依次向距离较远处推进，由于距离不能过大，故焊件的尺寸也不能太大。

3）按焊件是否预热，爆炸焊可分为热爆炸焊和冷爆炸焊。热爆炸焊是将常温下脆性值

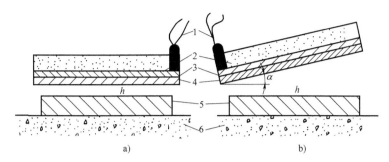

图 10-54　复合板的爆炸焊装配方式示意图

a) 平行法　b) 角度法

1—雷管　2—炸药　3—缓冲层　4—覆板　5—基板　6—基础（地面）　α—安装角　h—间隙

较小的金属材料加热到它的脆性转变温度以上后，立即进行爆炸焊接。例如：钼在常温下的脆性值很小，爆炸焊后易脆裂，将其加热到 400℃（脆性转变温度）以上时钼不再脆裂，并能和其他金属焊在一起。冷爆炸焊是将塑性太高的金属（如铅）置于液氮中，待其冷硬后取出，立即进行爆炸焊接。

此外，按爆炸的次数可分为一次、两次和多次爆炸焊；按爆炸焊进行的地点可分为地面、地下、水中、空中和真空爆炸焊；按炸药的分布可分为单面爆炸焊和双面爆炸焊等。

2. 爆炸焊原理

（1）原理　爆炸焊是一个动态焊接过程，图 10-55 所示为典型的爆炸焊过程示意图，在爆炸前覆板与基板有一预置角（又称为安装角）α，炸药用雷管引爆后，以恒定的速度 ν_d（一般为 1500～3500m/s）自左向右爆轰。炸药在爆炸瞬时释放的化学能量将产生一高压（高达 700MPa）、高温（局部瞬时温度高达 3000℃）和高速（500～1000m/s）冲击波，该冲击波作用到覆板上，使覆板产生变形，并猛烈撞击基板，其斜碰撞速度可达 200～500m/s（撞击角 β 保持在 7°～25° 之间）。在碰撞作用下，撞击点处的金属可看作无黏性的流体，在基板与覆板接触点的前方形成射流，射流的冲刷作用清除了焊件表面的杂质和污物，去除了金属表面的氧化膜和吸附层，使洁净的表面相互接触。在界面两侧纯净金属发生塑性变形的过程中，冲击动能转换成热能，使界面附近的薄层金属温度升高并熔化，同时在高温高压作用下这一薄层内的金属原子相互扩散，形成金属键，冷却后形成牢固的接头。应注意，有资料指出，优质爆炸复合是在极短的时间（μs级）内完成的，因此其复合界面几乎不存在或者说只存在程度很小（10^{-1}μm 级）的扩散，所以可以避免脆性金属间化合物的形成，从而可实现钛/钢、锆/钢、钽/钢等异种金属的复合。

（2）接头形成特点　随着爆炸焊条件的不同，接头的结合面可有

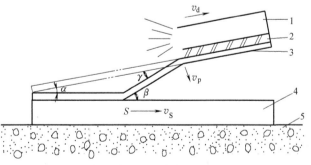

图 10-55　典型的爆炸焊过程示意图

1—炸药　2—保护层　3—覆板　4—基板　5—地面

v_d—炸药的爆轰速度　v_p—覆板向基板的运动速度

v_s—撞击点 S 的移动速度（焊接速度）

α—安装角　β—撞击角　γ—弯折角

以下不同形式。

1）平坦界面。该类界面的特点是界面上可见到平直、清晰的结合线，基体金属直接接触和结合，没有明显的塑性变形或熔化等微观组织形态。形成这种结合特点的主要原因是撞击速度较低。

2）波浪形界面。当撞击速度高于某一临界值时，接头的结合面呈现有规律的连续波浪形状，如图 10-56a 所示。界面形成或大或小的不连续漩涡区，高倍显微组织可以看到微米级的熔化金属薄层，并且在不同强度和不同特性的爆炸载荷下，会产生不同形状和参数（波长、波幅和频率）的波形。

在爆炸焊接大面积复合板时，有时界面上出现大面积金属熔化的现象，这种宏观现象体现在微观形态上，即呈现出如图 10-56b 所示的规则和不规则的连续熔化型结合面。

有些爆炸焊接头（图 10-56c），结合面不仅具有不规则的波浪形微观形态，又有大大小小不连续的金属熔化块，结合面为不规则的混合型结合形态。

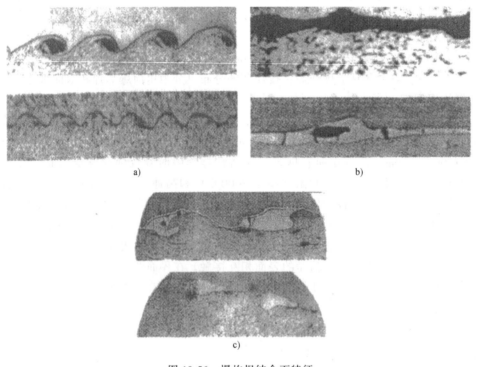

a)　　　　　　　　　　　　　b)

c)

图 10-56　爆炸焊结合面特征

a）波浪形　b）连续熔化型　c）混合型

不同的焊接条件将影响结合面的形态，当撞击速度低于某一临界值（该值因不同金属组合而异），结合面多为平坦界面，在这类焊缝中很少或根本不发生熔化，有些接头也具有满意的力学性能，但由于对焊接参数的微小变化非常敏感，导致接头质量不稳定和易造成未结合缺陷，因此这种结合形式在实际生产中并不采用。当撞击速度高于某一临界值时，将会得到波浪形结合面，其接头性能优于平坦界面结合，并允许焊接参数的变化范围较宽。当撞击条件（覆板速度、撞击速度和撞击角度）过度，将会形成连续熔化型结合面。这时，由于大量致密性缺陷（缩松、缩孔等）的形成，接头的强度、塑性均将降低，这种结合应尽量避免。

二、爆炸焊工艺

1. 工艺特点

（1）材料的焊接性 爆炸焊主要用于同种金属材料、异种金属材料、金属和陶瓷的焊接，特别是材料性能差异大而用其他方法难以实现可靠焊接的金属（如铝和钢、铝和钽等）、热膨胀系数相差很大的材料（钛和钢、陶瓷和金属等）、活性很强的金属（如钽、锆、铌等）。实际上，任何具有足够强度和塑性并能承受工艺过程所要求的快速变形的金属，都可以进行爆炸焊。图 10-57 所示为成功实现爆炸焊的金属及合金组合。

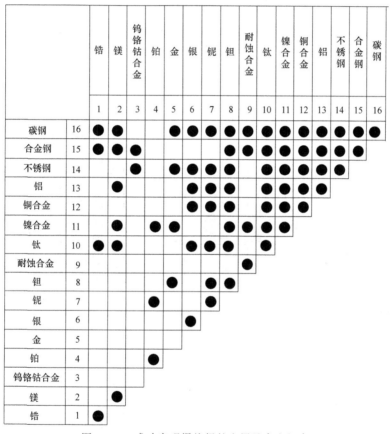

		锆	镁	钨铬钴合金	铂	金	银	铌	钽	耐蚀合金	钛	镍合金	铜合金	铝	不锈钢	合金钢	碳钢
		1	2	3	4	5	6	7	8	9	10	11	12	13	14	15	16
碳钢	16	●	●			●	●	●	●	●	●	●	●	●	●	●	●
合金钢	15	●	●	●					●	●	●	●	●	●	●	●	
不锈钢	14			●		●	●	●	●	●	●	●	●	●	●		
铝	13		●			●	●	●		●	●	●	●	●			
铜合金	12					●	●	●		●	●	●	●				
镍合金	11		●		●		●		●	●		●					
钛	10	●	●							●	●						
耐蚀合金	9									●							
钽	8					●			●								
铌	7						●	●									
银	6					●	●										
金	5					●											
铂	4				●												
钨铬钴合金	3																
镁	2			●													
锆	1	●															

图 10-57 成功实现爆炸焊的金属及合金组合

（2）接头形式 按焊件的类型不同，可分为板-板、管-管、管-板爆炸焊，其接头形状及工艺装配如图 10-58 所示。按产品和工艺要求，接头形式主要可以分为对接和搭接两种。基板与覆板厚度的比值称为基覆比，该值一般不小于1，且该值越大，即基板与覆板的厚度比越大，爆炸焊质量越容易保证。

1）复板焊接。即在某一金属基板上焊上另一种金属平板，如把不锈钢板、铜板、钛板、铝板等焊到普通的钢板上。目前焊到基板上的覆板最大尺寸可以达到 1.2m×2m，厚度从 1~6mm 不等。

2）管-管包焊。即在某种材料的管的内壁或外表面上，焊上另一种材料的薄金属管，如钢管与钛管、钛管与纯铜管、硬铝管与软铝管、铝管与钢管的焊接等。

3）管与板的焊接。主要用于大型热交换器的焊接，其次由于个别管子损坏而漏水，也可通过爆炸焊方法把该管堵塞。

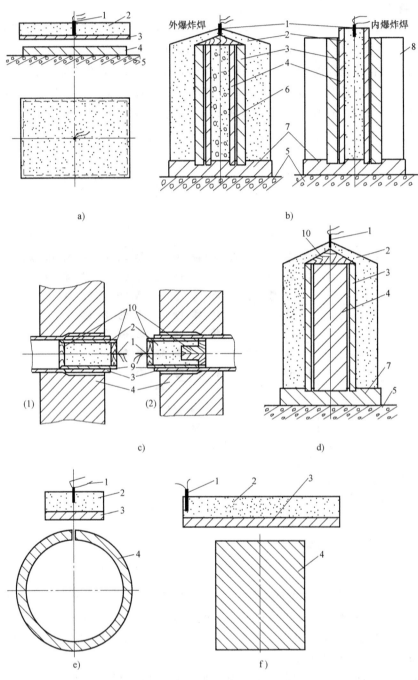

图 10-58　爆炸焊接头形状及工艺装配

a）板-板　b）管-管　c）管-管板　d）管-棒　e）板-管　f）板-棒

1—雷管　2—炸药　3—覆层（管或板）4—基层（板、管、管板或棒）　5—地面（基础）

6—低熔点或可溶性材料　7—底座　8—模具　9—塑料管　10—木塞

2. 爆炸焊工艺流程

爆炸焊工艺流程如下。

1）表面清理。爆炸焊时，焊件对接表面必须平整，无缺陷存在，表面粗糙度值 $Ra \leqslant$ 12.5μm。安装前应将待焊面上的污物除去。常用的清理方法有化学清洗、机械加工、打磨、喷砂和喷丸等。

2）安放间隙柱。为了保持基板和覆板之间的距离，可用焊于基板四周的铁丝作为支撑，也可在两板之间安装立柱。安装立柱的操作过程是把基板和覆板安放到焊接基础后，将覆板向上抬高一定距离，将既定长度的间隙柱放置其中。在基板的边部每隔 200~500mm 放置一个间隙柱。在间隙柱安放之后，如果复合板的面积不太大，则两板之间就形成了以间隙柱长度为尺寸的间隙距离，并且这个距离在两板之间的任一位置都是相同和均匀的。但是，如果复合板的面积较大，间隙距离在两板的几何中心位置就可能很小，甚至贴合在一起。在这种情况下，除在基板边部放置间隙柱外，还应在基板的待结合面上均匀地放置一定数量、形状和尺寸的金属间隙物，以保证基板和覆板间的整个间隙距离。应注意，覆板的长度和宽度应比基板相应大 5~10mm。

3）涂抹缓冲保护层。当覆板在基板上支撑起来以后，用毛刷或滚筒将水玻璃或黄油涂抹在覆板的上表面（上表面将接触炸药），有时采用橡胶材料作为缓冲层，这一薄层物质能起缓冲爆炸载荷和保护覆板表面免于氧化及损伤的作用。

4）放置药框。将预先备好的木质或其他材质的炸药框放到覆板上面，药框内缘尺寸比覆板的外缘尺寸稍小。

5）布放主炸药。药框安放好后，将主炸药用工具放入药框，应保证各处的药厚基本相同。

6）布放高爆速引爆炸药。为提高主炸药的引爆和传爆能力，在插放雷管的位置上布放 50~200g 的高爆速引爆炸药，引爆炸药也可在主炸药布放之前放到预定的位置上。

7）安插雷管。引爆炸药和主炸药布放好后，将雷管插入引爆炸药的位置上，并与覆板表面接触，为防止雷管爆炸后前端的聚能作用对覆板的冲积凹坑，可在雷管下垫一小块橡皮或其他柔性物质。

8）接起爆线。清理现场的物品，工作人员撤离到安全区，引爆焊接。

爆炸焊时，接触界面撞击点前方产生的金属射流，以及爆炸发生时覆板的变形和加速运动，必须沿整个焊接接头逐步地连续完成，是获得爆炸焊牢固接头的基本条件。因此，炸药的引爆必须是逐步进行的，如果炸药同时一起爆炸，整个覆板与基板进行撞击，即使压力再高也不能产生良好的结合。

3. 焊接参数选择

爆炸焊的焊接参数主要有炸药品种、单位面积药量、基板与覆板的安装间隙和安装角、基板与覆板的尺寸参数（主要有板材的厚度、基覆比）以及表面状态等。

（1）炸药　炸药是爆炸焊的能源，其种类和密度决定爆炸速度，为了获得优质接头，要求爆速接近覆板金属的声速。爆速过高，会使撞击角度变小和作用力过大，容易撕裂结合部位；爆速过低，不能维持足够的爆炸角，也不能产生良好结合。

爆炸焊中使用的炸药有单一炸药和混合炸药，其中单一的高爆速炸药用作附加药包内的起爆药，混合的低爆速炸药用作主体炸药。炸药必须满足以下要求。

1）爆速应当合适。一般以 2000m/s 左右为宜。对于大面积复合板材的焊接，覆板越厚，炸药的爆速应当越低。一般来讲，混合炸药能够满足这个要求。

2）所用炸药应当具有稳定的物理、化学性质和爆炸性能，在厚度和密度较大的变化范围内能够用起爆器材引爆，并能迅速达到稳定爆轰，即不稳定爆轰区应当尽可能地小。

3）炸药布放后与覆层紧密贴合，其间不应有间隙。

4）炸药来源比较广、价格便宜、加工使用方便，在加工、运输、贮藏和使用过程中具有高的稳定性和安全性等。

5）炸药的数量通常以覆板单位面积上布放的炸药数量或炸药厚度来计算，以 W_g（g/cm^2）或 δ_0（mm）表示。在大面积复合板爆炸焊时，常用 W_g 来计算总炸药量；在大厚度复合板坯爆炸焊时，常用 δ_0 来计算总药量。药量的计算目前尚无理论公式，一般可采用如下经验公式来计算。

$$W_g = BC \frac{(\rho\delta)^{0.6}\sigma_s^{0.2}}{h_0^{0.5}} \tag{10-3}$$

式中　h_0——覆板与基板的安装间隙（cm）；

　　　W_g——覆板单位面积上布放的炸药量（g/cm^2）；

　　　ρ——覆板的密度（g/cm^3）；

　　　δ——覆板的厚度（cm）；

　　　σ_s——覆板金属材料的屈服强度（MPa）；

　B、C——计算系数，B 在 0.05~3.0 内选择，C 在 0.5~2.5 内选择。

（2）安装间隙和安装角　爆炸焊的能量传递、吸收、转换和分配是通过间隙、借助覆板与基板的高速冲击碰撞来完成和实现的。安装间隙和安装角是影响爆炸角的主要因素之一，在爆炸焊中，如果爆炸角过小，不论撞击速度有多大，也不会产生射流现象，反而容易引起结合面的严重熔化，接头强度低。

平行法爆炸焊时采用均匀间隙值，以 h_0 表示，一般选覆板厚度的 0.5~1.0 倍。角度法爆炸焊时，间距小的一端以 h_1 表示，间距大的一端以 h_2 表示，由 h_1 和 h_2 之差以及金属板的长度计算出初始安装角 α。经验和实践表明，在大面积复合板的爆炸焊中常用平行法，小面积复合板和一些特殊试验中可以用角度法进行爆炸焊。间隙的计算一般用如下经验公式来计算。

$$h_0 = A(\rho\delta)^{0.6} \tag{10-4}$$

式中　h_0——覆板与基板之间的间隙距离（cm）；

　　　ρ——覆板的密度（g/cm^3）；

　　　δ——覆板的厚度（cm）；

　　　A——计算系数，在 0.1~1.0 范围内选择。

当 h_0 和 W_g 计算出来之后，就准备相应尺寸的间隙柱和算出炸药的总量，然后进行一组小型复合板的试验。试验结果如有偏差，可对原来计算的 h_0 和 W_g 值进行适当调整，利用得到的能满足技术要求的参数进行大面积复合板的爆炸焊。

（3）基覆比　基板与覆板厚度之比称为基覆比。实践证明，基覆比越大则越容易进行爆炸焊，接头质量也越容易保证，当基覆比接近 1 时爆炸焊很难进行，一般要求该值应在 2

以上。

（4）表面状态 表面状态与形成物理接触面积有关，对焊接质量有非常重要的影响，焊前一定要进行表面清理以保持金属表面尽可能的清洁和具有一定的粗糙度。试验结果表明，表面质量越高，焊接质量越好，可焊范围越大。粗糙的表面既难于形成波形界面又易于熔化而形成金属间化合物的中间层，因此应合理选择表面粗糙度。图 10-59 所示为钛-钢复合板的抗拉强度与表面粗糙度值的关系，表面粗糙度值超过 $0.7\mu m$ 以后，接头强度降低。

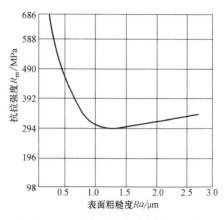

图 10-59　钛-钢复合板的抗拉强度与
表面粗糙度值的关系

三、常用材料及典型件的爆炸焊

1. 钛-钢复合板的爆炸焊

钛-钢复合板在石油化工和压力容器中得到越来越多的应用，使用这种结构不仅可以成倍地降低设备成本，而且能够克服单一的钛设备和衬钛结构在这个领域中应用的许多缺点。用钛-钢复合板制造的设备内层钛耐蚀性好，外层钢具有高强度，复合结构还具有良好的导热性，以及克服热应力、耐热疲劳、耐压差等能力，可以在极为苛刻的条件下工作。因此，钛-钢复合板已经成为现代化学工业和压力容器工业不可缺少的结构材料。

（1）钛-钢复合板爆炸焊的工艺安装 大面积钛-钢复合板爆炸焊时，其工艺安装多采用平行法，起爆方式多采用中心起爆法，少数情况下在长边中部起爆，工艺安装示意图如图 10-60 所示，图中有两个投影视图，分别表示板的长度和宽度方向。其中，图 10-60a、b 所示为雷管的安放位置不同，图 10-60c～e 所示为有高爆速混合炸药时的雷管安放位置。

（2）钛-钢复合板爆炸焊焊接参数选择 大面积钛-钢复合板和大厚度钛-钢复合板的爆炸焊焊接参数见表 10-22 和表 10-23。从排气角度考虑，覆板越厚、面积越大，炸药的爆速应该越低，并且应采用中心起爆法。为了缩小和消除雷管区，在雷管下通常添加一定量的高爆速炸药，在爆炸焊接大面积复合板的情况下，为了间隙的支撑有保证，可在两板之间安放一定形状和数量的金属间隙物。在大厚板的爆炸焊情况下，间隙柱宜支撑在基板之外。为了提高效率和更好地保证焊接质量，可采用对称碰撞爆炸焊的工艺来制造这种复合板，如图 10-61 所示。

表 10-22　大面积钛-钢复合板的爆炸焊焊接参数

No	钛尺寸/mm	钢尺寸/mm	炸药品种	W_g/(g·cm^{-2})	h_0/mm	保护层	起爆方式
1	TA1,3×1100×2600	15MnV,18×1100×2600	TNT	1.7	5～37	沥青+钢板	短边引出三角形
2	TA5,2×1080×1760	902,8×1060×1740	TNT	1.4	5,1°(α)	沥青+钢板	短边延长 300mm
3	TA5,2×1080×2130	13SiMnV,8×1100×2100	TNT	1.4	5,1°(α)	沥青+钢板	短边延长 300mm
4	TA1,5×1800×1800	Q235,25×1800×1800	TNT	1.5	3～20	沥青 3mm	短边中部起爆
5	TA2,3×2000×2030	Q235,20×2000×2030	TNT	1.5	3～25	沥青 3.6mm	短边中部起爆
6	TA1,5×2050×2050	18MnMoNb,35×2050×2050	2#	2.8	20,48'(α)	沥青 3.5mm	短边中部起爆
7	TA1,ϕ2800×5	14MnMoV,ϕ2800×65	2#	2.6	5,40'(α)	沥青 4mm	短边中部起爆

（续）

No	钛尺寸/mm	钢尺寸/mm	炸药品种	W_g /(g·cm^{-2})	h_0 /mm	保护层	起爆方式
8	TA1,5×2850×2850	14MnMoV,75×2850×2850	2$^{\#}$	2.5	5,10′(α)	沥青4mm	短边中部起爆
9	TA1,5×2000×2000	18MnMoNb,35×2000×2000	2$^{\#}$	2.6	10,10′(α)	沥青3mm	短边中部起爆
10	TA1,5×2850×2850	14MnMoV,65×2850×2850	2$^{\#}$	2.0～2.5	5～20	沥青3mm	短边中部起爆
11	TA1,5×2000×2000	18MnMoNb,35×2000×2000	2$^{\#}$	2.5～2.8	10～20	沥青3mm	短边中部起爆
12	TA2,3×1000×2000	Q235,14×1000×2000	25$^{\#}$	1.9	10	黄油	中心起爆
13	TA2,1×1000×1500	Q235,20×1500×2000	25$^{\#}$	1.5	3	黄油	中心起爆
14	TA2,2×1000×2000	Q235,20×1000×2000	25$^{\#}$	2.1	4	黄油	中心起爆
15	TA2,3×1500×3000	20G,25×1500×3000	25$^{\#}$	2.2	6	水玻璃	中心起爆
16	TA2,4×1500×3000	16Mn,30×1500×3000	25$^{\#}$	2.4	8	水玻璃	中心起爆
17	TA2,5×1500×3000	16MnR,35×1500×3000	25$^{\#}$	2.6	10	水玻璃	中心起爆
18	TA2,6×1500×3000	165MnR,50×1500×3000	25$^{\#}$	2.8	12	水玻璃	中心起爆

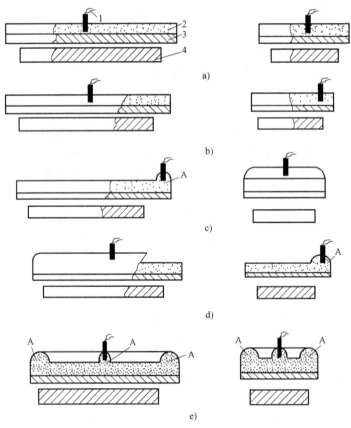

图 10-60　钛-钢复合板的工艺安装示意图
1—雷管　2—炸药　3—覆板　4—基板
A—高爆速混合炸药

表 10-23 大厚度钛-钢复合板的爆炸焊焊接参数

No	钛尺寸/mm	钢尺寸/mm	炸药品种	$h_2$① /mm	$h_1$① /mm	保护层	起爆方式
1	TA1,10×700×1080	Q235,75×670×1050	25#	44	12	黄油	
2	TA2,10×690×1040	Q235,70×650×1000	42#	35	12	水玻璃	
3	TA2,10×730×1130	Q235,83×660×1050	42#	40	12	黄油	
4	TA2,12×690×1040	Q235,70×650×1000	25#	51	12	水玻璃	辅助药包,中心起爆
5	TA2,12×620×1085	Q235,60×570×1050	25#	55	13	黄油	
6	TA2,8×1500×3000	16Mn,80×1500×3000	25#	40	14	水玻璃	
7	TA2,10×1500×3000	16MnR,100×1500×3000	25#	40	14	水玻璃	

① h_1 和 h_2 分别是角度法爆炸焊时覆板和基板间的小间距及大间距。

（3）钛-钢复合板结合区的组织

钛-钢复合板结合区的组织形态如图 10-62 所示。结合区通常呈现为波形状组织，波形的形状因焊接参数不同而有所差别。不同强度和特性的爆炸载荷、不同强度和特性的金属材料，以及它们的相互作用，将获得不同形状和参数（波长、振幅和频率）的结合区波形。

在一个波形内，界面两侧的金属发生了不同的组织变化。在钢板一侧，离界面越近，晶粒的拉伸式和纤维状塑性变形的程度越严重，并且在紧靠界面的地方出现细小的类似再结晶或破碎的亚晶粒的组织。在高倍放大的情况下，界面上还有一薄层沿波脊分布的熔化金属层，波前的漩涡区汇集了大部分爆炸焊

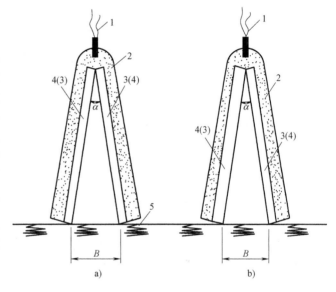

图 10-61 对称碰撞爆炸焊的工艺安装示意图

a）等厚度板焊接 b）不等厚度板焊接

1—雷管 2—炸药 3—覆板 4—基板 5—地面（基础）

B—间距 α—两板夹角

过程中形成的金属熔体。这种熔体内还含有一般铸态金属中常有的一些缺陷如气孔、缩孔、裂纹、疏松和偏析等。从界面到钢基体，随着距离的增加，纤维状塑性变形的程度越来越小。当离开波形区以后，逐渐呈现出钢基体的原始组织形态。在高倍放大的情况下，还会发

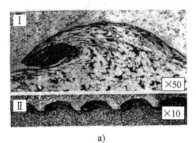
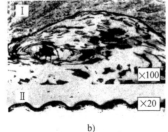
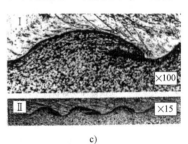

图 10-62 钛-钢复合板结合区的组织形态

a）2#炸药 b）铵盐炸药 c）TNT 炸药

现波形内外有不少的双晶组织。在钛板一侧，没有出现钢板一侧那种变形形状和变形规律的金属塑性变形，但出现了或多或少、长短疏密不同的特殊的塑性变形线和塑性变形组织。

（4）钛-钢复合板的力学性能　钛-钢复合板的力学性能主要包括抗剪强度 τ_b、抗拉强度 R_m 和弯曲性能等，见表 10-24 和表 10-25，其中 TA2 覆板母材（热轧态）的 R_m 为 490～539MPa，A 为 20%～25%，板材尺寸 8mm×240mm×340mm；Q235 钢基板（供货态）的 R_m 为 445～470MPa，A 为 22%～24%，板材尺寸 26mm×200mm×300mm。

表 10-24　钛-钢复合板的力学性能

状态	复合板及尺寸/mm	τ_b /MPa	冷弯 $d=2t,180°$		HV 覆层/黏结层/基层
			内弯	外弯	
爆炸态	TA2-Q235,(3+10)×110×1100	397	良好	断裂	347/945/279
退火态	TA2-20G,(5+37)×900×1800	191	良好	良好	215/986/160

表 10-25　钛-钢复合板的爆炸焊焊接参数及抗拉强度

组别	I					II			
试验序号	1	2	3	4	5	1	2	3	4
h_0/mm	10	10	10	10	10	8	14	18	22
W_g/(g·cm^{-2})	3.0	3.5	4.0	4.5	5.0	3.5	3.5	3.5	3.5
W/g	3060	3570	4080	4590	5100	3570	3570	3570	3570
雷管区长度/mm	100	90	80	80	70	150	80	80	130
R_m/MPa	273	174	241	339	287	286	384	174	257

2. 锆合金-不锈钢管接头的爆炸焊

锆合金（锆-2、锆-4、锆2.5铌等）是原子能工业不可缺少的结构材料，为了在核工程建设中节省这些稀缺和贵重的金属材料以及降低工程造价，可以在反应堆内使用锆合金管，而在堆外使用廉价的不锈钢管。爆炸焊很好地解决了这两种不同物理和化学性质的管材的焊接问题。

（1）复合管的爆炸焊工艺　锆合金与不锈钢管的工艺安装如图 10-63 所示。采用内爆法爆炸焊接，模具的实物照片如图 10-64 所示。

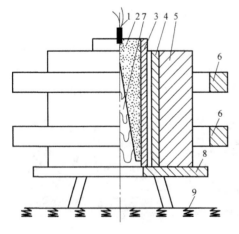

图 10-63　锆合金与不锈钢管的工艺安装示意图
1—雷管　2—炸药　3—覆管　4—基管　5—模具
6—固定环　7—木塞　8—底座　9—地面（基础）

图 10-64　锆合金与不锈钢管爆炸焊的模具实物照片

（2）结合区组织和力学性能 锆合金与不锈钢管爆炸焊的结合区为有规律的波形结合，界面两侧的金属发生了拉伸式和纤维状的塑性变形，离界面越近这种变形越严重。波前的漩涡区汇集了爆炸焊过程中形成的大部分熔化金属，少量残留在波脊上，厚度为微米级。复合管的实物照片如图10-65所示，接头力学性能见表10-26。

图10-65 复合管的产品照片

表 10-26 锆合金-不锈钢爆炸焊焊接参数及接头力学性能

No	锆覆管尺寸/mm	1Cr18Ni9Ti 基管尺寸/mm	W_g/(g/cm²)		h_0/mm	热处理或试验状态		R_m/MPa	弯曲角/(°)	
			TNT	2#		T/℃	t/min		内弯	外弯
1	φ42.0×1.5×125	φ50.0×3.4×120	0.50		0.60	300	1440	372	—	—
2	φ42.0×1.5×125	φ50.0×3.4×120	0.50		0.60	400	1440	404	—	—
3	φ42.0×1.5×125	φ50.0×3.4×120	0.50		0.60	550	30	149	—	—
4	φ42.0×1.5×125	φ50.0×3.4×120	0.50		0.60	600	30	149	>100	>100
5	φ46.0×2.9×155	φ65.0×8.0×150	0.424		1.50			387	—	>100
6	φ46.0×2.9×155	φ65.0×8.0×150	—	0.565	1.50			418	—	>100
7	φ42.0×1.5×125	φ50.0×3.4×120	0.50		0.60	冷热循环 500 次		404	>100	>100
8	φ42.0×1.5×125	φ50.0×3.4×120	0.50		0.60	250℃瞬时抗剪		245	>100	>100

3. 其他材料的爆炸焊

除了钛-钢、锆合金-不锈钢以外，爆炸焊还用于其他异种材料的连接。表10-27列出了常用材料爆炸焊接头的抗剪强度和弯曲角。

表 10-27 常用材料爆炸焊接头的抗剪强度和弯曲角

抗剪强度/MPa	覆板材料	基板材料	弯曲角/(°)	抗剪强度/MPa	覆板材料	基板材料	弯曲角/(°)
190~210	钛	铜	—	70~90	铝	不锈钢	—
330	镍	钛	>167	60~150	铜	LY1 铝合金	—
430	镍	不锈钢	180	100	银	钢、铜	—
190~210	铜	钢	—	60	铝	钢、铜	—
290~310	不锈钢	钢	180	—	钽	钢	180
70~100	铝	铜	—	—	钼	钢	180
70~120	铝	钢	—				

四、爆炸焊技术发展

爆炸焊集熔焊、扩散焊、压焊的优势于一体，使被连接金属实现完全的冶金结合，是一种独特有前途的复合新技术，其技术发展及研究动态如下。

1）爆炸复合理论，尤其冲击过程力学的研究。例如：爆炸载荷作用下覆板的运动规律；再入射流形成条件和过程；碰撞区压力场、速度场、应变率场及温度场的确定；爆炸复合波状界面形成机理等。

2）爆炸复合理论中，在材料、冶金和力学性能的动态响应上进一步深入系统研究。例如：冲击波对材料冶金影响（晶体缺陷、冲击相变等）；材料在高温、高压、高应变率下的力学响应（如金属材料动态本构关系等）；材料在冲击载荷下的损伤和破坏；爆炸复合金属界面组织和力学行为；爆炸复合工艺参数的优化设计及数值模拟技术等。

3）爆炸复合技术的新应用。例如：合成块体非晶态合金及制备非晶态涂层；实现金属和陶瓷的优质连接；制备高温、高强度金属基复合材料。

五、爆炸焊的安全与防护

与其他焊接方法相比，爆炸焊是以炸药为能源进行焊接，爆炸过程中存在很多不安全因素，因此，爆炸焊工作中的安全问题就显得格外重要，必须制定严格的管理制度和实施规程。

1）炸药库要严格管理，管理人员必须昼夜值班，严禁无关人员进入。炸药、雷管等火工物品必须分类分开存放，入库和出库要加以严格管理，做好相关的各项记录。炸药和原材料、雷管和工作人员均需分车运输。严禁炸药和雷管同车运输。

2）爆炸场地应设置在远离建筑物的地方，进行爆炸焊的场所周围不得有可能受到损害的物体。

3）对从事爆炸焊工作的人员必须进行工种训练和考核，只有通过考核并取得操作证才可以进行操作。同时要接受安全和保卫部门的监督，遵守国家有关政策法令。爆炸焊操作过程应由专人进行统一调度和指挥，应按事先计划好的工艺规程进行，雷管和起爆器应固定专人管理。

4）在进行爆炸焊操作之前应确保所有工作人员及物品均处于安全地带，确保所有人员做好防声、防震措施。引爆前给出信号，炸药爆炸3min后工作人员才能返回爆炸地点。若炸药未能爆炸，也必须在3min后再进入现场进行检查和处理。工作人员不得将火种、火源带入工作现场。

一般讲，爆炸焊生产中通常使用低爆速的混合炸药（如铵盐和铵油炸药），其"惰性"较大，仅用少量TNT等高爆速炸药作为引爆用，而后者还需靠雷管来引爆，所以只要严格控制好雷管和起爆器，通常是不会出现严重的安全事故的。

第四节 变 形 焊

变形焊是在外加压力的作用下，待焊金属产生塑性变形而实现固态连接的一种压焊方法。变形焊通常在室温或100~350℃条件下的大气、惰性气体或超高真空中进行。

一、变形焊概述

1. 变形焊分类

变形焊大体分为三种类型，室温下进行的变形焊称为冷压焊（Cold Pressure Welding, CPW）；焊接温度高于室温，但温度在300℃左右的变形焊称为热压焊（Hot Pressure Welding, HPW），该方法有工作台加热、压头加热、工作台与压头同时加热三种形式，主要用于微型件的精密连接；在超高真空中进行的变形焊则称为超高真空变形焊。

2. 变形焊的特点

1）焊接时不需要添加焊丝、焊剂等焊接材料。

2）由于焊接温度一般低于350℃，不需要高温加热装置，焊接设备的制造成本低，结构简单；特别是冷压焊可以节约大量电能，并节省由于焊接加热需要的辅助时间。

3）不使用焊剂，接头不需要焊后清洗，不存在接头使用中因焊剂引起的腐蚀问题。

4）焊接参数由模具尺寸决定，不需要像电弧焊那样调节电流、电压、焊接速度等多个参数，易于操作和实现自动化焊接。

5）接头温升不高而不出现熔化状态，不产生类似电弧焊接头的软化区、热影响区，也不生成脆性金属间化合物；特别是冷压焊时焊接过程中不产生热量，材料结晶状态保持不变。

6）凡具有一定塑性的金属（Al、Ag、Cu、Cd、Fe、Pb、Sn、Ti、Zn等）及其合金都可以进行焊接，特别适合于异种金属（包括有限互溶，液相、固相不相容的非共格金属间的组合）和对升温很敏感材料的焊接。

3. 变形焊接头形式

变形焊接头主要采用搭接和对接两种接头形式，如图10-66和图10-67所示。

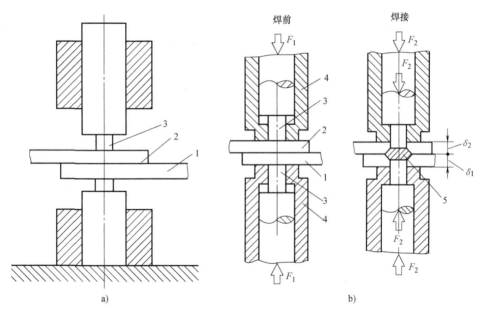

图 10-66　搭接变形焊接头形式示意图
a）带轴肩式　b）带预压套环式
1、2—焊件　3—压头　4—预压套环　5—接头
δ_1、δ_2—焊件厚度　F_1—预压力　F_2—焊接压力

搭接变形焊主要用于箔材、板材的连接。搭接焊时，将焊件搭放好后，用压头加压，当压头压入必要深度后，去除压力完成焊接。用柱状压头形成焊点，称为变形搭接点焊；用滚轮式压头形成焊缝，称为变形搭接缝焊。搭接缝焊又分为滚压焊、套压焊和挤压焊三种形式。

对接变形焊主要用于同种或异种金属线材、棒材或管材的连接。对接变形焊将焊件分别

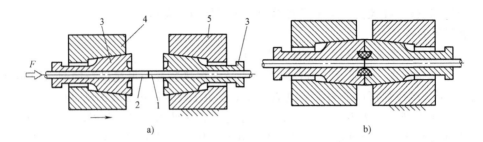

图 10-67　对接变形焊接头形式示意图

a）顶锻前　b）顶锻后（飞边切掉）

1、2—焊件　3—钳口　4—活动夹具　5—固定夹具

夹紧在左右钳口中，并伸出一定长度，施加足够的顶锻压力，使伸出部分产生径向塑性变形，将被焊界面上的杂质挤出，形成金属飞边，紧密接触的纯洁金属形成焊缝，完成焊接过程。

搭接是热压焊接头的主要形式，按照焊接压头的形状可以分为楔形压头、空心压头、带槽压头以及带凸缘压头的热压焊，如图 10-68 所示。其中，图 10-68 a、c、d 所示三种压头都是将金属引线直接搭接在基板导体或芯片的平面上；而图 10-68b 所示为一种金丝球焊法，即金属丝引线从空心压头的直孔中送出或拉出，在引线端用切割火焰将端头熔化，借助液态金属的表面张力，在引线端头形成球状，压焊时利用压头的周壁对球施加压力，形成圆环状焊缝，该方法在半导体器件的引线连接中得到广泛应用。

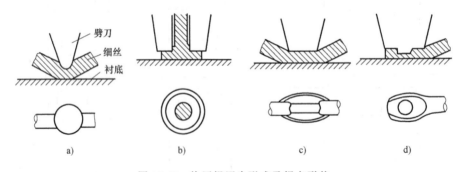

图 10-68　热压焊压头形式及焊点形状

a）楔形压头（扁平焊点）　b）空心压头（金丝球焊点）　c）带槽压头　d）带凸缘压头

4. 变形焊机理及接头组织形态

变形焊的机理比较简单，主要是焊件在所加压力的作用下，通过材料的物理接触，使焊件产生大的变形，在变形时表面的氧化膜破裂并通过材料的塑性变形被挤出连接界面，使纯金属相互接触，并发生键合而形成牢固的连接接头。

冷压焊在焊接过程中，由于接头变形严重，结合界面呈现出复杂的峰谷和犬牙交错的空间形貌，其结合面面积比简单的几何截面大。在正常情况下，同种金属材料的冷压焊接头强度不低于母材，其原因是冷压焊过程中的形变硬化而使接头强化；异种金属材料的冷压焊接头强度不低于较软金属的强度。同时，由于结合界面大，又无中间相生成，所以接头的导电性、耐蚀性优良。

二、变形焊工艺

1. 工艺特点

1）变形焊工艺的最大特点是焊接时产生变形，变形量是实现两界面键合的重要条件。通过变形不仅使氧化膜破碎，还可以克服界面上的微观不平度，使两个界面间的金属原子紧密接触。

2）大气及室温焊接所需的最小变形量根据外界条件不同而不同，在大气和室温下的变形焊，其最小变形量均在60%以上。

变形焊所需的最小变形量还与待焊材料的性质以及表面氧化膜的性质有关。例如：在室温和大气条件下，不同金属的焊接性差别很大，表面生成脆而硬氧化膜的材料所需的变形量小，而生成软（活韧性好）氧化膜时所需的变形量大，前者如铝合金焊接，后者如铜合金焊接。

大气和室温冷压焊时，如果待焊表面存在油污，则多大的变形量也不能实现连接。

3）利用纯氩气氛保护，并在室温焊接条件下进行焊接时，所需的最小变形量可在20%以下。在超高真空条件下进行变形焊，其最小变形量可在5%以下。

在惰性气体或超高真空条件下，如果表面进行了清理，各种金属变形焊的焊接性没有太大的差别，主要是氧化膜的影响因素已经排除。

4）粗糙度对变形量有影响，在真空精密焊接条件下，待焊界面的粗糙度越小，所需的最小变形量也越小。

5）焊接温度对变形量也有影响，和扩散连接一样，提高焊接温度，可以减小变形量，从而减小焊接压力和变形。

6）超高真空变形焊可以消除氧化膜的影响，各种金属的焊接性差异很小，其变形量只有大气中变形焊的6%，属精密焊接，压痕最小，耗能也少。

2. 冷压焊工艺

（1）材料的焊接性　冷压焊主要适用于硬度不高、塑性好的金属薄板、线材、棒材和管材的连接，特别适宜于焊接中不允许接头升温的产品。在模具强度允许的前提下，很多不会产生快速加工硬化或未经严重硬化的塑性金属如 Cu、Al、Ag、Au、Ni、Zn、Cd、Ti、Su、Pb 及其合金均适合冷压焊；它们之间的任意组合，包括液相、固相不相容的非共格金属如 Al 与 Pb、Zn 与 Pb 等的组合，也可进行冷压焊。表 10-28 列出了各种金属冷压焊的焊接性。但是对于某些异种金属（如 Cu 与 Al），在高温下会因扩散作用而产生脆性化合物，使其韧性明显下降，这类材料的组合只宜在较低温度下进行冷压焊，工作环境温度也不应太高。

表 10-28　各种金属冷压焊的焊接性

材料	Ti	Cd	Pt	Sn	Pb	W	Zn	Fe	Ni	Au	Ag	Cu	Al
Ti	++							+				+	+
Cd		++		+	+								
Pt			++	+	+		+			+	+	+	+
Sn		+	+	++	+								

（续）

材料	Ti	Cd	Pt	Sn	Pb	W	Zn	Fe	Ni	Au	Ag	Cu	Al
Pb		+	+	+	++		+		+	+	+	+	+
W												+	
Zn			+		+			+	+	+	+	+	+
Fe	+						+	++	+			+	+
Ni			+		+			+	++	+	+	+	+
Au			+		+			+	+	++	+	+	+
Ag			+		+			+	+	+	++	+	+
Cu	+		+		+	+	+	+	+	+	+	++	+
Al	+		+		+		+	+	+	+	+	+	++

注：+为焊接性良好、++为同种金属焊接；空白为焊接性差或无相关报道。

（2）表面状态　冷压焊工艺要求焊件接触界面要有良好的表面状态，主要包括选择合适的表面粗糙度和表面清洁度。

1）表面粗糙度。一般来说，冷压焊对焊件待焊表面的粗糙度没有很高的要求，经过轧制、剪切或车削的表面都可以进行冷压焊。带有微小沟槽不平的待焊表面，在挤压过程中有利于界面的切向位移，对焊接过程有利。但是，当焊接塑性变形量小于 20% 和进行精密真空压焊时，就要求待焊表面有较低的粗糙度，特别是精密真空变形焊时，界面粗糙度越小，所需的最小变形量越小，此时的待焊表面和扩散连接时的表面加工要求相同。

2）表面清洁度。待焊表面的油脂、污染物、水膜及其他有机杂质是影响冷压焊质量的主要因素之一。在冷压焊过程中，这些杂质将被压延成微小的薄膜，不论焊件产生多大的塑性变形量，都无法将其彻底挤出结合面，因此必须在焊前采用化学溶剂清洗或超声波净化的方法去除。

焊件表面的金属氧化膜对冷压焊质量也有影响，厚度不大的脆性的氧化膜（如铝焊件表面的 Al_2O_3）在塑性变形量大于 65% 的条件下可以不进行清理，其余材料在冷压焊前都应进行氧化膜清理。钢丝刷或钢丝轮清理是最常用的清理方法，钢丝轮（丝径为 0.2~0.3mm，材质最好是不锈钢）的旋转线速度以 1000m/min 为宜，然后再进行化学溶剂或超声波清洗。为保证获得质量稳定的冷压焊接头，清理后的焊件表面不允许遗留残渣或氧化膜粉屑。例如：用钢丝轮清理时，通常要附加负压吸收装置，以去处氧化膜尘屑。清理后的表面应予以保护，避免装配时造成待焊表面的再污染。焊件一经清理，应尽快施焊。

（3）塑性变形量　冷压焊时所需的最小塑性变形量是控制焊接质量的关键参数，也是判断材料冷压焊焊接性好坏的一个指标。材料的塑性变形量越小，冷压焊焊接性就越好。不同金属材料具有不同的最小塑性变形量，纯铝的变形程度最小，其冷压焊焊接性最好，其次是钛，也具有好的冷压焊焊接性能。

实现冷压焊的条件之一是焊件的实际塑性变形量要大于该金属的标称"变形程度"值，但不宜过大。过大的变形量会增加冷作硬化现象，使韧性下降。例如：对铝及多数铝合金搭接时，压缩率多控制在 65%~70% 范围内。

搭接冷压焊的塑性变形程度用压缩率 ε 表示，是指被压缩厚度占焊件总厚度的百分比，可用下式计算。

$$\varepsilon = \frac{(h_1 + h_2) - h}{h_1 + h_2} \times 100\% \tag{10-5}$$

式中　h_1、h_2——焊件的厚度；

　　　h——压缩后的剩余厚度。

表 10-29 列出了各种金属材料搭接点焊的最小压缩率，这些材料的最小压缩率是在相同厚度、相同冷压点焊条件下得到的。在冷压焊生产中，为了保证得到满意的焊合率，并考虑到各种误差的存在，实际选用的压缩率应比表中的数据大 5%~15%。

表 10-29　各种金属材料搭接点焊的最小压缩率

材料名称	最小压缩率(%)	材料名称	最小压缩率(%)	材料名称	最小压缩率(%)
纯铝	60	铜与铝	84	镍	89
工业纯铝	63	铜与铅	85	铁	92
钛	75	铜与银	85	锌	92
硬铝	80	铜	86	银	94
铅	84	铝与钛	88	铁与镍	94
镉	84	锡	88	锌合金	95

对接冷压焊的塑性变形程度用总压缩量 L 表示。它等于焊件每次压缩长度与顶锻次数的乘积，可用下式计算。

$$L = n(L_1 + L_2) \tag{10-6}$$

式中　L_1——固定钳口一侧焊件每次压缩的长度；

　　　L_2——活动钳口一侧焊件每次压缩的长度；

　　　n——顶锻次数。

对接冷压焊时，获得合格接头的关键因素是要有足够的总压缩量。表 10-30 列出了对接冷压焊所需的最小总压缩量，有些材料需要靠多次顶锻才能实现可靠连接。对于塑性好、变形硬化不强烈的金属，焊件的压缩量通常小于或等于其直径或厚度，焊接时使构件的伸出长度等于压缩长度，可一次顶锻焊成。对于硬度较大、形变强化较强的金属，压缩量通常大于或等于焊件的直径或厚度，需要多次顶锻才能焊成，对于大多数材料，顶锻次数一般不多于 3 次。

表 10-30　对接冷压焊所需的最小总压缩量

材料名称	每一焊件的最小总压缩量		顶锻次数
	圆形件(直径 d)	矩形件(厚度 h_1)	
铝与铝	$(1.6~2.0)d$	$(1.6~2.0)h_1$	2
铝与铜	铝 $(2~3)d$ 铜 $(3~4)d$	铝 $(2~3)h_1$ 铜 $(2~3)h_1$	3
铜与铜	$(3~4)d$	$(3~4)h_1$	3
铝与银	铝 $(2~3)d$ 银 $(3~4)d$	铝 $(2~3)h_1$ 银 $(3~4)h_1$	3~4
铜与镍	铜 $(3~4)d$ 镍 $(3~4)d$	铜 $(3~4)h_1$ 镍 $(3~4)h_1$	3~4

在生产实际中，为了提高效率，希望减少顶锻次数，这就要求构件的伸出长度尽可能大。但伸出长度过大，顶锻时会使焊件发生弯曲。同种材料对接冷压焊时，直径越小被顶弯的倾向性越大，伸出长度通常取直径或厚度的 0.8~1.3 倍，断面小的焊件取下限值。异种材料对接冷压焊时，伸出长度与材料的弹性模量有关，根据两弹性模量的比值选取，较软焊件的伸出长度也较短。

（4）焊接压力　冷压焊的能量是靠压力获得的。搭接冷压焊时压力通过压头传递到待焊部位，而对接冷压焊时，压力通过夹头夹紧传到焊件的界面上。焊接总压力与被焊材料横截面积有关，横截面积在对接冷压焊时指焊件的截面积，而搭接冷压焊是指压头的端面积。

在冷压焊过程中，由于塑性变形产生硬化和模具对金属的拘束力，会使单位焊接压力增大。冷压焊的单位焊接压力通常要比被焊材料的屈服强度大许多倍。对接冷压焊时，焊件随变形的进行而被镦粗，使焊件的名义截面积不断增大。因此，焊接末期所需的压力比焊接初始时的压力要大。几种金属冷压焊所需的焊接压力见表 10-31。

冷滚压焊时，压轮直径对焊接压力的影响如图 10-69 所示（图中材料的屈服强度为 50MPa，形变率为 70%，摩擦系数为 0.25）。由此图可以看出，随着压轮直径 D 的增大，所需的焊接压力急剧增大。

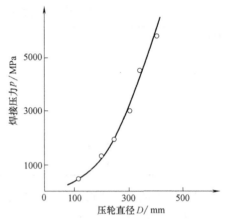

图 10-69　压轮直径对焊接压力的影响

表 10-31　几种金属冷压焊所需的焊接压力　　　　　　（单位：MPa）

材料名称	搭接焊	对接焊	材料名称	搭接焊	对接焊
铝与铝	750~1000	1800~2000	铜与镍	2000~2500	2500
铝与铜	1500~2000	>2000	HLJ 型铝合金	1500~2000	>2000
铜与铜	2000~2500	2500			

（5）压轮直径　冷滚压焊时需要选择合理的压轮直径，压轮直径选择不但要考虑设备能够提供的最大输出焊接压力，还要考虑焊件总厚度。当焊机功率确定之后，焊件总厚度越小，选用的压轮直径可相应减小。焊件总厚度、压轮直径与焊接压力的关系如图 10-70 所示，图中材料的屈服强度为 50MPa，形变率为 70%，摩擦系数为 0.25。

从减小焊接压力的角度来考虑，压轮直径越小越好，同时压轮直径还是决定焊件能否自然入机、使缝焊得以顺利进行的重要因素。焊件能够自然入机的条件是 $D \geqslant 175\Delta h$（Δh 为两焊件厚度的差值）。因此，选用压轮直径时，在满足该条件下尽可能选用小直径的压轮。

冷滚压焊的生产率比较高，如滚压焊接铝管，焊接速度可以达到 28cm/s 以上，而且在短时间停机的条件下，可以任意调节焊接速度，而焊接质量不受影响，这是其他焊接方法无法实现的。

3. 热压焊工艺

热压焊在半导体器件的引线连接中得到了广泛的应用，其焊接本质与冷压焊完全相同，只不过是在加热的条件下施加压力，使待焊金属界面产生足够的塑性变形，达到金属原子间的结合而形成优良的焊缝。焊接时的加热是为了减小变形程度和焊接压力，实现小压力和小变形程度下的固态焊接。热压焊根据压头形式，可以分为金丝卧式搭接和金丝球搭接。金丝卧式搭接时压头又有剪刀式压头和鸟嘴式压头两种形式，剪刀式压头具有焊后剪切引线的剪刀装置，而鸟嘴式压头则使用劈刀式压头的后刀压断已焊完的引线（未完全压断，移动压头时将引线拉断）。

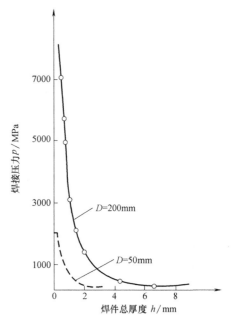

图 10-70　焊件总厚度、压轮直径与焊接压力的关系

热压焊的焊接参数包括焊接温度、压力和时间等。这些参数的确定要依据被焊材料的性质、加热方式和引线尺寸等。下面以微电子连接为例介绍两种典型的热压焊工艺的焊接参数。

（1）金丝卧式搭接热压焊（鸟嘴式、剪刀式）

金丝卧式搭接热压焊焊接温度、焊接压力和焊接时间三者互相影响，温度较高时，压力可减小，时间也可以相应的缩短；压力还与搭接面积有关，当搭接面积增大时，相应的压力增大；采用的引线材料不同，压力也不同，当用铝丝做引线时，所施加的焊接压力比金丝引线要小。

（2）金丝球搭接热压焊　金丝球搭接热压焊主要应用于硅半导体芯片引线的连接。例如：当硅半导体芯片表面蒸镀 1350nm 的铝金属层时，采用直径为 25.4μm 的金丝引线，压头材料为玻璃管，焊接参数见表 10-32。从此表中可知，与金丝卧式搭接相比，金丝球搭接热压焊的焊点面积要小得多，电极压力和焊点拉力都比较小。从微型化角度出发，金丝球搭接热压焊的接头比较紧凑，占据的面积较小，适用于高密度集成电路或体积小的半导体芯片的连接。

表 10-32　典型热压焊焊接参数

压头形式	压头材料	焊接温度/℃	电极压力/N	焊接时间/s	焊点拉力/N
金丝卧式搭接	碳化钨	310	0.5	6	60.3×10^{-3}
金丝球搭接	玻璃管	310	0.12	6	4.8×10^{-3}

4. 超高真空变形焊工艺

超高真空变形焊不存在氧化膜的再生问题，所需的变形量是为了使两界面上金属原子接近形成接触键合的程度。带有氧化膜的焊件在真空中施焊时氧化膜很难通过挥发而自行消失，必须在焊前进行清理。清理的方法可以采用机械方法，但最好的方法是用（考夫曼枪）离子束清理，如图 10-71 所示，通常在真空室中装有离子束枪，焊接时先用离子束清洗待焊表面，该过程不但能去除氧化膜和吸附的其他杂质及气体，还能把界面上的凸出点削平，其可达性非常好，特别适于在生产流水线中应用。

（1）清理方法　在真空条件下进行变形焊时，可以先采用机械清理方法，在充高纯度

Ar气的真空室内进行。焊件放入真空室后抽到10^{-7}Pa的真空度，再用氩离子束溅射清理被焊界面，离子束电压为1100~1400V，离子束流为20~30mA，束径约10nm。

（2）真空度的确定 清理过的被焊界面经过一段时间仍然会在界面上吸附一层气体，这层气体仍然是金属键合的障碍。不同真空度条件下吸附一层气体所需的时间由下式确定。

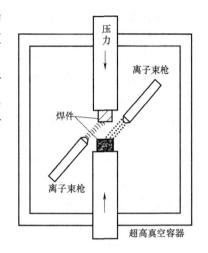

图 10-71 超高真空变形焊示意图

$$t = \frac{\sqrt{MT}}{2.3 \times 10^{20} d^2 P} \qquad (10\text{-}7)$$

式中 t——布满一个分子层所需时间（s）；
M——气体相对分子质量；
T——热力学温度（K）；
d——气体分子直径（cm）；
P——真空室压强（Pa）；

对于氧气而言，在室温条件下，当$P = 10^{-4}$Pa时，布满一个分子厚的氧化膜层所需时间$t = 31$s；而当$P = 10^{-6}$Pa时，$t = 310$s。因此，当真空室内的压强低于10^{-5}Pa时，清理后即刻施焊就能够满足焊接要求。

（3）变形量的确定 超高真空变形焊所需的变形量比较小。该变形量与界面的粗糙度和材料的弹性变形量有关系。界面的粗糙度越小，选取的变形量越小，反之应选取大的变形量；被焊材料的弹性变形量大时，除了在挤压变形时克服不平度外，还要加上该材料挤压时的弹性变形量，这需要用试验方法予以确定。变形量还与焊接的真空度有关，当$P = 10^{-5}$Pa时，变形量只需要大气变形焊的1/3，当待焊表面采用氩离子束溅射清理、$P = 10^{-7}$Pa时，变形量为大气中压焊的1/12。

超高真空变形焊所消耗的能量是所有焊接方法中最少的，其所用的模具与冷压焊所用相同，特别适于太空焊接的要求。

三、典型材料及构件的变形焊

1. 典型结构的冷压焊

如图10-72所示，冷压焊在各个领域具有很多应用。在电子行业，用于制造圆形、方形电容器外壳的封装、绝缘箱外壳的封装、大功率二极管散热片、电解电容阳极板与屏蔽引出线等。在电气工程中用于通信、电力电缆的铝导管、护套管的连续生产，各种规格铝、铜过渡接头，电线厂、电缆厂、电机厂、变压器厂和开关厂铝线及铝合金导线的接长及引出线，铜排、铝排、整流片、汇流圈的安装，输配电站引出线，架空电线、通信电线、地下电缆的接线和引出线，电缆屏蔽带接地，铜式铝箔绕组引出线，石英振子盒封装、集成块封装、铌钛合金超导线的连接等。此外，还用于制冷工程的热交换器、汽车行业的水箱和散热器片、其他行业的铝管、铜管、铝锰合金管、钛管的对接、封头等。

由于受到焊机吨位的限制，冷压焊件的搭接厚度或对接焊截面面积不能过大，焊件的硬度受冷压焊模具材质的限制也不能过高。搭接冷压焊可以焊接厚度为0.01~20mm的箔材、带材和板材以及管材的封端及棒材的搭接等。对接冷压焊接头的最小截面面积为0.5mm^2，

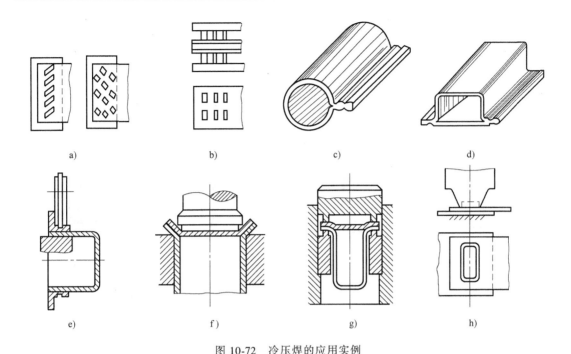

图 10-72 冷压焊的应用实例

a）铝箔多点点焊 b）铝板双面镶焊铜板 c）缝焊制管 d）矩形容器缝焊 e）筒体与法兰单面滚压焊
f）容器封头挤压焊 g）蝶形封头双面套压焊 h）单面套压焊

最大焊接端面面积可达 $500mm^2$。

2. 金丝球搭接热压焊

金丝球搭接热压焊主要应用于电子微型焊接领域，如芯片引线的焊接（搭接热压焊）。焊接主要过程是首先将极薄的硅芯片表面用蒸镀法在待焊处镀一层 nm 级厚的铝金属膜，用 μm 直径的金丝引线（引线材料有时也可以用铝丝代替）将硅芯片上的铝膜与基板上的导体相连接，或者几个硅芯片铝膜间互连。金丝球搭接热压焊的压头由硬玻璃制成，内设金属引线丝孔，构造颇似熔化极气体保护焊的导电嘴。靠端头平整的环状端面对球施加压力，焊点外形虽然为圆形，但真正焊接部分仅是加压的环状部分。

图 10-73 所示鸟嘴式压头焊接过程示意图，其中图 10-73a 所示硅芯片引线焊点 1 已焊好，松开的鸟嘴式压头拉出引线已经移到基片导体上进行压焊；图 10-73b 所示焊点焊完后，抬起压头；图 10-73c 所示压头向右平移，此时鸟嘴夹紧金丝，使引线受力；图 10-73d 所示为压头向右平移过程中，拉断焊点右侧的金丝引线，准备移动至下一个待焊点。

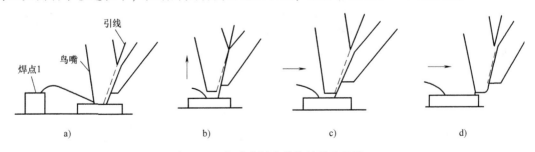

图 10-73 鸟嘴式压头焊接过程示意图

图 10-74 所示为金丝球压焊过程示意图，其中图 10-74a 所示为焊完第 1 点后，抬起压头，用火焰烧断金丝，形成球形端头；图 10-74b 所示为压头平移至第 2 待焊部位；图 10-74c 所示为压头下送，顶紧被焊部位，加压并进行焊接；图 10-74d 所示为抬起压头，拉长金丝引线，准备进入火焰烧断金丝阶段，以便进行另一焊点的焊接。

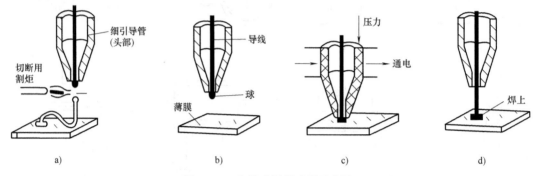

图 10-74　金丝球压焊过程示意图

四、变形焊设备

1. 冷压焊设备

（1）焊机　冷压焊的主要设备是能够提供足够压力的焊机，除了专用的冷滚压焊设备外（其压力由压轮主轴承担，不需要另外提供压力），其余的冷压焊设备都可以利用常规的压力机改装而成。表 10-33 列出了部分冷压焊设备的相关技术参数。但是，冷压焊时，需要适合各类焊接接头形式的模具，如冷压点焊压头、缝焊压轮、套压焊模具、挤压焊模具和对压焊钳口等。

表 10-33　部分冷压焊设备的相关技术参数

冷压焊设备	压力/kN	可焊截面积/mm²			参考质量 /kg	设备参考尺寸 /mm
		铝	铝与铜	铜		
携带式手焊钳	(10)①	0.5～20	0.5～10	0.5～10	1.4～2.5	全长 310
台式对焊手钳	(10～30)	0.5～30	0.5～20	0.5～20	4.6～8	全长 320
小车式对焊手钳	(10～50)	3～35	3～20	3～20	170	1500×7500×750
气动对接焊机	50	2.0～200	2.0～20	2.0～20	62	500×300×300
	8	0.5～7	0.5～4	0.5～4	35	400×300×300
油压对接焊机	200	20～200	20～120	20～120	700	1000×900×1400
	400	20～400	20～250	20～250	1500	1500×1000×1200
	800	50～800	50～600	50～600	2700	1500×1300×1700
	1200	100～1500	100～1000	100～1000	2700	1650×1350×1700
携带式搭接手焊钳	(8)	厚度 1mm 以下			1～2	200×350
气动搭接焊机	500	厚度 3.5mm 以下			250	680×400×1400
油压搭接焊机	400	厚度 3mm 以下			200	1500×800×1000

① 括号内的压力值为计算值。

（2）搭接点焊压头　搭接点焊压头的形式较多，可分为圆形（实心或空心）、矩形、菱形或环形等（图 10-75）。按压头数目可以分为单点点焊和多点点焊。单点点焊又可以分为双面点焊和单面点焊。

压头尺寸根据焊件厚度确定，圆形压头直径和矩形压头的宽度应合适选取，压头尺寸过大时，变形阻力增大，焊点四周金属变形大，在焊点中心容易产生焊接裂纹。压头过小时，将因局部切应力过大而切割母材。一般来讲，相同厚度的焊件冷压焊时，压头直径 $d = (1.0 \sim 1.5)\delta_1$，不等厚度的焊件点焊时，压头尺寸按薄件厚度 δ_1 确定，选取 $d = 2\delta_1$。

冷压点焊时，压缩率由压头压入深度来控制，通常的办法是设计带轴肩的压头，从压头端部至轴肩的长度即压入深度，以此控制准确的压缩率，同时还起到防止焊件翘起的作用。另一种方式是在轴肩外围加设套环装置，套环采用弹簧或橡胶圈对焊件施加预压力，其预压力应控制在 $20 \sim 40$ MPa 的范围内。

为了防止压头的边缘切割被焊金属，压头工作面的周缘应加工成 $R = 0.5$ mm 的圆形倒角。

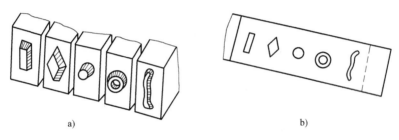

图 10-75 搭接点焊压头形式及焊点形状

a) 压头 b) 焊点

（3）对接冷压焊焊钳 在对接冷压焊过程中，冷压焊的焊钳主要是传递焊接压力，控制焊件塑性变形的大小和切掉飞边，因此需要施加较大的夹紧力和顶锻力，要求焊钳必须用模具钢制造，并且有较高的制造精度。冷压焊钳分固定和可移动两部分，各部分由相互对称的半模组成，焊接时各部分夹持一个焊件。

冷压焊钳可以分为槽形钳口、尖形钳口、平形钳口和复合型钳口四种类型。由于尖形钳口有利于金属的流动，能挤掉飞边，所需的焊接压力小等特点，在实际中应用得较多。为了克服尖形钳口在焊接过程中容易崩刃的缺点，在刃口外设置了护刃环和溢流槽（容纳飞边），如图 10-76 所示。为了避免顶锻过程中焊件在钳口中打滑，应对钳口内腔表面进行喷丸处理或加工深度不大的螺纹型沟槽，增加钳口内腔与焊件之间的摩擦系数。钳口内腔的形状根据焊件的断面形状设计，可以是简单断面，也可以是复杂断面。冷压焊钳口的关键部位是刃口，刃口厚度通常为 2mm 左右，楔角为 $50° \sim 60°$，磨削加工制成。钳口材料的硬度应控制在 $45 \sim 55$ HRC，硬度太大，韧性差，易崩刃；硬度太小，刃口会变成喇叭状，使冷压焊接头镦粗。

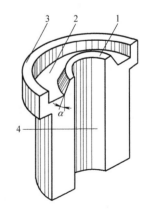

图 10-76 尖形钳口的形状

1—刃口 2—飞边溢流槽

3—护刃环 4—内腔

α—刃口倒角（$\alpha \leqslant 30°$）

2. 热压焊设备

热压焊主要应用于微电子领域引线的焊接，属于微型精密焊接，要求焊接设备的自动化程度要高，如采用微型计算机控制和高精度焊接机械手等。

热压焊机械手必须能够实现 X、Y 和 Z 三个方向的精确定位，以硅芯片引线与基片导体的焊接为例，能在各芯片 XY 平面布局的位置上，确定引线长度和机械运动轨迹，包括运动方向、运动速度和每一点的焊接时间以及 Z 方向上距离的控制，能够实现每个焊点的送丝、压焊、抽丝和切断等整个焊接过程的自动控制，还要能够实现焊接压力、焊接时间以及焊接温度的控制和各参数之间的配合等。

3. 超高真空变形焊设备

超高真空变形焊与冷压焊的主要区别是工作环境不同，因此这两种工艺所用的设备基本一致，只是增加了真空室和真空系统。

复习思考题

第八章 摩擦焊

1. 解释下列名词：连续驱动摩擦焊、搅拌摩擦焊、搅拌摩擦点焊、惯性摩擦焊、线性摩擦焊、径向摩擦焊、相位摩擦焊、摩擦堆焊。

2. 简述连续驱动摩擦焊的焊接过程。

3. 连续驱动摩擦焊焊接参数主要有哪些？如何选择？

4. 简述搅拌摩擦焊的焊接过程。

5. 简述搅拌摩擦焊接头分区及组织特点。

6. 搅拌摩擦焊焊接参数主要有哪些？如何选择？

7. 简述搅拌摩擦点焊原理及消除焊点部位产生的凹坑（退出孔）的工作过程。

第九章 扩散连接

1. 解释下列名词：扩散连接、固相扩散连接、液相扩散连接、超塑性成形-扩散连接、热等静压扩散连接。

2. 简述固相扩散连接接头形成过程。

3. 简述液相扩散连接接头形成过程。

4. 扩散连接参数主要有哪些？如何选择？

5. 简述陶瓷扩散连接的主要问题。

6. 简述复合材料扩散连接的主要问题。

7. 简述扩散连接设备的基本组成。

第十章 其他固相焊方法

1. 解释下列名词：高频焊、高频电阻焊、高频感应焊、阻抗器、超声波焊、换能器、爆炸焊、基覆比、变形焊、冷压焊、热压焊。

2. 高频焊的主要特点是什么？高频感应焊与高频电阻焊相比有哪些优点？

3. 简述高频电阻焊 H 型钢生产过程。

4. 简述超声波焊的焊接参数对焊接质量的影响规律。

5. 简述超声波焊的应用范围及主要特点。

6. 简述爆炸焊的原理。

7. 简述变形焊机理及主要工艺特点。